U0198981

普通高等教育电气电子类工程应用型"十二五"规划教材

单片机原理及应用技术

牛月兰 等编著

机械工业出版社

本书详细介绍了 AT89S51 单片机的硬件结构及各功能部件的工作原理、指令系统及常用程序设计，并从应用设计的角度讲述了 AT89S51 单片机的各种硬件接口设计、接口驱动程序设计以及 AT89S51 单片机应用系统设计。同时对 AT89S51 单片机应用系统设计中用到的各种新器件也进行了简单介绍。

本书可作为各类工科院校、职业技术学院电子技术、计算机、电气工程、工业自动化、机电一体化、智能仪器仪表、自动控制等专业的单片机课程教材，也可供从事单片机应用设计的工程技术人员参考。

本书配有免费电子课件，欢迎选用本书作教材的老师发邮件到 jinacmp @ 163. com 索取，或登录 www. cmpedu. com 注册下载。

图书在版编目（CIP）数据

单片机原理及应用技术/牛月兰等编著 . —北京：机械工业出版社，2013. 8

普通高等教育电气电子类工程应用型"十二五"规划教材

ISBN 978-7-111-43522-8

Ⅰ. ①单… Ⅱ. ①牛… Ⅲ. ①单片微型计算机 – 高等学校 – 教材 Ⅳ. ①TP368. 1

中国版本图书馆 CIP 数据核字（2013）第 177198 号

机械工业出版社（北京市百万庄大街 22 号　邮政编码 100037）
策划编辑：吉　玲　责任编辑：吉　玲　王　琪　刘丽敏
版式设计：常天培　责任校对：张　媛
封面设计：张　静　责任印制：乔　宇
北京机工印刷厂印刷（三河市南杨庄国丰装订厂装订）
2014 年 1 月第 1 版第 1 次印刷
184mm×260mm·21 印张·528 千字
标准书号：ISBN 978-7-111-43522-8
定价：39. 80 元

前　言

自 20 世纪 70 年代以来，单片机在工业测控、仪器仪表、航天航空、军事武器、家用电器等领域的应用越来越广泛，功能越来越完善。由单片机及各种微处理器、DSP 所构成的嵌入式系统设计已成为电子技术产业发展的一项重要内容。单片机技术的应用能力也成为电子技术、计算机、电气工程、工业自动化、机电一体化、智能仪器仪表、自动控制等专业必须掌握的技术之一。

单片机是一门应用设计类课程，所以本书在编写中以 ATMEL 公司的 AT89S51 单片机为例详细介绍了单片机的基础知识、基本结构、指令系统、内部资源、外部扩展等基本内容，突出了选取内容的实用性、典型性。书中的应用实例，多来自于科研工作与教学实践，各章中给出的实例内容由浅入深、循序渐进、内容丰富。所有应用实例均包含详细的硬件接线图及参考程序，力求提高学生的学习兴趣、培养学生的软硬件综合应用能力。为了配合课程设计及毕业设计环节，本书的第 13 章介绍了单片机的应用系统设计与调试。

本书内容通俗易懂，便于自学。书中各章后均附有思考题与习题，供学生巩固、理解、消化课堂所学内容之用。

全书共分为 13 章。第 1 章至第 7 章详细讲述了 51 系列单片机的硬件结构、指令系统及片内各功能部件，第 8 章至第 13 章讲述了各种类型的硬件接口及软件设计，如存储器、I/O 接口、键盘、显示器、A-D 转换、D-A 转换、大功率芯片以及各种在单片机应用设计中用到的其他接口和电路等。并对各种接口的驱动程序加以介绍。

全书的参考学时为 40 ~ 60。教师可根据实际情况，对各章讲授内容进行取舍。

本书由郑州轻工业学院的牛月兰等编著，牛月兰对全书进行了统稿，并完成了第 1 章、第 4 章的编写工作，黄河科技学院的常静完成了第 3 章、第 5 章的编写工作，朱煜钰完成了第 2 章、第 6 章的编写工作，何春霞完成了第 8 章、第 9 章的编写工作，王增胜完成了第 10 章、第 11 章的编写工作，郭晓君完成了第 7 章、第 12 章的编写工作。郑州轻工业学院黄春完成了第 13 章的编写工作。

宋寅卯审阅了全书并提出了宝贵的修改意见，在此表示衷心感谢。

由于时间紧迫，书中错误及疏漏之处在所难免，敬请读者批评指正。

作　者

目 录

第1章　单片机概述

本章介绍单片机的基础知识、发展历史、应用领域及发展趋势。

对目前流行的 51 单片机的代表性机型美国 ATMEL 公司的 AT89C5x/AT89S5x 系列单片机及代表性产品 AT89S51 做详细介绍。

简要介绍其他类型的单片机。

初步了解嵌入式处理器：单片机、数字信号处理器（DSP）、嵌入式微处理器。

单片机从 20 世纪 70 年代问世以来，广泛地应用在工业自动化、自动检测与控制、智能仪器仪表、机电一体化设备、汽车电子、家用电器等各个方面。

1.1　单片机的定义

将中央处理单元、存储器、定时器/计数器、中断系统、并行 I/O 端口、串行 I/O 端口、系统时钟电路及系统总线等工作部件集成在一块集成电路芯片上，这就形成了单片微型计算机，简称单片机（Single Chip Microcomputer），如图 1-1 所示。单片机使用时，通常是处于测控系统的核心地位并嵌入其中，所以国际上通常把单片机称为嵌入式控制器（Embedded Micro Controller Unit，EMCU），或微控制器（Micro Controller Unit，MCU）。我国习惯于使用"单片机"这一名称。

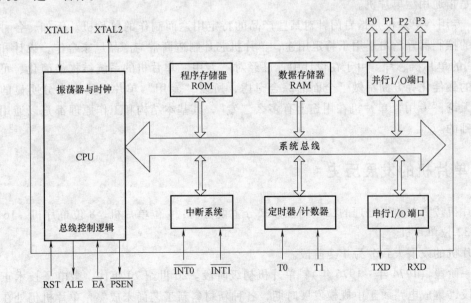

图 1-1　单片机逻辑结构

在图 1-1 中，中央处理单元（Central Processing Unit，CPU）是单片机的核心部件，它由运算器和控制器组成，主要完成算术、逻辑运算和控制功能。

存储器是具有记忆功能的电子部件，分为只读存储器（Read Only Memory，ROM）和随机器存储器（Random Access Memory，RAM）两类。只读存储器用于存储程序、表格等相对固定的信息，又称程序存储器，随机存储器用于存储程序运行期间所用到的数据信息，又称数据存储器。

输入/输出接口是 CPU 与相应的外设（键盘、显示器、打印机等）进行信息交换的桥梁，其主要功能是协调、匹配 CPU 与外设的工作。

串行 I/O 端口实现单片机和其他设备之间的串行数据传送，它既可作为全双工异步通用收发器使用，又可作为同步移位寄存器使用。

定时器/计数器用于实现定时或计数，并以其定时或计数结果对操作对象进行控制。

中断系统是单片机为满足各种实时控制需要而设置的，是重要的输入输出方式。

时钟电路主要由振荡器和分频器组成，为系统各工作部件提供时间基准。

串行口、中断、定时器/计数器是单片机重要的内部资源，为 CPU 控制外部设备、实现信息交流提供了强有力的支持。

系统总线（BUS）是单片机各工作部件之间传送信息的公共通道。总线按其功能可分为数据总线（Data Bus，DB）、地址总线（Address Bus，AB）和控制总线（Control Bus，CB）三类，分别传送数据信息、地址信息和控制信息。

单片机的问世是计算机技术发展史上的一个重要里程碑，标志着计算机正式形成了通用计算机系统和嵌入式计算机系统两大分支。

单片机按其用途可分为通用型和专用型两大类。

1）通用型单片机就是其内部可开发的资源（存储器、I/O 等各种外围功能部件）可以全部提供给用户。用户根据需要，设计一个以通用单片机芯片为核心，再配以外围接口电路及其他外围设备，并编写相应的软件来满足各种不同需要的测控系统。通常所说的和本书介绍的都是指通用型单片机。

2）专用型单片机是指专门针对某些产品的特定用途而制作的单片机。例如，各种家用电器中的控制器等。由于用于特定用途，单片机芯片制造商常与产品厂家合作，设计和生产"专用"的单片机芯片。由于在设计中，已经对"专用"单片机的系统结构最简化、可靠性和成本的最佳化等方面都做了全面的综合考虑，所以"专用"单片机具有十分明显的综合优势。无论"专用"单片机在用途上有多么"专"，其基本结构和工作原理都是以通用单片机为基础的。

1.2　单片机的发展历史

单片机按其对数据处理的二进制位数来分主要分为：4 位单片机、8 位单片机、16 位单片机和 32 位单片机。

单片机的发展大致分为 4 个阶段。

第一阶段（1974 年 ~ 1976 年）：单片机初级阶段。20 世纪 70 年代，微电子技术正处于发展阶段，集成电路属于中规模发展时期，各种新材料新工艺尚未成熟，单片机仍处在初级的发展阶段，元器件集成规模还比较小，功能比较简单，一般只把 CPU、RAM（有的还包括了一些简单的 I/O 口）集成到芯片上，像美国仙童（Fairchild）公司研制的 F8 单片微型计算机就属于这一类型。1974 年 12 月，美国仙童（Fairchild）公司研制出世界上第一台单片微型计算机 F8，该机由两块集成电路芯片组成，实际上只包括了 8 位 CPU、64B RAM 和

2 个并行口。它还需配上其他的外围处理电路方才构成完整的计算机系统。类似的单片机还有 Zilog 公司的 Z80 微处理器。

第二阶段（1976 年~1978 年）：低性能单片机阶段。1976 年，Intel 公司推出了 MCS-48 单片机，这个时期的单片机才是真正的 8 位单片微型计算机，并推向市场。它以体积小、功能全、价格低等优点赢得了广泛的应用，为单片机的发展奠定了基础，成为单片机发展史上重要的里程碑。Intel 公司的 MCS-48 单片机（8 位）极大地促进了单片机的变革和发展，但这个阶段仍处于低性能阶段。

第三阶段（1978 年~1983 年）：高性能单片机阶段。世界各大公司均竞相研制出品种多功能强的单片机，约有几十个系列，300 多个品种，此时的单片机均属于真正的单片化。1978 年，Zilog 公司推出 Z8 单片机；1980 年，Intel 公司在 MCS-48 系列基础上推出 MCS-51 系列，Motorola 公司推出 6801 单片机。新产品的推出使单片机的性能及应用跃上新的台阶。此后，各公司的 8 位单片机迅速发展。推出的单片机普遍带有串行 I/O 口、多级中断系统、16 位定时器/计数器，片内 ROM、RAM 容量加大，且寻址范围可达 64KB，有的片内还带有 A-D 转换器。由于这类单片机的性能价格比高，所以被广泛应用，是目前应用数量最多的单片机。

第四阶段（1983 年~现在）：8 位单片机巩固发展及 16 位单片机、32 位单片机推出阶段。16 位单片机典型产品是 Intel 公司的 MCS-96 系列单片机，Motorola 公司的 M68HC16 系列单片机。这类单片机的特点是：CPU 是 16 位的，运算速度普遍高于 8 位机，有的单片机寻址能力高达 1MB，片内含有 A-D 和 D-A 转换电路，支持高级语言。16 位单片机比起 8 位机，数据宽度增加了一倍，实时处理能力更强，适用于更复杂的控制系统。这类单片机主要用于过程控制、智能仪表、家用电器以及作为单片机外部设备的控制器。

而 32 位单片机除了具有更高的集成度外，其数据处理速度比 16 位单片机也高很多，性能比 8 位、16 位单片机更加优越。这类单片机的代表产品有 Motorola 公司的 M68300 系列单片机、英国 Inmos 公司的 IM-ST414。1990 年美国 Intel 公司推出 80960 超级 32 位单片机引起了计算机界的轰动，产品相继投放市场，成为单片机发展史上又一个重要的里程碑。

20 世纪 90 年代是单片机制造业大发展的时期，Motorola、Intel、ATMEL、德州仪器（TI）、三菱、日立、飞利浦、LG 等公司开发出了一大批性能优越的单片机，极大推动单片机的应用。近年，又有不少新型的高集成度的单片机产品涌现出来。目前，除 8 位单片机广泛应用外，16 位单片机、32 位单片机也得到广大用户青睐。

1.3　单片机的特点

单片机是集成电路技术与微型计算机技术高速发展的产物。它具有体积小、价格低、应用方便、稳定可靠等特点，因此，给工业自动化等领域带来了一场重大革命和技术进步。由于体积小，很容易嵌入到系统之中，以实现各种方式的检测、计算或控制，这一点，一般微机根本做不到。由于单片机本身就是一个微型计算机，因此只要在单片机的外部适当增加一些必要的外围扩展电路，就可以灵活地构成各种应用系统，如工业自动检测监视系统、数据采集系统、自动控制系统、智能仪器仪表等。

单片机具有以下优点：

1）体积小、成本低、使用灵活、易于产品化。这使得能用单片机方便地组成各种智能化的控制设备和仪器，做到机电一体化。

　　2）功能齐全，应用可靠，抗干扰能力强。

　　3）面向控制。单片机的硬件结构和指令系统都有很强的控制功能，可以用单片机有针对性地解决从简单到复杂的各种类型控制任务。

　　4）网络功能。用单片机可以方便地构成多级或分布式控制系统，使整个系统的效率和可靠性大为提高。也可将单片机作为网络的终端。

　　5）外部扩展能力强。在单片机内部的各种功能部件不能满足应用需要时，均可在外部进行扩展（如扩展 ROM、RAM、I/O 接口、中断系统等）。

　　6）简单方便，易于普及。单片机技术是易掌握技术。应用系统设计、组装、调试已经是一件容易的事情，工程技术人员通过学习可很快掌握其应用设计技术。

　　7）发展迅速，前景广阔。短短几十年，单片机经过 4 位机、8 位机、16 位机、32 位机等几大发展阶段。尤其是集成度高、功能日臻完善的单片机不断问世，使单片机在工业控制及工业自动化领域获得长足发展和大量应用。目前，单片机内部结构愈加完美，片内外围功能部件越来越完善，向更高层次和更大规模的发展奠定了坚实的基础。

　　8）嵌入容易、用途广泛、性能价格比高、应用灵活性强等特点在嵌入式微控制系统中具有十分重要的地位。单片机出现前，制作一套测控系统，需要用大量的模拟电路、数字电路、分立元器件完成，以实现计算、判断和控制功能，系统的体积庞大、线路复杂、连接点多，易出现故障。单片机出现后，测控功能的绝大部分由单片机的软件编程实现，其他电路则由片内的外围功能部件来代替。

1.4　单片机的应用

　　单片机软硬件结合、体积小，容易嵌入到各种应用系统中。广泛应用于仪器仪表、家用电器、医用设备、航空航天、专用设备的智能化管理及过程控制等领域。

1. 在智能仪器仪表上的应用

　　单片机具有体积小、功耗低、控制功能强、扩展灵活、微型化和使用方便等优点，广泛应用于仪器仪表中，结合不同类型的传感器，可实现诸如电压、功率、频率、湿度、温度、流量、速度、厚度、角度、长度、硬度、元素、压力等物理量的测量。采用单片机控制使得仪器仪表数字化、智能化、微型化，且功能比起采用模拟或数字电路的仪器仪表更加强大。例如精密的测量设备（功率计，示波器，各种分析仪等）。

2. 在工业检测与控制中的应用

　　在工业领域，单片机的主要应用有：工业过程控制、智能控制、设备控制、数据采集和传输、测试、测量、监控等。在工业自动化领域中，机电一体化技术将发挥愈来愈重要的作用，在这种集机械、微电子和计算机技术为一体的综合技术（如机器人技术）中，单片机发挥着非常重要的作用。用单片机可以构成形式多样的控制系统、数据采集系统。例如工厂流水线的智能化管理，电梯智能化控制系统，各种报警系统，与计算机联网构成的二级控制系统等。

3. 在家用电器中的应用

　　现在的家用电器基本上都采用了单片机控制。例如，电饭煲、洗衣机、彩电、电冰箱、空调机、微波炉、加湿机、消毒柜等。嵌入了单片机后，家用电器的功能和性能大大提高，并实现了智能化、最优化控制。

4. 在计算机网络和通信领域中的应用

现代的单片机普遍具备通信接口，可以很方便地与计算机进行数据通信，为在计算机网络和通信设备间的应用提供了极好的物质条件。现在的通信设备基本上都实现了单片机智能控制，从各类手机、电话机、程控电话交换机、楼宇自动通信呼叫系统、列车无线通信，再到日常工作中随处可见的调制解调器、无线电对讲机、信息网络及各种通信设备中，单片机也已经得到广泛应用。

5. 单片机在医用设备领域中的应用

单片机在医用设备中的用途也相当广泛，例如医用呼吸机、各种分析仪、监护仪、超声诊断设备及病床呼叫系统等。

6. 在各种大型电路中的模块化应用

某些专用单片机设计用于实现特定功能，从而在各种电路中进行模块化应用，而不要求使用人员了解其内部结构。如音乐集成单片机，看似简单的功能，微缩在电子芯片中（有别于磁带机的原理），就需要复杂的类似于计算机的原理。如音乐信号以数字形式存于存储器中（类似于 ROM），由微控制器读出，转化为模拟音乐电信号（类似于声卡）。在大型电路中，这种模块化应用极大地缩小了体积，简化了电路，降低了损坏、错误率，也便于更换。

7. 在武器装备中的应用

在现代化的武器装备中，如飞机、军舰、坦克、导弹、鱼雷制导、智能武器装备、航天飞机导航系统等，都有单片机嵌入其中。

8. 在各种终端及计算机外部设备中的应用

计算机网络终端（如银行终端）以及计算机外部设备（如打印机、硬盘驱动器、绘图机、传真机、复印机等）中都使用了单片机作为控制器。

9. 在汽车电子设备中的应用

单片机已经广泛地应用在各种汽车电子设备中，如汽车安全系统、汽车信息系统、智能自动驾驶系统、卫星汽车导航系统、汽车紧急请求服务系统、汽车防撞监控系统、汽车自动诊断系统以及汽车黑匣子等。

10. 在分布式多机系统中的应用

在较复杂多节点的测控系统中，常采用分布式多机系统。一般由若干台功能各异的单片机组成，各自完成特定的任务，它们通过串行通信相互联系、协调工作。在这种系统中，单片机往往作为一个终端机，安装在系统的某些节点上，对现场信息进行实时的测量和控制。

从工业自动化、自动控制、智能仪器仪表、消费类电子产品等方面，直到国防尖端技术领域，单片机都发挥着十分重要的作用。

1.5　单片机的发展趋势

单片机的发展趋势将是向大容量、高性能化、外围电路内装化等方面发展。为满足不同用户的要求，各公司竞相推出能满足不同需要的产品。

1. CPU 的改进

1）增加 CPU 数据总线宽度。例如，各种 16 位单片机和 32 位单片机，数据处理能力要优于 8 位单片机。另外，8 位单片机内部采用 16 位数据总线，其数据处理能力明显优于一般的 8 位单片机。

2）采用双 CPU 结构，以提高数据处理能力。

2. 存储器的发展

1）片内程序存储器普遍采用闪烁（Flash）存储器。可不用外扩展程序存储器，简化系统结构。

2）加大存储容量。目前有的单片机片内程序存储器容量可达 128KB 甚至更多。

3. 片内 I/O 的改进

1）增加并行口驱动能力，以减少外部驱动芯片。有的单片机可以直接输出大电流和高电压，以便能直接驱动 LED 和 VFD（荧光显示器）。

2）有些单片机设置了一些特殊的串行 I/O 功能，为构成分布式、网络化系统提供方便条件。

4. 低功耗化

1）低功耗 CMOS 化。MCS-51 系列的 8031 推出时的功耗达 630mW，而现在的单片机普遍都在 100mW 左右。由于要求单片机功耗越来越低，现在的各个单片机制造商基本都采用了 CMOS（互补金属氧化物半导体）工艺，由于 CHMOS 技术的进步，大大地促进了单片机的 CMOS 化。CMOS 电路的特点是低功耗、高密度、低速度、低价格。CMOS 虽然功耗较低，但由于其物理特征决定其工作速度不够高，而 CHMOS 则具备了高速和低功耗的特点，这些特征，更适合于在要求低功耗像电池供电的应用场合。

2）低电压化。几乎所有的单片机都配置有等待状态、睡眠状态、关闭状态等省电运行工作方式。消耗电流仅在微安或纳安量级，适于电池供电的便携式、手持式的仪器仪表以及其他消费类电子产品。允许使用的电压范围越来越宽，一般在 3～6V 范围内工作。低电压供电的单片机电源下限已可达 1～2V。目前 0.8V 供电的单片机已经问世。

5. 低噪声与高可靠性

为提高单片机的抗电磁干扰能力，使产品能适应恶劣的工作环境，满足电磁兼容性方面更高标准的要求，各单片机厂家在单片机内部电路中都采用了新的技术措施。

6. 外围电路内装化

众多外围电路全部装入片内，即系统的单片化是目前发展趋势之一。高性能化，主要是指进一步改进 CPU 的性能，加快指令运算的速度和提高系统控制的可靠性。采用精简指令集（RISC）结构和流水线技术，可以大幅度提高运行速度。例如，美国 Cygnal 公司的 C8051F020 8 位单片机，内部采用流水线结构，大部分指令的完成时间为 1 或 2 个时钟周期，峰值处理能力为 25MIPS。片上集成有 8 通道 A-D 转换器、两路 D-A 转换器、两路电压比较器、内置温度传感器、定时器、可编程数字交叉开关和 64 个通用 I/O 口、电源监测、看门狗、多种类型的串行接口（两个 UART、SPI）等。一片芯片就是一个"测控"系统。

综上所述，单片机正在向多功能、高性能、高速度（时钟达 40MHz）、低电压（2.7V 即可工作）、低功耗、低价格（几元钱）、外围电路内装化以及片内程序存储器和数据存储器容量不断增大的方向发展。随着半导体集成工艺的不断发展，单片机的集成度将更高、体积将更小、功能将更强。

1.6 MCS-51 系列与 AT89C5x 系列单片机

20 世纪 80 年代以来，单片机发展迅速，世界一些著名厂商投放市场的产品就有几十个系列，数百个品种，Intel 公司的 MCS-48、MCS-51，Motorola 公司的 6801、6802，Zilog 公司的 Z8 系列，Rockwell 公司的 6501、6502 等。此外，荷兰的 Philips 公司、日本的 NEC 公司、日立公司等也相继推出了各自的产品。

尽管机型很多，但是在 20 世纪 80 年代及 90 年代，在我国使用最多的 8 位单片机还是 Intel 公司的 MCS-51 系列单片机以及与其兼容的单片机（称为 51 系列单片机）。

1.6.1 MCS-51 系列单片机

MCS 是 Intel 公司单片机的系列符号，如 MCS-48、MCS-51、MCS-96 系列单片机。

MCS-51 系列是在 MCS-48 系列基础上于 20 世纪 80 年代初发展起来的，是最早进入我国，并在我国得到广泛应用的单片机主流品种。

MCS-51 系列单片机主要有基本型：8031/8051/8751（低功耗型 80C31/80C51/87C51），增强型：8032/8052/8752。该系列单片机已为我国广大技术人员所熟悉和掌握。在 20 世纪 80 年代和 90 年代，MCS-51 系列是在我国应用最为广泛的单片机机型之一。

MCS-51 系列品种丰富，经常使用的是基本型和增强型。

1. 基本型

典型产品：8031/8051/8751。

8031 内部包括 1 个 8 位 CPU、128B RAM，21 个特殊功能寄存器（SFR）、4 个 8 位并行 I/O 口、1 个全双工串行口、2 个 16 位定时器/计数器、5 个中断源，但片内无程序存储器，需外扩程序存储器芯片。

8051 是在 8031 的基础上，片内又集成有 4KB ROM 作为程序存储器。所以 8051 是一个程序不超过 4KB 的小系统。ROM 内的程序是公司制作芯片时，代为用户烧制的。

8751 与 8051 相比，片内集成的 4KB EPROM 取代了 8051 的 4KB ROM 来用作程序存储器。

2. 增强型

Intel 公司在基本型基础上，推出增强型 52 子系列典型产品：8032/8052/8752。8032 内部 RAM 增到 256B，8052 片内程序存储器扩展到 8KB，16 位定时器/计数器增至 3 个，6 个中断源，串行口通信速率提高 5 倍。

20 世纪 80 年代中期以后，Intel 公司的精力主要集中在高档 CPU 芯片的开发、研制上，慢慢淡出了单片机芯片的开发和生产。

表 1-1 列出了基本型和增强型的 MCS-51 系列单片机片内的基本硬件资源。

表 1-1 MCS-51 系列单片机的片内硬件资源

	型号	片内程序存储器	片内数据存储器/B	I/O 口线/位	定时器/计数器/个	中断源/个
基本型	8031	无	128	32	2	5
	8051	4KB ROM	128	32	2	5
	8751	4KB EPROM	128	32	2	5

（续）

	型号	片内程序 存储器	片内数据 存储器	I/O 口线 /位	定时器/计数器 /个	中断源 /个
增强型	8032	无	256	32	3	6
	8052	8KB ROM	256	32	3	6
	8752	8KB EPROM	256	32	3	6

1.6.2　AT89C5x（AT89S5x）系列单片机

MCS-51 系列设计上的成功，以及较高的市场占有率，已成为许多厂家、电气公司竞相选用的对象。

Intel 公司以专利形式把 8051 内核技术转让给 ATMEL、Philips、Cygnal、ANALOG、LG、ADI、Maxim、DALLAS 等公司。

这些公司生产的兼容机与 8051 兼容，采用 CMOS 工艺，因而常用 80C51 系列单片机来称呼所有这些具有 8051 指令系统的单片机，这些兼容机的各种衍生品种统称为 51 系列单片机或简称为 51 单片机。这类单片机在 8051 的基础上又增加了一些功能模块（称其为增强型、扩展型子系列单片机）。

近年来，世界上单片机芯片生产厂商推出的与 8051（80C51）兼容的主要产品见表 1-2。

表 1-2　与 80C51 兼容的主要产品

生产厂家	单片机型号
ATMEL 公司	AT89C5x 系列（89C51/89S51、89C52/89S52、89C55 等）
Philips（菲利浦）公司	80C51、8xC552 系列
Cygnal 公司	C80C51F 系列高速 SOC 单片机
LG 公司	GMS90/97 系列低价高速单片机
ADI 公司	ADμC8xx 系列高精度单片机
美国 Maxim 公司	DS89C420 高速（50MIPS）单片机系列
台湾华邦公司	W78C51、W77C51 系列高速低价单片机
AMD 公司	8-515/535 单片机
Siemens 公司	SAB80512 单片机

在众多的衍生机型中，ATMEL 公司的 AT89C5x/AT89S5x 系列，尤其是 AT89C51/AT89S51 和 AT89C52/AT89S52 在 8 位单片机市场中占有较大的市场份额。

ATMEL 公司 1994 年以 E^2PROM 技术与 Intel 公司的 80C51 内核的使用权进行交换。

ATMEL 公司的技术优势是闪烁（Flash）存储器技术，将 Flash 技术与 80C51 内核相结合，形成了片内带有 Flash 存储器的 AT89C5x/AT89S5x 系列单片机。

AT89C5x/AT89S5x 系列与 MCS-51 系列在原有功能、引脚以及指令系统方面完全兼容。

此外，某些品种又增加了一些新的功能，如看门狗定时器 WDT、在系统编程（也称在线编程）ISP 及串行接口技术 SPI 等。片内 Flash 存储器允许在线（5V）电擦除、电写入或使用编程器对其重复编程。

另外，AT89C5x/AT89S5x 单片机还支持由软件选择的两种节电工作方式，非常适用于低功耗的场合。

与 MCS-51 系列的 87C51 单片机相比，AT89C51/AT89S51 单片机片内的 4KB Flash 存储器取代了 87C51 片内的 4KB EPROM。AT89S51 片内的 Flash 存储器可在线编程或使用编程器重复编程，且价格较低。

因此 AT89C51/AT89S51 单片机作为代表性产品受到用户欢迎，AT89C5x/AT89S5x 单片机是目前取代 MCS-51 系列单片机的主流芯片之一。本书重点介绍 AT89S51 单片机的原理及应用系统设计。

AT89S5x 的 "S" 档系列机型是 ATMEL 公司继 AT89C5x 系列之后推出的新机型，代表性产品为 AT89S51 和 AT89S52。基本型的 AT89C51 与 AT89S51 以及增强型的 AT89C52 与 AT89S52 的硬件结构和指令系统完全相同。

使用 AT89C51 的系统，在保留原来软硬件的条件下，完全可以用 AT89S51 直接代换。

与 AT89C5x 系列相比，AT89S5x 系列的时钟频率以及运算速度有了较大的提高，例如，AT89C51 工作频率的上限为 24MHz，而 AT89S51 则为 33MHz。AT89S51 片内集成有双数据指针 DPTR，看门狗定时器、具有低功耗空闲工作方式和掉电工作方式。目前，AT89S5x 系列已逐渐取代 AT89C5x 系列。

表 1-3 为 ATMEL 公司 AT89C5x/AT89S5x 系列单片机主要产品片内硬件资源。由于种类多，要依据实际需求来选择合适的型号。

表 1-3　ATMEL 公司生产的 AT89C5x/AT89S5x 系列单片机片内硬件资源

型号	片内 FLASH ROM/KB	片内 RAM /B	I/O 口线 /位	定时器/计数器 /个	中断源 /个	引脚数目 /个
AT89C1051	1	128	15	1	3	20
AT89C2051	2	128	15	2	5	20
AT89C51	4	128	32	2	5	40
AT89S51	4	128	32	2	6	40
AT89C52	8	256	32	3	8	40
AT89S52	8	256	32	3	8	40
AT89LV51	4	128	32	2	6	40
AT89LV52	8	256	32	3	8	40
AT89C55	20	256	32	3	8	44

表 1-3 中 AT89C1051 与 AT89C2051 为低档机型，均为 20 只引脚。当低档机能满足设计需求时，就不要采用较高档次的机型。

例如，当系统设计时，仅仅需要一个定时器和几位数字量输出，那么选择 AT89C1051 或 AT89C2051 即可，不需选择 AT89S51 或 AT89S52，因为后者要比前者的价格高，且前者体积也小。

如对程序存储器和数据存储器的容量要求较高，还要单片机运行速度尽量要快，可考虑选择 AT89S51 /AT89S52，因为它们的最高工作时钟频率为 33MHz。当程序需要 8KB 以上的空间时可考虑选用片内 Flash 容量 20KB 的 AT89C55。

表 1-3 中，"LV" 代表低电压，它与 AT89S51 的主要差别是其工作时钟频率为 12MHz，工作电压为 2.7 ~ 6V，编程电压 V_{PP} 为 12V。AT89LV51 的低电压电源工作条件可使其在便携式、袖珍式、无交流电源供电的环境中应用，特别适用于电池供电的仪器仪表和各种野外操

作的设备中。

AT89C5x/AT89S5x 系列单片机有多种机型，因此掌握好基本型 AT89S51 单片机十分重要，因为它们是具有 8051 内核的各种型号单片机的基础，最具典型性和代表性，同时也是各种增强型、扩展型等衍生品种的基础。

本书以 AT89S51 作为 51 单片机的代表性机型来介绍单片机的原理及应用。

1.6.3　单片机型号的含义解析

每种单片机的型号都是由一长串字母和数字构成，里面包含了芯片生产商、芯片家族、芯片的最高时钟频率、芯片的封装、产品等级等信息。下面以 AT89S52-24PU 单片机型号为例介绍型号中各个字符所表示的含义：

AT——生产商标志，表示该器件是 ATMEL 公司的产品。

89——ATMEL 公司的产品 89 系列家族（内含 Flash 存储器）。

S——表示可在线编程。C 表示是 CMOS 产品，LS 表示低电压 2.7～4V，LV 表示低电压 2.7～6V，LP 表示低功耗单时钟周期指令。

52——表示存储器的容量是 8KB。53 是 12KB，54 是 16KB，55 是 20KB，51 是 4KB，2051 是 2KB。

24——表示芯片的最高时钟频率为 24MHz。还有 33MHz、20MHz、16MHz。

P——表示 DIP 封装。S 表示 SOIC 封装，Q 表示 PQFP 封装，A 表示 TQFP 封装，J 表示 PLCC 封装，W 表示裸芯片等。

U——表示芯片的产品等级为无铅工业产品，温度范围为 -40～85℃。C 表示商业产品，温度范围为 0～70℃；I 表示工业产品，温度范围为 -40～85℃；A 表示汽车用产品，温度范围为 -40～125℃；M 表示军用产品，温度范围为 -55～150℃。

芯片的型号只是该芯片的标识，从中只能看出一些简单的信息，要想了解芯片的功能、参数、编程等的详细信息，就要到芯片生产商官方网或者 IC 资料网下载芯片 DATASHEET 文档来琢磨了。

1.6.4　51 单片机的封装及引脚

QFP 封装（适用于大批量生产）单片机如图 1-2 所示。

双列直插式封装（适用于学校与实验室）单片机如图 1-3 所示。

无 ROM 型、ROM 型双列直插式封装单片机如图 1-4 所示。

EPROM 型、E²PROM 型双列直插式封装单片机如图 1-5 所示。

PLCC 封装（适用于实验及大批量生产）如图 1-6 所示。

在我国，除 8 位单片机得到广泛应用外，16 位单片机也得到了广大用户的青睐，例如，美国 TI 公司的 16 位单片机 MSP430 和台湾的凌阳 16 位单片机。这两种单片机本身带有 A-D 转换器，一片芯片就构成了一个数据采集系统，设计使用非常方便。尽管这样，16 位单片机还远远没有 8 位单片机应用的那样广泛和普及，因为目前的主要应用中，8 位单片机的性能已能够满足大部分的实际需求，况且 8 位单片机的性能价格比也较好。

在众多厂家生产的各种不同的 8 位单片机中，与 MCS-51 系列单片机兼容的各种 51 单片机，目前仍然是 8 位单片机的主流品种，若干年内仍是自动化、机电一体化、仪器仪表、工业检测控制应用的主角。

图 1-2 QFP 封装单片机

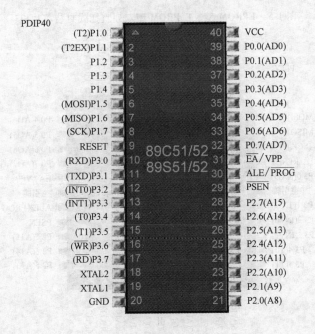

图 1-3 双列直插封装单片机

图 1-4　无 ROM 型、ROM 型双列直插封装单片机

图 1-5　EPROM 型、E²PROM 型双列直插式封装单片机

图 1-6　PLCC 封装单片机

1.7　其他的 51 单片机

其他的 51 单片机主要指世界各半导体器件厂家推出的以 8051 为内核的，各种集成度高、功能强的增强型单片机。这些单片机目前也得到广大设计工程师的青睐。

1.7.1　ADμC812 单片机

ADμC812 单片机是美国 ADI（Analog Device Inc）公司生产的高性能单片机，内部包含高精度的自校准 8 通道 12 位 A-D 转换器，2 通道 12 位 D-A 转换器以及可编程的 8 位与 8051 单片机兼容的 MCU 内核，指令系统与 MCS-51 系列兼容。片内有 8KB Flash 程序存储器、64KB Flash 数据存储器、256B 数据 SRAM（支持可编程）。

ADμC812 片内集成看门狗定时器、电源监视器以及 A-D 转换器、直接内存存取方式（Direct Memory Access，DMA）的功能就是让设备可以绕过处理器，直接由内存来读取资料。为多处理器接口和 I/O 扩展提供了 32 条可编程的 I/O 线、包含有与 I^2C 兼容的串行接口、SPI 串行接口和标准 UART 串行接口 I/O。

ADμC812 的 MCU 内核和 A-D 转换器均设有正常、空闲和掉电工作模式，软件可控制从正常模式到空闲模式，也可切换到更省电的掉电模式。掉电模式下消耗总电流约 $5\mu A$。

1.7.2　C8051Fxxx 单片机

美国 Cygnal 公司的 C8051Fxxx 单片机系列产品，集成度高，具有 8051 内核的 8 位单片机，典型产品为 C8051F020。内部采用流水线结构，大部分指令的完成时间为 1 或 2 个时钟周期，峰值处理能力为 25MIPS。与经典的 51 单片机相比，速度和可靠性都有很大提高。

C8051F020 片内资源：1 个 8 位 A-D 转换器，1 个 12 位 A-D 转换器，1 个双 12 位 A-D 转换器，64KB 片内 Flash 程序存储器，256B 数据存储器，128B SFR，8 个 I/O 端口共 64 条 I/O 口线，5 个 16 位通用定时器，5 个捕捉/比较模块的可编程计数/定时器阵列（PCA），1 个 UART 串行口，1 个 SMBus/I^2C 串口，1 个 SPI 串行口，2 路电压比较器，VDD 监视器（电源监测），内置温度传感器。

C8051Fxxx 单片机最突出的改进是引入了数字交叉开关。数字交叉开关可以改变以往内部功能与外部引脚的固定对应关系。它是一个大的数字开关网络，允许将内部数字系统资源分配给 I/O 端口引脚。与具有标准复用数字 I/O 的单片机不同，该结构可支持所有功能组合。可通过设置交叉开关控制寄存器将片内计数器/定时器、串行总线、硬件中断、A-D 转换器转换启动输入、比较器输出及单片机内部的其他数字信号配置为出现在端口 I/O 引脚。允许用户根据自己的特定应用，选择通用端口 I/O 和所需数字资源的组合。

1.7.3　台湾华邦公司 W78 系列和 W77 系列单片机

台湾华邦公司（Winbond）W78 系列单片机与 AT89C5x 系列完全兼容，W77 系列为增强型。

W77 系列对 8051 的时序做了改进：每个指令周期只需要 4 个时钟周期，速度提高了三倍，工作频率最高可达 40MHz。

W77 系列增加看门狗定时器 WDT、两组 UART、两组 DPTR 数据指针（编写程序非常便利）、ISP（在系统可编程）等功能。片内集成了 USB 接口、语音处理等功能，具有 6 组外部中断源。

华邦公司的 W741 系列的 4 位单片机带液晶驱动，在线烧录，保密性高，低工作电压（1.2 ~ 1.8V）。

1.8　AVR 系列单片机与 PIC 系列单片机

除了 51 单片机外，目前某些非 51 单片机也得到了较为广泛的应用。目前应用较广泛的是 AVR 系列与 PIC 系列单片机，它们博采众长，技术独特，受到广大设计工程师的关注。

1.8.1　AVR 系列单片机

AVR 系列单片机是 1997 年 ATMEL 公司挪威设计中心的 A 先生与 V 先生共同研发出的精简指令集（Reduced Instruction Set Computer，RISC）的高速 8 位单片机，简称 AVR。

1. AVR 系列单片机的特点

1）高速、高可靠性、功能强、低功耗和低价位。早期单片机采取稳妥方案，即采用较高的分频系数对时钟分频，使指令周期长，执行速度慢。

以后的单片机虽采用提高时钟频率和缩小分频系数等措施，但这种状态并未被彻底改观（例如 51 单片机）。虽有某些精简指令集单片机问世，但依旧沿袭对时钟分频的做法。

AVR 单片机的推出，彻底打破这种旧设计格局，废除了机器周期，抛弃复杂指令计算机（CISC）追求指令完备的做法。采用精简指令集，以字作为指令长度单位，将操作数与操作码安排在一字之中，指令长度固定、指令格式与种类相对较少、寻址方式也相对较少，绝大部分指令都为单周期指令。取指周期短，又可预取指令，实现流水作业，故可高速执行指令。当然这种"高速度"是以高可靠性来保障的。

2）采用片内 Flash 存储器给用户的开发带来方便。片内大容量的 RAM 不仅能满足一般场合的使用，同时也更有效地支持使用高级语言开发系统程序，并可像 MCS-51 单片机那样扩展外部 RAM。

3）丰富的片内外设。定时器/计数器、看门狗电路，低电压检测电路 BOD，多个复位源（自动上下电复位、外部复位、看门狗复位、BOD 复位），可设置的启动后延时运行程序，增强了单片机应用系统的可靠性。

多种串口：如通用的异步串行口（UART），面向字节的高速硬件串行接口 TWI（与 I^2C 接口兼容）、SPI。此外还有 ADC、PWM 等部件。

4）I/O 口功能强、驱动能力大。AVR 的工业级产品，具有大电流（最大可达 40mA），驱动能力强，可省去功率驱动器件，直接驱动 SSR 或继电器。

AVR 单片机的 I/O 口能正确反映 I/O 口输入/输出的真实情况。I/O 口的输入可设定为三态高阻抗输入或带上拉电阻输入，以便于满足各种多功能 I/O 口应用的需要，具备 10 ~ 20mA 灌电流的能力。

5）低功耗。具有省电功能（Power Down）及休眠功能（Idle）的低功耗的工作方式。一般耗电在 1 ~ 2.5 mA；典型功耗，WDT 关闭时为 100nA，更适用于电池供电。

有的器件最低 1.8V 即可工作。

6）支持程序的在系统编程（In System Program，ISP）即在线编程，开发门槛较低。只需一条 ISP 并口下载线，就可以把程序写入 AVR 单片机，所以使用 AVR 门槛低、花钱少。其中 MEGA 系列还支持在线应用编程（IAP，可在线升级或销毁应用程序）。

7）程序保密性好。不可破解的位加密锁 Lock Bit 技术，且具有多重密码保护锁死（Lock）功能，使得用户编写的应用程序不被读出。

2. AVR 单片机系列的档次和应用场合

AVR 单片机系列全，分为 3 个档次，适于各种不同要求：

1）低档 Tiny 系列：Tiny11/12/13/15/26/28 等。

2）中档 AT90S 系列：AT90S1200/2313/8515/8535 等。

3）高档 ATmega 系列：有 ATmega8/16/32/64/128（存储容量为 8/16/32/64/128 KB）以及 ATmega8515/8535 等。

1.8.2 PIC 系列单片机

PIC 系列单片机是美国 Microchip 公司的产品。

1. PIC 系列单片机特性

1）最大的特点是从实际出发，重视性能价格比，已经开发出多种型号来满足应用需求。例如，一个摩托车的点火器需要一个 I/O 较少、RAM 及程序存储空间不大、可靠性较高的小型单片机，若用 40 引脚功能强的单片机，投资大，使用也不方便。

PIC 系列从低到高有几十个型号。其中，PIC12C508 单片机仅有 8 个引脚，是世界最小的单片机。有 512 字节 ROM、25 字节 RAM、一个 8 位定时器、一根输入线、5 根 I/O 线，价格非常便宜。用在摩托车点火器非常适合。

PIC 的高档型，如 PIC16C74（尚不是最高档型号）有 40 个引脚，其内部资源为 ROM 共 4KB、192 字节 RAM、8 路 A-D 转换器、3 个 8 位定时器、2 个 CCP 模块、3 个串行口、1 个并行口、11 个中断源、33 个 I/O 引脚，可以和其他品牌的高档型号媲美。

2）精简指令集使执行效率大为提高。PIC 系列 8 位单片机采用精简指令集（RISC），数据总线和指令总线分离的哈佛总线（Harvard）结构，指令单字长，且允许指令代码的位数可多于 8 位的数据位数，这与传统的采用复杂指令结构（CISC）结构的 8 位单片机相比，可以达到 2:1 的代码压缩，速度提高 4 倍。

3）优越的开发环境。51 单片机的开发系统大都采用高档型仿真低档型，实时性不理想。PIC 推出一款新型号单片机的同时推出相应的仿真芯片，所有的开发系统由专用的仿真芯片支持，实时性非常好。

4）其引脚具有防瞬态能力，通过限流电阻可以接至 220V 交流电源，可直接与继电器控制电路相连，无需光耦合器隔离，给应用带来极大方便。

5）保密性好。PIC 以保密熔丝来保护代码，用户在烧入代码后熔断熔丝，别人再也无法读出，除非恢复熔丝。目前，PIC 采用熔丝深埋工艺，恢复熔丝的可能性极小。

6）片内集成了看门狗定时器，可以用来提高程序运行的可靠性。

7）设有休眠和省电工作方式，可大大降低系统功耗并可采用电池供电。

2. PIC 系列单片机的档次

PIC 单片机分低档型、中档型和高档型。

（1）低档 8 位单片机

PIC12C5XXX/16C5X 系列。PIC16C5X 系列最早在市场上得到发展，价格低，有较完善的开发手段，因此在国内应用最为广泛；而 PIC12C5XX 是世界第一个 8 引脚低价位单片机，可用于简单的智能控制等要求体积小的场合，前景广阔。

（2）中档 8 位单片机

PIC12C6XX/PIC16CXXX 系列。PIC 中档产品是 Microchip 公司近年来重点发展的系列产品，品种最为丰富，其性能比低档产品有所提高，增加了中断功能，指令周期可达到 200ns，带 A-D 转换器，内部 E^2PROM 数据存储器，双时钟工作，比较输出，捕捉输入，PWM 输出，I^2C 和 SPI 接口，异步串行接口（UART），模拟电压比较器及 LCD 驱动等等，其封装从 8 引脚到 68 引脚，可用于高、中、低档的电子产品设计中，价格适中，广泛应用在各类电子产品中。

（3）高档 8 位单片机

PIC17CXX 系列。适合高级复杂系统开发的产品，在中档位单片机的基础上增加了硬件乘法器，指令周期可达成 160ns，它是目前世界上 8 位单片机中性价比最高的机种，可用于高、中档产品的开发，如电机控制等。

1.9　各类嵌入式处理器简介

随着集成电路技术及电子技术的飞速发展，各种体系结构的处理器品种越来越繁多，且都嵌入到系统中实现数据处理、数据传输和控制功能，各类以嵌入式处理器为核心的嵌入式系统的应用，是当今电子信息技术应用的一大热点。

具有各种不同体系结构的处理器，构成了嵌入式处理器家族，是嵌入式系统的核心。全世界嵌入式处理器的品种总量已经超过 1000 多种，按体系结构主要分为如下几类：嵌入式微控制器（单片机）、嵌入式数字信号处理器（DSP）、嵌入式微处理器以及片上系统（SOC）等。

1.9.1　嵌入式微控制器

嵌入式微控制器（单片机）是将用于测控目的的计算机小系统集成到一块芯片中。一般以某一种微处理器内核为核心，片内集成 ROM/EPROM、RAM、总线及总线控制逻辑、定时/计数器、WDT、I/O、串行口、脉宽调制输出、A-D 转换器、D-A 转换器、Flash 存储器等各种必要的功能部件和外设。

一个系列的单片机具有多种衍生产品，每种衍生产品的处理器内核都是一样的，不同的是存储器和外设的配置及封装，使单片机与需求相匹配，减少功耗和成本。

单片机最大特点是单片化，价廉，功耗和成本下降、可靠性提高，是目前嵌入式系统工业的主流。

1.9.2　嵌入式数字信号处理器

数字信号处理器（Digital Signal Processor，DSP）非常擅长于高速实现各种数字信号处理运算（如数字滤波、FFT、频谱分析等）。由于硬件结构和指令的特殊设计，使其能够高速完成各种数字信号处理算法。

1981 年，TI 公司研制出的 TMS320 系列是首片低成本、高性能 DSP 处理器芯片，使DSP 技术向前跨出意义重大的一步。

20 世纪 90 年代，由于无线通信、各种网络通信、多媒体技术的普及和应用，以及高清晰度数字电视的研究，极大地刺激了 DSP 在工程上的推广应用。DSP 大量进入嵌入式领域。推动 DSP 快速发展的是嵌入式系统的智能化，例如各种带有智能逻辑的消费类产品，生物信息识别终端，实时语音压解系统，数字图像处理系统等。这类智能化算法一般运算量都较大，特别是矢量运算、指针线性寻址等较多，而这些正是 DSP 的长处所在。

但在一些实时性要求很高的场合，单片 DSP 的处理能力还是不能满足要求。因此，又研制出了多总线、多流水线和并行处理的包含多个 DSP 处理器的芯片，大大提高了系统的性能。

与单片机相比，DSP 的高速运算能力和多总线，处理的算法的复杂度和大的数据处理流量是单片机不可企及的。

DSP 的主要厂商有美国 TI、ADI、Motorola、Zilog 等公司。TI 公司位居榜首，占全球 DSP 市场 60% 左右。DSP 代表性的产品是 TI 公司的 TMS320 系列。TMS320 系列处理器包括用于控制领域的 C2000 系列，用于移动通信的 C5000 系列，以及用在通信和数字图像处理领域的 C6000 系列等。

今天，随着全球信息化和 Internet 的普及，多媒体技术的广泛应用，尖端技术向民用领域的迅速转移，数字技术大范围进入消费类电子产品，使 DSP 不断更新换代，性能指标不断提高，价格不断下降，已成为新兴科技如通信、多媒体系统、消费电子、医用电子等飞速发展的推动力。据国际著名市场调查研究公司 Forward Concepts 发布的一份统计和预测报告显示，目前世界 DSP 产品市场每年正以 30% 的增幅大幅度增长，是目前最有发展和应用前景的嵌入式处理器之一。

1.9.3　嵌入式微处理器

嵌入式微处理器（Embedded Micro Processor Unit，EMPU）的基础是通用计算机中的 CPU。与单片机相比，单片机本身（或稍加扩展）就是一个小的计算机系统，可独立运行，具有完整的功能，而嵌入式微处理器仅仅相当于单片机中的 CPU。

在应用设计中，将嵌入式微处理器装配在专门设计的电路板上，只保留和嵌入式应用有关的母板功能，可大幅减小系统体积和功耗。为满足嵌入式应用的特殊要求，嵌入式微处理器虽然在功能上和标准微处理器基本是一样的，但在工作温度、抗电磁干扰、可靠性等方面一般都做了各种增强。

嵌入式微处理器代表性产品为（Advanced RISC Machines）ARM 系列，其中 RISC 是精简指令集计算机的缩写。同时 ARM 也是设计 ARM 处理器的美国公司的简称。ARM 家族主要有 5 个产品系列：ARM7、ARM9、ARM9E、ARM10 和 SecurCore。

下面以 ARM7 为例说明嵌入式微处理器基本性能。

嵌入式微处理器的地址线为 32 条，能扩展较大的存储器空间，所以可配置实时多任务操作系统（RTOS）。RTOS 是嵌入式应用软件的基础和开发平台。

常用的 RTOS 为 Linux（数百千字节）和 VxWorks（数兆字节）以及 μC-OS Ⅱ。由于嵌入式实时多任务操作系统具有高度灵活性，可很容易地对它进行定制或作适当开发，即对它进行"裁减"、"移植"和"编写"，从而设计出用户所需的应用程序来满足需要。

由于能运行实时多任务操作系统，所以能处理复杂的系统管理任务和处理工作。因此，在移动计算平台、媒体手机、工业控制和商业领域（例如，智能工控设备、ATM 机等）、电子商务平台、信息家电（机顶盒、数字电视）、军事等方面，已成为继单片机、DSP之后的电子信息技术应用的又一大热点。

广义上讲，凡是系统中嵌入了"嵌入式处理器"，如单片机、DSP、嵌入式微处理器，都称为"嵌入式系统"。也有仅把"嵌入"微处理器的系统，称为"嵌入式系统"。目前的"嵌入式系统"，多指后者。

1.9.4　嵌入式片上系统 SOC

随着超大规模集成电路设计技术发展，一个硅片上即可实现一个复杂的系统，即 System On Chip（SOC），也称为片上系统。

片上系统的核心思想是把整个电子系统全部集成在一个芯片中。避免大量 PCB 设计及板级的调试工作。设计者面对的不再是电路及芯片，而是根据系统的固件特性和功能要求，把各种通用处理器内核及各种外围功能部件模块作为 SOC 设计公司的标准库，成为 VLSI 设计中的标准器件，用 VHDL 等语言描述，存储在器件库中。用户只需定义整个应用系统，仿真通过后就可以将设计图交给半导体器件厂商制作样品。除个别无法集成的器件外，整个系统大部分均可集成到一块或几块芯片中去，系统电路板简洁，对减小体积和功耗、提高可靠性非常有利。SOC 使系统设计技术发生革命性变化，标志着一个全新时代到来。

至此，已介绍了嵌入式处理器家族的各成员。由于 8051 体系结构的单片机体积小、价格低、很容易嵌入到系统中，应用十分广泛，且易掌握和普及，市场占有率最高。据统计，8051 体系结构的单片机的用量占全部嵌入式处理器总用量的 50% 以上。因此，8051 体系结构的单片机技术是首先要掌握的。

思考题与习题1

1-1　什么叫单片机？其主要特点有哪些？

1-2　除了单片机这一名称之外，单片机还可称为什么？

1-3　单片机系统将普通计算机的哪几部分集成于一块芯片上？

1-4　单片机的发展大致分为哪几个阶段？

1-5　简述单片机特点及主要应用领域。

1-6　当前单片机的主要产品有哪些？各有何特点？

1-7　单片机的发展趋势是什么？

第 2 章 AT89S51 单片机硬件结构

AT89S51 是美国 ATMEL 公司生产的低功耗、高性能 CMOS 8 位单片机，片内含 4KB 的可系统编程的 Flash 只读程序存储器，器件采用 ATMEL 公司的高密度、非易失性存储技术生产，兼容标准 8051 指令系统及引脚。它集成了 Flash 程序存储器及通用 8 位微处理器于单片芯片中，既可在线编程（ISP），也可用传统方法进行编程。ATMEL 公司的功能强大、低价位 AT89S51 单片机可提供许多高性价比的应用场合，可灵活应用于各种控制领域。本教材是以 AT89S51 单片机为主线进行相关内容介绍的。

本章"从内到外"主要介绍关于 AT89S51 单片机的一些基础知识。首先介绍 AT89S51 单片机的硬件组成、CPU、存储器组织以及特殊功能寄存器（SFR）；然后，详细讲解了 AT89S51 的引脚分布及其功能；最后，讨论了 AT89S51 单片机的时钟、复位电路和低功耗节电模式等。

2.1 AT89S51 单片机的硬件组成

AT89S51 单片机与 MCS-51 完全兼容，AT89S51 内部采用模块式结构，其结构组成如图 2-1 所示。AT89S51 单片机将 CPU、RAM、ROM、看门狗定时器、串行口、定时器/计数器、中断系统、特殊功能寄存器、I/O 接口等基本功能部件都集成在一个尺寸有限的集成电路芯片上。其功能部件具体如下：

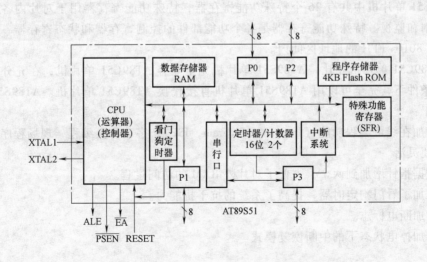

图 2-1　AT89S51 单片机内部结构示意图

（1）一个 8 位 CPU

AT89S51 单片机中有一个 8 位的 CPU，与通用的 CPU 基本相同，该 CPU 由运算器和控制器两大部分组成，具有面向控制的位处理功能。

（2）128B 数据存储器（128B RAM）

AT89S51 单片机的数据存储器片内为 128B（增强型的 52 子系列为 256B），片外最多可扩 64KB。片内 128B 的 RAM 以高速 RAM 的形式集成在单片机中，可加快单片机的运行速度，还可降低功耗，它们均可读写。

（3）4KB 程序存储器（4KB Flash ROM）

AT89S51 单片机片内集成有 4KB 的 Flash 存储器（AT89S52 单片机片内则为 8KB 的 Flash 存储器，AT89C55 单片机片内则为 20KB 的 Flash 存储器），若片内程序存储器的容量不够时，片外可外扩至 64KB，其功能是用来存储程序。

（4）4 个 8 位可编程并行 I/O 口

4 个 8 位可编程并行 I/O 口，分别为 P0 口、P1 口、P2 口和 P3 口。

（5）1 个全双工的异步串行口

1 个全双工的异步串行口，具有 4 种工作方式，可进行串行通信，扩展并行 I/O 口，还可与多个单片机构成多机系统。

（6）2 个 16 位定时器/计数器

2 个 16 位定时器/计数器（52 子系列有 3 个），具有 4 种工作方式。

（7）1 个看门狗定时器 WDT

WDT 是为了解决 CPU 程序运行时可能进入混乱或死循环而设置的，由一个 14 位计数器和看门狗 SFR 构成。当 CPU 由于干扰使程序陷入死循环或跑飞时，WDT 能够使程序恢复正常运行。

（8）中断系统

中断系统具有 5 个中断源、5 个中断矢量，还具有为 5 个中断源配套的 2 级优先嵌套的中断结构。

（9）特殊功能寄存器（SFR）

AT89S51 单片机中共有 26 个特殊功能寄存器，特殊功能寄存器用于对片内各功能部件管理、控制和监视。特殊功能寄存器是各个功能部件的控制寄存器和状态寄存器，映射在片内 RAM 区 80H～FFH 的地址区间内。

与 AT89C51 单片机相比，AT89S51 单片机完全兼容 AT89C51 单片机，在充分保留原来软、硬件条件下，完全可以用 AT89S51 单片机直接代换 AT89C51 单片机。AT89S51 单片机的优势在于：

1）增加在线可编程功能（In System Program，ISP）、字节和页编程，现场程序调试和修改更加方便灵活。

2）数据指针增加到两个，方便了对片外 RAM 的访问过程。

3）增加了看门狗定时器，提高了系统的抗干扰能力。

4）增加断电标志。

5）增加掉电状态下的中断恢复模式。

2.2　AT89S51 的引脚功能

引脚是单片机和外界进行通信的通道连接点，用户只能通过引脚构建控制系统，因此，应用 AT89S51 单片机的一个重要基础就是了解 AT89S51 单片机的各引脚，并熟悉各引脚的功能。单片机的引脚封装主要有 PDIP40、PLCC44 和 PQFP/TQFP44 几种形式，不同封装形式的芯片其引脚的排列位置有所不同，但它们的功能和特性都相同。目前 AT89S51 单片机多采用 40 引脚双列直插封装（DIP）方式，封装形式及引脚排列如图 2-2 所示。

单片机为实现控制的需要，对每一个引脚都赋予了特殊的功能，40 条引脚中 2 条为电源线，2 条为外接晶体振荡器，4 条为控制和复位线，32 条为 I/O 引脚。40 个引脚按其功能可以分为 3 类，具体如下：

1）电源及时钟引脚——V_{CC}（40 引脚）、V_{SS}（20 引脚）；XTAL1（19 引脚）、XTAL2（18 引脚）。

2）控制引脚——$\overline{PSEN}$（29 引脚）、ALE/$\overline{PROG}$（30 引脚）、$\overline{EA}/V_{PP}$（31 引脚）、RST（RESET）（9 引脚）。

3）I/O 口引脚——P0、P1、P2、P3，为 4 个 8 位 I/O 口的引脚。

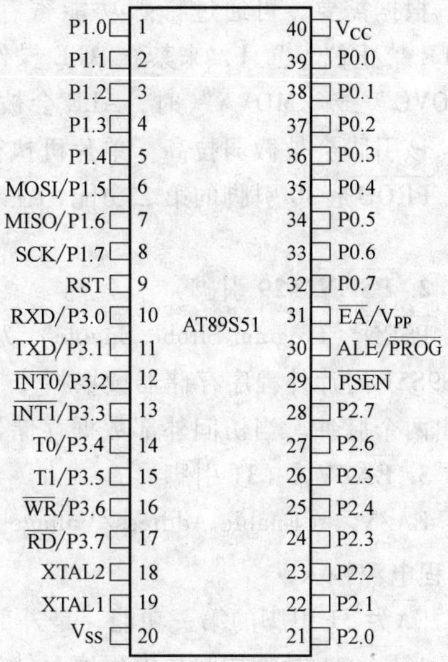

下面将对各引脚的功能分别说明。

P1.0	1		40	V_{CC}
P1.1	2		39	P0.0
P1.2	3		38	P0.1
P1.3	4		37	P0.2
P1.4	5		36	P0.3
MOSI/P1.5	6		35	P0.4
MISO/P1.6	7		34	P0.5
SCK/P1.7	8		33	P0.6
RST	9		32	P0.7
RXD/P3.0	10	AT89S51	31	$\overline{EA}/V_{PP}$
TXD/P3.1	11		30	ALE/$\overline{PROG}$
$\overline{INT0}$/P3.2	12		29	$\overline{PSEN}$
$\overline{INT1}$/P3.3	13		28	P2.7
T0/P3.4	14		27	P2.6
T1/P3.5	15		26	P2.5
$\overline{WR}$/P3.6	16		25	P2.4
$\overline{RD}$/P3.7	17		24	P2.3
XTAL2	18		23	P2.2
XTAL1	19		22	P2.1
V_{SS}	20		21	P2.0

图 2-2　AT89S51 双列直插式封装形式及引脚排列

2.2.1　电源及时钟引脚

1. 电源引脚

1）V_{CC}（40 引脚）：正常工作时该引脚接 5V 直流电源的正端。

2）V_{SS}（20 引脚）：该引脚接 5V 直流电源的地端。

2. 时钟引脚

1）XTAL1（19 引脚）：该引脚是片内振荡器、反相放大器和时钟发生器电路的输入端。当采用外部时钟信号时，此引脚接外部时钟信号；当采用片内振荡器时，此引脚连接外部石英晶体和微调电容。

2）XTAL2（18 引脚）：该引脚是片内振荡器、反相放大器的输出端。当采用外部时钟信号时，此引脚悬空；当采用片内振荡器时，此引脚连接外部石英晶体和微调电容。

2.2.2　控制引脚

单片机为实现控制所需要的引脚数目往往会超过其引脚数目，因此，有些引脚被赋予了双重的功能。下面针对这些引脚进行介绍。

1. ALE/$\overline{PROG}$（30 引脚）

ALE/$\overline{PROG}$（Address Latch Enable/Programming）为低 8 位地址锁存控制信号/编程脉冲输入。

ALE 用于 CPU 访问外部程序存储器或外部数据存储器时提供地址锁存信号，将低 8 位地址锁存在片外的地址锁存器中。此外，单片机正常运行时，ALE 端一直有正脉冲信号输出，此频率为时钟振荡器频率 f_{osc} 的 1/6。因此，它可以对外输出时钟或用于定时目的信号。

注意，当 AT89S51 访问外部 RAM 时（执行 MOVX 类指令），要丢失一个 ALE 脉冲。

根据需要，可通过特殊功能寄存器 AUXR（地址为 8EH，将在后面介绍）的第 0 位（ALE 禁止位）置 1，来禁止 ALE 操作，但执行访问外部程序存储器或外部数据存储器指令"MOVC"或"MOVX"时，ALE 会被激活，即 ALE 禁止位不影响对外部存储器的访问。此外，该引脚会被微弱拉高，单片机执行外部程序时，应设置 ALE 无效。

$\overline{PROG}$是 30 引脚的第二功能，在对片内 Flash 存储器编程时，该引脚作为编程脉冲输入脚。

2. $\overline{PSEN}$（29 引脚）

$\overline{PSEN}$（Program Strobe Enable）为片外程序存储器读选通信号输出端，低电平有效。在 AT89S51 向片外程序存储器读取指令（或常数）期间，每个机器周期该信号两次有效，即输出两个脉冲。当访问外部数据存储器时，没有两次有效的该信号。

3. $\overline{EA}/V_{PP}$（31 引脚）

$\overline{EA}/V_{PP}$（Enable Address/Voltage Pulse of Programming）为访问片外程序存储器控制信号/编程电源输入。

$\overline{EA}$为 31 引脚的第一功能，是外部程序存储器访问允许控制端。

当$\overline{EA}$ = 1 时，访问片内程序存储器（4KB）中的程序，PC 值不超出 0FFFH（不超出片内 4KB Flash 存储器的地址范围），当 PC 值超出 0FFFH（超出片内 4KB Flash 地址范围）时，将自动转向读取片外 60KB（1000H ~ FFFFH）程序存储器空间中的程序。

当$\overline{EA}$ = 0 时，不管单片机内部是否有程序存储器，只访问外部程序存储器中的内容，读取的地址范围为 0000H ~ FFFFH，片内的 4KB Flash 程序存储器不起作用。

V_{PP}为 31 引脚的第二功能，在对片内 Flash 编程时，V_{PP}引脚加上 12V 的电压。

4. RST（RESET，9 引脚）

RST（RESET）为复位信号输入端，高电平有效。当振荡器工作时，在该引脚加上持续时间大于 2 个机器周期（24 个振荡周期）的高电平，可使单片机复位。正常工作，该引脚的电平应为不大于 0.5V 的低电平。

2.2.3　并行 I/O 口引脚

1. P0 口

P0.0 ~ P0.7（39 ~ 32 引脚）为 P0 口的 8 个引脚，在不接片外存储器与不扩展 I/O 口时，作通用的 I/O 口，需加上拉电阻，这时为准双向口。作为通用的 I/O 输入时，应先向端口锁存器写 1。P0 口可驱动 8 个 LS 型 TTL 负载。当扩展外部存储器及 I/O 接口芯片时，P0 口作为低 8 位地址总线及数据总线的分时复用端口。

2. P1 口

P1.0 ~ P1.7（1 ~ 8 引脚）为 P1 口的 8 个引脚，是准双向 I/O 口，具有内部上拉电阻，P1 口可驱动 4 个 LS 型 TTL 负载。准双向 I/O 口向端口锁存器写 1，通过内部的上拉电阻把端口拉到高电平，此时可作输入口。

MOSI / P1.5、MISO/ P1.6 和 SCK/ P1.7 引脚也可用于对片内 Flash 存储器串行编程和校验，它们分别是串行数据输入、输出和移位脉冲引脚。

3. P2 口

P2.0 ~ P2.7（21 ~ 28 引脚）为 P2 口的 8 个引脚，是准双向 I/O 口，具有内部上拉电阻，P2 口可驱动 4 个 LS 型 TTL 负载。准双向 I/O 口向端口锁存器写 1，通过内部的上拉电阻把端口拉到高电平，此时可作输入口。当 AT89S51 扩展外部存储器及 I/O 口时，P2 口作为高 8 位地址总线用，输出高 8 位地址。Flash 编程或校验时，P2 口亦接收高 8 位地址和其他控制信号。

4. P3 口

P3.0 ~ P3.7（10 ~ 17 引脚）为 P3 口的 8 个引脚，是准双向 I/O 口，具有内部上拉电阻，P3 口可驱动 4 个 LS 型 TTL 负载。准双向 I/O 口向端口锁存器写 1，通过内部的上拉电阻把端口拉到高电平，此时可作输入口。P3 口还接收一些用于 Flash 闪存存储器编程和程序校验的控制信号。

P3 口还可提供第二功能。第二功能定义见表 2-1，应熟记。由于第二功能信号都是单片机的重要控制信号，因此，在实际应用时，应优先按需要选用第二功能，剩余不用的引脚可作为通用 I/O 口使用。

表 2-1　P3 口的第二功能

引　脚	第二功能
P3.0	RXD（串行数据输入口）
P3.1	TXD（串行数据输出口）
P3.2	$\overline{\text{INT0}}$（外部中断 0 输入）
P3.3	$\overline{\text{INT1}}$（外部中断 1 输入）
P3.4	T0（定时器 0 外部计数输入）
P3.5	T1（定时器 1 外部计数输入）
P3.6	$\overline{\text{WR}}$（外部数据存储器写选通输出）
P3.7	$\overline{\text{RD}}$（外部数据存储器读选通输出）

2.3　AT89S51 的 CPU

CPU 是 AT89S51 单片机的核心部件，由控制器和运算器两部分组成，主要进行各种算术和逻辑运算，并实现数据的传送。

2.3.1　运算器

运算器主要包括算术逻辑运算单元（Arithmetic Logic Unit，ALU）、累加器 A、位处理器、程序状态字寄存器（Program Status Word，PSW）及两个暂存器等。运算器的功能是对操作数进行算术、逻辑和位操作等运算。

1. ALU

ALU 不仅可以实现 8 位数据的加、减、乘、除、增量、减量、十进制的调整、比较等算术运算和与、或、异或、循环、求补和清零等逻辑运算，同时还具有位处理功能，可以对位变量进行置位、清零、求补、测试转移及逻辑与、或等操作。

2. 累加器 A

累加器 A 是 CPU 中使用最频繁的一个 8 位寄存器，它既可用于存放操作数，也可用于存放运算的中间结果。累加器 A 自身带有全零标志 Z，A = 0，则 Z = 1；A ≠ 0，则 Z = 0，该标志用于程序分支转移的判断条件。指令系统中可以用 A 或 Acc 作为累加器的助记符，两者是有差别的，字节操作指令一般用 A 作为累加器的助记符，进行位操作时一般用 Acc 作为累加器的助记符。在算术和逻辑运算中，参与运算的两个操作数必须有一个放在 A 累加器中，运算结果都放在 A 累加器中；大部分的单操作数指令的操作数由累加器 A 提供。

3. 程序状态字寄存器 PSW

PSW 是一个 8 位寄存器，位于片内特殊功能寄存器区，用于反映程序执行的状态信息。在状态字中，有些位是根据指令执行的结果由硬件自动完成设置，有些位则必须通过软件设定。PSW 中的每个状态位都可由软件读出，PSW 的各位定义见表 2-2。

表 2-2　PSW 的各位定义

位序	PSW. 7	PSW. 6	PSW. 5	PSW. 4	PSW. 3	PSW. 2	PSW. 1	PSW. 0
位标志	CY	AC	F0	RS1	RS0	OV	—	P

（1）CY（PSW.7）进位标志位

在执行算术和逻辑运算指令时，可以被硬件或软件置位或清零。在进行算术运算时，可作为进位标志，例如，若有进位/借位，CY = 1；否则，CY = 0。在位处理器中，它作为位累加器使用。

（2）AC（PSW.6）辅助进位标志位

当进行加法或减法操作而产生低 4 位（BCD 码一位）向高 4 位数进位或借位时，AC 将被硬件置位，否则就被清零。即当 D3 位向 D4 位产生进位或借位时，AC = 1；否则，AC = 0。

（3）F0（PSW.5）用户设定标志位

F0 是用户定义的一个状态标志位，可用软件来使它置 1 或清 0，控制程序的流向。编程时，用户应充分利用该标志位。该位状态一经设定，可由软件测试 F0，以控制程序的流向。

（4）RS1、RS0（PSW.4、PSW.3）寄存器区选择控制位

RS1、RS0（PSW.4、PSW.3）用于选择片内 RAM 区中的当前工作寄存区是哪一组。工作寄存器共有 4 组，但每组在 RAM 中的物理地址不同，用户可通过软件改变 RS1 和 RS0 的组合内容来选择。RS1、RS0 与所选择的 4 组工作寄存器区的对应关系见表 2-3。

表 2-3　RS1、RS0 与 4 组工作寄存器区的对应关系

RS1	RS0	所选的 4 组寄存器
0	0	第 0 组（内部 RAM 地址 00H ~ 07H）
0	1	第 1 组（内部 RAM 地址 08H ~ 0FH）
1	0	第 2 组（内部 RAM 地址 10H ~ 17H）
1	1	第 3 组（内部 RAM 地址 18H ~ 1FH）

注意：这两个选择位的状态是由软件设置的，被选中的寄存器组即为当前工作寄存器组。单片机上电或复位时，RS1RS0 = 00。

（5）OV（PSW.2）溢出标志位

补码运算的运算结果有溢出时，OV = 1；无溢出时，OV = 0。OV 的状态由补码运算中的最高位（D7 位的 CY）和次高位（D6 位的 AC）的异或结果确定，即 OV = CY$\oplus$AC。

（6）PSW.1 位

该位为保留位，此位未定义。

（7）P（PSW. 0）奇偶标志位

该标志位表示运算结果（存放在累加器 A）中"1"的个数是奇数还是偶数。若 P = 1，表示 A 中"1"的个数为奇数。若 P = 0，表示 A 中"1"的个数为偶数。

在串行通信中常用奇偶检验的方法来检验数据串行传输的正确性。因此，P 标志位对半行通信中的数据传输有重要的意义。

2.3.2　控制器

控制器是 AT89S51 单片机的神经中枢，主要包括：程序计数器 PC、指令寄存器、指令译码器、定时及控制逻辑电路等。其主要任务是识别指令，并根据指令的性质控制单片机各功能部件，从而保证单片机各部分能自动协调地工作。

1. 程序计数器 PC

程序计数器 PC 是一个独立的 16 位的加 1 计数器，用于存放程序存储器中将要执行的指令所在存储单元的地址，程序计数器 PC 是不可访问的，因此，用户对它无法进行读/写操作。单片机复位时，程序计数器 PC 中的内容为 0000H，从程序存储器 0000H 单元取指令，开始执行程序，以后 CPU 每取出一条指令，程序计数器 PC 的内容就自动加 1，从而指向下一个存储单元。这样就保证单片机按顺序一条条取出指令加以执行。当程序执行转移指令、子程序调用指令或中断时，程序计数器 PC 中的内容不再是上述情况中简单地加 1，而是由运行的指令自动将其内容更改成所要转向的目的地址，这时，程序计数器 PC 中的内容才能转到所需要的地方去。

程序计数器 PC 中的内容的计数宽度决定了程序存储器的地址范围。程序计数器 PC 的位数为 16 位，故可对 64KB（2^{16}B）的程序存储器进行寻址。

2. 指令寄存器和指令译码器

CPU 按照程序计数器 PC 提供的地址，依次从程序存储器的相应单元中取出相应指令后，先放到指令寄存器，然后由指令译码器翻译成各种形式的控制信号。这些信号与单片机时钟振荡器产生的时钟脉冲在定时或逻辑电路的协作下，形成按一定时间节拍变化的电平和脉冲，在规定的时刻向有关部件发出相应的控制信号来协调寄存器之间的数据传输、运算等操作。

2.4　AT89S51 存储器的结构

计算机的存储器有两种结构。一种是哈佛结构，即程序存储器和数据存储器分开，相互独立；另一种是普林斯顿结构，即程序存储器和数据存储器共用一个存储区，统一编址。AT89S51 单片机的存储器采用的是哈佛结构，两者在物理结构上是分开的，通过各自的数据总线与 CPU 相连，以加快程序的执行速度。

AT89S51 单片机的存储器可分为 4 类：

（1）程序存储器空间

程序存储器分为片内和片外两部分。片内程序存储器为 4KB Flash 存储器，编程和擦除完全是由电气实现的。可用通用编程器对其编程，也可在线编程。对于复杂的 AT89S51 单片机系统，当片内程序存储器满足不了要求时，往往还要在单片机芯片上扩展片外程序存储器，最多可扩展至 64KB 程序存储器。

（2）数据存储器空间

数据存储器分为片内与片外两部分。片内有 128 B 的 RAM（增强型的 52 子系列为 256B），用来存放数据。对于一些复杂的 AT89S51 单片机系统，当片内数据存储器不够用时，在片外可扩展片外数据存储器。AT89S51 数据存储器片外可扩展至 64KB，用户可以根据需要来决定扩展多少数据存储器。

（3）特殊功能寄存器

特殊功能寄存器（Special Function Register，SFR）又称专用寄存器，特殊功能寄存器 SFR 是 AT89S51 的片内各功能部件的控制寄存器及状态寄存器。特殊功能寄存器 SFR 综合反映了整个单片机基本系统内部实际的工作状态及工作方式。其功能已做了专门的规定，用户不能修改其结构。

（4）位地址空间

AT89S51 单片机共有 211 个可寻址位，构成了位地址空间。它们位于内部 RAM（共 128 位）和特殊功能寄存器区（共 83 位）中。

2.4.1　程序存储器空间

AT89S51 单片机的程序存储器主要用来存放程序和表格定常数。AT89S51 单片机片内为 4KB 的 Flash 存储器，其地址范围为 0000H ~ 0FFFH。AT89S51 单片机有 16 位地址线，可外扩的程序存储器空间最大为 64KB，地址为 0000H ~ FFFFH。

AT89S51 单片机的程序存储器分为片内和片外两部分，访问片内程序存储器还是片外程序存储器，由$\overline{EA}$引脚电平确定。

当$\overline{EA}$接高电平，指令寻址地址在 0000H ~ 0FFFH 时，CPU 只访问内部 Flash 存储器，当程序计数器 PC 值超出 0FFFH 时，CPU 自动转向片外程序存储器，执行片外程序存储器空间 1000H ~ FFFFH 内的程序。

当$\overline{EA}$接低电平时，CPU 只访问外部程序存储器，这时外部程序存储器的地址从 0000H ~ FFFFH 开始编址，不理会 AT89S51 单片机片内 4KB 的 Flash 存储器。

AT89S51 单片机的程序存储器中有些单元具有特殊功能，使用时应注意。64KB 程序存储器空间中有 5 个特殊单元分别对应于 5 个中断源的中断入口地址，具体见表 2-4。

表 2-4　5 个中断源的中断入口地址

中断源	入口地址	中断源	入口地址
外部中断 0	0003 H	定时器 T1	001BH
定时器 T0	000BH	串行口	0023H
外部中断 1	0013H		

通常这 5 个中断入口地址处都放一条跳转指令跳向对应的中断服务子程序，而不是直接存放中断服务子程序。通常情况下，8 个单元难以存下一个完整的中断服务程序，所以，从该中断服务程序的首地址开始，存放一条无条件转移指令，以便响应中断后，通过该地址去转到中断服务程序的实际入口地址单元中去。

2.4.2　数据存储器空间

数据存储器与程序存储器不同，AT89S51 单片机可寻址的数据存储器无论在物理上还是在逻辑上都分为两个独立的地址空间，分为片内数据存储器（内部 RAM）与片外数据存储器（外部 RAM）两部分。访问内部 RAM 时，采用 MOV 指令，访问外部 RAM 时，采用 MOVX 指令。

1. 片内数据存储器

AT89S51 单片机的片内数据存储器（内部 RAM）共 128 个单元，字节地址为 00H ~ 7FH。按其用途划分为 3 个区域，见表 2-5。

表 2-5　片内数据存储器的区域划分

地　　址	功　　能	地　　址	功　　能
30H ~ 7FH	数据缓冲区	10H ~ 17H	第 2 组工作寄存器区
20H ~ 2FH	位寻址区	08H ~ 0FH	第 1 组工作寄存器区
18H ~ 1FH	第 3 组工作寄存器区	00H ~ 07H	第 0 组工作寄存器区

（1）工作寄存器区（00H ~ 1FH）

工作寄存器区的地址为 00H ~ 1FH，共有 4 组通用工作寄存器区，每组 8 个寄存单元（各为 8 位），各组都以 R7 ~ R0 作寄存单元编号（寄存器名）。这些寄存器常用于存放操作数及中间结果等，它们的功能不预先做规定，因此，称为通用寄存器，也叫工作寄存器。在任意时刻，CPU 只能使用其中的一组寄存器，并且把正在使用的这组寄存器称为当前工作寄存器组，使用哪一组可通过指令改变 RS1、RS0 两位的状态组合来决定，具体见表 2-3。

（2）位寻址区

片内数据存储器的 20H ~ 2FH 的 16 个单元既可以作一般的数据存储器使用，进行字节操作，也可以对单元中每一位进行位操作，因此把该区称为位寻址区，位寻址区共 128 位，既可位寻址，也可字节寻址。

（3）数据缓冲区

片内数据存储器的 30H ~ 7FH 的单元为数据缓冲区，是供用户随机读写使用的数据缓冲区，只能进行字节寻址，其功能是存放数据以及作为堆栈区使用。

2. 片外数据存储器

AT89S51 单片机具有扩展 64KB 外部数据存储器（外部 RAM）的能力，即外部数据存储器的空间为 0000H ~ 0FFFFH。对于不同的单片机系统，若系统内部 RAM 足够用时，就不再扩展外部 RAM，若系统内部的 128B 的 RAM 不够用时，则需外扩，最多可外扩 64KB 的 RAM。注意，片内 RAM 与片外 RAM 两个空间是相互独立的，片内 RAM 与片外 RAM 的低 128B 的地址是相同的，但由于使用的是不同的访问指令，所以不会发生冲突。

2.4.3　特殊功能寄存器

AT89S51 单片机中的特殊功能寄存器（Special Function Registers，SFR），也称为专用寄存器，它们离散地分布在片内 RAM 的 80H ~ FFH 区域中，共 26 个。AT89S51 单片机中的 CPU 对片内各功能部件的控制采用特殊功能寄存器集中控制的方式，其功能已做了专门的规定，用户不能修改。有些特殊功能寄存器具有位寻址的能力，各特殊功能寄存器的名称及其分布见表 2-6。

与 AT89C51 单片机相比，AT89S51 单片机新增了 5 个殊功能寄存器：DP1L、DP1H、AUXR、AUXR1 和 WDTRST，这 5 个特殊功能寄存器已在表 2-6 中标出。凡是可位寻址的特殊功能寄存器，字节地址末位只能是 0H 或 8H。另外，若读/写未定义单元，将得到一个不确定的随机数。

表 2-6 特殊功能寄存器的名称及其分布

特殊功能寄存器符号	特殊功能寄存器名称	字节地址	位地址	复位值
P0	P0 口寄存器	80H	87H ~ 80H	FFH
SP	堆栈指针	81H	—	07H
DP0L	数据指针 DPTR0 低字节	82H	—	00H
DP0H	数据指针 DPTR0 高字节	83H	—	00H
DP1L	数据指针 DPTR1 低字节	84H	—	00H
DP1H	数据指针 DPTR1 高字节	85H	—	00H
PCON	电源控制寄存器	87H	—	0 × × × 000B
TCON	定时器/计数器控制寄存器	88H	8FH ~ 88H	00H
TMOD	定时器/计数器方式控制	89H	—	00H
TL0	定时器/计数器 0（低字节）	8AH	—	00H
TL1	定时器/计数器 1（低字节）	8BH	—	00H
TH0	定时器/计数器 0（高字节）	8CH	—	00H
TH1	定时器/计数器 1（高字节）	8DH	—	00H
AUXR	辅助寄存器	8EH	—	0 × × × 0 × ×0B
P1	P1 口寄存器	90H	97H ~ 90H	FFH
SCON	串行控制寄存器	98H	9FH ~ 98H	00H
SBUF	串行发送数据缓冲器	99H	—	× × × × × × × ×B
P2	P2 口寄存器	A0H	A7H ~ A0H	FFH
AUXR1	辅助寄存器	A2H	—	× × × × × × ×0B
WDTRST	看门狗复位寄存器	A6H	—	× × × × × × × ×B
IE	中断允许控制寄存器	A8H	AFH ~ A8H	0 × ×0 0000B
P3	P3 口寄存器	B0H	B7H ~ B0H	FFH
IP	中断优先级控制寄存器	B8H	BFH ~ B8H	× ×00 0000B
PSW	程序状态寄存器	D0H	D7H ~ D0H	00H
A（或 Acc）	累加器 A	E0H	E7H ~ E0H	00H
B	寄存器 B	F0H	F7H ~ F0H	00H

特殊功能寄存器中的累加器 A 和程序状态字寄存器 PSW 已在前面介绍过，下面再介绍部分特殊功能寄存器，余下的将在后面进行介绍。

1. 堆栈指针 SP

堆栈就是在单片机内部 RAM 中，从某个选定的堆栈单元开始划定的一个地址连续的区域，堆栈指针 SP 是一个 8 位特殊功能寄存器，用于指示堆栈的栈顶地址，堆栈指针 SP 总是指向堆栈顶部在内部 RAM 块中的位置，所以，每当执行一次入栈（PUSH）操作时，堆栈指针 SP 就会在原来值的基础上自动加 1；每当执行一次出栈（POP）操作时，堆栈指针 SP 就会在原来值的基础上自动减 1。堆栈指针 SP 的内容一旦确定，堆栈的位置也就确定了，由于堆栈指针 SP 可初始化为不同值，因此，堆栈位置是变化的。需要注意：入栈（PUSH）时，先压入堆栈指针 SP 的低 8 位，再压入堆栈指针 SP 的高 8 位。出栈（POP），先弹出堆栈指针 SP 的高 8 位，再弹出堆栈指针 SP 的低 8 位。

AT89S51 的堆栈结构属于向上生长型。单片机复位后，堆栈指针 SP 为 07H，使得堆栈实际上从 08H 单元开始，由于 08H～1FH 单元分别是属于 1～3 组的工作寄存器区，因此，最好在复位后把堆栈指针 SP 值改置为 60H 或更大的值，避免堆栈与工作寄存器冲突。

堆栈的功能主要有以下 3 点：

（1）保护断点

在调用子程序和中断程序后，系统还要返回到主程序中，因此，为了保证子程序、中断程序的正确返回，必须预先保存从主程序向子程序、中断入口时的断点地址。

（2）现场保护

在执行子程序或中断服务子程序时，要用到一些寄存器单元，这时会破坏寄存器的原有内容。因此，在执行子程序或中断服务子程序之前，需要把有关寄存器单元的内容先保存起来，送入堆栈，这就是所谓的"现场保护"。

（3）用于数据的临时保存

堆栈指针 SP 的字节地址为 81H，除用软件可直接改变堆栈指针 SP 值外，在执行 PUSH（数据压入），POP（数据弹出）指令，各种子程序的调用，中断响应，子程序的返回（RET）和中断返回（RETI）等指令时，堆栈指针 SP 值将自动调整。当数据压入堆栈时，堆栈指针 SP 自动加 1；当数据弹出堆栈时，堆栈指针 SP 自动减 1。

2. 寄存器 B

寄存器 B 是一个 8 位寄存器，地址为 F0H，主要用于乘法和除法运算。在不执行乘、除法操作的情况下，可把它当作一个普通寄存器来使用。

在执行乘法指令时，两个因数分别取自累加器 A 和寄存器 B，执行乘法指令后，运算结果的低 8 位存于累加器 A 中，运算结果的高 8 位存放于寄存器 B 中。

在执行除法指令时，被除数取自累加器 A，除数取自寄存器 B，执行除法指令后，运算结果的商存放在累加器 A 中，余数存放在寄存器 B 中。

3. 数据指针 DPTR0 和 DPTR1

DPTR0 和 DPTR1 为双数据指针寄存器，为了便于访问数据存储器，AT89S51 设置了两个双数据指针寄存器。DPTR0 为 AT89C51 单片机原有的数据指针，DPTR1 为 AT89S51 单片机新增加的数据指针。

AUXR1 的 DPS 位用于选择这两个数据指针。当 DPS = 0 时，选用 DPTR0；当 DPS = 1 时，选用 DPTR1。AT89S51 单片机复位时，默认选用 DPTR0。

数据指针 DPTR0（或 DPTR1）是一个 16 位特殊功能寄存器，在物理结构上是独立的。编程时，DPTR0 可以分为两个独立的 8 位寄存器：高字节寄存器 DP0H（或 DP1H）和低字节 DP0L（或 DP1L），因此，DPTR0 既可作为一个 16 位寄存器来使用，也可作为两个 8 位寄存器来用。

4. AUXR 寄存器

AUXR 寄存器是辅助寄存器，其格式如图 2-3 所示。

DISALE 位是 ALE 的禁止/允许位。当 DISALE = 0 时，ALE 有效，发出恒定频率脉冲；当 DISALE = 1 时，ALE 仅在 CPU 执行 MOVC 和 MOVX 类指令时有效，不访问外部存储器

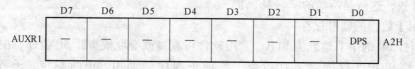

图 2-3　AUXR 寄存器的格式

时，ALE 不输出脉冲信号。

DISRTO 位是禁止/允许 WDT 溢出时的复位输出。当 DISRTO ＝0 时，WDT 溢出，在 RST 引脚输出一个高电平脉冲；当 DISRTO ＝1 时，RST 引脚仅为输入脚。

WDIDLE 位是 WDT 在空闲模式下的禁止/允许位。当 WDIDLE ＝0 时，WDT 在空闲模式下继续计数；当 WDIDLE ＝1 时，WDT 在空闲模式下暂停计数。

"—"位为保留位，未定义。

5. AUXR1 寄存器

AUXR1 寄存器是辅助寄存器，其格式如图 2-4 所示。

	D7	D6	D5	D4	D3	D2	D1	D0	
AUXR1	—	—	—	—	—	—	—	DPS	A2H

图 2-4　AUXR1 寄存器的格式

DPS 位是数据指针寄存器的选择位。当 DPS ＝0 时，选择数据指针寄存器 DPTR0；当 DPS ＝1 时，选择数据指针寄存器 DPTR1。

"—"位为保留位，未定义。

6. 看门狗定时器 WDRST

看门狗定时器 WDRST 是为了解决 CPU 程序运行时可能进入混乱或死循环而设置的，它由一个 14 位计数器和 WDTRST（地址为 6AH）寄存器构成。

当 CPU 由于干扰，程序陷入死循环或跑飞状态时，看门狗定时器 WDRST 提供了一种使程序恢复正常运行的有效手段。有关看门狗定时器 WDRST 在抗干扰设计中的应用以及低功耗模式下运行的状态，将在相应的章节中具体介绍。

7. 串行数据缓冲器 SBUF

串行数据缓冲器 SBUF 是用来存放需要发送和接收的数据。它由两个独立的寄存器组成，一个是发送缓冲器，一个是接收缓冲器，要发送和接收的操作就是对串行数据缓冲器 SBUF 进行的。

上面介绍的特殊功能寄存器，除了堆栈指针 SP 和寄存器 B 以外，其余的均为 AT89S51 单片机在 AT89C51 单片机基础上新增加的特殊功能寄存器。

2.4.4　位地址空间

AT89S51 单片机在数据存储器和特殊功能寄存器中共有 211 个寻址位的位地址，既可进行字节寻址，也可进行位寻址，这种寻址能力是一般微机所没有的。位地址范围为 00H ～ FFH，其中 00H ～7FH 这 128 位处于片内 RAM 字节地址 20H ～2FH 单元中，地址分配见表 2-7。片内 RAM 的 20H ～2FH 字节地址范围共 16 个字节单元，既可作为一般的数据存储器进行字节寻址，也可对单元的每一位进行位寻址，CPU 能直接寻这些位，执行置 1、清 0、求反、转移、传送等操作。其余的 83 个可寻址位分布在特殊功能寄存器中，各特殊功能寄存器的地址分配见表 2-8。可被位寻址的特殊寄存器有 11 个，共有位地址 88 个，其中 5 个位未用，这 83 个位的位地址离散地分布于片内数据存储器区字节地址为 80H ~ FFH 的范围内，其最低的位地址等于其字节地址，且其字节地址的末位都为 0H 或 8H（十六进制的地址尾数为 0 和 8）。

表 2-7 AT89S51 片内 RAM 的可寻址位及其位地址

字节地址	MAB ◄——位地址——►LSB							
	D7	D6	D5	D4	D3	D2	D1	D0
2FH	7FH	7EH	7DH	7CH	7BH	7AH	79H	78H
2EH	77H	76H	75H	74H	73H	72H	71H	70H
2DH	6FH	6EH	6DH	6CH	6BH	6AH	69H	68H
2CH	67H	66H	65H	64H	63H	62H	61H	60H
2BH	5FH	5EH	5DH	5CH	5BH	5AH	59H	58H
2AH	57H	56H	55H	54H	53H	52H	51H	50H
29H	4FH	4EH	4DH	4CH	4BH	4AH	49H	48H
28H	47H	46H	45H	44H	43H	42H	41H	40H
27H	3FH	3EH	3DH	3CH	3BH	3AH	39H	38H
26H	37H	36H	35H	34H	33H	32H	31H	30H
25H	2FH	2EH	2DH	2CH	2BH	2AH	29H	28H
24H	27H	26H	25H	24H	23H	22H	21H	20H
23H	1FH	1EH	1DH	1CH	1BH	1AH	19H	18H
22H	17H	16	15H	14H	13H	12H	11H	10H
21H	0FH	0EH	0DH	0CH	0BH	0AH	09H	08H
20H	07H	06H	05H	04H	03H	02H	01H	00H

表 2-8 特殊寄存器中位地址分布

特殊功能寄存器	位地址								字节地址
	D7	D6	D5	D4	D3	D2	D1	D0	
B	F7H	F6H	F5H	F4H	F3H	F2H	F1H	F0H	F0H
Acc	E7H	E6H	E5H	E4H	E37H	E2H	E1H	E0H	E0H
PSW	D7H	D6H	D5H	D4H	D3H	D2H	D1H	D0H	D0H
IP	—	—	—	BCH	BBH	BAH	B9H	B8H	B8H
P3	B7H	B6H	B5H	B4H	B3H	B2H	B1H	B0H	B0H
IE	AFH	—	—	ACH	ABH	AAH	A9H	A8H	A8H
P2	A7H	A6H	A5H	A4H	A3H	A2H	A1H	A0H	A0H
SCON	9FH	9EH	9DH	9CH	9BH	9AH	99H	98H	98H
P1	97H	96H	95H	94H	93H	92H	91H	90H	90H
TCON	8FH	8EH	8DH	8CH	8BH	8AH	89H	88H	88H
P0	87H	86H	85H	84H	83H	82H	81H	80H	80H

2.5 AT89S51 的并行 I/O 口

单片机片内除了存储器外，还有一项重要的资源——I/O 接口。AT89S51 单片机有 4 个双向的 8 位并行 I/O 口，分别记为 P0 口、P1 口、P2 口和 P3 口。每个端口都包括有一个输出锁存器（属于特殊功能寄存器）、一个输出驱动器和输入缓冲器。每个端口占 8 个引脚，共 32 个引脚。每个端口既可按字节输入/输出外，也可按位进行输入/输出。

2.5.1 P0 口

P0 口是一个双功能的 8 位并行端口，字节地址为 80H，位地址为 80H ~ 87H。端口的各位具有完全相同但又相互独立的电路结构，P0 口某一位的位电路结构如图 2-5 所示。

如图 2-5 所示，P0 口的位电路由以下几个部分组成：

1）一个数据输出的锁存器，用于进行输出数据的锁存。

2）两个三态的数据输入缓冲器，分别是用于读锁存器数据的输入缓冲器 BUF1 和读引脚数据的输入缓冲器 BUF2。

3）一个多路开关 MUX，它的一个输入来自锁存器的 $\overline{Q}$ 端，另一个输入为地址/数据信号的反相输出。多路开关

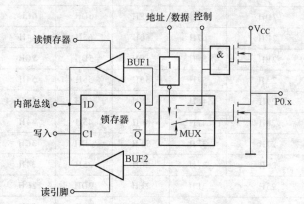

图 2-5 P0 口某一位的位电路结构

MUX 在控制信号的控制下能实现锁存器的输出和地址/数据信号之间的切换。

4）数据输出的控制和驱动电路，由两个场效应晶体管（FET）组成。

当不使用外部存储器时，P0 口作为通用的 I/O 接口进行数据的输入输出，当需要扩展外部存储器时，P0 口作为单片机系统的地址/数据总线使用。

1. P0 口用作通用 I/O 口

当 P0 口作为通用的 I/O 口使用时，电路中控制线上的开关控制信号为 0，多路控制开关 MUX 打向下面，接通锁存器的 $\overline{Q}$ 端，同时封锁与门，使与门输出为 0，上方场效应晶体管截止，使输出驱动器工作在需要外接上拉电阻的漏极开路方式。

当 P0 口作输出口时，内部数据总线上的数据在 CPU 写锁存器信号的作用下，由 1D 端进入锁存器，并由引脚 P0. x 输出。当输入为 1 时，$\overline{Q}$ 端为 0，下方场效应晶体管截止，输出为漏极开路，此时，必须外接上拉电阻才能有高电平输出；当输入为 0 时，下方场效应晶体管导通，P0 口输出为低电平。可见，P0. x 引脚输出状态正好与内部总线上的状态相同。

当 P0 口作输入口使用时，根据指令的不同，有"读锁存器"和"读引脚"两种读入方式。当 CPU 发出"读锁存器"指令时，锁存器的状态由 Q 端经上方的三态缓冲器 BUF1 进入内部总线；当 CPU 发出"读引脚"指令时，锁存器的输出状态 =1（$\overline{Q}$ 端为 0），而使下方场效应晶体管截止，引脚的状态经下方的三态缓冲器 BUF2 进入内部总线。

2. P0 口用作地址/数据总线

当 AT89S51 单片机扩展外部存储器时，P0 口作为单片机的地址/数据总线使用。此时，

单片机控制信号为 1，硬件自动使多路开关 MUX 打向上面，接通反相器的输出，并使与门的输出状态由地址/数据的状态确定。

当输出的地址/数据信息为 1 时，与门输出为 1，上方的场效应晶体管导通，下方的场效应晶体管截止，P0.x 引脚输出为 1；当输出的地址/数据信息为 0 时，上方的场效应晶体管截止，下方的场效应晶体管导通，P0.x 引脚输出为 0。可见，P0.x 引脚的输出状态随着地址/数据状态的变化而变化。输出电路是上、下两个场效应晶体管形成的推拉式结构，大大提高了负载能力，上方的场效应晶体管这时就起到内部上拉电阻的作用。

当 P0 口作为数据输入时，仅从外部存储器（或 I/O）读入信息，对应的"控制"信号为 0，多路开关 MUX 接通锁存器的 $\overline{Q}$ 端。

当 P0 口作为地址/数据复用方式访问外部存储器时，CPU 自动向 P0 口写入 FFH，使下方场效应晶体管截止，上方场效应晶体管由于控制信号为 0 也截止，从而保证数据信息的高阻抗输入，从外部存储器输入的数据信息直接由 P0.x 引脚通过输入缓冲器 BUF2 进入内部总线。

具有高阻抗输入的 I/O 口应具有高电平、低电平和高阻抗 3 种状态的端口。因此，P0口作为地址/数据总线使用时是一个真正的双向端口，简称双向口。

在实际应用中，P0 口绝大多数情况下作为单片机系统的地址/数据线使用，这要比当作通用 I/O 口简单。当输出地址或数据时，由内部发出控制信号，打开上面的与门，并使多路开关 MUX 处于内部地址/数据与驱动场效应晶体管栅极反相接通状态。这时的输出驱动电路由于上下两个场效应晶体管处于反相，形成推拉式结构，使负载能力大大提高。当输入数据时，数据信号直接从引脚通过输入缓冲器进入内部总线。

综上所述，P0 口具有如下特点：

1）P0 口为双功能口：地址/数据复用口和通用 I/O 口。

2）当 P0 口用作地址/数据复用口时，P0 口是一个真正的双向口，输出低 8 位地址和输出/输入 8 位数据；当 P0 口用作通用 I/O 口时，由于需要在片外接上拉电阻，端口不存在高阻抗（悬浮）状态，因此，P0 口是一个准双向口。

3）为保证引脚信号的正确读入，应首先向锁存器写 1。单片机复位后，锁存器自动被置为 1；当 P0 口由原来的输出状态变为输入状态时，也应先置锁存器为 1 方可执行输入操作。

4）P0 口能驱动 8 个 LSTTL 负载。

注意：P0 口大多作为地址/数据复用口使用，这时就不能再作为通用 I/O 口使用。即当P0 口的 8 位不需要全部用作地址/数据复用口时，剩余的端口也不能再作为通用 I/O 口使用。

2.5.2　P1 口

P1 口是单功能的 I/O 口，字节地址为 90H，位地址为 90H ~ 97H，通常作为通用 I/O 接口使用，所以在电路结构上 P1 口与 P0 口有所不同。首先，P1 口不需要多路开关 MUX，其次，P1 口内部电路有上拉电阻，与场效应晶体管共同构成输出驱动电路。P1 口某一位的位电路结构如图 2-6 所示。

如图 2-6 所示，P1 口位电路结构由以下三部分组成：

1）一个数据输出锁存器，用于进行输出数据的锁存。

2) 两个三态的数据输入缓冲器 BUF1 和 BUF2，其中，BUF1 用于读锁存器数据，BUF2 用于读引脚数据的输入缓冲。

3) 数据输出驱动电路，由一个场效应晶体管（FET）和一个片内上拉电阻组成。

注意：P1 口只能作为通用的 I/O 口使用。

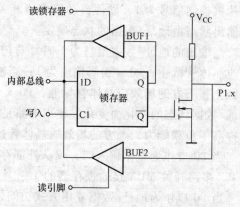

1. P1 口作输出口

P1 口作通用输出口使用时，数据经内部总线、锁存器反相输出端、场效应晶体管到引脚 P1. x。当 CPU 输出 1 时，Q = 1，$\overline{Q}$ = 0，场效应晶体管截止，P1 口引脚的输出为 1；当 CPU 输出 0 时，Q = 0，$\overline{Q}$ = 1，场效应晶体管导通，P1 口引脚的输出为 0。

图 2-6　P1 口某一位的位电路结构

2. P1 口作为输入口

P1 口作通用输入口使用时，根据指令的不同，可分为"读锁存器"和"读引脚"两种方式。"读锁存器"时，锁存器的输出端 Q 的状态经输入缓冲器 BUF1 进入内部总线；"读引脚"时，先向锁存器写 1，使场效应晶体管截止，P1. x 引脚上的电平经输入缓冲器 BUF2 进入内部总线。

综上所述，P1 口具有以下特点：

1) P1 口由于具有内部上拉电阻，没有高阻抗输入状态，所以称为准双向口。作为输出口时，不需要在片外外接上拉电阻。

2) P1 口"读引脚"输入时，必须先向锁存器写入 1，其原理与 P0 口相同。

3) P1 口能驱动 4 个 LSTTL 负载。

2.5.3　P2 口

P2 口是一个双功能口，字节地址为 A0H，位地址为 A0H ~ A7H。P2 口某一位的位电路结构如图 2-7 所示。

如图 2-7 所示，P2 口位电路结构由以下几个部分组成：

1) 一个数据输出锁存器，用于输出数据位的锁存。

2) 两个三态数据输入缓冲器 BUF1 和 BUF2，分别用于读锁存器数据和读引脚数据的输入缓冲。

3) 一个多路开关 MUX，它的一个输入是来自锁存器的 Q 端，另一个输入是来自内部地址的高 8 位。

4) 数据输出驱动电路，由场效应晶体管（FET）和内部上拉电阻组成。

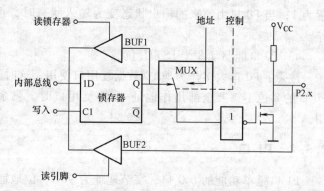

图 2-7　P2 口某一位的位电路结构

P2 口电路比 P1 口电路多了一个多路开关 MUX，与 P0 口一样，因此，P2 口既可以作为通用 I/O 口使用（多路开关 MUX 打向锁存器的 Q 端），也可以作为地址总线使用（多路开关 MUX 打向锁存器的 Q 端相反方向）。在实际应用中，P2 口一般作为地址总线使用。

1. P2 口用作地址总线

P2 口用作地址总线使用时，在控制信号作用下，多路开关 MUX 与"地址"接通。若"地址"为 1，则 Q = 1，场效应晶体管截止，所以 P2 口引脚的输出为 1；若"地址"线为 0，则 Q = 0，场效应晶体管导通，P2 口引脚输出为 0。

2. P2 口用作通用 I/O 口

P2 口用作输出口使用时，在内部控制信号作用下，多路开关 MUX 与锁存器的 Q 端接通。若 CPU 输出为 1，则 Q = 1，场效应晶体管截止，P2.x 引脚的输出为 1；同理，若 CPU 输出为 0，则 Q = 0，场效应晶体管导通，P2.x 引脚的输出为 0。

P2 口用作输入口时，根据使用的指令不同，可分为"读锁存器"和"读引脚"两种方式。"读锁存器"时，锁存器的输出端 Q 的状态经输入缓冲器 BUF1 进入内部总线；"读引脚"时，必须先向锁存器写 1，使场效应晶体管截止，外部传送到 P2.x 引脚上的电平经输入缓冲器 BUF2 进入内部总线。

注意：P2 口一般用作地址总线口使用，这时就不能再作为通用 I/O 口使用。即当 P2 口的 8 位不需要全部用作地址总线时（根据片外存储器的扩展容量而定），剩余的端口也不能再作为通用 I/O 口使用。

综上所述，P2 口具有以下特点：

1）P2 口作为高 8 位地址输出线应用时，与 P0 口输出的低 8 位地址一起构成 16 位地址总线，可寻址 64KB 的地址空间。

2）当 P2 口作为高 8 位地址输出口时，其输出锁存器原锁存的内容保持不变。

3）作为通用 I/O 口使用时，P2 口为一准双向口，功能与 P1 口一样。

4）P2 口能驱动 4 个 LSTTL 负载。

2.5.4　P3 口

P3 口是一个双功能 8 位输入/输出口，由于 AT89S51 单片机的引脚数目有限，为适应系统需要，内部结构中增加了第二输入/输出功能。P3 口的第二功能定义见表 2-1，读者应熟记。P3 口字节地址为 B0H，位地址 B0H ~ B7H。P3 口某一位的位电路结构如图 2-8 所示。

如图 2-8 所示，P3 口位电路结构由以下几个部分组成：

1）1 个数据输出锁存器，用于进行输出数据的锁存。

2）3 个三态数据输入缓冲器 BUF1、BUF2 和 BUF3，输入缓冲器 BUF1 用于读锁存器，输入缓冲器 BUF2、输入缓冲器 BUF3 分别用于读引脚数据和第二功能数据缓冲的输入。

3）数据输出驱动电路，由与非门、场效应晶体管（FET）和内部上拉电阻组成。

P3 口的特点在于增加引脚的第二功能，因此，P3 口既可作为通用 I/O 口使

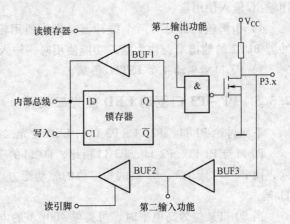

图 2-8　P3 口某一位的位电路结构

用，也可作为第二功能使用，下面将进行具体介绍：

1. P3 口用作第一功能——通用 I/O 口

P3 口用作通用 I/O 口时，单片机内部硬件自动将第二输出功能端保持高电平，这时与非门相当于一个反相器，锁存器的输出可通过与非门反相后送至场效应晶体管，再输出到引脚。

P3 口用作第一功能通用输出时，当 CPU 输出 1 时，则 Q = 1，场效应晶体管截止，P3. x 引脚的输出为 1；当 CPU 输出 0 时，则 Q = 0，场效应晶体管导通，P3. x 引脚输出为 0。

P3 口用作第一功能通用输入时，应先对 P3. x 位的输出锁存器和第二输出功能应置 1，使场效应晶体管截止，P3. x 引脚的状态通过输入缓冲器 BUF3 和 BUF2 进入内部总线，完成"读引脚"操作。

当 P3 口实现读锁存器输入时，执行"读锁存器"操作，此时，锁存器 Q 端的信息经过输入缓冲器 BUF1 进入内部总线。

2. P3 口用作第二输入/输出功能

在作为第二输入/输出功能使用时，单片机内部硬件自动将锁存器 Q 端置 1，这时与非门相当于一个反相器。

当作为第二功能输出时，第二功能输出端的信号经与非门反相后送至场效应晶体管，再输出到引脚。若第二输出端输出为 1，场效应晶体管截止，P3. x 引脚的输出为 1；若第二功能输出端为 0，则场效应晶体管导通，P3. x 引脚的输出为 0。

当作为第二功能输入时，第二输出功能端与锁存器 Q 端均为高电平，这时场效应晶体管截止，P3. x 引脚的信号通过输入缓冲器 BUF3 送到第二功能输入端。

P3 口的第二功能信号是单片机的主要控制信号，在实际应用时，总是按需要优先选用它的第二功能，剩下不用的才作为通用输入/输出口使用。

综上所述，P3 口具有以下特点：

1) P3 口内部有上拉电阻，无高阻抗输入态，是一个准双向口。

2) P3 口作为第二功能的输出/输入或第一功能通用输入，需将相应的锁存器置 1。在实际应用中，由于复位后 P3 口锁存器自动置 1，满足第二功能所需的条件，所以不需任何设置，就可以进入第二功能操作。

3) P3 口不作为第二功能用时，自动处于通用输出/输入口的功能，可作为第一功能通用输出/输入使用。

4) 引脚输入部分有两个缓冲器，作为通用输出/输入口使用时，输入信号取自输入缓冲器 BUF2 的输出端；作为第二功能使用时，输入信号取自输入缓冲器 BUF3 的输出端。

5) P3 口能驱动 4 个 LSTTL 负载。

2.5.5　P1 ~ P3 口驱动 LED 发光二极管

下面讨论 P1 口、P2 口、P3 口与 LED 发光二极管的驱动连接问题。

P0 口与 P1 口、P2 口、P3 口相比，P0 口的驱动能力较大，每位可驱动 8 个 LSTTL 输入，而 P1 口、P2 口、P3 口的每一位的驱动能力，只有 P0 口的一半，每位可驱动 4 个 LST-TL 输入。

当 P0 口某位为高电平时，可提供 400 μA 的电流；当 P0 口某位为低电平（0.45V）时，可提供 3.2mA 的灌电流。如低电平允许提高，灌电流可相应加大。所以，任何一个口要想获得较大的驱动能力，只能用低电平输出。

　　例 2-2　使用单片机的并行口 P1、P2、P3 直接驱动发光二极管，其电路如图 2-9 所示。由于 P1 口、P2 口、P3 口内部有 30kΩ 左右的上拉电阻。如果高电平输出，则强行从 P1 口、P2 口和 P3 口输出的电流 I_d 会造成单片机端口的损坏，如图 2-9a 所示。如果端口引脚为低电平，能使电流 I_d 从单片机外部流入内部，将大大增加流过的电流值，如图 2-9b 所示。

　　所以，使用 P1 口、P2 口、P3 口驱动 LED 发光二极管时，应该采用低电平驱动。

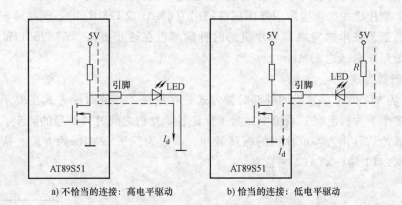

图 2-9　发光二极管与 AT89S51 并行口的直接连接

2.6　时钟电路与时序

　　单片机本身是一个复杂的同步时序电路，为了保证同步工作，电路应在同一个时钟信号控制下，严格按规定时序执行指令。时钟电路就是用来产生 AT89S51 工作时所必需的控制信号的。

　　执行指令时，CPU 首先到程序存储器中取出需要执行的指令操作码，然后译码，并由时序电路产生一系列控制信号完成指令所规定的操作。

　　CPU 发出的时序信号有两类，一类用于对片内各个功能部件进行控制，用户无须了解；另一类用于对片外存储器或 I/O 口进行控制，这部分时序对于分析、设计硬件接口电路至关重要，这也是单片机应用设计者非常关心的问题。

2.6.1　时钟电路设计

　　AT89S51 单片机中 CPU 的操作需要精确的定时，这一功能的实现是以时钟控制信号为基准的，因此，时钟频率直接影响单片机的速度，时钟电路的质量也直接影响单片机系统的稳定性。XTAL1 和 XTAL2 分别是振荡电路的输入和输出端，时钟信号可以由内部时钟方式或外部时钟方式产生。

　　1. 内部时钟方式

　　图 2-10 是 AT89S51 单片机的内部时钟方式连接电路。如图所示，AT89S51 内部有一个高增益反相放大器，用于构成振荡器。反相放大器的输入端为芯片引脚 XTAL1，输出端为引脚 XTAL2，在芯片的外部通过在 XTAL1 和 XTAL2 这两个引脚之间跨接石英晶体振荡器和

微调电容 C_1 和 C_2 组成并联谐振回路,从而构成一个稳定的自激振荡器。

使用晶体振荡器时,C_1 和 C_2 的电容值在 5~30pF 之间选择,晶体振荡频率范围可以在 1.2~12MHz 之间选择,电容值的大小会影响振荡器频率的高低、振荡器的稳定性和振荡器的快速性。晶体的频率越高,单片机速度就越快。速度快对存储器的速度要求就高,对印制电路板的工艺要求也高,即线间的寄生电容要小,因此,晶体振荡器和电容应尽可能与单片机靠近,以减少寄生电容,保证振荡器稳定、可靠地工作。为提高温度稳定性,采用温度稳定性能好的电容。在实际应用中,电容的典型值通常选择为 30pF。

AT89S51 单片机在通常应用中使用振荡频率为 6MHz 或 12MHz 的石英晶体振荡器。随着集成电路制造工艺技术的发展,单片机的时钟频率也在逐步提高,AT89S51 和 AT89S52 单片机的时钟最高频率已达 33MHz。

2. 外部时钟方式

图 2-11 是 AT89S51 单片机的外部时钟方式连接电路。外部时钟方式主要用于多单片机系统,在由多个单片机组成的系统中,为了保证各单片机之间时钟信号的同步,应当引入一个公用外部脉冲信号作为各单片机的振荡脉冲,一般为低于 12MHz 的方波。这时外部时钟源直接接到 XTAL1 端,XTAL2 端悬空。

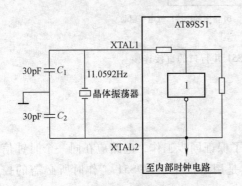

图 2-10　内部时钟方式电路

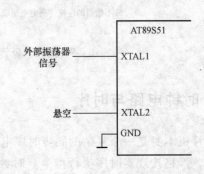

图 2-11　AT89S51 的外部时钟方式电路

3. 时钟信号的输出

当 AT89S51 单片机使用片内振荡器时,XTAL1、XTAL2 引脚还可以为应用系统中的其他芯片提供时钟信号,但需增加驱动能力。时钟信号的输出方式有两种,如图 2-12 所示。

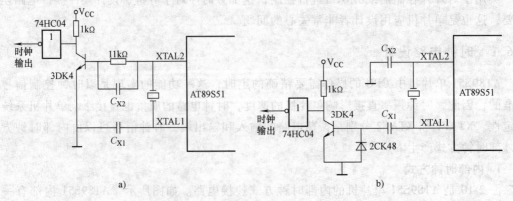

图 2-12　时钟信号的两种输出方式

2.6.2　机器周期、指令周期与指令时序

单片机执行的每一条指令都可以分解成若干个基本微操作。而且这些微操作在时间上都有严格的先后次序，这些次序就是 CPU 的时序。时序的定时单位主要有 3 个，依次为时钟周期、机器周期和指令周期。时钟周期为振荡频率的倒数；机器周期为 12 个时钟周期；指令周期为执行一条指令所需要的时间。

AT89S51 单片机的 CPU 均是在时序控制电路控制下执行指令的，各种时序均与时钟周期相关。

1. 时钟周期

时钟周期是单片机时钟控制信号的基本时间单位。若时钟晶体振荡频率为 f_{osc}，则时钟周期 $T_{osc} = 1/f_{osc}$。如 $f_{osc} = 6MHz$，$T_{osc} = 166.7ns$。

2. 机器周期

一个机器周期是指 CPU 完成一个基本操作所需要的时间。单片机中常把执行一条指令分为几个机器周期。每个机器周期完成一个基本操作，如取指令、读或写数据等。单片机有固定的机器周期，规定一个机器周期为 6 个状态，相当于 12 个节拍，因此，每 12 个时钟周期为 1 个机器周期，即 $T_{cy} = 12/f_{osc}$。

1 个机器周期包括 12 个时钟周期，分 6 个状态：S1 ~ S6。每个状态又分两拍：P1 和 P2。因此，一个机器周期中的 12 个时钟周期表示为 S1P1、S1P2、S2P1、S2P2、…、S6P2，如图 2-13 所示。

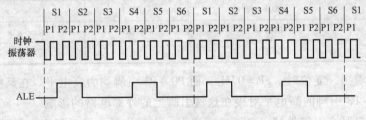

图 2-13　AT89S51 的机器周期

3. 指令周期

单片机的指令周期是指执行一条指令所需要的时间，不同的指令在执行时所花费的时间是不一样的。它是最大的时序定时单位。指令周期是以机器周期的数目来表示。对于简单的单字节指令，取出立即执行，只需一个机器周期的时间。而有些复杂的指令，如转移、乘、除指令则需两个以上的机器周期。

从指令执行的时间来看，单字节和双字节指令一般为单机器周期和双机器周期，三字节指令都是双机器周期，乘、除指令占用 4 个机器周期。指令的运算速度和它的机器周期数直接相关，因此，在编程时，应选用具有同样功能而机器周期数少的指令。

2.7　复位操作和复位电路

复位操作是完成单片机内部电路的初始化，使单片机从一种确定的状态开始运行。当给复位引脚 RST 加上大于 2 个机器周期（24 个时钟振荡周期）的高电平时，AT89S51 单片机就完成了复位操作。

2.7.1　复位操作

当对 AT89S51 单片机进行复位操作时，程序计数器 PC 初始化为 0000H，使单片机从 0000H 单元开始执行程序。除了系统的正常初始化外，当程序出错（如程序跑飞）或操作错误使系统处于死锁状态时，也需要重新启动单片机，使其复位。按复位键使 RST 引脚为高电平，即可使 AT89S51 摆脱"跑飞"或"死锁"状态而重新启动程序。

复位操作还对其他一些寄存器有影响，这些寄存器复位时的状态见表 2-9。

表 2-9　复位时片内各寄存器的状态

寄存器	复位状态	寄存器	复位状态
PC	0000H	TMOD	00H
Acc	00H	TCON	00H
PSW	00H	TH0	00H
B	00H	TL0	00H
SP	07H	TH1	00H
DPTR	0000H	TL1	00H
P0 ~ P3	FFH	SCON	00H
IP	× × ×0 0000B	SBUF	× × × × × × × ×B
IE	0 × ×0 0000B	PCON	0 × × × 0000B
DP0L	00H	AUXR	× × × × 0 × ×0B
DP0H	00H	AUXR1	× × × × × × ×0B
DP1L	00H	WDTRST	× × × × × × × ×B
DP1H	00H		

由表 2-9 可看出，复位时，SP = 07H，而 P0 ~ P3 引脚均为高电平。在某些控制应用中，要注意考虑 P0 ~ P3 引脚的高电平对接在这些引脚上的外部电路的影响。

例 2-2　P1 口某个引脚外接一个继电器绕组，当复位时，该引脚为高电平，继电器绕组就会有电流通过，就会吸合继电器开关，使开关接通，可能会引起意想不到的后果。

2.7.2　复位电路设计

AT89S51 单片机的复位操作是由复位电路实现的。AT89S51 单片机片内复位电路结构如图 2-14 所示。

复位引脚 RST 通过一个施密特触发器与复位电路相连，施密特触发器用来抑制噪声，在每个机器周期的 S5P2，施密特触发器的输出电平由复位电路采样一次，然后才能得到内部复位操作所需要的信号。

AT89S51 的复位操作有上电自动复位和按键复位两种方式。

上电自动复位操作要求接通电源后自动实现复位操作。上电复位电路如图 2-15 所示。

图 2-15 为最简单的上电自动复位电路。对于 CMOS 型单片机，由于在 RST 引脚内部有一个下拉电阻，可将电阻 R 去掉，而将电容 C 选为 10μF。

上电瞬间由于电容 C 上无储能，其端电压近似为零，RST 获得高电平，随着电容 C 的充电，RST 引脚上的高电平将逐渐下降，当 RST 引脚上的电压小于某一数值后，单片机就脱离复位状态，进入正常工作模式。注意，RST 引脚上的高电平持续时间取决于电容 C 充电时间。为保证系统可靠复位，RST 引脚上的高电平必须维持足够长的时间（约两个机器周期）。

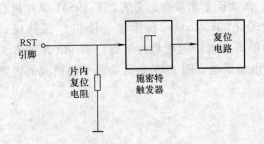

图 2-14 AT89S51 的片内复位电路结构

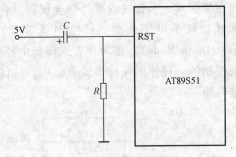

图 2-15 上电复位电路

除了上电复位外，有时还需要按键复位。按键复位有电平和脉冲两种方式。

按键复位是通过 RST 端经电阻与电源 V_{CC} 接通来实现的，按键电平复位电路如图 2-16 所示。当时钟频率选 6MHz 时，C 取 10μF，R 取 2kΩ。

按键脉冲复位是利用 RC 微分电路产生的正脉冲来实现的，按键脉冲复位电路如图 2-17 所示。图中阻容参数适于 6MHz 时钟。

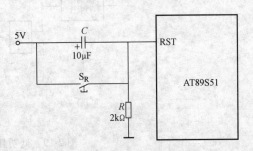

图 2-16 按键电平复位电路

系统上电运行后，若需要复位，一般通过按键复位来实现，通常采用按键复位与上电自动复位结合。复位电路虽然简单，但其作用十分重要。一个单片机系统能否正常运行，首先要检查是否能复位成功。

图 2-18 所示电路能输出高、低两种电平的复位控制信号，以适应外围 I/O 接口芯片所要求的不同复位电平信号。图 2-18 中，74LS122 为单稳电路，实验表明，电容 C 的选择约为 0.1μF 较好。

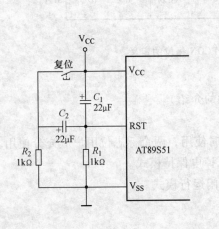

图 2-17 按键脉冲复位电路

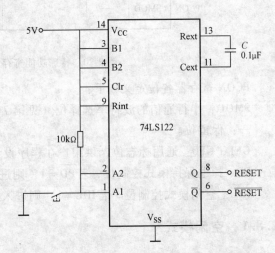

图 2-18 兼有上电复位与按键复位的电路

2.8　低功耗节电模式

在便携式、手提式或野外作业仪器设备上，低功耗是非常有意义的，AT89S51 单片机有两种低功耗节电工作模式：空闲（等待）模式（Idle Mode）和掉电（停机）保持模式（Power Down Mode）。这两种方式都是由特殊功能寄存器中的电源控制寄存器 PCON 的有关位来控制的。在掉电保持模式下，V_{cc} 可由后备电源供电。图 2-19 为低功耗节电模式的内部控制电路。

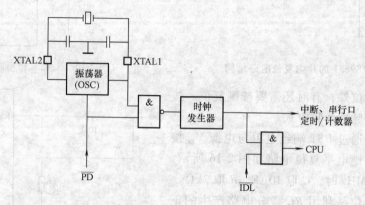

图 2-19　低功耗节电模式的控制电路

若 $\overline{IDL}=0$，则单片机进入空闲运作方式。在这种方式下，振荡器仍然继续运行，但 $\overline{IDL}$ 封锁了去 CPU 的与门，故 CPU 此时得不到时钟信号。而中断、串行口和定时器等仍在时钟控制下正常工作。在掉电方式下（$\overline{PD}=0$），振荡器停止工作。

电源控制器 PCON 是不可位寻址的特殊功能寄存器，字节地址为87H，其每位的定义如图 2-20 所示。

	D7	D6	D5	D4	D3	D2	D1	D0	
PCON	SMOD	—	—	—	GF1	GF0	PD	IDL	87H

图 2-20　特殊功能寄存器 PCON 每位的定义

PCON 寄存器各位定义如下：

SMOD：串行通信的波特率选择位（见第 7 章的介绍）。

—：保留位。

GF1、GF0：通用标志位，供用户在程序设计时使用，两个标志位用户应充分使用。

PD：掉电保持模式控制位，若 PD＝1，则进入掉电保持模式。

IDL：空闲模式控制位，若 IDL＝1，则进入空闲运行模式。

2.8.1　空闲模式

1. 空闲模式的进入

只要执行将 $\overline{IDL}$ 位置 1 的指令，由图 2-19 可知，则把通往 CPU 的时钟信号关断，单片机便进入空闲模式。在空闲方式下，振荡器仍然运行，CPU 进入睡眠状态。所有外围电路（中断系统、串行口和定时器/计数器）仍继续工作，但内部 RAM 和特殊功能寄存器中的数据保持在原状态不变，端口状态也保持不变。堆栈指针 SP、程序计数器 PC、程序状态字寄存器 PSW、累加器 A、P0 ~ P3 端口等所有其他寄存器、内部 RAM 和特殊功能寄存器中内容均保持进入空闲模式前状态。

2. 空闲模式的退出

空闲模式有两种退出方式：响应中断方式和硬件复位方式。

在空闲模式下，中断功能仍然保留。若引入一个中断请求信号，则在单片机响应中断的同时，IDL 位被片内硬件自动清 0，单片机就退出空闲模式而进入正常工作状态。在中断服务程序中，只需安排一条 RETI 指令，就可使单片机恢复正常工作后返回断点处继续执行程序。

当使用硬件复位退出空闲模式时，在内部复位系统发挥作用前，单片机要从它转入空闲模式时的断点恢复执行程序达两个机器周期的时间。在这期间，单片机禁止对内部 RAM 的访问，但不禁止对端口引脚的访问。为了避免在硬件复位退出空闲模式时出现对端口（或外部 RAM）的不希望的写入，跟随在设置空闲方式指令（IDL 置 1 的指令）后面的不应是对端口引脚或外部 RAM 的写入指令。

2.8.2　掉电运行模式

1. 掉电模式的进入

只要执行一条将 PD 位置 1 的指令，便可使单片机进入掉电模式。由图 2-19 可知，在掉电模式下，进入时钟振荡器的信号被封锁，振荡器停止工作。

由于没有时钟信号，内部的所有功能部件均停止工作，但片内 RAM 和特殊功能寄存器原来的内容都被保留，有关端口的输出状态值都保存在对应的特殊功能寄存器中。

2. 掉电模式的退出

掉电模式的退出有两种方法：硬件复位和外部中断。硬件复位时要重新初始化特殊功能寄存器，但不改变片内 RAM 的内容。只有当 V_{cc} 恢复到正常工作水平时，硬件复位信号维持 10ms，方可使振荡器重新启动并达到稳定后退出掉电运行模式。

2.8.3　掉电和空闲模式下的 WDT

掉电模式下振荡器停止，意味着 WDT 也就停止计数。用户在掉电模式下就不需要操作 WDT。

掉电模式的退出方法有两种，这两种方法是硬件复位和外部中断。当使用硬件复位退出掉电模式时，对 WDT 的操作与正常情况一样。当使用中断方式退出掉电模式时，应使中断输入保持足够长时间的低电平，以使振荡器达到稳定。当中断变为高电平之后，该中断被执行，在中断服务程序中复位寄存器 WDTRST。当外部中断引脚保持低电平时，为了防止WDT 溢出复位，在系统进入掉电模式前应先对寄存器 WDTRST 复位。

在进入空闲模式前，应先设置 AUXR 中的 WDIDLE 位，以确认 WDT 是否继续计数。

当 WDIDLE = 0 时，空闲模式下的 WDT 保持继续计数。为了防止复位单片机，用户可以设计一定时器。该定时器使器件定时退出空闲模式，然后复位 WDTRST，再重新进入空闲模式。

当 WDIDLE = 1 时，WDT 在空闲模式下暂停计数，退出空闲模式后，方可恢复计数。

思考题与习题 2

2-1　AT89S51 单片机内部结构主要由哪些部件组成？

2-2　AT89S51 单片机与 AT89C51 单片机的区别是什么？

2-3　AT89S51 单片机的引脚 $\overline{PSEN}$、$ALE/\overline{PROG}$、$\overline{EA}/V_{PP}$、RST 的功能分别是什么？

2-4　AT89S51 的振荡周期和机器周期有什么关系？当振荡频率为 10MHz 时，机器周期是多少？

2-5　AT89S51 单片机有 5 个中断源的中断入口地址，写出这些单元的入口地址及对应的中断源。

2-6　若 A 中的内容是 63H，P 标志位的值是多少。

2-7　AT89S51 单片机的内部数据存储器分为哪几个不同的区域？并说明每个区域的使用特点。

2-8　下列说法正确的是（　　　）。

A. 使用 AT89S51 且 $\overline{EA}$ = 1 时，仍可外扩 64KB 的程序存储器

B. 在 AT89S51 中，为使双向的 I/O 口工作在输入方式，必须事先预置为 1

C. PC 可以看成是程序存储器的地址指针

D. 区分片外程序存储器和片外数据存储器的最可靠的办法是看其位于地址范围的低端还是高端

2-9　分别说明程序计数器 PC、数据指针 DPTR 的作用。

2-10　程序状态字 PSW 中各位的含义是什么？

2-11　什么是堆栈？堆栈的指针 SP 有何作用？在程序设计时为什么要重新对 SP 赋值？

2-12　下列说法错误的是（　　　）。

A. AT89S51 中特殊功能寄存器（SFR）就是片内 RAM 中的一部分

B. 片内 RAM 的位寻址区，只能供位寻址使用，不能进行字节寻址

C. AT89S51 中共有 26 个特殊功能寄存器（SFR），它们的位都是可用软件设置的，因此，是可以位寻址的

D. 堆栈是 AT89S51 单片机内部的一个特殊区域，与 RAM 无关

2-13　在程序运行中，PC 的值是（　　　）。

A. 当前正在执行指令的前一条指令的地址

B. 当前正在执行指令的地址

C. 当前正在执行指令的下一条指令的地址

D. 控制器中指令寄存器的地址

2-14　下列说法正确的是（　　　）。

A. 指令可以访问 DPTR

B. DPTR 是 16 位寄存器

C. 在单片机运行时，DPTR 具有自动加 1 的功能

D. DPTR 可以作为 2 个 8 位的寄存器使用

2-15　P1 口某位锁存器置 0，其相应引脚能否作为输入用？并说明理由。

2-16　使单片机复位的方式有几种？复位后机器的初始状态如何？

2-17　下列说法正确的是（　　　）。

A. PC 是一个不可寻址的特殊功能寄存器

B. 在 AT89S51 单片机中，一个机器周期等于 $1\mu s$

C. 特殊功能寄存器 SP 内存放的是栈顶首地址单元的内容

D. 单片机的主频越高，其运算速度越快

2-18　当 AT89S51 单片机运行错误或陷入死循环时，如何恢复正常？

2-19　下列说法正确的是（　　　）。

A. AT89S51 单片机进入空闲模式，CPU 停止工作，片内的外围电路（如中断系统、串行口和定时器）仍可继续工作

B. AT89S51 单片机无论进入空闲模式还是掉电模式后，片内的 RAM 和 SFR 中的内容均保持原来的状态

C. AT89S51 单片机进入掉电模式，CPU 和片内的外围电路（如中断系统、串行口和定时器等）均停止工作

D. AT89S51 单片机进入空闲模式时，可采用响应中断方式来退出

2-20　AT89S51 单片机复位后，R4 所对应的存储单元的地址为（　　　），因上电时 PSW =（　　　），这时的工作寄存器区是（　　　）组工作寄存器区。

2-21　AT89S51 单片机的 4 个并行双向口 P0 ~ P3 的驱动能力各为多少？要想获得较大的输出能力，采用低电平还是高电平输出？

第 3 章　AT89S51 单片机的指令系统

指令是 CPU 按照人们的意图来完成某种操作的命令，它以英文名称或缩写形式作为助记符。用助记符、符号地址、标号等表示的书写程序的语言称为汇编语言指令。系统地掌握和熟知指令系统的各类汇编语言指令是 AT89S51 单片机应用程序设计的基础。

3.1　指令系统概述

AT89S51 指令系统是一种简明、易掌握、效率较高的指令系统。

AT89S51 的基本指令共 111 条，按指令在程序存储器所占的字节来分，可分为以下 3 种：

1）单字节指令 49 条。

2）双字节指令 45 条。

3）三字节指令 17 条。

按指令的执行时间来分，可分为以下 3 种：

1）1 个机器周期（12 个时钟振荡周期）的指令 64 条。

2）2 个机器周期（24 个时钟振荡周期）的指令 45 条。

3）只有乘、除两条指令的执行时间为 4 个机器周期（48 个时钟振荡周期）。

在 12MHz 晶体振荡频率条件下，每个机器周期为 $1\mu s$。

AT89S51 的一大特点是在硬件结构中有一个位处理器，对应这个位，指令系统中相应地设计了一个处理位变量的指令子集，它在进行位变量处理的程序设计中十分有效、方便。

3.2　指令格式

指令的表示方法称为指令格式。一条指令通常由两部分组成：操作码和操作数。操作码用来规定指令进行什么操作。而操作数则是指令操作的对象。操作数可能是一具体数据，也可能是指出到哪里取得数据的地址或符号。

在 AT89S51 指令系统中，有单字节指令、双字节指令和三字节指令之分，指令的长度不同，格式也就不同。

1）单字节指令：只有一个字节，操作码和操作数同在一个字节中。

2）双字节指令：两个字节，其中一个字节为操作码，另一个字节是操作数。

3）三字节指令：其中，操作码占一个字节，操作数占两个字节。且操作数既可以是数据，也可以是地址。

3.3　指令系统的寻址方式

大多数指令在执行时，都需要使用操作数。寻址方式就是在指令中说明操作数所在地址的方法。一般来说，寻址方式越多，单片机的功能就越强，灵活性则越大，指令系统也就越复杂。寻址方式所要解决的主要问题就是如何在整个存储器和寄存器的寻址空间内，灵活、方便、快速地找到指定的地址单元。AT89S51 单片机的指令系统有 7 种寻址方式，下面分别予以介绍。

3.3.1　寄存器寻址方式

寄存器寻址方式，就是指令中的操作数为某一寄存器的内容。

例如指令：

MOV　A，Rn　　　；（Rn）→A，n=0~7

是把 Rn 中的源操作数送入到累加器 A 中。由于指令指定了从寄存器 Rn 中取得源操作数，所以称为寄存器寻址方式。

寄存器寻址方式的寻址范围包括：

1）4 组通用工作寄存区共 32 个工作寄存器。但只对当前工作寄存器区的 8 个工作寄存器寻址，指令中的寄存器名称只能是 R0~R7。

2）部分特殊功能寄存器，如累加器 A、寄存器 B 以及数据指针寄存器 DPTR 等。

3.3.2　直接寻址方式

在直接寻址方式中，指令中直接给出操作数的单元地址，该单元地址中的内容就是操作数，直接的操作数单元地址用"direct"表示。例如某一直接寻址方式指令：

MOV　A，direct

指令中"direct"就是操作数的单元地址。例如：

MOV　A，40H

表示把内部 RAM 40H 单元（direct）的内容传送到 A。指令中源操作数（右边的操作数）采用的是直接寻址方式。

指令中两个操作数都可由直接寻址方式给出。例如：

MOV　direct1，direct2

具体指令：

MOV　42H，62H

表示把片内 RAM 中 62H 单元的内容送到片内 RAM 中的 42H 单元中。

直接寻址是访问片内所有特殊功能寄存器的唯一寻址方式。也是访问内部 RAM 的 128 个单元的一种寻址方式。

3.3.3　寄存器间接寻址方式

前述的寄存器寻址方式在寄存器中存放的是操作数，而寄存器间接寻址方式在寄存器中存放的是操作数的地址，即先从寄存器中找到操作数的地址，再按该地址找到操作数。由于操作数是通过寄存器间接得到的，因此称为寄存器间接寻址。

为了区别寄存器寻址和寄存器间接寻址，在寄存器间接寻址方式中，应在寄存器名称前面加前缀标志"@"。例如指令：

MOV　A，@Ri　　　　；i=0 或 1

其中，Ri 的内容为 40H，即从 Ri 中找到源操作数所在的单元的地址 40H，然后把内部 RAM

40H 地址单元中的内容传送给 A。

3.3.4　立即数寻址方式

立即数寻址方式就是直接在指令中给出操作数。出现在指令中的操作数也称立即数。为了与直接寻址指令中的直接地址加以区别，需在操作数前加前缀标志"#"。例如指令：

MOV　A, #40H

表示把立即数 40H 送给 A，40H 这个常数是指令代码的一部分。采用立即数寻址方式的指令是双字节的。第一个字节是操作码，第二字节是立即数，因此，立即数就是放在程序存储器内的常数。

3.3.5　基址寄存器加变址寄存器间接寻址方式

这种寻址方式是以 DPTR 或 PC 作为基址寄存器，以累加器 A 作为变址寄存器，以两者内容相加形成的 16 位地址作为目的地址进行寻址。例如指令：

MOVC　A, @ A + DPTR

其中，A 的原有内容为 05H，DPTR 的内容为 0400H，该指令执行的结果是把程序存储器 0405H 单元的内容传送给 A。

本寻址方式的指令有 3 条：

MOVC　A, @ A + DPTR

MOVC　A, @ A + PC

JMP　A, @ A + DPTR

前两条指令适用于读程序存储器中固定的数据。例如，将固定的且按一定顺序排列的表格参数存放在程序存储器中，在程序运行中由 A 的动态参量来确定读取对应的表格参数。

第 3 条为散转指令，A 中内容为程序运行后的动态结果，可根据 A 中不同内容，实现跳向不同程序入口的跳转。

3.3.6　相对寻址方式

相对寻址方式是为解决程序转移而专门设置的，为转移指令所采用。

相对寻址是以该转移指令的地址（PC 值）加上它的字节数，再加上相对偏移量（rel），形成新的转移目的地址，从而使程序转移到该目的地址。转移的目的地址用下式计算：

目的地址 = 转移指令所在的地址 + 转移指令字节数 + rel

其中，偏移量 rel 是单字节的带符号 8 位二进制补码数。它所能表示的数的范围是 − 128 ~ 127。因此，程序的转移范围是以转移指令的下条指令首地址为基准地址，相对偏移在 − 128 ~ + 127 单元之间。例如，跳转指令：

LJMP　rel

在执行时，程序要转移到该指令的 PC 值加 3 再加上 rel 的目的地址处。其中，3 为本跳转指令的字节数，rel 为 8 位带符号的补码数。

用户在编写程序时，只需在转移指令中直接写上要转向的地址标号就可以了。例如：

LJMP　LOOP

"LOOP" 即为要转向的目的地址标号。程序汇编时，由汇编程序自动计算和填入偏移量。但手工汇编时，偏移量的值需编程人员手工计算。

3.3.7　位寻址方式

位寻址是指对内部 RAM 和特殊功能寄存器具有位寻址功能的某位内容进行置 1 和清 0 操作。位地址一般以直接位地址给出，位地址符号为"bit"。例如指令：

　　MOV　C，bit

其某一具体指令：

　　MOV　C，40H

该指令的功能就是把位地址为 40H 的值送到进位位 C。

由于 AT89S51 具有位处理功能，可直接对数据位方便地实现置 1、清 0、求反、传送、判跳和逻辑运算等操作，为测控系统的应用提供了最佳代码和速度，大大增强了实时性。

至此 7 种寻址方式已介绍完毕。但是存在一个问题：当一条指令给定后，如何来确定该指令的寻址方式？例如指令：MOV　A，#40H，它究竟是属于立即数寻址还是寄存器寻址？这要看以哪个操作数作为参照系了。因为操作数分为源操作数（右边的操作数）和目的操作数（左边操作数）。对于源操作数"#40H"来说，是"立即数寻址"方式，但对目的操作数"A"来说，是属于"寄存器寻址"方式。一般而言，寻址方式指的是源操作数，所以此例为立即数寻址方式。AT89S51 指令系统的 7 种寻址方式总结见表 3-1。

表 3-1　7 种寻址方式及其寻址空间

序号	寻址方式	寻址空间
1	寄存器寻址	R0～R7、A、B、C（位）、DPTR 等
2	直接寻址	内部 128 字节 RAM、特殊功能寄存器
3	寄存器间接寻址	片内数据存储器、片外数据存储器
4	立即数寻址	程序存储器中的立即数
5	基址寄存器加变址寄存器间接寻址	读程序存储器固定数据和程序散转
6	相对寻址	程序存储器相对转移
7	位寻址	内部 RAM 中的可寻址位、SFR 中的可寻址位

3.4　AT89S51 指令系统分类介绍

AT89S51 指令系统共 111 条指令，按功能分类，可分为下面五大类：

（1）数据传送类（28 条）

（2）算术运算类（24 条）

（3）逻辑操作类（25 条）

（4）控制转移类（17 条）

（5）位操作类（17 条）

在分类介绍指令之前，先简单介绍描述指令的一些符号的意义。

Rn　　　当前寄存器区的 8 个工作寄存器 R0～R7（n＝0～7）。

Ri　　　当前寄存器区中作为间接寻址寄存器的 2 个寄存器 R0、R1（i＝0，1）。

direct　　直接地址，即 8 位内部数据存储器单元或特殊功能寄存器的地址。

#data　　指令中的 8 位立即数。

#data16   指令中的 16 位立即数。

rel   偏移量，8 位的带符号补码数。

DPTR   数据指针，可用作 16 位数据存储器单元地址的寄存器。

bit   内部 RAM 或特殊功能寄存器中的直接寻址位。

C 或 CY   进位标志位或位处理器中的累加器。

addr11   11 位目的地址。

addr16   16 位目的地址。

@   间接寻址寄存器前缀，如@ Ri，@ A + DPTR。

（x）   表示 x 地址单元或寄存器中的内容。

（（x））   表示以 x 单元或寄存器中的内容作为地址间接寻址单元的内容。

→   箭头右边的内容被箭头左边的内容所取代。

3.4.1 数据传送类指令

数据传送类指令是编程时使用最频繁的一类指令。一般数据传送类指令的助记符为"MOV"，通用格式如下：

　　MOV   < 目的操作数 >，< 源操作数 >

数据传送类指令是把源操作数传送到目的操作数。指令执行之后，源操作数不改变，目的操作数修改为源操作数。所以数据传送类操作属"复制"性质，而不是"搬家"。

数据传送类指令不影响标志位，这里所说的标志位是指 CY、AC 和 OV，但不包括奇偶标志位 P。

1. 以累加器为目的操作数的指令

MOV   A，Rn   ;（Rn）→A，n = 0 ~ 7

MOV   A，@ Ri   ;（（Ri））→A i = 0，1

MOV   A，direct   ;（direct）→A

MOV   A，#data   ;#data→A

这组指令的功能是把源操作数内容送累加器 A，源操作数有寄存器寻址、直接寻址、间接寻址和立即数寻址等方式，例如指令：

MOV   A，R6   ;（R6）→A，寄存器寻址

MOV   A，@ R0   ;（（R0））→A，间接寻址

MOV   A，70H   ;（70H）→A，直接寻址

MOV   A，#78H   ;78H→A，立即数寻址

2. 以 Rn 为目的操作数的指令

MOV   Rn，A   ;（A）→Rn，n = 0 ~ 7

MOV   Rn，direct   ;（direct）→Rn，n = 0 ~ 7

MOV   Rn，#data   ;#data→Rn，n = 0 ~ 7

这组指令的功能是把源操作数的内容送入当前寄存器区的 R0 ~ R7 中的某一寄存器。

3. 以直接地址 direct 为目的操作数的指令

MOV   direct，A   ;（A）→direct

MOV   direct，Rn   ;（Rn）→direct，n = 0 ~ 7

MOV   direct1，direct2   ;（direct2）→direct1

```
MOV    direct, @ Ri                    ; ((Ri))→direct, i = 0, 1
MOV    direct, #data                   ; #data→direct
```

这组指令的功能是把源操作数送入直接地址指定的存储单元。direct 指的是内部 RAM 或 SFR 的地址。

4. 以寄存器间接地址为目的操作数的指令

```
MOV    @ Ri, A                         ; (A) → ((Ri)), i = 0, 1
MOV    @ Ri, direct                    ; (direct) → ((Ri)), i = 0, 1
MOV    @ Ri, #data                     ; #data→ ((Ri)), i = 0, 1
```

这组指令的功能是把源操作数内容送入 R0 或 R1 指定的存储单元中。

5. 16 位数传送指令

```
MOV    DPTR, #data16                   ; #data16→DPTR
```

这条指令的功能是把 16 位立即数送入 DPTR，用来设置数据存储器的地址指针。AT89S51 有两个 DPTR，通过设置特殊功能寄存器 AUXR1 中的 DPS 位来选择。当 DPS = 1，则指令中的 DPTR 即为 DPTR1，DPTR0 被屏蔽，反之亦然。DPTR 既是一个 16 位的数据指针，又可分为 DPH 和 DPL 两个 8 位寄存器进行操作，十分灵活、方便。设有两个 DPTR 后，就可避免频繁的出入堆栈操作。

对于所有 MOV 类指令，累加器 A 是一个特别重要的 8 位寄存器，CPU 对它具有其他寄存器所没有的操作指令。后面将要介绍的加、减、乘、除指令都是以 A 作为目的操作数。Rn 为 CPU 当前所选择的寄存器组中的 R0 ~ R7，直接地址 direct 指定的存储单元为内部 RAM 的 00H ~ 7FH 和特殊功能寄存器（地址范围 80H ~ FFH）。在间接地址中，用 R0 或 R1 作为内部 RAM 的地址指针，可访问内部 RAM 的 00H ~ 7FH 共 128 个单元。

6. 堆栈操作指令

在 AT89S51 的内部 RAM 中设定一个后进先出（Last In First Out, LIFO）的区域，称为堆栈。在特殊功能寄存器中有一个堆栈指针 SP，指示堆栈的栈顶位置。堆栈操作有进栈和出栈两种，因此，在指令系统中相应有两条堆栈操作指令。

（1）进栈指令

```
PUSH   direct
```

这条指令的功能是，首先将栈指针 SP 加 1，然后把 direct 中的内容送到 SP 指示的内部 RAM 单元中。

例如：当（SP）= 60H，（A）= 30H，（B）= 70H 时，执行下列指令

```
PUSH   Acc                             ; (SP) + 1 = 61H→SP, (A) →61H
PUSH   B                               ; (SP) + 1 = 62H→SP, (B) →62H
```

结果为（61H）= 30H，（62H）= 70H，（SP）= 62H。

（2）出栈指令

```
POP    direct
```

这条指令的功能是，将栈指针 SP 指示的栈顶（内部 RAM 单元）内容送入 direct 字节单元中，栈指针 SP 减 1。

例如：当（SP）= 62H，（62H）= 70H，（61H）= 30H 时，执行指令

```
POP    DPH                             ; ((SP))→DPH, (SP) −1→SP
POP    DPL                             ; ((SP))→DPL, (SP) −1→SP
```

结果为（DPTR）＝7030H，（SP）＝60H。

7. 累加器 A 与外部数据存储器 RAM/IO 传送指令

MOVX　A，@DPTR　　　　　　　；（（DPTR））→A，读外部 RAM/IO

MOVX　A，@Ri　　　　　　　　；（（Ri））→A，读外部 RAM/IO

MOVX　@DPTR，A　　　　　　　；（A）→（（DPTR）），写外部 RAM/IO

MOVX　@Ri，A　　　　　　　　；（A）→（（Ri）），写外部 RAM/IO

上述 4 条指令的助记符是在 MOV 的后面加"X"，"X"表示 AT89S51 单片机访问的是片外 RAM 或 I/O 口，是读外部 RAM 存储器或 I/O 口中的一个字节的数据到累加器 A 中，或将累加器 A 中的一个字节的数据写入外部 RAM 存储器或 I/O 口中。所以在执行前两条指令时，$\overline{RD}$（P3.7）有效；执行后两条指令时，$\overline{WD}$（P3.6）有效，这一点读者要牢记。

采用 16 位的 DPTR 间接寻址，可寻址整个 64KB 片外数据存储器空间，高 8 位地址（DPH）由 P2 口输出，低 8 位地址（DPL）由 P0 口输出。

采用 Ri（i＝0，1）进行间接寻址，可寻址片外 256 个单元的数据存储器。8 位地址由 P0 口输出，锁存在地址锁存器中，然后 P0 口再作为 8 位数据口。

8. 查表指令

这类指令共两条，均为单字节指令，这是 AT89S51 指令系统中仅有的两条读程序存储器中表格数据的指令。由于对程序存储器只读不写，因此其数据的传送都是单向的，即从程序存储器中读出数据到累加器 A 中。两条查表指令均采用基址寄存器加变址寄存器间接寻址方式。

（1）MOVC　A，@A＋PC

这条指令以 PC 作为基址寄存器，A 的内容作为无符号数整数和 PC 的当前值（下一条指令的起始地址）相加后得到一个新的 16 位地址，把该地址指定的程序存储单元的内容送到累计器 A。

例如：当（A）＝30H 时，执行地址 1000H 处的指令

1000H：　MOVC　A，@A＋PC

该指令占用一个字节，下一条指令的地址为 1001H，（PC）＝1001H 再加上 A 中的 30H，得 1031H，结果把程序存储器中 1031H 的内容送入累加器 A。

这条指令的优点是不改变特殊功能寄存器及 PC 的状态，根据 A 的内容就可以取出表格中的常数。缺点是表格只能存放在该条查表指令所在地址的 256 个单元之内，表格大小受到限制，且表格只能被一段程序所用。

（2）MOVC　A，@A＋DPTR

这条指令以 DPTR 为基址寄存器，A 的内容作为无符号数整数和 DPTR 的内容相加得到一个 16 位地址，把由该地址指定的程序存储器单元的内容送到累加器 A。

例如：（DPTR）＝8100H，（A）＝40H，执行指令

MOVC　A，@A＋DPTR

结果是将程序存储器中 8140H 单元内容送入 A 中。

这条查表指令的执行结果只与指针 DPTR 及累加器 A 的内容有关，与该指令存放的地址及常数表格存放的地址无关，因此表格的大小和位置可以在 64KB 程序存储器空间中任意安排，一个表格可以为各个程序块公用。

上述两条指令的助记符都是在 MOV 的后面加"C"，"C"是 CODE 的第一个字母，即

表示程序存储器中的代码。执行上述两条指令时，单片机的$\overline{PSEN}$引脚信号（程序存储器读）有效，这一点读者要牢记。

9. 字节交换指令

XCH A, Rn	; (A) ↔ (Rn), n = 0 ~ 7
XCH A, direct	; (A) ↔ (direct)
XCH A, @ Ri	; (A) ↔ ((Ri)), i = 0, 1

这组指令的功能是将累加器 A 的内容和源操作数的内容相互交换。源操作数有寄存器寻址、直接寻址和寄存器间接寻址等方式。例如：(A) = 80H, (R7) = 08H, (40H) = F0H, (R0) = 30H, (30H) = 0FH, 执行下列指令：

XCH A, R7	; (A) ↔ (R7)
XCH A, 40H	; (A) ↔ (40H)
XCH A, @ R0	; (A) ↔ ((R0))

结果为 (A) = 0FH, (R7) = 80H, (40H) = 08H, (30H) = F0H。

10. 半字节交换指令

XCHD   A, @ Ri

这条指令的功能是，累加器的低 4 位与内部 RAM 低 4 位交换。例如：(R0) = 60H, (60H) = 3EH, (A) = 59H, 执行完 "XCHD A, @ R0" 指令，则 (A) = 5EH, (60H) = 39H。

3.4.2 算术运算类指令

在 AT89S51 指令系统中，有单字节的加、减、乘、除法指令，算术运算功能比较强。算术运算指令都是针对 8 位二进制无符号数的，如要进行带符号或多字节二进制数运算，需编写具体的运算程序，通过执行程序实现。

算术运算的结果将使 PSW 的进位（CY）、辅助进位（AC）、溢出（OV）3 种标志位置 1 或清 0。但增 1 和减 1 指令不影响这些标志。

1. 加法指令

共有 4 条加法运算指令：

ADD A, Rn	; (A) + (Rn) →A , n = 0 ~ 7
ADD A, direct	; (A) + (direct) →A
ADD A, @ Ri	; (A) + ((Ri))→A, i = 0, 1
ADD A, #data	; (A) + #data→A

这 4 条 8 位二进制数加法指令的**一个加数**总是来自累加器 A，而**另一个加数**可由寄存器寻址、直接寻址、寄存器间接寻址和立即数寻址等不同的寻址方式得到。其相加的结果总是放在累加器 A 中。

使用本指令时，要注意累加器 A 中的运算结果对各个标志位的影响：

1）如果位 7 有进位，则进位标志 CY 置 1，否则 CY 清 0。

2）如果位 3 有进位，辅助进位标志 AC 置 1，否则 AC（AC 为 PSW 寄存器中的一位）清 0。

3）如果位 6 有进位，而位 7 没有进位，或者位 7 有进位，而位 6 没有进位，则溢出标志位 OV 置 1，否则 OV 清 0。

溢出标志位 OV 的状态，只有带符号数加法运算时才有意义。当两个带符号数相加时，OV = 1，表示加法运算超出了累加器 A 所能表示的带符号数的有效范围（ − 128 ~ 127），即产生了溢出，表示运算结果是错误的，否则运算是正确的，即无溢出产生。

例 3-1 （A）= 53H，（R0）= FCH，执行指令

ADD A, R0

运算式为

$$
\begin{array}{r}
0101\ \ 0011 \\
+)\ \ \ \ 1111\ \ 1100 \\
\hline
1\leftarrow\ \ \ 0100\ \ 1111
\end{array}
$$

结果为 （A）= 4FH，CY = 1，AC = 0，OV = 0，P = 1（A 中 1 的个数为奇数）。

注意：在上面的运算中，由于位 6 和位 7 同时有进位，所以标志位 OV = 0。

例 3-2 （A）= 85H，（R0）= 20H，（20H）= AFH，执行指令

ADD A, @ R0

运算式为

$$
\begin{array}{r}
1000\ \ 0101 \\
+)\ \ \ \ 1010\ \ 1111 \\
\hline
1\leftarrow\ \ \ 0011\leftarrow0100
\end{array}
$$

结果为 （A）= 34H，CY = 1，AC = 1，OV = 1，P = 1。

注意：由于位 7 有进位，而位 6 无进位，所以标志位 OV = 1。

2. 带进位加法指令

带进位加法运算的特点是进位标志位 CY 参加运算，因此带进位的加法运算是 3 个数相加。带进位的加法指令共 4 条：

```
ADDC  A, Rn          ;（A）+（Rn）+ C→A , n = 0 ~ 7
ADDC  A, direct      ;（A）+（direct）+ C→A
ADDC  A, @ Ri        ;（A）+（（Ri））+ C→A, i = 0, 1
ADDC  A, #data       ;（A）+ #data + C→A
```

这组带进位加法指令的功能是，指令中不同寻址方式所指定的加数、进位标志与累加器 A 内容相加，结果存在累加器 A 中。

如果位 7 有进位，则进位标志 CY 置 1，否则 CY 清 0；

如果位 3 有进位，则辅助进位标志 AC 置 1，否则 AC 清 0；

如果位 6 有进位而位 7 没有进位，或者位 7 有进位而位 6 没有进位，则溢出标志 OV 置 1，否则标志 OV 清 0。

例 3-3 （A）= 85H，（20H）= FFH，CY = 1，执行指令

ADDC A, 20H

运算式为

$$
\begin{array}{r}
1000\ \ 0101 \\
1111\ \ 1111 \\
+)\ \ \ \ \ \ \ \ \ \ \ \ \ 1 \\
\hline
1\leftarrow 1000\ \ \ 0101
\end{array}
$$

结果为（A）= 85H，CY = 1，AC = 1，OV = 0，P = 1（A 中 1 的个数为奇数）。

3. 增 1 指令

共有 5 条增 1 指令：

```
INC    A
INC    Rn                              ; n = 0 ~ 7
INC    direct
INC    @ Ri                            ; i = 0, 1
INC    DPTR
```

这组增 1 指令的功能是把指令中所指出的变量增 1，且不影响 PSW 中的任何标志。若变量原来为 FFH，加 1 后将溢出为 00H（仅指前 4 条指令），标志也不会受到影响。第 5 条指令"INC DPTR"，是 16 位数增 1 指令。指令首先对低 8 位指针 DPL 执行加 1，当产生溢出时，就对 DPH 的内容进行加 1，并不影响标志 CY 的状态。

4. 十进制调整指令

十进制调整指令用于对 BCD 码加法运算结果的内容进行修正，指令格式为：

```
DA    A
```

这条指令的功能是对压缩的 BCD 码（一个字节存放 2 位 BCD 码）的加法结果进行十进制调整。两个 BCD 码按二进制相加之后，必须经本指令的调整才能得到正确的压缩 BCD 码的和数。

（1）十进制调整问题

对于十进制数（BCD 码）加法运算，只能借助于二进制加法指令。然而二进制数的加法原则上并不适于十进制数的加法运算，有时会产生错误结果。

例如：

a) 3 + 6 = 9	b) 7 + 8 = 15	c) 9 + 8 = 17
0011	0111	1001
+) 0110	+) 1000	+) 1000
1001	1111	1 0001

上述的 BCD 码运算中：

a）运算结果正确。

b）运算结果不正确，因为十进制数的 BCD 码中没有 1111 这个编码。

c）运算结果也不正确，正确结果应为 17，而运算结果却是 11。

这种情况表明，二进制数加法指令不能完全适用于 BCD 码十进制数的加法运算，因此要对结果进行有条件的修正，这就是所谓的十进制调整问题。

（2）出错原因和调整方法

出错的原因在于 BCD 码是 4 位二进制编码，共有 16 个编码，但 BCD 码只用了其中的 10 个，剩下 6 个没用到。这 6 个没用到的编码（1010，1011，1100，1101，1110，1111）为无效编码。

在 BCD 码加法运算中，凡结果进入或者跳过无效编码区时，其结果就是错误的。因此 1 位 BCD 码加法运算出错的情况有两种：

① 相加结果大于 9，说明已经进入无效编码区。

② 相加结果有进位，说明已经跳过无效编码区。

无论哪一种出错情况，都因为 6 个无效编码造成的。因此，只要出现上述两种情况之一，就必须调整。方法是把运算结果加 6 调整，即所谓的十进制调整修正。

十进制调整的修正方法如下：

① 累加器低 4 位大于 9 或辅助进位位 AC = 1，则进行低 4 位加 6 修正。

② 累加器高 4 位大于 9 或进位位 CY = 1，则进行高 4 位加 6 修正。

③ 累加器高 4 位为 9，低 4 位大于 9，高 4 位和低 4 位分别加 6 修正。

上述十进制调整修正，是通过执行指令"DA　A"来自动实现的。

例 3-4 （A）= 56H，（R5）= 67H，把它们看作两个压缩的 BCD 数，进行 BCD 加法。执行指令：

```
        ADD   A, R5
        DA    A
```

由于高 4 位和低 4 位分别大于 9，所以"DA　A"指令要分别加 6，来对结果进行修正。

$$
\begin{array}{r}
0101\quad 0110 \\
+)\ 0110\quad 0111 \\
\hline
1011\quad 1101 \\
+)\ 0110\quad 0110 \\
\hline
1\leftarrow 0010\quad 0011
\end{array}
$$

← 十进制调整，高、低 4 位分别加 6

结果为（A）= 23H，CY = 1。

由上可见，56 + 67 = 123，结果正确。

5. 带借位的减法指令

共有 4 条指令：

```
SUBB    A, Rn          ; (A) - (Rn) - CY→A, n = 0 ~ 7
SUBB    A, direct       ; (A) - (direct) - CY→A
SUBB    A, @ Ri         ; (A) - ((Ri)) - CY→A, i = 0, 1
SUBB    A, #data        ; (A) - #data - CY→A
```

这组带借位减法指令是从累计器 A 的内容减去指定的变量和进位标志 CY 的值，结果存在累加器 A 中。

如果位 7 需借位则 CY 置 1，否则 CY 清 0；

如果位 3 需借位则 AC 置 1，否则 AC 清 0；

如果位 6 借位而位 7 不借位，或者位 7 借位而位 6 不借位，则溢出标志位 OV 置 1，否则 OV 清 0。

例 3-5 （A）= C9H，（R2）= 54H，CY = 1，执行指令

```
        SUBB      A, R2
```

运算式为

$$
\begin{array}{r}
1100\quad 1001 \\
0101\quad 0100 \\
-)\qquad\qquad\ 1 \\
\hline
0111\quad 0100
\end{array}
$$

结果为（A）= 74H，CY = 0，AC = 0，OV = 1（位 6 向位 7 借位而位 7 不借位）。

6. 减 1 指令

共有 4 条指令

DEC　A　　　　　；(A) −1→A

DEC　Rn　　　　；(Rn) −1→Rn, n = 0 ~ 7

DEC　direct　　　；(direct) −1→direct

DEC　@Ri　　　　；((Ri)) −1→ (Ri), i = 0, 1

这组指令的功能是指定的变量减 1。若原来为 00H，减 1 后下溢为 FFH，不影响标志位（P 标志除外）。

例 3-6　(A) = 0FH，(R7) = 19H，(30H) = 00H，(R1) = 40H，(40H) = 0FFH，执行指令

　　　　　　DEC　A　　　　　　　　　；(A) −1→A

　　　　　　DEC　R7　　　　　　　　 ；(R7) −1→R7

　　　　　　DEC　30H　　　　　　　　；(30H) −1→30H

　　　　　　DEC　@R1　　　　　　　 ；((R1)) −1→ (R1)

结果为 (A) = 0EH，(R7) = 18H，(30H) = 0FFH，(40H) = 0FEH，P = 1，不影响其他标志。

7. 乘法指令

MUL　AB　　　　　　　　　　；A × B→BA

这条指令的功能是把累加器 A 和寄存器 B 中的无符号 8 位整数相乘，其 16 位积的低位字节在累加器 A 中，高位字节在 B 中。如果积大于 255，则溢出标志位 OV 置 1，否则 OV 清 0。进位标志位 CY 总是清 0。

8. 除法指令

DIV　AB　　　　　　　　　　；A/B→A (商)，余数→B

该指令的功能是用累加器 A 中 8 位无符号整数（被除数）除以 B 中 8 位无符号整数（除数），所得的商（为整数）存放在累加器 A 中，余数存放在寄存器 B 中，且 CY 和溢出标志位 OV 清 0。如果 B 的内容为 0（除数为 0），则存放结果的 A、B 中的内容不定，并将溢出标志位 OV 置 1。

例 3-7　(A) = FBH，(B) = 12H，执行指令

　　　　　　DIV　AB

结果为 (A) = 0DH，(B) = 11H，CY = 0，OV = 0。

3.4.3　逻辑操作类指令

1. 累加器 A 清 0 指令

CLR　A

该条指令的功能是累加器 A 清 0。不影响 CY、AC、OV 等标志位。

2. 累加器 A 求反指令

CPL　A

该条指令的功能是将累加器 A 的内容按位逻辑取反，不影响标志位。

3. 左环移指令

RL　A

该条指令的功能是累加器 A 的 8 位向左循环移位，位 7 循环移入位 0，不影响标志位，如图 3-1 所示。

4. 带进位左环移指令

RLC　A

该条指令的功能是将累加器 A 的内容和进位标志位 CY 一起向左环移一位，位 7 移入进位位 CY，CY 移入位 0，不影响其他标志位，如图 3-2 所示。

图 3-1　左环移操作　　　　　　　　　图 3-2　带进位左环移操作

5. 右环移指令

RR　A

这条指令的功能是累加器 A 的内容向右环移一位，位 0 移入位 7，不影响其他标志位，如图 3-3 所示。

6. 带进位右环移指令

RRC　A

这条指令的功能是累加器 A 的内容和进位标志 CY 一起向右环移一位，位 0 移入进位位 CY，CY 移入位 7，如图 3-4 所示。

图 3-3　右环移操作　　　　　　　　　图 3-4　带进位右环移操作

7. 累加器半字节交换指令

SWAP　A

这条指令的功能是将累加器 A 的高半字节（位 7～位 4）和低半字节（位 3～位 0）互换。

例 3-8　（A）= 95H，执行指令

　　　　SWAP　A

结果为（A）= 59H。

8. 逻辑与指令

ANL　A，Rn　　　　　　　；（A）∧（Rn）→A，n = 0～7

ANL　A，direct　　　　　；（A）∧（direct）→A

ANL　A，#data　　　　　 ；（A）∧#data→A

ANL　A，@ Ri　　　　　　；（A）∧（（Ri））→A，i = 0～1

ANL　direct，A　　　　　 ；（direct）∧（A）→direct

ANL　direct，#data　　　 ；（direct）∧#data→direct

这组指令是在指定的变量之间以位为基础进行"逻辑与"操作，结果存放到目的变量所在的寄存器或存储器中。

例 3-9　（A）= 07H，（R0）= 0FDH，执行指令

　　　　ANL　A，R0

运算式为

$$00000111$$
$$\wedge)\ 11111101$$
$$00000101$$

结果为（A）= 05H。

9. 逻辑或指令

ORL	A, Rn	; (A) $\vee$ (Rn) →A, n = 0~7
ORL	A, direct	; (A) $\vee$ (direct) →A
ORL	A, #data	; (A) $\vee$ #data→A
ORL	A, @Ri	; (A) $\vee$ ((Ri))→A, i = 0, 1
ORL	direct, A	; (direct) $\vee$ (A) →direct
ORL	direct, #data	; (direct) $\vee$ #data→direct

这组指令的功能是在所指定的变量之间执行以位为基础的"逻辑或"操作，结果存到目的变量寄存器或存储器中。操作数有寄存器寻址、直接寻址、寄存器间接寻址和立即数寻址方式。

例 3-10　（P1）= 05H，（A）= 33H，执行指令

　　　　ORL　P1, A

运算式为

$$00000101$$
$$\wedge)\ 00110011$$
$$00110111$$

结果为（P1）= 37H。

10. 逻辑异或指令

XRL	A, Rn	; (A) $\oplus$ (Rn) →A, n = 0~7
XRL	A, direct	; (A) $\oplus$ (direct) →A
XRL	A, @Ri	; (A) $\oplus$ ((Ri))→A, i = 0, 1
XRL	A, #data	; (A) $\oplus$ #data→A
XRL	direct, A	; (direct) $\oplus$ (A) →direct
XRL	direct, #data	; (direct) $\oplus$ #data →direct

这组指令的功能是在所指定的变量之间执行以位的"逻辑异或"操作，结果存到目的变量寄存器或存储器中。操作数有寄存器寻址、直接寻址、寄存器间接寻址和立即数寻址方式。

例 3-11　（A）= 90H，（R3）= 73H，执行指令

　　　　XRL　A, R3

运算式为

$$10010000$$
$$\oplus)\ 01110011$$
$$11100011$$

结果为（A）= E3H。

3.4.4　控制转移类指令

1. 长转移指令

LJMP　addr16

这条指令执行时，把转移的目的地址，即指令的第二和第三字节分别装入 PC 的高位和低位字节中，无条件地转向 addr16 指定的目的地址。目的地址可以是 64KB 程序存储器地址空间的任何位置。

2. 相对转移指令

SJMP　rel

这是无条件转移指令，rel 为相对偏移量。前面已经介绍过，rel 是一单字节的带符号 8位二进制补码数，因此它所能实现的程序转移是双向的。rel 如为正，则向地址增大的方向转移；rel 如为负，则向地址减小的方向转移。执行该指令时，在 PC 加 2（本指令为 2B）之后，把指令的有符号的偏移量 rel 加到 PC 上，并计算出目的地址。因此跳转的目的地址可以在与这条指令相邻的下一条指令的首地址的前 128B 到后 127B（-128B ~ 127B）之间。

用户在编写程序时，只需在相对转移指令中直接写上要转向的目的地址标号就可以了，相对偏移量由汇编程序自动计算。例如：

LOOP：MOV　A，R6

　　　…

　　　SJMP　　LOOP

　　　…

程序在汇编时，转移到 LOOP 处的偏移量由汇编程序自动计算和填入。

3. 绝对转移指令

AJMP　addr11

AJMP 指令提供了 11 位地址去替换 PC 的低 11 位指令，形成新的 PC 值，即为转移的目的地址。AJMP 指令为双字节，格式如下：

第 1 字节	A10	A9	A8	0	0	0	0	1
第 2 字节	A7	A6	A5	A4	A3	A2	A1	A0

指令提供了 11 位地址 A10 ~ A0（addr11），其中 A10 ~ A8 位于第 1 字节的高 3 位，A7 ~ A0 在第 2 字节。而指令的操作码只占第 1 字节的低 5 位。AJMP 指令的功能是构造转移的目的地址，来实现程序的转移。构造转移目的地址的方法是：执行本指令，先将 PC 加 2（本指令为 2 个字节，即 PC 指向 AJMP 下条指令的首地址），然后把指令中的 11 位无符号整数地址 addr11（A10 ~ A0）送入 PC. 10 ~ PC. 0，PC. 15 ~ PC. 11 保持不变，形成新的 16 位的 PC 值，即转移的目的地址。

使用 AJMP 指令需注意的是，转移的目标地址必须与 AJMP 指令的下一条指令首地址的高 5 位地址码 A15 ~ A11 相同，否则将引起混乱。所以，本指令是 2KB 范围内的无条件跳转指令。

本指令是为了能与 MCS-48 的 JMP 指令兼容而设置的。

4. 间接跳转指令

JMP　@A + DPTR

这是一条单字节的转移指令，转移的目的地址由 A 中 8 位无符号数与 DPTR 的 16 位无符号数内容之和来确定。该指令以 DPTR 内容为基址，A 的内容作为变址。因此，只要 DPTR 的值固定，而给 A 赋予不同的值，即可实现程序的多分支转移。

本指令不改变累加器 A 和数据指针 DPTR 的内容，也不影响标志位。

5. 条件转移指令

条件转移指令就是程序的转移是有条件的。执行条件转移指令时，如指令中规定的条件满足，则进行转移；条件不满足，则顺序执行下一指令。转移的目的地址在以下一条指令首地址为中心的 256B 范围内（ -128 ~ 127）。当条件满足时，PC 装入下一条指令的第一个字节地址，再把带符号的相对偏移量 rel 加到 PC 上，计算出要转向的目的地址。

JZ　　rel　　　　　　　　；如果累加器内容为 0，则执行转移

JNZ　　rel　　　　　　　　；如果累加器内容非 0，则执行转移

6. 比较不相等转移指令

CJNE　　A, direct, rel

CJNE　　A, #data, rel

CJNE　　Rn, #data, rel

CJNE　　@ Ri, #data, rel

这组指令的功能是比较前两个操作数大小，如果它们的值不相等则转移，在 PC 加到下一条指令的起始地址后，把指令最后一个字节的带符号的相对偏移量加到 PC 上，并计算出转向的目的地址。如果第一操作数（无符号整数）小于第二操作数（无符号整数），则进位标志位 CY 置 1，否则 CY 清 0。该指令的执行不影响任何一个操作数的内容。

7. 减 1 不为 0 转移指令

这是一组把减 1 与条件转移两种功能合在一起的指令。共有两条指令：

DJNZ　　Rn, rel　　　　　　　；n = 0 ~ 7

DJNZ　　direct, rel

这组指令将源操作数（Rn 或 direct）减 1，结果回送到 Rn 寄存器或 direct 中。如果结果不为 0 则转移。本条指令允许程序员把寄存器 Rn 或 direct 单元用作程序循环计数器。

这两条指令主要用于控制程序循环。如预先把寄存器 Rn 或内部 RAM 的 direct 单元装入循环次数，则利用本指令，以减 1 后是否为 "0" 作为转移条件，即可实现按次数控制循环。

8. 调用子程序指令

（1）长调用指令

LCALL　　addr16

LCALL 指令可以调用 64KB 范围内程序存储器中的任何一个子程序。指令执行时，先把程序计数器加 3 获得下一条指令的地址（也就是断点地址），并把它压入堆栈（先低位字节，后高位字节），同时把堆栈指针加 2。接着把指令的第二和第三字节（A15 ~ A8，A7 ~ A0）分别装入 PC 的高位和低位字节中，然后从 PC 指定的地址开始执行程序。

本条指令执行后不影响任何标志位。

（2）绝对调用指令

ACALL　　addr11

这条指令与 AJMP 指令类似，是为了与 MCS – 48 中的 CALL 指令兼容而设置的。指令的执行不影响标志位。本条指令的格式如下：

第 1 字节	A10	A9	A8	1	0	0	0	1
第 2 字节	A7	A6	A5	A4	A3	A2	A1	A0

这是 2KB 范围内的调用子程序的指令。执行时先把 PC 加 2（本指令为 2 字节），获得下一条指令的首地址，把该地址压入堆栈中保护，即堆栈指针 SP 加 1，PCL 进栈；SP 再加工，PCH 进栈。最后把 PC 的高 5 位和指令代码中的 11 位地址 addr11 连接获得 16 位的子程序入口地址，并送入 PC，转向执行子程序。所调用的子程序地址必须与 ACALL 指令下一条指令的 16 位首地址中的高 5 位地址相同，否则将引起程序转移混乱。所以，本指令是 2KB 范围内的子程序调用指令。

9. 子程序的返回指令

RET

执行本指令时，

（SP）→PCH，然后（SP）－1→SP；

（SP）→PCL，然后（SP）－1→SP。

这条指令的功能是，从堆栈中退出 PC 的高 8 位和低 8 位字节，把堆栈指针减 2，从 PC 值处开始继续执行程序。它不影响任何标志位。

10. 中断返回指令

RETI

这条指令的功能与 RET 指令相似，两条指令的不同之处在于该指令清除了在中断响应时被置 1 的 AT89S51 内部中断优先级寄存器的中断优先级状态，其他操作均与 RET 指令相同。

11. 空操作指令

NOP

CPU 不进行任何实际操作，只消耗一个机器周期时间，且只执行（PC）＋1→PC 操作。NOP 指令常用于程序中的等待或时间延迟。

3.4.5　位操作类指令

AT89S51 单片机内部有一个位处理器，对位地址空间具有丰富的位操作指令。

1. 数据位传送指令

MOV　C，bit

MOV　bit，C

这组指令的功能是把源操作数指定的位变量送到目的操作数指定的单元中。其中一个操作数必须为进位标志，另一个可以是任何直接寻址位。不影响其他寄存器或标志位。例如：

MOV　C，06H　　　　　　　　　　　　；（20H）．6→CY

注意，这里的 06H 是位地址，20H 是内部 RAM 字节地址。06H 是内部 RAM 20H 字节位 6 的位地址。

2. 位变量修改指令

CLR　C　　　　　　　　　　　　　　　；CY 位清 0

CLR　bit　　　　　　　　　　　　　　；bit 位清 0

CPL　C　　　　　　　　　　　　　　　；CY 位求反

CPL	bit	; bit 位求反
SETB	C	; CY 位置 1
SETB	bit	; bit 位置 1

这组指令将操作数指定的位清 0、求反、置 1，不影响其他标志位。例如：

CLR	C	; CY 位清 0
CLR	27H	; $0 \rightarrow$ (24H) . 7 位
CPL	08H	; $\overline{(21H) .0} \rightarrow$ (21H) . 0 位
SETB	P1.7	; P1.7 位置 1

3. 位变量逻辑与指令

| ANL | C, bit | ; bit $\wedge$ CY $\rightarrow$ CY |
| ANL | C, /bit | ; $\overline{bit} \wedge$ CY $\rightarrow$ CY |

第 1 条指令的功能是，直接寻址位与进位标志位（位累加器）进行逻辑与运算，结果送回到进位标志位中。如果直接寻址位的布尔值是逻辑 0，则进位标志位 C 清 0，否则进位标志位保持不变。

第 2 条指令的功能是，先对直接寻址位求反，然后与位累加器（进位标志位）进行"逻辑与"运算，结果送回到位累加器中。该指令不影响直接寻址位求反前的原来的状态，也不影响别的标志位。直接寻址位的源操作数只有直接位寻址方式。

4. 位变量逻辑或指令

| ORL | C, bit |
| ORL | C, /bit |

第 1 条指令的功能是，直接寻址位与进位标志位 CY（位累加器）进行"逻辑或"运算，结果送回到进位标志位中。

第 2 条指令的功能是，先对直接寻址位求反，然后与位累加器（进位标志位）进行"逻辑或"运算，结果送回到进位标志位中。该指令不影响直接寻址位求反前原来的状态。

5. 条件转移类指令

JC	rel	; 如进位标志位 CY = 1，则转移
JNC	rel	; 如进位标志位 CY = 0，则转移
JB	bit, rel	; 如直接寻址位 = 1，则转移
JNB	bit, rel	; 如直接寻址位 = 0，则转移
JBC	bit, rel	; 如直接寻址位 = 1，转移，并把直接寻址位清 0

3.5　AT89S51 指令汇总

前面按功能分类介绍了 AT89S51 汇编语言指令系统，作为指令系统的总结，表 3-2 列出了按功能排列的全部的 AT89S51 指令助记符及功能简要说明，以及指令长度、执行时间和指令代码（机器代码）。读者可根据指令助记符，迅速查到对应的指令代码（手工汇编）。也可根据指令代码迅速查到对应的指令助记符（手工反汇编）。由于指令条数多，读者不宜死记硬背，应在程序的编写中多加练习，在实践中不断掌握和巩固常用的指令。读者应熟练地查阅表 3-2，正确地理解指令的功能及特性并正确地使用指令。

表 3-2　按功能排列的指令类

助记符	说明	字节数	执行时间（机器周期）	指令代码（机器代码）
1. 数据传送类				
MOV　A，Rn	寄存器内容送入累加器	1	1	E8H ~ EFH
MOV　A，direct	直接地址单元中的数据送入累加器	2	1	E5H，direct
MOV　A，@ Ri	间接 RAM 中的数据送入累加器	1	1	E6H ~ E7H
MOV　A，#data	立即数送入累加器	2	1	74H. data
MOV　Rn，A	累加器内容送入寄存器	1	1	F8H ~ FFH
MOV　Rn，direct	直接地址单元中的数据送入寄存器	2	2	A8H ~ AFH，direct
MOV　Rn，#data	立即数送入寄存器	2	1	78H ~ 7FH，data
MOV　direct，A	累加器内容送入直接地址单元	2	1	F5H，direct
MOV　direct，Rn	寄存器内容送入直接地址单元	2	2	88H ~ 8FH，direct
MOV　directl，direct2	直接地址单元 2 中的数据送入直接地址单元 1	3	2	85H，direct2，directl
MOV　direct，@ Ri	间接 RAM 中的数据送入直接地址单元	2	2	86H ~ 87H，direct
MOV　direct，#data	立即数送入直接地址单元	3	2	75H，direct，data
MOV　@Ri，A	累加器内容送间接 RAM 单元	1	1	F6H ~ F7H
MOV　@Ri，direct	直接地址单元数据送入间接 RAM 单元	2	2	A6H ~ A7H，direct
MOV　@Ri，#data	立即数送入间接 RAM 单元	2	1	76H ~ 77H，data
MOV　DPTR，#data16	16 位立即数送入数据指针	3	2	90H，dataH，dataL
MOVC A，@ A + DPTR	以 DPTR 为基地址变址寻址单元中的数据送入累加器	1	2	93H
MOVC A，@ A + PC	以 PC 为基地址变址寻址单元中的数据送入累加器	1	2	83H
MOVX A，@ Ri	外部 RAM（8 位地址）送入累加器	1	2	E2H ~ E3H
MOVX A，@ DPTR	外部 RAM（16 位地址）送入累加器	1	2	E0H
MOVX @ Ri，A	累加器送外部 RAM（8 位地址）	1	2	F2H ~ F3H
MOVX @ DPTR，A	累加器送外部 RAM（16 位地址）	1	2	F0H
PUSH　direct	直接地址单元中的数据压入堆栈	2	2	C0H，direct
POP　direct	出栈送入直接地址单元	2	2	D0H，direct
XCH　A，Rn	寄存器与累加器交换	1	1	C8H ~ CFH
XCH　A，direct	直接地址单元与累加器交换	2	1	C5H，direct
XCH　A，@ Ri	间接 RAM 与累加器交换	1	1	C6H ~ C7H
XCHD A，@ Ri	间接 RAM 的低半字节与累加器交换	1	1	D6H ~ D7H
SWAP A	累加器内高低半字节交换	1	1	C4H
2. 算术运算类				
ADD　A，Rn	寄存器内容加到累加器	1	1	28H ~ 2FH
ADD　A，direct	直接地址单元的内容加到累加器	2	1	25H，direct
ADD　A，@ Ri	间接 RAM 的内容加到累加器	1	1	26H ~ 27H
ADD　A，#data	立即数加到累加器	2	1	24H，data
ADDC A，Rn	寄存器内容带进位加到累加器	1	1	38H ~ 3FH
ADDC A，direct	直接地址单元的内容带进位加到累加器	2	1	35H，direct
ADDC A，@ Ri	间接 RAM 的内容带进位加到累加器	1	1	36H ~ 37H
ADDC A，#data	立即数带进位加到累加器	2	1	34H，data

（续）

助记符	说明	字节数	执行时间 （机器周期）	指令代码 （机器代码）
2. 算术运算类				
SUBB　A，Rn	累加器带借位减寄存器内容	1	1	98H ~ 9FH
SUBB　A，direct	累加器带借位减直接地址单元的内容	2	1	95H，direct
SUBB　A，@ Ri	累加器带借位减间接 RAM 中的内容	1	1	96H ~ 97H
SUBB　A，#data	累加器减去立即数（带借位）	2	1	94H，data
INC　A	累加器加 1	1	1	04H
INC　Rn	寄存器加 1	1	1	08H ~ 0FH
INC　Direct	直接地址单元加 1	2	1	05H，direct
INC　@ Ri	间接 RAM 单元加 1	1	1	06H ~ 07H
DEC　A	累加器减 1	1	1	14H
DEC　Rn	寄存器减 1	1	1	18H ~ 1FH
DEC　Direct	直接地址单元减 1	2	1	15H，direct
DEC　@ Ri	间接 RAM 单元减 1	1	1	16H ~ 17H
INC　DPTR	数据指针 DPTR 加 1	1	2	A3H
MUL　AB	累加器 A 乘以寄存器 B	1	4	A4H
DIV　AB	累加器 A 除以寄存器 B	1	4	84H
DA　A	累加器十进制调整	1	1	D4H
3. 逻辑操作类				
ANL　A，Rn	累加器与寄存器相"与"	1	1	58H ~ 5FH
ANL　A，@ Ri	累加器与直接地址单元相"与"	2	1	55H，direct
ANL　A，@ Ri	累加器与间接 RAM 单元相"与"	1	1	56H ~ 57H
ANL　A，#data	累加器与立即数相"与"	2	1	54H，data
ANL　Direct，A	直接地址单元与累加器相"与"	2	1	52H，direct
ANL　Direct，#data	直接地址单元与立即数相"与"	3	2	53H，direct，data
ORL　A，Rn	累加器与寄存器"或"	1	1	48H ~ 4FH
ORL　A，direct	累加器与直接地址单元相"或"	2	1	45H，direct
ORL　A，@ Ri	累加器与间接 RAM 单元单元相"或"	1	1	46H ~ 47H
ORL　A，#data	累加器与立即数相"或"	2	1	44H，data
ORL　Direct，A	直接地址单元与累加器相"或"	2	2	42H，direct
ORL　Direct，#data	直接地址单元与立即数相"或"	3	2	43H，direct，data
XRL　A，Rn	累加器与寄存器相"异或"	1	1	68H ~ 6FH
XRL　A，direct	累加器与直接地址单元相"异或"	2	1	65H，direct
XRL　A，@ Ri	累加器与间接 RAM 单元相"异或"	1	1	66H ~ 67H
XRL　A，#data	累加器与立即数相"异或"	2	1	64H，data
XRL　Direct，A	直接地址单元与累加器相"异或"	2	1	62H，direct
XRL　Direct，#data	直接地址单元与立即数相"异或"	3	2	63H，direct，data
CLR　A	累加器清 0	1	1	E4H
CPL　A	累加器求反	1	1	F4H
RL　A	累加器循环左移	1	1	23H
RLC　A	累加器带进位循环左移	1	1	33H
RR　A	累加器循环右移	1	1	03H
RRC　A	累加器带进位循环右移	1	1	13H

（续）

助记符		说明	字节数	执行时间（机器周期）	指令代码（机器代码）
4. 控制转移类					
ACALL	Addrl1	绝对调用子程序	2	2	a10a9a810001 addr（7~0）
LCALL	Addr16	长调用子程序	3	2	12H, addr（15~8）, addr（7~0）
RET		子程序返回	1	2	22H
RETI		中断返回	1	2	32H
AJMP	Addrl1	绝对转移	2	2	a10a9a800001, addr（7~0）
LJMP	Addr16	长转移	3	2	02H, addr（15~8）, addr（7~0）
SJMP	Rel	相对转移（短转移）	2	2	80H, rel
JMP	@ A + DPTR	相对于 DPTR 的间接转移	1	2	73H
JZ	Rel	累加器为零转移	2	2	60H, rel
JNZ	Rel	累加器非零转移	2	2	70H, rel
CJNE	A, direct, rel	累加器与直接地址单元比较, 不相等则转移	3	2	B5H, direct, rel
CJNE	A, #data, rel	累加器与立即数比较, 不相等则转移	3	2	B4H, data, rel
CJNE	Rn, #data, rel	寄存器与立即数比较, 不相等则转移	3	2	B8H~BFH, data, rel
CJNE	@ Ri, #data, rel	间接 RAM 单元与立即数比较, 不相等则转移	3	2	B6H~B7H, data, rel
DJNZ	Rn, rel	寄存器减1, 非零转移	2	2	D8H~DFH, rel
DJNZ	Direct, erl	直接地址单元减1, 非零转移	3	2	D5H, direct, rel
NOP		空操作	1	1	00H
5. 位操作类					
CLR	C	进位标志位清 0	1	1	C3H
CLR	Bit	直接寻址位清 0	2	1	C2H, bit
SETB	C	进位标志位置 1	1	1	D3H
SETB	Bit	直接寻址位置 1	2	1	D2H, bit
CPL	C	进位标志位取反	1	1	B3H
CPL	Bit	直接寻址位取反	2	1	B2H, bit
ANL	C, bit	进位标志位和直接寻址位相 "与"	2	2	82H, bit
ANL	C, /bit	进位标志位和直接寻址位的反码相 "与"	2	2	B0H, bit
ORL	C, bit	进位标志位和直接寻址位相 "或"	2	2	72H, bit
ORL	C, /bit	进位标志位和直接寻址位的反码相 "或"	2	2	A0H, bit
MOV	C, bit	直接寻址位送入进位标志位	2	2	A2H, bit
MOV	Bit, C	进位标志位送入直接寻址位	2	2	92H, bit
JC	Rel	进位标志位为 1 则转移	2	2	40H, rel
JNC	Rel	进位标志位为 0 则转移	2	2	50H, rel
JB	Bit, rel	直接寻址位为 1 则转移	3	2	20H, bit, rel
JNB	Bit, rel	直接寻址位为 0 则转移	3	2	30H, bit, rel
JBC	Bit, rel	直接寻址位为 1 则转移, 并该位清 0	3	2	10H, bit, rel

3.6 某些指令的说明

至此，AT89S51 汇编语言指令系统的 111 条指令已经介绍完毕。对于某些指令使用中的一些细节问题，还需要进一步说明。

3.6.1 关于并行 I/O 口的"读引脚"和"读锁存器"指令的区别

第 2 章介绍的 AT89S51 的并行 I/O 口有"读引脚"和"读锁存器"之分。以 P1 口为例，当 P1 口的 P1.0 引脚外接一个发光二极管 LED 的阳极，LED 的阴极接地。若想查看一下单片机刚才向 P1.0 引脚输出的信息是 0 还是 1，这时不能直接从 P1.0 引脚读取，因为单片机刚才向 P1.0 输出的信息如果是 1 的话，则 LED 导通点亮，此时 P1.0 引脚就为 0 电平，如果直接读引脚，结果显然是错误的。正确的做法是读锁存器的 Q 端状态，那里储存的才是前一时刻送给 P1.0 的真实值。也就是说，凡遇"读取 P1 口前一状态以便修改后再送出"的情形，都应当"读锁存器"的 Q 端信息，而不是读取引脚的信息。

当 P1 口外接输入设备时，要想 P1 口引脚上反映的是真实的输入信号，必须要设法先让该引脚内部的场效应晶体管截止才行（见图 2-9），否则当场效应晶体管导通时，P1 口引脚上将永远为低电平，无法正确反映外设的输入信号。让场效应晶体管截止，就是用指令给 P1 口的相应位送一个高电平，这就是为什么读引脚之前，一定要先送出 1 的原因。

指令"MOV C，P1.0"读的是 P1.0 引脚，同样，指令"MOV A，P1"也是读引脚指令，读引脚指令之前一定要有向 P1.0 写"1"的指令。

而指令"CPL P1.0"则是"读锁存器"，也即"读—修改—写"指令，它会先读 P1.0 的锁存器的 Q 端状态，接着取反，然后再送到 P1.0 引脚上。而指令"ANL P1，A"也是"读锁存器"命令。类似的"读—修改—写"指令举例如下：

INC P1
XRL P3，A
ORL P2，A
ANL P1，A
CPL P3.0

3.6.2 关于操作数的字节地址和位地址的区分问题

如何区别指令中出现的字节变量和位变量？例如指令"MOV C，40H"和指令"MOV A，40H"两条指令中源操作数"40H"都是以直接地址形式给出的，"40H"是字节地址还是位地址？对于助记符相同指令，观察操作数就可看出。显然前条指令中的"40H"肯定是位地址，因为目的操作数 C 是位变量。而后条指令的"40H"是字节地址，因为目的操作数 A 是字节变量。当然，对于助记符不同的指令，从助记符的形式，就可以看出其中指令究竟是"字节"操作，还是"位"操作。

3.6.3 关于累加器 A 与 Acc 的书写问题

累加器可写成 A，也可写成 Acc，它们的区别是什么？在 51 单片机汇编语言指令中是有区别的。Acc 在汇编后的机器码必有一个字节的操作数是累加器的字节地址 E0H，A 汇编后则隐含在指令操作码中。例如：指令"INC A"的机器码，查表 3-2 是 04H。如写成"INC Acc"后，则成了"INC direct"的格式，再查表 3-2，对应机器码为"05H E0H"。在对累加器 A 直接寻址和累加器 A 的某一位寻址要用 Acc，而不能写成 A。例如，指令"POP Acc"不能写成"POP A"；指令"SETB Acc.0"，不能写成"SETB A.0"。

3.6.4　书写 2 位十六进制数据前要加"0"

在书写源程序时经常遇到必须在某些数据或地址的前面多填一个"前导"0 的问题，否则在汇编成机器语言时汇编就通不过？这是汇编语言的严格性和规范性的体现。由于部分十六进制数是用字母来表示的，而程序内的标号也常用字母表示，为了将标号和数据区分开，几乎所有的汇编语言都规定，凡是以字母开头（对十六进制数而言，就是 A ~ F 开头）的数字量，应当在前面添加一个数字 0。至于地址量，它也是数据量的一种，前面也应该添加"0"。例如：

```
MOV   A, #0F0H                    ;"F0"以字母开头的数据量
MOV   A, 0F0H                     ;"F0"以字母开头的地址量
```

如不加"前导"0，就会把字母开头的数据量当作标号来处理，从而出错或者不能通过汇编。

思考题与习题 3

3-1　在基址加变址寻址方式中，以（　　）作为变址寄存器，以（　　）或（　　）作为基址寄存器。

3-2　访问 SFR，可使用哪些寻址方式？

3-3　指令格式是由（　　）和（　　）所组成，也可能仅由（　　）组成。

3-4　假定累加器 A 中的内容为 30H，执行指令

    1000H: MOVC　A, @A + PC

后，把程序存储器（　　）单元的内容送入累加器 A 中。

3-5　在 AT89S51 中，PC 和 DPTR 都用于提供地址，但 PC 是为访问（　　）存储器提供地址，而 DPTR 是为访问（　　）存储器提供地址。

3-6　在寄存器间接寻址方式中，其"间接"体现在指令中寄存器的内容不是操作数，而是操作数的（　　）。

3-7　下列程序段的功能是什么？

```
PUSH   Acc
PUSH   B
POP    Acc
POP    B
```

3-8　已知程序执行前有（A）= 02H，（SP）= 52H，（51H）= FFH，（52H）= FFH。下述程序执行后，A =（　　），SP =（　　），（51H）=（　　），（52H）=（　　），PC =（　　）。

```
POP    DPH
POP    DPL
MOV    DPTR, #4000H
RL     A
MOV    B, A
```

```
        MOVC   A, @ A + DPTR
        PUSH   Acc
        MOV    A, B
        INC    A
        MOVC   A, @ A + DPTR
        PUSH   Acc
        RET
        ORG    4000H
        DB     10H, 80H, 30H, 50H, 30H, 50H
```

3-9　写出完成如下要求的指令，但是不能改变未涉及位的内容。

A. 把 Acc. 3，Acc. 4，Acc. 5 和 Acc. 6 清 0

B. 把累加器 A 的中间 4 位清 0

C. 把 Acc. 2 和 Acc. 3 置 1

3-10　假定（A）=83H，（R0）=17H，（17H）=34H，执行以下指令后，（A）=（　　　）

```
        ANL        A, #17H,
        ORL        17H, A
        XRL        A, @ R0
        CPL        A
```

3-11　假定（A）=55H，（R3）=0AAH，在执行指令"ANL　A, R5"后，（A）=（　　　），（R3）=（　　　）。

3-12　如果（DPTR）=507BH，（SP）=32H，（30H）=50H，（31H）=5FH，（32H）=3CH，则执行下列命令后，（DPH）=（　　　），（DPL）=（　　　），（SP）=（　　　）。

```
        POP        DPH
        POP        DPL
        POP        SP
```

3-13　假定，（SP）=60H，（A）=30H，（B）=70H，执行下列命令后，SP 的内容为（　　　），61H 单元的内容为（　　　），62H 单元的内容为（　　　）。

```
        PUSH       Acc
        PUSH       B
```

3-14　借助指令表（表 3-2），对如下指令代码（十六进制）进行手工反汇编。

```
   FF   C0   E0   E5   F0   F0
```

3-15　对程序存储器的读操作，只能使用（　　　）。

A. MOV 指令　　B. PUSH 指令　　C. MOVX 指令　　D. MOVC 指令

3-16　为什么对基本型的 51 子系列单片机，其寄存器间接寻址方式（例如 MOV A, @ R0）中，规定 R0 或 R1 的内容不能超过 7FH？而对增强型的 52 子系列单片机，R0 或 R1 的内容就不受限制？

第 4 章　AT89S51 汇编语言程序设计

汇编语言是能直接控制单片机硬件的编程语言。因此，要求程序设计者要"软、硬结合"。本章介绍汇编语言程序设计的基本知识，以及一些基本的程序设计。

4.1　汇编语言程序设计概述

程序是完成某一特定任务的若干指令的有序集合。单片机运行就是执行指令序列的过程。编写这一指令序列的过程称为程序设计。

4.1.1　单片机编程语言

常用的编程语言是汇编语言和高级语言。

1. 汇编语言

汇编语言是一种面向机器的程序设计语言，它用英文字符来代替对应的机器语言。例如用 MUL 代替机器语言中的乘法运算。这些英文字符被称为助记符。用这种助记符表示指令系统的语言称为汇编语言，用汇编语言编写的程序称为汇编语言程序。

但是，计算机不能直接识别在汇编语言中出现的字母、数字和符号，需要将汇编语言源程序转换（翻译）成为二进制代码表示的机器语言程序，才能被识别和执行。通常将这一转换（翻译）工作称为汇编，完成"翻译"的程序称为汇编程序。经汇编程序

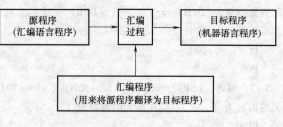

图 4-1　汇编过程示意图

"汇编"得到的以"0"、"1"代码形式表示的机器语言程序，计算机能够识别和执行，因此这一机器语言程序称为目标程序，原来的汇编语言程序称为源程序。汇编过程如图 4-1 所示。

汇编语言的优点：用汇编语言编写程序效率高，占用存储空间小，运行速度快，能编写出最优化的程序。

汇编语言的缺点：可读性差，离不开具体的硬件，是面向"硬件"的语言，通用性差。

2. 高级语言

高级语言不受具体"硬件"的限制，优点：通用性强，直观、易懂、易学，可读性好。

计算机也不能直接识别和执行高级语言，需要将其转换为机器语言才能识别和执行。对于高级语言，这一转换工作通常称为编译。进行编译的专用程序称为编译程序。

目前多数的 51 单片机用户使用 C 语言（C51）来进行程序设计，C 语言已公认为高级语言中高效简洁而又贴近 51 单片机硬件的编程语言。将 C 语言向单片机上移植，始于 20 世纪 80 年代的中后期。经过十几年努力，C51 已成为单片机的实用高级编程语言。

尽管目前已有不少设计人员使用 C51 来进行程序开发。但是，汇编语言是计算机能提

供给用户的最快而又最有效的语言，也是能利用计算机所有硬件特性并能直接控制硬件的唯一语言。因而，在对程序的空间和时间要求很高的场合，汇编语言仍必不可少。在这种场合下，可使用 C 语言和汇编语言混合编程。在很多需要直接控制硬件且对实时性要求较高的场合，则更是非用汇编语言不可。

由于汇编语言是面向机器的语言，因此使用汇编语言进行程序设计，必须熟悉计算机的系统结构、指令系统、寻址方式等功能，才能编写符合要求的程序。因此要求设计者具有软硬结合的功底。掌握汇编语言并能进行程序设计，是学习和掌握单片机程序设计的基本功之一。

4.1.2　汇编语言语句和格式

汇编语言有两种基本语句：指令语句和伪指令语句。

1. 指令语句

每一个指令语句在汇编时都产生一个目标代码（机器代码），执行该目标代码对应着机器的一种操作。

2. 伪指令语句

为了便于编程和对汇编语言程序进行汇编，各种汇编程序都提供一些特殊的指令供编程使用，这些指令通常称为伪指令。伪指令又称为汇编语言控制译码指令。"伪"体现在汇编时不产生机器指令代码，不影响程序的执行，仅指明在汇编时执行一些特殊的操作。伪指令是控制汇编（翻译）过程的一些控制命令。例如，为程序指定一个存储区，将一些数据、表格常数存放在指定的存储单元，说明源程序结束等。

用 AT89S51 汇编语言编写的源程序行（一条语句）包括 4 个部分，也叫 4 个字段，汇编程序能识别它们。这 4 个字段是：

〔标号〕：　〔操作码〕　　〔操作数〕　；〔注释〕

每个字段之间要用分隔符分隔，而每个字段内部不能使用分隔符。标号字段和操作码字段之间要有冒号"："分隔；操作码字段和操作数字段间的分隔符是空格"　"；双操作数之间用逗号","相隔；操作数字段和注释字段之间的分隔符用分号"；"。任何语句都必须有操作码字段，其余各段为任选项。

例 4-1　下面是一段实现将 7 连加 15 次运算的程序，相应的四分段书写格式。

```
标号字段    操作码字段    操作数字段            注释字段
START：     MOV          A, #00H              ; 0→A
            MOV          R1, #15              ; 15→R1
            MOV          R2, #00000111B       ; 07H→R2
LOOP：      ADD          A, R2                ; (A) + (R2) →A
            DJNZ         R1, LOOP             ; R1 减 1 不为零，则跳 LOOP 处
            NOP
HERE：      SJMP         HERE
```

上述 4 个字段应该遵守的基本语法规则如下。

1. 标号

标号用来说明指令的地址。在指令语句中，标号位于一个语句的开头位置。标号是用户定义的符号地址。一条指令的标号是该条指令的符号名字，标号的值是汇编这条指令时指令

的地址。汇编程序把存放该指令目标码第一字节存储单元的地址赋给该标号，所以，标号又叫指令标号。如标号"START"和"LOOP"等。有关标号规定如下：

1）标号是由以英文字母开始的 1~8 个 ASCII 码字符组成，第一个字符必须是字母，其余字符可以是字母、数字或其他特定字符，以冒号"："结尾。

2）同一标号在一个程序中只能定义一次，不能重复定义。

3）不能使用汇编语言已经定义的符号作为标号，如指令助记符、伪指令以及寄存器的符号名称等。

4）标号的有无，取决于本程序中的其他语句是否访问该条语句。如无其他语句访问，则该语句前不需标号。

2. 操作码

操作码字段是指令的助记符或定义符，用来表示指令的性质，规定这个指令语句的操作类型，操作码是汇编语言指令中唯一不能空缺的部分。

3. 操作数

操作数字段给出的是参与运算或进行其他操作的数据或这些数据的地址，即指令的操作数或操作数地址。

在本字段中，操作数的个数因指令的不同而不同。通常有单操作数、双操作数和无操作数 3 种情况。

如果是多操作数，则操作数之间要以逗号隔开。

操作数表示时，有几种情况需注意：

（1）十六进制、二进制和十进制形式的操作数表示

为了方便用户，汇编语言指令允许以各种数制表示常数，即常数可以写成十六进制、二进制或十进制等形式。常数总是要以一个数字开头。多数情况，操作数或操作数地址是采用十六进制形式来表示的，则需加后缀"H"（H 表示十六进制）。若十六进制操作数以字符 A~F 开头，则前面加一个"0"，以便汇编时把它和字符 A~F 区别开。在某些特殊场合用二进制表示，需加后缀"B"（B 表示二进制）。若操作数采用十进制形式，则需加后缀"D"（D 表示十进制），也可省略"D"。

（2）工作寄存器和特殊功能寄存器的表示

当操作数为工作寄存器或特殊功能寄存器时，允许用工作寄存器和特殊功能寄存器的代号表示。

例如，工作寄存器用 R7~R0，累加器用 A（或 Acc）表示。另外，工作寄存器和特殊功能寄存器也可用其地址来表示，如累加器 A 可用其地址 E0H 来表示。

（3）$

操作数字段中还可以使用一个专门符号"$"，用来表示程序计数器的当前值，这个符号最常出现在转移指令中，如"JNB TF0, $"表示若 TF0 为 0，则仍执行该指令；否则往下执行（它等效于"$: JNB TF0, $"）。

4. 注释

注释字段用于解释指令或程序的含义，只用于改善程序的可读性。良好的注释是汇编语言程序编写中的重要组成部分。使用时须以分号"；"开头，长度不限，一行写不下可换行书写，但注意也要以分号"；"开头。

汇编时，遇到"；"就停止"翻译"。因此，注释字段不会产生机器代码。

4.1.3　伪指令

在汇编语言源程序中应有向汇编程序发出的指示信息，告诉它如何完成汇编工作，这是通过伪指令来实现的。伪指令不属于指令系统中的汇编语言指令，它是程序员发给汇编程序的命令，也称为汇编程序控制命令。只有在汇编前的源程序中才有伪指令。"伪"体现在汇编后，伪指令没有相应的机器代码产生。

伪指令具有控制汇编程序的输入/输出、定义数据和符号、条件汇编、分配存储空间等功能。不同汇编语言的伪指令有所不同，但基本内容相同。

下面介绍常用的伪指令。

1. ORG（ORiGin）**汇编起始地址命令**

格式：ORG　16 位地址

ORG 伪指令功能是规定该伪指令后面程序的汇编地址，即汇编后生成目标程序存放的起始地址。也就是源程序的开始，用一条 ORG 伪指令规定程序的起始地址。如果不用ORG，则汇编得到的目标程序将从 0000H 地址开始。例如：

ORG　2000H

START：　MOV　A，#64H

　　　……

ORG 伪指令通知汇编程序，从 START 开始的程序段，其起始地址由 2000H 开始，即规定了标号 START 的地址是 2000H，又规定了汇编后的第一条指令码从 2000H 开始存放。

在一个源程序中，ORG 指令可多次出现在程序的任何地方。当它出现时，下一条指令的地址就由此重新定位。一般规定在由 ORG 伪指令定位时，其地址必须由小到大排列，且不能交叉、重叠。它的有效范围一直到下一条 ORG 伪指令出现为止。例如：

ORG　　　2000H

……

ORG　　　2600H

……

ORG　　　3000H

……

这种顺序是正确的。若按下面顺序的排列则是错误的，因为地址出现了交叉。

ORG　　　2600H

……

ORG　　　2000H

……

ORG　　　3000H

……

2. END（END of Assembly）**汇编结束伪命令**

END 伪指令是源程序结束标志，其含义是用于通知汇编程序，该程序段汇编至此结束。因此，在设计的每一个程序中必须要有 END 伪指令，且整个源程序中只能有一条 END 命令，并且位于程序的最后。如果 END 出现在程序中间，其后的汇编语言源程序均不进行汇编处理。

3. EQU（EQUate）**赋值命令**

格式：变量名称 EQU 数或汇编符号

EQU 命令是把"变量名称"赋给"数或汇编符号"。注意这里的变量名称不等于标号（其后没有冒号）。用 EQU 赋值的变量名称可以用作数据地址、代码地址、位地址或是一个立即数。因此，它可以是 8 位的，也可以是 16 位的。变量需赋值后才可以使用，赋值后，变量名称在整个程序有效。例如：

```
AA        EQU   R1
MOV       A, AA
```

这里 AA 就代表了工作寄存器 R1。又例如：

```
A10       EQU   10
DELY      EQU   07EBH
MOV       A, A10
LCALL     DELY
```

这里 A10 当作片内 RAM 的一个直接地址，而 DELY 定义了一个 16 位地址，实际上它是一个子程序的入口。

4. DB（Define Byte）**定义数据字节命令**

格式：［标号］：　　DB　8 位二进制数表

其作用是把数据存入指定的存储单元。8 位二进制数表可以是一字节、用逗号隔开的字节串或括在单引号（' '）中的 ASCII 字符串。它通知汇编程序从当前 ROM 地址开始，保留一个字节或字节串的存储单元，并存入 DB 后面的数据。用于从标号指定的地址开始，在程序存储器连续单元中定义若干个 8 位存储单元的内容。例如：

```
          ORG   2000H
TABL:     DB   30H, 40H, 24, 'CB'
```

汇编后

```
(2000H)  =30H
(2001H)  =40H
(2002H)  =18H            ;十进制数 24
(2003H)  =43H            ;43H 为字符"C"的 ASCII 编码值
(2004H)  =42H            ;42H 为字符"B"的 ASCII 编码值
```

显然，DB 功能是从指定单元开始定义（存储）若干字节，十进制数自然转换成十六进制数，字母按 ASCII 码存储。

5. DW（Define Word）**定义数据字命令**

格式：DW　16 位数据项或汇编符号表

该命令用于把 DW 后的 16 位数据项或汇编符号表从当前地址连续存放。每项数据或汇编符号为 16 位二进制数，先存放高 8 位，后存放低 8 位。DW 常用于定义一个地址表，在程序存储器的连续单元中定义 16 位的数据字。例如：

```
ORG   2000H
DW   1246H, 7BH, 10
```

汇编后

```
(2000H)  =12H            ;第 1 个字
```

（2001H）＝46H

（2002H）＝00H　　　　　　；第 2 个字

（2003H）＝7BH

（2004H）＝00H　　　　　　；第 3 个字

（2005H）＝0AH

6. DS（Define Storage）**定义存储区命令**

格式：DS　表达式

在汇编时，从指定地址开始，保留 DS 之后表达式的值所规定的字节单元作为存储区，供程序运行使用。例如：

TABEL：　　DS　10

表示从 TABEL 代表的地址开始，保留 10 个连续的地址单元。又例如：

ORG　2000H

DS　　10H

DB　　30H，8AH

汇编以后，从 2000H 地址开始，保留 16 个连续地址单元，然后从 2010H 开始，按 DB 命令给程序存储器赋值，即

（2010H）＝30H

（2011H）＝8AH

注意：DB、DW 和 DS 命令只能对程序存储器有效，不能对数据存储器使用。

7. BIT 位定义命令

格式：字符名称　BIT　位地址

其中，字符名称不是标号，其后没有冒号，但它是必需的。其功能是把 BIT 之后的位地址值赋给字符名称。位地址可以是绝对位地址，也可以是符号地址。例如：

A1　BIT　P1.6

该命令的功能是把 P1.6 的位地址赋给变量 A1，在其后的程序中，凡是遇到 A1，就可以把其作为位地址 P1.6 使用。

8. DATA 数据地址赋值命令

格式：字符名称　DATA　表达式

DATA 命令功能与 EQU 类似，但有以下差别：

1）EQU 定义的字符名称必须先定义后使用，而 DATA 定义的字符名称可以后定义先使用。

2）用 EQU 伪指令可以把一个汇编符号赋给一个变量名称，而 DATA 只能把数据赋给字符名称。

3）DATA 语句中可以把一个表达式的值赋给字符名称，其中的表达式应是可求值的。

DATA 伪指令常在程序中用来定义数据地址。

4.2　汇编语言源程序的汇编

单片机的程序设计通常都是借助于微机实现的，就在微型计算机上使用编辑软件编写源

程序，使用交叉汇编程序对源程序进行汇编，然后采用串行通信方法，把汇编得到的目标程序传送到单片机内，并进行程序调试和运行。

汇编语言源程序必须转化为机器码表示的目标程序，单片机才能执行，这种转化过程称为汇编。对单片机来说，汇编可分为手工汇编和机器汇编两类。

4.2.1 手工汇编

手工汇编是通过查指令的机器代码表（见表 3-2），逐个把助记符指令"翻译"成机器代码，然后把得到的机器码程序键入单片机，再进行调试和运行。

手工汇编是按绝对地址进行定位的，因此，汇编工作有两点不便之处。

1. 偏移量的计算

手工汇编时，要根据转移的目标地址以及地址差计算转移指令的偏移量，不但麻烦而且稍有疏忽很容易出错。

2. 程序的修改

手工汇编后的目标程序，如需增加、删除或修改指令，就会引起后面各条指令地址的变化，转移指令的偏移量也要随之重新计算。

因此，手工汇编是一种很麻烦的汇编方法，通常只有小程序或条件所限时才使用。实际中，多采用"汇编程序"来自动完成汇编。

4.2.2 机器汇编

机器汇编是在计算机上使用交叉汇编程序进行源程序的汇编。汇编工作由机器自动完成，最后得到以机器码表示的目标程序。

这种交叉汇编通常都是在微机上进行的。在微机上用编辑软件进行源程序编辑，然后生成一个 ASCII 码文件，扩展名为". ASM"。在微机上运行汇编程序，译成机器码。机器码通过微机的串口（或并口）传送到用户样机（或在线仿真器），进行程序的调试和运行。

例 4-2 表 4-1 是一段源程序的汇编结果，可查表 3-2，通过手工汇编来验证下面的汇编结果。机器码从 1000H 单元开始存放。

表 4-1 源程序及汇编结果

汇编语言源程序		汇编后的机器代码	
标号	助记符指令	地址	机器代码（十六进制）
	ORG 1000H		
START:	MOV A, #08H	1000H	74 08
	MOV B, #76H	1002H	75 F0 76
	ADD A, B	1005H	25 F0
	LJMP START	1007H	02 10 00

有时，在分析某些产品 ROM 芯片中的程序时，要将二进制机器语言程序翻译成汇编语言源程序，该过程称为"反汇编"。

汇编和反汇编的过程如图 4-2 所示。

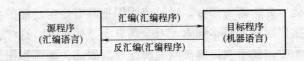

图 4-2　汇编和反汇编过程

4.3　编程的步骤、方法和技巧

计算机在完成一项工作时，必须按顺序执行各种操作。这些操作是程序设计人员用计算机所能接受的语言把解决问题的步骤事先描述好的，也就是事先编制好计算机程序，再由计算机去执行。汇编语言程序设计，要求设计人员对单片机的硬件结构有较详细的了解。编程时，数据的存放、寄存器和工作单元的使用等要由设计者安排。

编程时根据要实现的目标，如被控对象的功能和工作过程要求，首先设计硬件电路；然后再根据具体的硬件环境进行程序设计。

4.3.1　编程步骤

1. 任务分析

要对单片机应用系统的设计目标进行深入分析，明确系统设计任务、功能要求和技术指标。然后对系统的运行环境进行调研。这是应用系统程序设计的基础和条件。

分析问题：首先，要对需要解决的问题进行分析，以求对问题有正确的理解。例如，解决问题的任务是什么？工作过程是什么？现有的条件、已知的数据、对运算的精度和速度方面的要求是什么？设计的硬件结构是否方便编程等。

2. 算法设计

算法就是如何将实际问题转化成程序模块来处理。

经过任务分析和环境调研后，已经明确的功能要求和技术指标可以用数学方法（或模型）来描述，进而把一个实际的系统按要求转化成由计算机进行处理的算法。在编制程序以前，先要对不同的算法进行分析、比较，并进行合理的优化，找出最适宜的算法。

3. 程序流程描述

程序的总体构建。先要确定程序结构和数据形式，资源分配和参数计算等。然后根据程序运行的过程，规划程序执行的逻辑顺序，用图形符号将程序流程绘制在平面图上。应用程序的功能通常可以分为若干部分，用流程图将具有一定功能的各部分有机地联系起来。

总流程图和局部流程图。总流程图侧重反映程序的逻辑结构和各程序模块之间的相互关系；局部流程图反映程序模块的具体实施细节。

画程序流程图：程序流程图是使用图形、符号、有向线段等来说明程序设计过程的一种直观的表示，常采用以下图形及符号：

1）椭圆框（〇）或圆角矩形框（▢）表示程序的开始或结束。

2）矩形框（□）表示要进行的工作。

3）菱形框（◇）表示要判断的事情，菱形框内的表达式表示要判断的内容。

4）指向线（→）表示程序的流向。

流程图步骤分得越细致，编写程序时就越方便。

　　一个程序按其功能可分为若干部分，通过流程图把具有一定功能的各部分有机地联系起来，从而使人们能够抓住程序的基本线索，对全局有完整的了解。这样，设计人员容易发现设计思想上的错误和矛盾，便于找出解决问题的途径。因此，画流程图是程序结构设计时采用的一种重要手段。有了流程图，可以很容易地把较大的程序分成若干个模块，分别进行设计，最后合在一起联调。一个系统的软件要有总流程图，即主程序框图，它可以画的粗一点，侧重于反映各模块之间的相互联系。另外，还要有局部的流程图，反映某个模块的具体实现方案。

4.3.2　编程的方法和技巧

1. 模块化的程序设计方法

（1）程序功能模块化的优点

　　实际的应用程序一般都由一个主程序（包括若干个功能模块）和多个子程序构成。每一个程序模块都能完成一个明确的任务，实现某个具体功能，如发送、接收、延时、显示、打印等。采用模块化的程序设计方法具有以下优点：

　　1）单个模块结构的程序功能单一，易于编写、调试和修改。

　　2）便于分工，从而可使多个程序员同时进行程序的编写和调试工作，加快软件研制进度。

　　3）程序可读性好、便于功能扩充和版本升级。

　　4）对程序的修改可局部进行，其他部分可以保持不变。

　　5）对于使用频繁的子程序可以建立子程序库，便于多个模块调用。

（2）划分模块的原则

　　在进行模块划分时，应首先弄清楚每个模块的功能，确定其数据结构以及与其他模块的关系；其次是对主要任务进一步细化，把一些专用的子任务交由下一级，即第二级子模块完成，这时也需要弄清楚它们之间的相互关系。按这种方法一直细分成易于理解和实现的小模块为止。

　　模块的划分有很大的灵活性，但也不能随意划分。划分模块时应遵循下述原则：

　　1）每个模块应具有独立的功能，能产生一个明确的结果。

　　2）模块之间的控制耦合应尽量简单，数据耦合应尽量少。控制耦合是指模块进入和提出的条件及方式，数据耦合是指模块间的信息交换（传递）方式、交换量的多少及交换的频繁程度。

　　3）模块长度适中。模块语句的长度通常为 20～100 条较合适。模块太长时，分析和调试比较困难，失去了模块化程序结构的优越性；过短则模块的连接太复杂，信息交换太频繁，因而也不合适。

2. 编程技巧

　　在进行程序设计时，应注意以下事项及技巧。

　　1）尽量采用循环结构和子程序。这样可以使程序的总容量大大减少，提高程序的效率，节省内存。在多重循环时，要注意各重循环的初值和循环结束条件。

　　2）尽量少用无条件转移指令。这样可使程序条理更加清楚，从而减少错误。

　　3）对于通用的子程序，考虑到其通用性，除了用于存放子程序入口参数的寄存器外，子程序中用到的其他寄存器的内容应压入堆栈（返回前再弹出），即保护现场。

4）由于中断请求是随机产生的，所以在中断处理程序中，除了要保护处理程序中用到的寄存器外，还要保护标志寄存器。因为在中断处理过程中，难免标志位不产生影响，而中断处理结束后返回主程序时，可能会遇到中断前的以状态标志为依据的条件转移指令，如果标志位被破坏，则整个程序就被打乱了。

5）累加器是信息传递的枢纽。用累加器传递入口参数或返回参数比较方便，即在调用子程序时，通过累加器传递程序的入口参数，或者反过来通过累加器向主程序传递返回参数。

4.4　AT89S51 汇编语言程序设计举例

汇编语言程序具有 4 种结构形式：顺序结构、分支结构、循环结构和子程序结构。下面介绍常用的汇编语言程序的设计。

4.4.1　顺序结构程序设计

顺序结构是按照逻辑操作顺序，从某一条指令开始逐条顺序执行，直到某一条指令为止。它的特点是按程序编写的顺序执行，不改变程序流向。顺序结构是所有程序设计中最基本、最单纯的程序结构形式，在程序设计中用的最多。一般实际应用程序远比顺序结构复杂的多，但它是组成复杂程序的基础、主干。

顺序程序虽然不难编写，但要设计出高质量的程序还是需要掌握一定的技巧。为此需要熟悉指令系统，正确地选择指令，掌握程序设计的方法和技巧，以达到提高程序执行效率，减少程序长度，最大限度地优化程序的目的。下面举例说明。

例 4-3　将 20H 单元的两个 BCD 码拆开并变成 ASCII 码，存入 21H、22H 单元。注意：BCD 码 0~9 的 ASCII 码为 30H~39H。

解：方法一、采用把 BCD 码除以 10H 的方法，除后相当于把此数右移了 4 位，刚好把两个 BCD 码分别移到 A、B 的低 4 位，然后再各自与 30H 相"或"即变为 ASCII 码。其程序流程图如图 4-3 所示。

方法一源程序如下：

地址	机器码	周期数	源程序	
2000H			ORG　2000H	
2000H	E5 20	1	MOV　A，20H	
2002H	75 F0 10	2	MOV　B，#10H	；用 10H 作除数
2005H	84	4	DIV　AB	
2006H	43 F0 30	2	ORL　B，#30H	；低 4 位 BCD 码变为 ASCII 码
2009H	85 F0 22	2	MOV　22H，B	
200CH	44 30	1	ORL　A，#30H	；高 4 位 BCD 码变为 ASCII 码
200EH	F5 21	1	MOV　21H，A	
			END	

此程序占用字节数为 16，执行的总机器周期数为 13。

方法二、采用先把 20H 中低 4 位 BCD 码交换出来进行转换、存放，然后再把高 4 位 BCD 码交换至低 4 位进行转换、存放。根据此思路编制的程序流程图如图 4-4 所示。

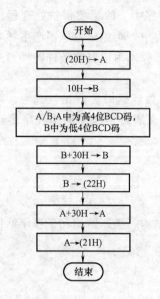

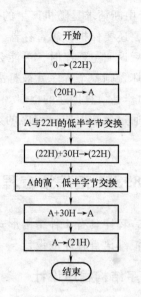

图 4-3　BCD 码转换为 ASCII 码方法一流程图　　　图 4-4　BCD 码转换为 ASCII 码方法二流程图

方法二源程序如下：

地址	机器码	周期数	源程序
2000H			ORG　2000H
2000H	78 22	1	MOV　R0, #22H
2002H	76 00	1	MOV　@R0, #0
2004H	E5 20	1	MOV　A, 20H
2006H	D6	1	XCHD　A, @R0
2007H	43 22 30	2	ORL　22H, #30H　;低 4 位 BCD 码变为 ASCII 码
200AH	C4	1	SWAP　A
200BH	44 30	1	ORL　A, #30H　;高 4 位 BCD 码变为 ASCII 码
200DH	F5 21	1	MOV　21H, A
			END

此程序占用字节数为 15，执行的总机器周期数为 9。

上述两种方法都可以达到同样的目的，但是通过两种方法的比较可以看出，不同的方法所占用程序存储器的容量、内存容量和执行速度是不一样的，编程方法二优于方法一。当对存储容量和执行时间有要求时需要考虑这些细节。

例 4-4　将累加器 A 中 0 ~ FFH 范围内的二进制数转换为 BCD 码（0 ~ 255）。

解：BCD 码是 4 位二进制数表示的十进制数。它在单片机中有两种存放形式，一个字节放一位 BCD 码高半字节取 0，常用于显示和输出；另一种是一个字节存放两位 BCD 码，即压缩 BCD 码，有利于节省存储空间。

本例中所转换的最大 BCD 码是 255，超过了一个字节，因而把其十位、个位以压缩 BCD 码的形式存放，把百位数单独存放。

编程思路是将 A 中二进制数除以 100，所得商即为百位数；再除以 10，所得商即为十位数，余数为个位数。结果存于 R0 所指出的单元中。

源程序如下：

```
BIN-BCD:    MOV   B, #100      ;将 A 中二进制数除以 100
            DIV   AB           ;A 中为百位数，B 中为十位与个位数
            MOV   @R0, A       ;将百位数存入 RAM 单元
            INC   R0           ;修改地址指针
            MOV   A, #10
            XCH   A, B         ;B = 10，A 中为十位与个位数
            DIV   AB           ;A 中为十位数，B 中为个位数
            SWAP  A            ;十位数移到高半字节
            ADD   A, B         ;形成十位数和个位数的压缩 BCD 码
            MOV   @R0, A       ;存入 RAM 单元
            RET
```

4.4.2　子程序的设计

在一段程序中，往往有许多地方需要执行同样的一种操作（一个程序段）。这时可以将那些需多次应用的、完成相同的某种基本运算或操作的程序段从整个程序中独立出来，单独编成一个程序段，需要时进行调用。这样的程序段称为子程序。

子程序是可被主程序中通过 LCALL、ACALL 指令调用的程序段，该程序段的第一条指令地址称为子程序入口地址，它的最后一条指令必须是 RET 返回指令，即返回主程序中调用子程序指令的下一条指令。典型的主程序调用子程序结构如图 4-5 所示。

单片机在执行调用指令时，CPU 会自动将断点地址（主程序中调用子程序指令的下一条指令首地址）压入堆栈。子程序的最后是返回指令 RET，执行这条指令时 CPU 自动将保存在堆栈里的断点弹出到 PC 中，程序返回到子程序调用的下一条指令继续运行。

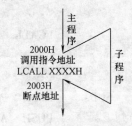

在主程序需要执行这种操作的地方执行一条调用指令，转到子程序去执行；完成规定操作以后，再返回到原来的主程序继续执行，并可以反复调用。采用子程序可使程序结构简单，缩短程序的设计

图 4-5　调用子程序结构

时间，减少占用的程序存储空间，便于模块化，便于调试。

1. 子程序的设计原则和应注意的问题

编写子程序应注意以下问题：

1）要给每个子程序赋一个名字。它是子程序的入口地址的标号，以便于调用。

2）明确入口参数、出口参数。所谓入口参数，即调用该子程序时应给哪些变量传递数据，放在哪个寄存器或内存单元，通常称为参数传递。出口参数则表明了子程序执行的结果存在何处。这样在返回主程序之后，主程序才可能从交接处得到子程序的结果。

3）主程序调用子程序，是通过调用指令来实现。有两条子程序调用指令：

①　绝对调用指令"ACALL addr11"。这是一条双字节指令，addr11 指出了调用的目的地址，PC 中 16 位地址中的高 5 位不变，被调用子程序的首地址与绝对调用指令的下一条指令的高 5 位地址相同，即只能在同一个 2KB 区内。

②　长调用指令"LCALL addr16"。这是一条三字节指令，addr16 为直接调用的目的地址，子程序可放在 64KB 程序存储器区的任意位置。

4）注意保护现场和恢复现场。在执行子程序时，可能要使用累加器、PSW 或某些工作寄存器，而在调用子程序前，这些寄存器中可能存放有主程序的中间结果，这些中间结果在主程序中仍然有用，这就要求在子程序使用这些资源之前，要将其中的内容保护起来，这就是保护现场。当子程序执行完毕，即将返回主程序之前，再将这些内容取出，恢复到原来的寄存器，这一过程称为恢复现场。

保护现场通常用堆栈来完成，并在子程序的开始部分使用进栈指令 PUSH，把需要保护的寄存器内容压入堆栈。当子程序执行结束，在返回指令 RET 前面使用出栈指令 POP，把堆栈中保护的内容弹出到原来的寄存器。要注意，由于堆栈操作是"先进后出"。因此，先压入堆栈的参数应该后弹出，才能保证恢复原来的数据。

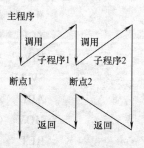

图 4-6　子程序嵌套结构

结构中必须用到堆栈来进行断点和现场的保护。

5）子程序返回主程序时，最后一条指令必须是 RET 指令，功能是把堆栈中的断点地址弹出送入 PC 中，从而实现子程序返回后从主程序断点处继续执行主程序。

6）子程序可以嵌套，即主程序可以调用子程序，子程序又可以调用另外的子程序。子程序嵌套结构如图 4-6 所示

2. 子程序的基本结构

典型的子程序的基本结构如下：

```
MAIN:     ……              ；MAIN 为主程序入口标号
          ……
          LCALL   SUB      ；调用子程序 SUB
          ……
          ……
SUB:      PUSH   PSW       ；子程序，现场保护
          PUSH   Acc
          ……              ；子程序处理程序段
          ……
          POP    Acc       ；现场恢复，注意要先进后出
          POP    PSW
          RET              ；最后一条指令必须为 RET
```

注意：上述子程序结构中，现场保护与现场恢复要根据实际情况而定。

在汇编语言源程序中，主程序调用子程序时要注意两个问题，即主程序和子程序间参数传递和子程序现场保护的问题。

子程序调用中有一个特别重要的问题就是信息交换，也就是参数传递问题。在调用子程序时，主程序应先把有关参数（入口参数）放到某些约定的位置，子程序在运行时，可以从约定的位置得到有关的参数；同样，子程序在运行结束前，也应该把运算结果（出口参数）送到约定位置，在返回主程序后，主程序可以从这些地方得到需要的结果。这就是参数传递。

实际实现参数传递时，可采用多种约定方法。AT89S51 单片机常用工作寄存器、累加

器、地址指针寄存器（R0、R1 和 DPTR）或堆栈来传递参数。下面举例说明。

1. 用工作寄存器、累加器来传递参数

这种方法是把入口参数或出口参数放在工作寄存器 Rn 或累加器 A 中。主程序在调用子程序之前，要把入口参数放在 Rn 或 A 中，子程序运行后的结果，即出口参数也放在 Rn 或 A 中。

例 4-5　用程序实现 $c = a^2 + b^2$。a、b 均为 0 ~ 9 之间的数，设 a、b 和 c 分别存于内部 RAM 的 31H、32H 和 33H 三个单元中。

解：这个问题可以用子程序来实现，即两次调用子程序查平方表，结果在主程序中相加得到。

主程序片段：

	ORG	0000H	
	LJMP	START	
	ORG	0100H	
START:	MOV	SP, #3FH	; 设堆栈指针
	MOV	A, 31H	; 取第一操作数 a
	ACALL	SQR	; 调用查表程序，求 a^2
	MOV	R1, A	; a^2 暂存于 R1 中
	MOV	A, 32H	; 取第二操作数 b
	ACALL	SQR	; 再次调用查表程序，求 b^2
	ADD	A, R1	; $a^2 + b^2 \rightarrow$ A
	MOV	33H, A	; 结果存于 33H 中
	SJMP	$	; 暂停

子程序片段：

	ORG	0200H	
SQR:	INC	A	; 查表位置偏移量调整，RET 为一字节指令
	MOVC	A, @A + PC	; 查表取平方值
	RET		; 子程序返回
TAB:	DB	0, 1, 4, 9, 16	; 数 0 ~ 9 的平方表
	DB	25, 36, 49, 64, 81	
	END		

从上例可以看到，子程序也应有一个名字，该名字应作为子程序中第一条指令的标号。例如，查表子程序的名字是 SQR。其入口条件是（A）= 待查表的数；出口条件是（A）= 平方值。

2. 用指针寄存器来传递参数

由于数据一般存放于存储器中，故可用指针来指示数据的位置。这样可大大减少传递数据的工作量。一般情况下，如果参数在片内 RAM 中，则可用 R0 或 R1 作指针；如果参数在片外 RAM 或程序存储器中，则可用 DPTR 作指针。

例 4-6　多字节无符号数加法程序。

解：设被加数最低字节地址存于 R0 中，加数最低字节地址存于 R1 中，字节数存于 R3 中。相加的结果依次存于原被加数单元。由于最高字节内容相加可能产生进位，因此，和数字节单元比被加数单元多一个，如图4-7所示。这里，把字节数和被加数最低字节地址分别保存在 R7 和中 R5，目的是为读取和数做准备。

其程序流程图如图 4-8 所示。

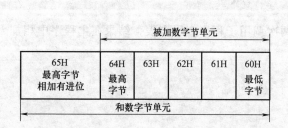

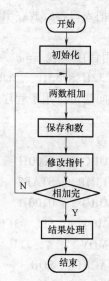

图 4-7　被加数和数存放单元示意图　　　　图 4-8　多字节无符号数加法程序流程图

源程序如下：

```
            ORG   1000H
NADD：      MOV   R0, #60H      ; 被加数最低字节地址存于 R0 中
            MOV   R1, #70H      ; 加数最低字节地址存于 R1 中
            MOV   R3, #05H      ; 字节数存于 R3 中
            MOV   A, R0         ; 保存被加数首地址→R5
            MOV   R5, A
            MOV   A, R3         ; 保存字节数→R7
            MOV   R7, A
            CLR   C             ; 最低字节相加时，无进位
ADDA：      MOV   A, @R0        ; 通过 R0 间接寻址，取得被加数的一个字节
            ADDC  A, @R1        ; 加数与被加数的对应字节相加
            MOV   @R0, A        ; 部分和存入对应的被加数单元
            INC   R0            ; 指向下一个字节单元
            INC   R1
            DJNZ  R7, ADDA      ; 若（R7）－1≠0，则继续做加法
            JNC   ADDB          ; 若最高字节相加无进位，则转 ADDB
            INC   R3            ; 有进位（CY），字节数加 1
            MOV   @R0, #01H     ; 最高进位存入被加数最高字节下一单元
ADDB：      MOV   A, R5         ; 和数低字节地址送 A
            MOV   R0, A         ; A 送 R0，为读取和数做准备
            RET
```

4.4.3　查表程序设计

查表程序是一种常用程序，它可以避免复杂的运算或转换过程，可完成数据补偿、修正、计算、转换等各种功能，具有程序简单、执行速度快等优点。在 AT89S51 单片机中，数据表格是存放在程序存储器 ROM 中，而不是在 RAM 中。编写程序时，可以通过 DB 或 DW 伪指令将数据以类似表格的形式列于 ROM 中。

查表是根据自变量 x，在表格寻找 y，使 $y = f(x)$。单片机在执行查表指令时，发出读程序存储器的选通脉冲$\overline{PSEN}$。两条极为有用的查表指令如下：

以 DPTR 为基址的查表指令：MOVC　A，@ A + DPTR

以 PC 为基址的查表指令：MOVC　A，@ A + PC

1. 以 DPTR 为基址的查表指令的编程

指令"MOVC　A，@ A + DPTR"把 A 中内容与 DPTR 中的内容相加，结果为某一程序存储单元的地址，然后把该地址单元的内容送到 A 中。

当用 DPTR 作基址寄存器时，寻址范围为整个程序存储器的 64KB 空间，表格可放在 ROM 的任何位置。查表的步骤分三步：

1）基址值（表格首地址）→DPTR 中。

2）变址值（要查表中的项数与表格首地址之间的间隔字节数）→A。

3）执行 MOVC　A，@ A + DPTR 指令。

例 4-7　用 DPTR 作基址的查表指令编程，将一位十六进制数转换为 ASCII 码。

设一位十六进制数放在 R0 的低四位，转换为 ASCII 码，再送回 R0。用查表指令 MOVC　A，@ A + DPTR 编程。

解：程序流程图如图 4-9 所示。

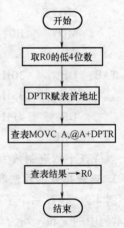

图 4-9　十六进制数转换为
ASCII 码程序流程图

源程序如下：

```
        ORG     0100H
        MOV     R0, #0BH           ; 设待查十六进制数为 B
        MOV     A, R0              ; 读数据
        ANL     A, #0FH            ; 屏蔽高 4 位
        MOV     DPTR, #TAB         ; 置表格首地址
        MOVC    A, @ A + DPTR      ; 查表
        MOV     R0, A              ; 回存
        SJMP    $
        ORG     1000H
TAB：DB     30H, 31H, 32H, 33H, 34H
        DB     35H, 36H, 37H, 38H, 39H   ; 0 ~ 9 的 ASCII 码
        DB     41H, 42H, 43H, 44H, 45H, 46H   ; A ~ F 的 ASCII 码
        END
```

当待查十六进制数为 B 时，本例执行结果为 42H。

2. 以 PC 为基址的查表指令的编程

当用 PC 作基址寄存器时，基址 PC 是当前程序计数器的内容，即查表指令的下条指令的首地址。查表范围是查表指令后 256 个字节的地址空间。由于 PC 本身是一个程序计数器，与指令的存放地址有关，所以查表操作有所不同。查表的步骤分三步：

1）变址值（要查表中的项数与表格首地址之间的间隔字节数）→A。

2）修正量（查表指令下一条指令的首地址到表格首地址之间的间隔字节数） + A→A。

3）执行 MOVC　A，@ A + PC 指令。

例 4-8　用查表指令 MOVC　A，@ A + PC 编程指令实现例 4-7 的功能。

```
        ORG     0100H
        MOV     R0，#07H                  ; 设待查十六进制数为 7
        MOV     A，R0                     ; 读数据
        ANL     A，#0FH                   ; 屏蔽高 4 位
        ADD     A，#03H                   ; 加上修正量
        MOVC    A，@ A + PC               ; 查表
        MOV     R0，A                     ; 回存，本指令字节数为 1
        SJMP    $                        ; 本指令字节数为 2
TAB：   DB      30H，31H，32H，33H，34H
        DB      35H，36H，37H，38H，39H    ; 0 ~ 9 的 ASCII 码
        DB      41H，42H，43H，44H，45H，46H ; A ~ F 的 ASCII 码
        END
```

当待查十六进制数为 07H 时，则本例执行结果为 37H。

3. 查表指令的用法和计算修正量时应注意的问题

例 4-9　设计一个子程序，功能是根据累加器 A 中的数 x（0 ~ 15 之间）查 x 的平方表 y。本例中的 x 和 y 均为单字节数。

```
    地　址                  子程序
Y3Y2Y1Y0        ADD     A，#01H               ; 加修正量
Y3Y2Y1Y0 + 2    MOVC    A，@ A + PC
Y3Y2Y1Y0 + 3    RET
Y3Y2Y1Y0 + 4    DB  00，01，04，09，16         ; 数 0 ~ 4 的平方表
                DB  25，36，49，64，81         ; 数 5 ~ 9 的平方表
                DB  100，144，169，196，225    ; 数 10 ~ 15 的平方表
```

指令 "ADD　A，#01H" 的作用是 A 中的内容加上 "01H"，"01H" 即为查表指令与平方表之间的 "RET" 指令所占的字节数。加上 "01H" 后，可保证 PC 指向表首地址，累加器 A 中原来的内容仅是从表首地址开始向下查找多少个单元。

在进入程序前，A 的内容在 0 ~ 15 之间，如 A 中的内容为 04H，它的平方值为 16，可根据 A 的内容查出 x 的平方。

"MOVC　A，@ A + DPTR" 指令应用范围较广，使用该指令时不必计算修正量。优点是表格可以设在 64KB 程序存储器的任何地方，而不像 "MOVC　A，@ A + PC" 那样只设在 PC 下面的 256 个单元中，所以使用较方便。该指令的缺点是如果 DPTR 已被使用，则在查表前必须保护 DPTR，且在查表结束后再恢复 DPTR。

例 4-9 可改成如下形式：

```
SQUARE：  PUSH    DPH              ; 保存 DPH
          PUSH    DPL              ; 保存 DPL
          MOV     DPTR，#TAB1
          MOVC    A，@ A + DPTR
          POP     DPL              ; 恢复 DPL
          POP     DPH              ; 恢复 DPH
          RET
TAB1：    DB  00，01，04，09，16          ; 数 0 ~ 4 的平方表
          DB  25，36，49，64，81          ; 数 5 ~ 9 的平方表
          DB  100，121，144，169，196，225  ; 数 10 ~ 15 的平方表
```

实际查表，有时 x 为单字节数，y 为双字节数。采用下例实现查表。

例 4-10　有一巡回检测报警装置，需对 16 路输入进行检测，每路有一个最大允许值，为双字节数。装置运行时需根据测量的路数 x，查表找出对应该路的最大允许值 y，看输入值是否大于最大允许值，如果大于就报警。

解： 取输入路数为 x_i（$0 \leq x_i \leq 15$），y_i 为 2 字节最大允许值，放在表格中。假设进入查表程序前，输入路数 x_i 已放于 R2 中，查表后该路的最大允许值 y_i 放于 R3R4 中。其表格构造见表 4-2。

表 4-2　巡回检测报警路数 x_i 与报警值 y_i 对应关系

表地址	#TAB2	#TAB2 + 1	#TAB2 + 2	#TAB2 + 3	…	#TAB2 + 30	#TAB2 + 31
y_i（字节）	y_0 高	y_0 低	y_1 高	y_1 低	…	y_{15} 高	y_{15} 低
存储内容	05	F0	0E	89		6C	A0
x_i	0		1		…	15	

程序流程图如图 4-10 所示。

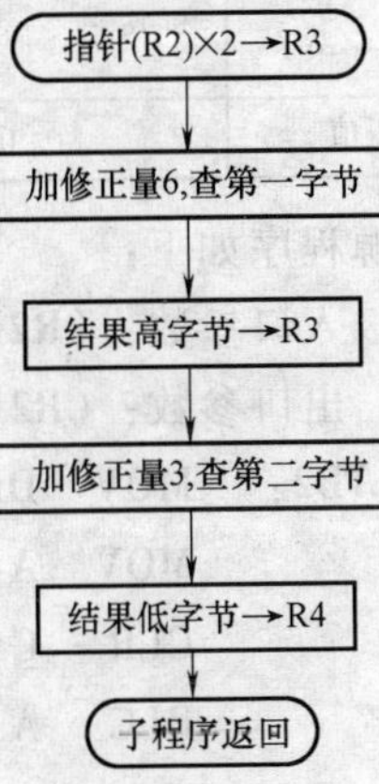

源程序如下：

; 入口参数：（R2） = 路数，0 ~ 15。

; 出口参数：（R3R4） = 最大允许值

```
ALARM：  MOV   A，R2         ; 路数 xi
         RL    A            ; xi × 2→A
         MOV   R3，A         ; 保存指针
         ADD   A，#6         ; 加上表首修正量
         MOVC  A，@ A + PC    ; 查该路 yi 最大允许
                            ; 值的第一字节
         XCH   A，R3         ; 该路最大允许值的
                            ; 第一字节→R3
         ADD   A，#3         ; 加修正量后再加 1，
                            ; 形成第二字节表址
         MOVC  A，@ A + PC    ; 查该路 yi 最大允许值的第二字节
         MOV   R4，A         ; 该路最大允许值的第二字节→R4
```

指针(R2)×2→R3

↓

加修正量6,查第一字节

↓

结果高字节→R3

↓

加修正量3,查第二字节

↓

结果低字节→R4

↓

子程序返回

图 4-10　巡回检测
报警程序流程图

```
        RET
TAB2：   DW    05F0H，0E89H，A695H，1D9CH      ；最大值表
        DW    0D9BH，7F91H，0373H，26D7H
        DW    2710H，9E3FH，1A66H，22E3H
        DW    1174H，16EFH，33E4H，6CA0H
```

上述查表程序中使用"RL A"使 A 的内容乘以 2，这是由于 DW 定义的是双字节空间，为了保证指向正确的查表地址，所以要进行乘 2 处理。此时表格长度不能超过 256B，且表格只能存放于"MOVC A，@ A + PC"指令以下的 256 个单元中，如需把表格放在程序存储器空间的任何地方，应使用指令" MOVC A，@ A + DPTR"。

实际查表，有时自变量 x 为双字节数，函数值 y 也为双字节数。可采用下例实现查表。

例 4-11 以 AT89S51 为核心的温度控制器，温度传感器输出的电压与温度为非线性关系，传感器输出的电压已由 A-D 转换为 10 位二进制数。测得的不同温度下的电压值数据构成一个表，表中温度值为 y（双字节无符号数），x（双字节无符号数）为电压值数据。设测得电压值 x 放入 R2R3 中，根据电压值 x，查找对应的温度值 y，仍放入 R2R3 中。

解：基址 + 修正量的计算方法：

修正量来源于对采样值的计算。由于采样值是十位二进制数，放在 R2R3 中。对应温度也是两个字节表示，所以这个表共有 2KB 单元。

地址计算公式应该为

$$高 8 位地址 = \#TAB2 + (R2R3) \times 2$$

$$低 8 位地址 = \#TAB2 + (R2R3) \times 2 + 1$$

测得电压值与对应温度值存放地址间的关系见表 4-3。

表 4-3 测得电压值与对应温度值存放地址间的关系表

表地址	#TAB2	#TAB2 + 1	#TAB2 + 2	#TAB2 + 3	…	#TAB2 + 2046	#TAB2 + 2047
温度值 y_i（字节）	y_0 高	y_0 低	y_1 高	y_1 低	…	y_{1023} 高	y_{1023} 低
电压值 x_i	0000		0001		…	1023	

源程序如下：

```
；入口参数：（R2R3）＝测得电压值
；出口参数：（R2R3）＝对应温度值
LTB2：   MOV   DPTR，#TAB2      ；置表首地址
         MOV   A，R3            ；求 yᵢ 在表中序号，低 8 位电压值→A
         CLR   C               ；进位标志清零
         RLC   A               ；带进位左环移
         MOV   R3，A            ；低 8 位电压值×2→R3
         XCH   A，R2            ；高 8 位电压值→A
         RLC   A               ；高 8 位电压值×2
         XCH   A，R2            ；求 yᵢ 在表中序号，高 8 位电压值×2→R2，
         MOV   A，R3            ；低 8 位电压值×2 →A
         ADD   A，DPL           ；（R2R3）+（DPTR）→（DPTR）
```

```
        MOV   DPL, A
        MOV   A, DPH
        ADDC  A, R2
        MOV   DPH, A
        CLR   A
        MOVC  A, @ A + DPTR          ; 查对应温度值第一字节（y_i 高）
        MOV   R2, A                  ; 对应温度值第一字节存入 R2 中
        CLR   A
        INC   DPTR                   ; 表格地址加 1
        MOVC  A, @ A + DPTR          ; 查对应温度值第二字节（y_i 低）
        MOV   R3, A                  ; 对应温度值第二字节存入 R3 中
        RET
TAB2：   DW    …, …, …               ; 温度值表
```

由于使用了指令 "MOVC　A, @ A + DPTR"，表 TAB2 可放入 64KB 程序存储器空间任何位置，表格的长度可大于 256B。

4.4.4　关键字查找程序设计

在表中查找关键字的操作，也称为数据检索。有两种方法，顺序检索和对分检索。

1. 顺序检索

要检索的表是无序的，检索时只能从第 1 项开始逐项查找，判断所取数据是否与关键字相等。

例 4-12　从 50 个字节的无序表中查找一个关键字 "KEY"。试编写一段程序，求出这个数的地址，送 R2R3 保存。若表中不存在这个数，则将 00H 送 R2R3。

解：源程序如下：

```
        ORG   1000H
LOOKUP：MOV   30H, #KEY             ; 关键字 KEY 送 30H 单元
        MOV   R1, #50               ; 查找次数送 R1
        MOV   A, #14H               ; 修正值送 A
        MOV   DPTR, #TAB4           ; 表首地址送 DPTR
LOOP：   PUSH  Acc
        MOVC  A, @ A + PC           ; 查表结果送 A
        CJNE  A, 30H, LOOP1         ; （A）不等于关键字则转 LOOP1
        MOV   R2, DPH               ; 查到关键字，把关键字所在地址送 R2, R3
        MOV   R3, DPL
DONE：   RET
LOOP1： POP   Acc                   ; 没有查到关键字，继续往下查找，弹出修正值
        INC   A                     ; 修改修正值
        INC   DPTR                  ; 修改数据指针 DPTR
        DJNZ  R1, LOOP              ; R1≠0, 50 个数未查完，继续查找
        MOV   R2, #00H              ; 表中没有关键字，R2 和 R3 清 0，
```

```
         MOV     R3, #00H          ; 表中 50 个数已查完
         AJMP    DONE              ; 从子程序返回
TAB4：   DB      …, …, …           ; 50 个无序数据表
```

2. 对分检索

对分检索的前提是检索的数据表已经排好序，以便于按照对分原则来取数。对分检索的方法：取数据表中间位置的数与关键字进行比较，如相等，则查找结束。如果所取数大于关键字，则下次对分检索的范围是从数据区起点到本次取数处。如果所取数小于关键字，则下次对分检索的范围是从本次取数处到数据区终点。依此类推，逐渐缩小检索范围，减少次数，大大提高查找速度。

4.4.5　数据极值查找程序设计

进行数值大小的比较，从一批数据中找出最大值（或最小值）并存于某一单元中。

例 4-13　搜索最大值。从片内 RAM 的 BLOCK 单元开始有一个无符号数据块，试求出其中最大的。

解： 这是一个最简单、最基本的搜索问题。寻找最大值的方法很多，其中最直接的方法是比较和交换交替进行。先取出第一个数作为基准，和第二个数进行比较；若基准数大则不交换；若基准数小则交换。依次类推，直至整个数据块比较结束，基准数即为最大。

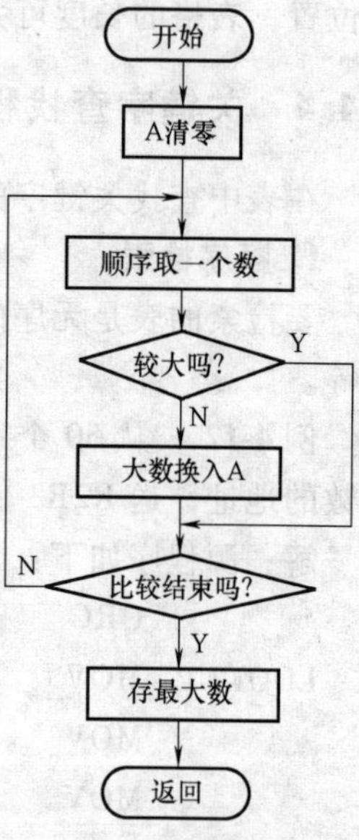

程序流程图如图 4-11 所示。

源程序如下：

```
START：   LEN     DATA   20H      ; 数据块长度存放地址 20H
          MAX     DATA   21H      ; 最大数存放地址 21H
          BLOCK   DATA   22H      ; 无符号数据块存放首地
                                  ;   址 22H
          CLR     A
          MOV     R2, LEN         ; 数据块长度→R2
          MOV     R1, #BLOCK      ; 置地址指针
LOOP：    CLR     C               ; 进位标志清零
          SUBB    A, @R1          ; 用减法做比较
          JNC     NEXT            ; C = 0, A 中数大, 跳转 NEXT
          MOV     A, @R1          ; C = 1, 则大数→A
          SJMP    NEXT1
NEXT：    ADD     A, @R1          ; A 中数大, 恢复 A
NEXT1：   INC     R1              ; 修改地址指针
          DJNZ    R2, LOOP        ; 还未比较完, 继续
          MOV     MAX, A          ; 若比较完, 则存最大数
```

图 4-11　搜索最大值
程序流程图

4.4.6　数据排序程序设计

数据排序是将一批数由小到大（升序）排列，或由大到小（降序）排列。

最常用的数据排序算法是冒泡法，是相邻数互换的排序方法，因其过程类似水中气泡上浮，故称冒泡法。

排序时，从前向后进行相邻两个数的比较，如果数据的大小次序与要求的顺序不符时，就将两个数互换；否则，顺序符合要求就不互换。如果进行升序排序，应通过这种相邻数互换方法，使小数向前移，大数向后移。

如此从前向后进行一次次相邻数互换（冒泡），就会把这批数据的最大数排到最后，次大数排在倒数第二的位置，从而实现一批数据由小到大的排列。

假设有 7 个原始数据的排列顺序为 6、4、1、2、5、7、3。第一次冒泡的过程是：

```
6、4、1、2、5、7、3        ；原始数据的排列
4、6、1、2、5、7、3        ；逆序，互换
4、1、6、2、5、7、3        ；逆序，互换
4、1、2、6、5、7、3        ；逆序，互换
4、1、2、5、6、7、3        ；逆序，互换
4、1、2、5、6、7、3        ；正序，不互换
4、1、2、5、6、3、7        ；逆序，互换，第一次冒泡结束
```

按此进行，各次冒泡的结果如下：

第 1 次冒泡结果：4、1、2、5、6、3、7
第 2 次冒泡结果：1、2、4、5、3、6、7
第 3 次冒泡结果：1、2、4、3、5、6、7
第 4 次冒泡结果：1、2、3、4、5、6、7　　　　；已完成排序
第 5 次冒泡结果：1、2、3、4、5、6、7
第 6 次冒泡结果：1、2、3、4、5、6、7

对于 n 个数，理论上应进行（$n-1$）次冒泡才能完成排序，实际上有时不到（$n-1$）次就已完成排序。

例如，上面的 7 个数，应进行 6 次冒泡，但实际上第 4 次冒泡时就已经完成排序。

如何判定排序是否已经完成？就是看各次冒泡中是否有互换发生，如果有则排序还没完成，否则就表示已经排好序。

在程序设计中，常用设置互换标志的方法，用标志的状态来表示是否有互换进行。

例 4-14　一批单字节无符号数，以 R0 为首地址指针，R2 中为字节数，将这批数进行从小到大排列。

解：其程序流程图如图 4-12 所示。

源程序如下：

```
SORT：  MOV  A，R0      ；首地址指针送入 R1
        MOV  R1，A      ；寄存器之间不能直接
                          传送

        MOV  A，R2      ；字节数送入 R5
        MOV  R5，A
```

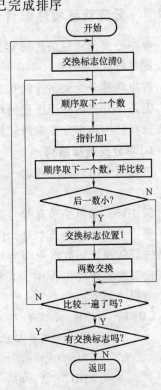

图 4-12　单字节无符号数
排序程序流程图

```
        CLR     F0                  ；互换标志位 F0 清 0
        DEC     R5
        MOV     A，@ R1
LOOP：   MOV     R3，A               ；前数→R3
        INC     R1                  ；地址指针增 1
        CLR     C
        MOV     A，@ R1             ；取后数→A
        SUBB    A，R3               ；比较大小，后数 - 前数
        JNC     LOOP1              ；后数 > 前数，转 LOOP1
        SETB    F0                  ；后数 < 前数，互换标志位 F0 置 1
        MOV     A，R3               ；前数→A
        XCH     A，@ R1             ；两个数互换，前数→后地址单元
        DEC     R1                  ；后数→A，指向前地址单元
        XCH     A，@ R1             ；后数→前地址单元
        INC     R1                  ；指向后地址单元
LOOP1：  MOV     A，@ R1             ；后地址单元数→A
        DJNZ    R5，LOOP
        JB      F0，SORT            ；标志的状态为 1 表示有互换进行
        RET                         ；标志的状态为 0 表示无互换进行
```

4.4.7　分支转移程序设计

程序分支是通过条件转移指令实现的，即根据条件对程序的执行进行判断；若满足条件，则进行程序转移。

程序转移分为无条件转移和有条件转移。

无条件分支转移程序很简单，不讨论。有条件分支转移程序按结构类型来分，又分为单分支选择结构和多分支选择结构。

1. 单分支选择结构

仅有两个出口，两者选一。一般根据运算结果的状态标志，用条件判跳指令来选择并转移。

例 4-15　求单字节有符号数的二进制补码

解： 正数补码是其本身，负数补码是其反码加 1。因此，应首先判断被转换数的符号，负数进行转换，正数本身即为其补码。

设二进制数放在 A 中，其补码放回到 A 中，流程图如图 4-13 所示。

源程序如下：

```
CMPT：   JNB     Acc.7，RETURN        ；（A）> 0，不需转换
        MOV     C，Acc.7             ；符号位保存
        CPL     A                   ；（A）求反，加 1
        ADD     A，#1
        MOV     Acc.7，C             ；符号位存在 A 的最高位
RETURN：RET
```

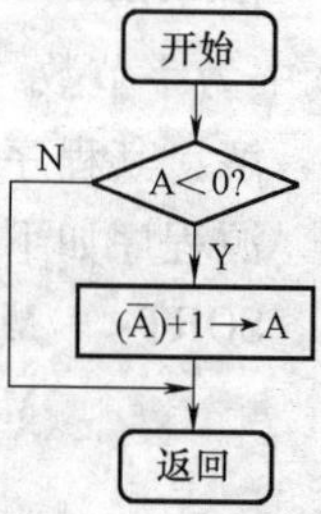

图 4-13　单分支选
择结构 1 流程图

此外，单分支选择结构还有图 4-14、图 4-15 所示的几种形式。

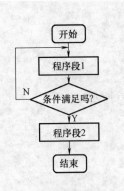

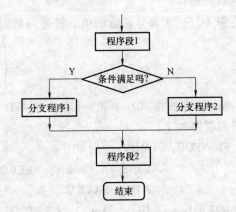

图 4-14　单分支选择结构 2　　　　　　　　图 4-15　单分支选择结构 3

2. 多分支选择结构

当程序的判别部分有两个以上的出口时，为多分支选择结构。有两种形式，如图 4-16 和图 4-17 所示。

指令系统提供了非常有用的两种多分支选择指令：

间接转移指令　　JMP　　@ A + DPTR
比较转移指令　　CJNE　　A, direct, rel
　　　　　　　　CJNE　　A, #data, rel
　　　　　　　　CJNE　　Rn, #data, rel
　　　　　　　　CJNE　　@ Ri, #data, rel

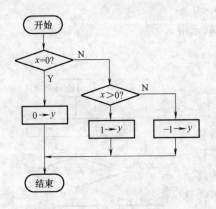
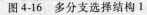

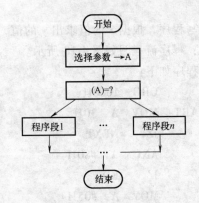

图 4-16　多分支选择结构 1　　　　　　　　图 4-17　多分支选择结构 2

间接转移指令"JMP　@ A + DPTR"由数据指针 DPTR 决定多分支转移程序的首地址，由 A 的内容选择对应分支。

4 条比较转移指令 CJNE 能对两个要比较的单元内容进行比较，当不相等时，程序实现相对转移；若两者相等，则顺序往下执行。

简单的分支转移程序的设计，常采用逐次比较法，就是把所有不同的情况一个一个地进行比较，发现符合就转向对应的处理程序。缺点是程序太长，有 n 种可能的情况，就需有 n 个判断和转移。

例 4-16 求符号函数的值。符号函数定义如下：

$$y = \begin{cases} 1 & x > 0 \\ 0 & x = 0 \\ -1 & x < 0 \end{cases}$$

解：x 存放在 40H 单元，y 存放在 41H 单元，如图 4-16 所示。

源程序如下：

```
SIGNFUC:   MOV    A, 40H              ; x→A
           CJNE   A, #00H, NZERO
           AJMP   SAVEY              ; x = 0, y = 0
NZERO:     JB     Acc.7, NEGT
           MOV    A, #01H            ; x > 0, y = 1
           AJMP   SAVEY
NEGT:      MOV    A, #81H            ; x < 0, y = -1
SAVEY:     MOV    41H, A
           END
```

分支程序是根据要求无条件或有条件地改变程序执行流向。编写分支程序主要在于正确使用转移指令。

例 4-17 设变量 x 以补码形式存放在片内 RAM 的 30H 单元中，变量 y 与 x 的关系是：

$$y = \begin{cases} x, & x > 0 \\ 20H, & x = 0 \\ x + 5, & x < 0 \end{cases}$$

编写程序，根据 x 的值求出 y 的值，并放回原单元中。

解：程序流程图如图 4-18 所示。

源程序如下：

```
           ORG    1000H
START:     MOV    A, 30H       ; 取变量 x
           JZ     NEXT         ; x = 0, 转移
           ANL    A, #80H      ; 保留符号位
           JZ     ED           ; x > 0, 转移
           MOV    A, #05H      ; x < 0, 不转移
           ADD    A, 30H
           MOV    30H, A
           SJMP   ED
NEXT:      MOV    30H, #20H
ED:        SJMP   $
```

实际中，经常遇到如图 4-17 所示的多分支转移程序
设计，典型例子就是当单片机系统中的键盘按下时，就

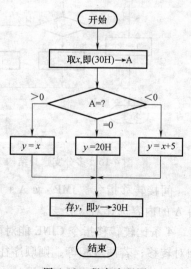

图 4-18　程序流程图

会得到一个键值，根据不同的键值，跳向不同的键处理程序入口。此时，可用直接转移指令（LJMP 或 AJMP 指令）组成一个转移表，然后把该单元的内容读入累加器 A，转移表首地址放入 DPTR 中，再利用间接转移指令实现分支转移。

例 4-18　根据寄存器 R2 的内容，转向各个处理程序 $PRGx$（$x = 0 \sim n$）。

解：（R2）= 0，转 PRG0

（R2）= 1，转 PRG1

……

（R2）= n，转 PRGn

源程序如下：

```
JMP6:   MOV   DPTR, #TAB5      ; 转移表首地址送 DPTR
        MOV   A, R2            ; 分支转移参量送 A
        MOV   B, #03H          ; 乘数 3 送 B
        MUL   AB              ; 分支转移参量乘 3
        MOV   R6, A            ; 乘积的低 8 位暂存 R6
        MOV   A, B            ; 乘积的高 8 位送 A
        ADD   A, DPH          ; 乘积的高 8 位加到 DPH 中
        MOV   DPH, A
        MOV   A, R6
        JMP   @A+DPTR         ; 多分支转移选择
        ……
TAB5:   LJMP  PRG0            ; 多分支转移表，（R2）= 0
        LJMP  PRG1            ; （R2）= 1
        ……
        LJMP  PRGn            ; （R2）= n
```

R2 中的分支转移参量乘 3 是由于长跳转指令 LJMP 要占 3 个单元。本例程序可位于 64KB 程序存储器空间的任何区域。

4.4.8　循环程序设计

程序中含有可以反复执行的程序段，称为循环体。例如，求 100 个数的累加和，没必要连续安排 100 条加法指令，可用一条加法指令使其循环执行 100 次。因此可缩短程序长度，程序所占的内存单元数量更少，使程序结构紧凑。

1. 循环程序的结构

循环程序主要由以下四部分组成。

（1）循环初始化

完成循环前的准备工作。例如，循环控制计数初值的设置、地址指针的起始地址的设置、为变量预置初值等。

（2）循环处理

完成实际的处理工作。反复循环执行的部分，又称循环体。

（3）循环控制

在重复执行循环体的过程中，不断修改循环控制变量，直到符合结束条件，就结束循环

程序的执行。

循环结束控制方法分为循环计数控制法和条件控制法。

（4）循环结束

这部分是对循环程序执行的结果进行分析、处理和存放。

2. 循环结构的控制

循环结构的控制分为先处理后判断结构和先判断后处理结构。如图 4-19 和图 4-20 所示。

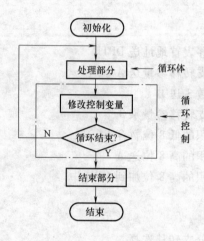

图 4-19　先处理后判断结构

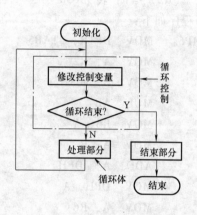

图 4-20　先判断后处理结构

（1）先处理后判断的结构

依据计数器的值来决定循环次数，一般为减 1 计数器，计数器减到"0"时，结束循环。计数器初值在初始化设定。

MCS－51 指令系统提供了功能极强的循环控制指令：

DJNZ　　　Rn，rel　　　；以工作寄存器作控制计数器

DJNZ　　　direct，rel　　；以直接寻址单元作控制计数器

例 4-19　用 P1 口作为数据读入口，为了消除干扰，读取稳定的输入值，要求连续读 8 次后取平均值。

解：设 R0、R1 作为连续 8 次累加的 16 位工作寄存器，最后取平均值，即除以 8。在此将 R0、R1 各右移一次的操作重复做 3 次，把最后结果存放在 R1 中。程序流程图如图 4-21 所示。

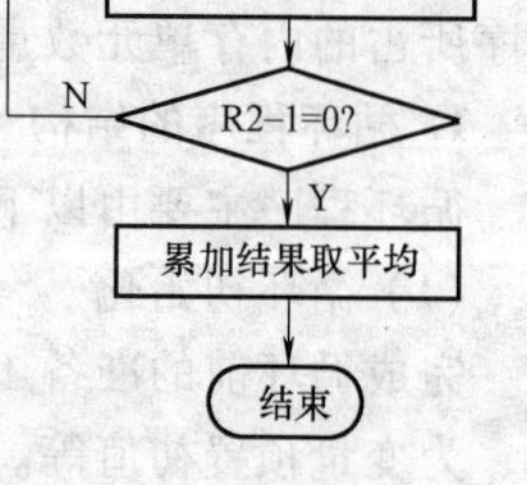

源程序如下：

```
        ORG     100H
        MOV     R0，#00H        ；清 16 位中间寄存器
        MOV     R1，#00H
        MOV     R2，#08H        ；累加次数→R2
LP2：   MOV     P1，#0FFH       ；置 P1 为输入口
        MOV     A，P1           ；输入数据
        ADD     A，R1           ；加入中间寄存器低 8 位
        JNC     LP1            ；无进位则暂存结果
```

图 4-21　程序流程图

```
      INC    R0                   ; 有进位则中间寄存器高 8 位加 1
LP1：  MOV    R1，A                 ; 暂存低 8 位结果
      DJNZ   R2，LP2              ; 8 次累加未完，继续累加循环
      MOV    R2，#03H             ; 右移 3 次相当于除以 8，取得平均值
LP3：  MOV    A，R0                ; 高 8 位结果→A
      RRC    A                   ; A 中最低位右移入 C
      MOV    R0，A                ; 高 8 位右移结果→R0
      MOV    A，R1                ; 低 8 位结果→A
      RRC    A                   ; 低 8 位结果带进位右移，则高 8 位的最低位依次
                                   进入低 8 位的最高位
      MOV    R1，A                ; 右移结果→R1
      DJNZ   R2，LP3
LP：   SJMP   LP
```

此程序实际上是两段单循环程序。第一段循环实现 8 次输入数据的累加，结果存放在 R0、R1 中。第二段取 8 次的平均值，结果存放在 R1 中。

计数控制只有在循环次数已知的情况下才适用。循环次数未知，不能用循环次数来控制，往往需要根据某种条件来判断是否应该终止循环。

（2）先判断后处理的结构

先判断后处理结构如图 4-20 所示。循环控制中，设置一个条件，判断是否满足该条件。如满足则循环结束；如不满足则循环继续。

例 4-20　一串字符，依次存放在内部 RAM 从 30H 单元开始的连续单元中，字符串以 0AH 为结束标志，测试字符串长度。

解：采用逐个字符依次与"0AH"（设置的条件）比较的方法。设置一个累计字符串长度的长度计数器和一个用于指定字符串的指针。

如果字符与"0AH"不等，则长度计数器和字符串指针都加 1；如果比较相等，则表示该字符为"0AH"，字符串结束，计数器值就是字符串的长度。

源程序如下：

```
      MOV    R4，#0FFH            ; 长度计数器初值送 R4
      MOV    R1，#2FH             ; 字符串指针初值送 R1
NEXT：INC    R4
      INC    R1
      CJNE   @ R1，#0AH，NEXT      ; 比较，不等则进行下一字符比较
      END
```

上面两个例子都是在一个循环程序中不再包含其他循环程序，则称该循环程序为单循环程序。如果一个循环程序中包含了其他循环程序，则称为多重循环程序。

最常见的多重循环是由 DJNZ 指令构成的软件延时程序。

例 4-21　已知 AT89S51 单片机使用的晶体振荡器频率为 6MHz，要求设计一个软件延时程序，延时的时间为 10ms。

解：软件延时程序的延时主要与两个因素有关：一个是所采用的晶体振荡器频率；一个是延时程序中的循环次数。当晶体振荡器频率确定之后，则主要是如何设计与计算需给定的

延时循环次数。在本例中已知晶体振荡器频率为 6MHz，则可知一个机器周期为 2μs，即可预计采用单循环有可能实现 1ms 的延时。可用双重循环方法实现延时 10ms 的程序为

```
        ORG     2000H                                          ; 机器周期数
DEL:    MOV     R0, #10          ; 毫秒数→R0                      1
DEL1:   MOV     R1, #125         ; 1ms 预定值→R1                  1
DEL2:   NOP                      ;                               1
        NOP                      ;                               1
        DJNZ    R1, DEL2         ; 总计（1+1+2）×2μs×125 = 1000μs  2
        DJNZ    R0, DEL1         ; 本循环体执行 10 次               2
        END
```

该延时程序实际上是一个双循环程序。第一条指令"DEL：MOV R0，#10"为外循环的循环初值，下面指令为循环体，最后一条指令"DJNZ R0， DEL1"是外循环控制部分。在内循环中，第二条指令"DEL1：MOV R1， #125"为内循环初值，后两条指令为循环体，"DJNZ R1， DEL2"为内循环的循环控制部分。

内循环实现 1ms 延时，外循环 10 次，总的延时约为 $10 \times 1ms = 10ms$。

本例上述延时程序不太精确，如把所有指令的执行时间计算在内，它的延时为

$$1 \times 2μs + [(1+2) \times 2μs + (1+1+2) \times 125 \times 2μs] \times 10 = 10062μs$$

如要求比较精确的延时，应对上述程序进行以下修改，才能达到较为精确的延时。

```
        ORG     2000H                                          ; 机器周期数
DEL: MOV        R0, #10          ; 毫秒数→R0                      1
DEL1: MOV       R1, #124         ; 1ms 预定值→R1                  1
DEL2: NOP                        ;                               1
        NOP                      ;                               1
        DJNZ    R1, DEL2         ; 总计（1+1+2）×2μs×124 = 992μs   2
        NOP                      ;                               1
        DJNZ    R0, DEL1         ; 本循环体执行 10 次               2
```

如把所有指令的执行时间计算在内，它的延时时间为

$$1 \times 2μs + [(1+1+2) \times 2μs + (1+1+2) \times 124 \times 2μs] \times 10 = 10002μs$$

但要注意，用软件实现延时程序，不允许使用中断，否则将严重影响定时的准确性。

对于延时更长的时间，可采用多重循环，如 1s 延时，可用三重循环。

在上例程序中采用了多重循环程序，即在一个循环体中又包含了其他的循环程序，这种方法是实现延时程序的常用方法。使用多重循环时，必须注意以下几点：

1）循环嵌套，必须层次分明，不允许产生内外层循环交叉。

2）外循环可以一层层向内循环进入，结束时由里往外一层层退出。

3）内循环可以直接转入外循环，实现一个循环由多个条件控制的循环结构方式。

思考题与习题 4

4-1 AT89S51 单片机汇编语言有何特点？

4-2 什么是伪指令？"伪"的含义是什么？常用的伪指令有哪些功能？

4-3 解释下列术语：

(1) 手工汇编　　　(2) 机器汇编　　　(3) 反汇编

4-4　利用 AT89S51 单片机汇编语言进行程序设计分哪些步骤？

4-5　常用的程序结构有哪几种？各有何特点？

4-6　设计子程序时应注意哪些问题？

4-7　子程序调用时，参数的传递方法有哪几种？

4-8　试编写一个程序，将内部 RAM 中 45H 单元的高 4 位清 0，低 4 位置 1。

4-9　已知程序执行前有 A = 02H，SP = 42H，(41H) = FFH，(42H) = FFH，下述程序执行后，A =
(　　)，SP = (　　)，(41H) = (　　)，(42H) = (　　)，PC = (　　)。

```
POP    DPH
POP    DPL
MOV    DPTR, #3000H
RL     A
MOV    B, A
MOVC   A, @ A + DPTR
PUSH   Acc
MOV    A, B
INC    A        ;
MOVC   A, @ A + DPTR
PUSH   Acc
RET
ORG    3000H
DB     10H, 80H, 30H, 80H, 50H, 80H
```

4-10　试编写程序，查找在内部 RAM 的 30H ~ 50H 单元中是否有 0AAH 这一数据。若有，则将 51H 单元置为 "01H"；若未找到，则将 51H 单元置为 "00 H"。

4-11　试编写程序，查找在 20H ~ 40H 单元中出现 "00H" 这一数据的次数，并将查到的结果存入 41H 单元。

4-12　设被加数存放在内部 RAM 的 30H、31H 单元，加数存放在 32H、33H 单元，试编写出 16 位无符号数相加的程序，将和存放在 34H、35H 中。

4-13　编写程序，实现双字节无符号数加法运算，要求 (R0R1) + (R6R7) →60H 和 61H 中。

4-14　编写程序，把外部 RAM 中 1000H ~ 101FH 的内容传送到内部 RAM 的 30H ~ 4FH 中。

4-15　在内部 RAM 的 30H ~ 37H 单元存有一组单字节无符号数，要求找出最大数存入 BIG 单元。试编写程序实现。

4-16　若 SP = 60H，标号 LABEL 所在的地址为 3456H，LCALL 指令的地址为 2000，执行如下指令：

2000H　LCALL　LABEL

后，堆栈指针 SP 和堆栈内容发生了什么变化？PC 的值等于什么？如果将指令 LCALL 直接换成 ACALL 是否可以？如果换成 ACALL 指令，可调用的地址范围是什么？

4-17　若 AT89S51 的晶体振荡器频率为 12MHz，试计算下面的延时子程序实现的延时是多少？

```
       ORG    0100H
DEL:   MOV    R7, #200
DEL1:  MOV    R6, #123
DEL2:  DJNZ   R6, DEL2
       NOP
       DJNZ   R7, DEL1
       RET
```

4-18　若 AT89S51 的晶体振荡器频率为 6MHz，试计算下面的延时子程序实现的延时是多少？（含调用子程序指令的 2 个机器周期）。

```
DELAY:    MOV    R7, #0F6H
   LP:    MOV    R6, #0FAH
          DJNZ   R6, $
          DJNZ   R7, LP
          RET
```

4-19　编写子程序，将 R1 中的 2 个十六进制数转换为 ASCII 码，结果存放在 R3 和 R4 中。

4-20　编写程序，求内部 RAM 中 50H ~ 59H 这 10 个单元内容的平均值，并存放在 5AH 单元。

第 5 章　AT89S51 单片机的中断系统

本章介绍 AT89S51 单片机片内功能部件中断系统的硬件结构和工作原理。AT89S51 的中断系统能够实时地响应片内功能部件和外围设备发出的中断请求并及时进入中断服务子程序进行处理。通过对本章的学习，读者应重点掌握与中断系统有关的特殊功能寄存器以及中断系统的应用特性。应能熟练地进行中断系统的初始化编程以及中断服务子程序的设计。

5.1　AT89S51 中断技术概述

在单片机系统中，中断技术主要用于实时监测与控制，也就是要求单片机能及时地响应中断请求源提出的服务请求，并做出快速响应和及时处理。这些工作就是由单片机片内的中断系统来实现的。当中断请求源发出中断请求时，如果中断请求被允许，单片机暂时中止当前正在执行的主程序，转到中断服务处理程序处理中断服务请求。中断服务处理程序处理完中断服务请求后，再回到原来被中止的程序之处（断点），继续执行被中断的主程序。

图 5-1 显示了单片机对外围设备中断服务请求的整个中断响应和处理过程。

如果单片机没有中断系统，单片机的大量时间可能会浪费在查询是否有服务请求发生的定时查询操作上。即不论是否有服务请求发生，都必须去查询。

采用中断技术完全消除了单片机在查询方式中的等待现象，大大地提高了单片机的工作效率和实时性。由于中断工作方式的优点极为明显，因此，单片机的片内硬件中都带有中断系统。

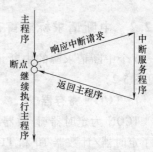

图 5-1　中断响应和处理过程

5.2　AT89S51 中断系统结构

AT89S51 的中断系统结构示意图如图 5-2 所示。如图所示，AT89S51 单片机的中断系统有 5 个中断请求源（简称中断源），两个中断优先级，可实现两级中断服务程序嵌套。每一中断源可用软件独立控制为允许中断或关中断状态，每一个中断源的中断优先级均可用软件来设置。

5.2.1　中断请求源

如图 5-2 所示，AT89S51 中断系统共有 5 个中断请求源，它们是：

1）$\overline{\text{INT0}}$——外部中断请求 0，中断请求信号由 $\overline{\text{INT0}}$ 引脚输入，中断请求标志为 IE0。

2）INT1——外部中断请求 1，中断请求信号由 $\overline{\text{INT1}}$ 引脚输入，中断请求标志为 IE1。

3）定时器/计数器 T0 计数溢出发出的中断请求，中断请求标志为 TF0。

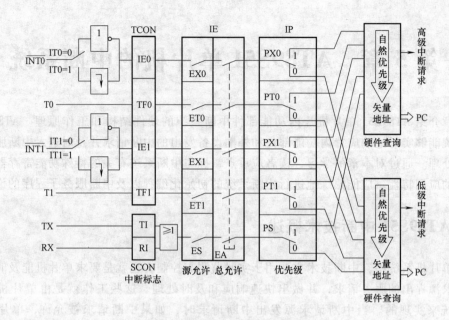

图 5-2　AT89S51 的中断系统结构示意图

4）定时器/计数器 T1 计数溢出发出的中断请求，中断请求标志为 TF1。

5）串行口中断请求，中断请求标志为发送中断 TI 或接收中断 RI。

5.2.2　中断请求标志寄存器

5 个中断请求源的中断请求标志分别由特殊功能寄存器 TCON 和 SCON 的相应位锁存（见图 5-2）。

1. TCON 寄存器

TCON 为定时器/计数器的控制寄存器，字节地址为 88H，可位寻址。该寄存器中既包括了定时器/计数器 T0 和 T1 的溢出中断请求标志位 TF0 和 TF1，也包括了两个外部中断请求的标志位 IE1 和 IE0，此外还包括了两个外部中断请求源的中断触发方式选择位。特殊功能寄存器 TCON 的格式如图 5-3 所示。

	D7	D6	D5	D4	D3	D2	D1	D0	
TCON	TF1	TR1	TF0	TR0	IE1	IT1	IE0	IT0	88H
位地址	8FH	—	8DH	—	8BH	8AH	89H	88H	

图 5-3　特殊功能寄存器 TCON 的格式

TCON 寄存器中与中断系统有关的各标志位功能如下：

1）TF1——片内定时器/计数器 T1 的溢出中断请求标志位。

当启动 T1 计数后，定时器/计数器 T1 从初值开始加 1 计数，当最高位产生溢出时，由硬件使 TF1 置 1，向 CPU 申请中断。CPU 响应 TF1 中断时，TF1 标志由硬件自动清 0，TF1 也可由软件清 0。

2）TF0——片内定时器/计数器 T0 的溢出中断请求标志位，功能与 TF1 类似。

3）IE1——外部中断请求 1 的中断请求标志位。

4）IE0——外部中断请求 0 的中断请求标志位，其功能与 IE1 类似。

5）IT1——选择外部中断请求 1 为跳沿触发方式还是电平触发方式。

IT1 = 0，为电平触发方式，加到引脚 $\overline{INT1}$ 上的外部中断请求输入信号为低电平有效，并把 IE1 置 1。转向中断服务程序时，由硬件自动把 IE1 清 0。

IT1 = 1，为跳沿触发方式，加到引脚 $\overline{INT1}$ 上的外部中断请求输入信号电平从高到低的负跳变有效，并把 IE1 置 1。转向中断服务程序时，则由硬件自动把 IE1 清 0。

6）IT0——选择外部中断请求 0 为跳沿触发方式还是电平触发方式，其功能与 IT1 类似。

当 AT89S51 复位后，TCON 被清 0，5 个中断源的中断请求标志均为 0。

TR1（D6 位）、TR0（D4 位）这 2 位与中断系统无关，仅与定时器/计数器 T1 和 T0 有关，将在第 6 章定时器/计数器中介绍。

2. SCON 寄存器

SCON 为串行口控制寄存器，字节地址为 98H，可位寻址。SCON 的低二位是锁存串行口的发送中断和接收中断的中断请求标志 TI 和 RI，其格式如图 5-4 所示。

	D7	D6	D5	D4	D3	D2	D1	D0	
SCON	—	—	—	—	—	—	TI	RI	98H
位地址	—	—	—	—	—	—	99H	98H	

图 5-4　特殊功能寄存器 SCON 的格式

SCON 中各标志位的功能如下：

1）TI——串行口的发送中断请求标志位。CPU 将一个字节的数据写入串行口的发送缓冲器 SBUF 时，就启动 1 帧串行数据的发送，每发送完一帧串行数据后，硬件使 TI 自动置 1。CPU 响应串行口发送中断时，并不清除 TI 中断请求标志，TI 标志必须在中断服务程序中用指令对其清 0。

2）RI——串行口的接收中断请求标志位。在串行口接收完一个串行数据帧后，硬件自动使 RI 中断请求标志置 1。CPU 在响应串行口接受中断时，RI 标志并不清 0，必须在中断服务程序中用指令对 RI 清 0。

5.3　中断允许与中断优先级的控制

中断允许控制和中断优先控制是分别由特殊功能寄存器区中的中断允许寄存器 IE 和中断优先级寄存器 IP 来实现的。下面介绍这两个特殊功能寄存器。

5.3.1　中断允许寄存器 IE

AT89S51 的 CPU 对各中断源的开放或屏蔽，是由片内的中断允许寄存器 IE 控制的。IE 的字节地址为 A8H，可进行位寻址，其格式如图 5-5 所示。

	D7	D6	D5	D4	D3	D2	D1	D0	
IE	EA	—	—	ES	ET1	EX1	ET0	EX0	A8H
位地址	AFH	—	—	ACH	ABH	AAH	A9H	A8H	

图 5-5　中断允许寄存器 IE 的格式

中断允许寄存器 IE 对中断的开放和屏蔽实现两级控制。所谓两级控制，就是有一个总的开关中断控制位 EA（IE.7 位），当 EA = 0 时，所有的中断请求被屏蔽；当 EA = 1 时，CPU 开放中断，但 5 个中断源的中断请求是否允许，还要由 IE 中的低 5 位所对应的 5 个中断请求允许控制位的状态来决定（见图 5-5）。

IE 中各位功能如下：

1）EA——中断允许总开关控制位

EA = 0，所有的中断请求被屏蔽；EA = 1，所有的中断请求被开放。

2）ES——串行口中断允许位

ES = 0，禁止串行口中断；ES = 1，允许串行口中断。

3）ET1——定时器/计数器 T1 的溢出中断允许位

ET1 = 0，禁止 T1 溢出中断；ET1 = 1，允许 T1 溢出中断。

4）EX1——外部中断 1 中断允许位

EX1 = 0，禁止外部中断 1 中断；EX1 = 1，允许外部中断 1 中断。

5）ET0——定时器/计数器 T0 的溢出中断允许位

ET0 = 0，禁止 T0 溢出中断；ET0 = 1，允许 T0 溢出中断。

6）EX0——外部中断 0 中断允许位

EX0 = 0，禁止外部中断 0 中断；EX0 = 1，允许外部中断 0 中断。

AT89S51 复位以后，IE 被清 0，所有的中断请求被屏蔽。IE 中与各个中断源相应的位可用指令置 1 或清 0。若使某一个中断源被允许中断，除了 IE 相应的位被置 1 外，还必须使 EA 位置 1。

改变 IE 的内容，可由位操作指令来实现（SETB　bit；CLR　bit），也可用字节操作指令实现。

例 5-1　若允许片内 2 个定时器/计数器中断，并禁止其他中断源的中断请求，请编写设置 IE 的相应程序段。

解：（1）用位操作指令

```
CLR     ES      ；禁止串行口中断
CLR     EX0     ；禁止外部中断 0 中断
CLR     EX1     ；禁止外部中断 1 中断
SETB    ET0     ；允许定时器/计数器 T0 中断
SETB    ET1     ；允许定时器/计数器 T1 中断
SETB    EA      ；总中断开关位开放
```

（2）用字节操作指令

```
MOV     IE, #8AH
```

上述两段程序对 IE 的设置是相同的。

5.3.2　中断优先级寄存器 IP

AT89S51 的中断请求源有两个中断优先级，每一个中断请求源可由软件分别设置为高优先级中断或低优先级中断，可实现两级中断嵌套。所谓两级中断嵌套，就是 AT89S51 正在执行低优先级中断的服务程序时，可被高优先级中断请求所中断，待高优先级中断处理完毕后，再返回低优先级中断服务程序。两级中断嵌套的过程如图 5-6 所示。

关于各中断源的中断优先级关系，可以归纳为下面两条基本规则：

1）低优先级可被高优先级中断，高优先级不能被低优先级中断。

2）任何一种中断（不管是高级还是低级）一旦得到响应，不会再被它的同级中断源所中断。如果某一中断源被设置为高优先级中断，在执行该中断源的中断服务程序时，则不能被任何其他的中断源的中断请求所中断。

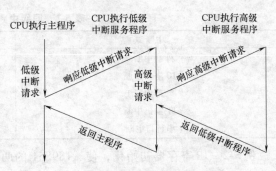

图 5-6　两级中断嵌套的过程

AT89S51 的片内有一个中断优先级寄存器 IP，其字节地址为 B8H，可位寻址。只要用程序改变其内容，即可进行各中断源中断优先级的设置，IP 寄存器的格式如图 5-7 所示。

	D7	D6	D5	D4	D3	D2	D1	D0	
IP	—	—	—	PS	PT1	PX1	PT0	PX0	B8H
位地址	—	—	—	BCH	BBH	BAH	B9H	B8H	

图 5-7　IP 寄存器的格式

中断优先级寄存器 IP 各位的含义如下：

（1）PS—串行口中断优先级控制位

PS = 1：串行口中断为高优先级；PS = 0：串行口中断为低优先级。

（2）PT1—定时器 T1 中断优先级控制位

PT1 = 1：定时器 T1 中断为高优先级；PT1 = 0：定时器 T1 中断为低优先级。

（3）PX1—外部中断 1 中断优先级控制位

PX1 = 1：外部中断 1 中断为高优先级；PX1 = 0：外部中断 1 中断为低优先级。

（4）PT0—定时器 T0 中断优先级控制位

PT0 = 1：定时器 T0 中断为高优先级；PT0 = 0：定时器 T0 中断为低优先级。

（5）PX0—外部中断 0 中断优先级控制位

PX0 = 1：外部中断 0 中断为高优先级；PX0 = 0：外部中断 0 中断为低优先级。

中断优先级控制寄存器 IP 的各位都由用户程序置 1 和清 0，用位操作指令或字节操作指令均可更新 IP 的内容，以改变各中断源的中断优先级。

AT89S51 复位以后，IP 的内容为 0，各个中断源均为低优先级中断。

下面简单介绍 AT89S51 的中断优先级结构。AT89S51 的中断系统有两个不可寻址的优先级激活触发器。其中一个指示某高优先级的中断正在执行，所有后来的中断均被阻止；另一个指示某低优先级的中断止在执行，所有同级的中断都被阻止，但不阻断高优先级的中断请求。

在同时收到几个同优先级的中断请求时，哪一个中断请求能优先得到响应，取决于内部的查询顺序。这相当于在同一个优先级内，还同时存在另一个辅助优先级结构，其查询顺序见表 5-1。

由此可见，各中断源在同一个优先级的条件下，外部中断 0 的中断优先级最高，串行口中断优先级最低。

表 5-1 同级中断的查询顺序

中断源	中断级别
外部中断 0	最高
T0 溢出中断	↓
外部中断 1	↓
T1 溢出中断	↓
串行口中断	最低

例 5-2 IP 寄存器初始化，使 AT89S51 的两个外中断请求为高优先级，其他中断请求为低优先级。

解：（1）用位操作指令

```
SETB    PX0       ；外中断 0 设置为高优先级
SETB    PX1       ；外中断 1 设置为高优先级
CLR     PS        ；串行口设置为低优先级
CLR     PT0       ；定时器/计数器 T0 为低优先级
CLR     PT1       ；定时器/计数器 T1 为低优先级
```

（2）用字节操作指令

```
MOV     IP，#05H
```

5.4 响应中断请求的条件

一个中断源的中断请求被响应，必须满足以下必要条件：

1）总中断允许开关接通，即 IE 寄存器中的中断总允许位 EA = 1。

2）该中断源发出中断请求，即对应的中断请求标志为 1。

3）该中断源的中断允许位为 1，即该中断被允许。

4）无同级或更高级中断正在被服务。

中断响应就是 CPU 对中断源提出的中断请求的接受。当 CPU 查询到有效的中断请求后，在满足上述条件时，紧接着就进行中断响应。

中断响应的主要过程是首先由硬件自动生成一条长调用指令 "LCALL addr16"。这里的 addr16 就是程序存储区中相应的中断入口地址。例如，对于外部中断 1 的响应，硬件自动生成的长调用指令为

```
LCALL    0013H
```

生成 LCALL 指令后，紧接着就由 CPU 执行该指令。首先将程序计数器 PC 的内容压入堆栈以保护断点，再将中断入口地址装入 PC，使程序转向响应中断请求的中断入口地址。

各中断的入口地址见表 5-2。

表 5-2 中断入口地址表

中断源	中断入口地址
外部中断 0	0003H
定时器/计数器 T0	000BH
外部中断 1	0013H
定时器/计数器 T1	001BH
串行口中断	0023H

在表 5-2 中，两个中断入口间只相隔 8 字节，一般情况下难以安放一个完整的中断服务程序。因此，通常总是在中断入口地址处放置一条无条件转移指令，使程序执行转向在其他地址存放的中断服务程序入口。

中断响应是有条件的，并不是查询到的所有中断请求都能被立即响应，当遇到下列 3 种情况之一时，中断响应被封锁：

1）CPU 正在处理同级或更高优先级的中断。因为当一个中断被响应时，要把对应的中断优先级状态触发器置 1（该触发器指出 CPU 所处理的中断优先级别），从而封锁了低级中断请求和同级中断请求。

2）所查询的机器周期不是当前正在执行指令的最后一个机器周期。设置这个限制的目的是只有在当前指令执行完毕后，才能进行中断响应，以确保当前指令执行的完整性。

3）正在执行的指令是 RETI 或是访问 IE 或 IP 的指令。因为按照 AT89S51 中断系统的规定，在执行完这些指令后，需要再执行完一条指令，才能响应新的中断请求。

如果存在上述 3 种情况之一，CPU 将丢弃中断查询结果，不能对中断进行响应。

5.5　外部中断的响应时间

在设计者使用外部中断时，有时需考虑从外部中断请求有效（外部中断请求标志置 1）到转向中断入口地址所需的时间。下面来讨论这个问题。

外部中断的最短响应时间为 3 个机器周期。其中中断请求标志位查询占 1 个机器周期，而这个机器周期恰好处于指令的最后一个机器周期。在这个机器周期结束后，中断即被响应，CPU 接着执行一条硬件子程序调用指令 LCALL 使程序转到相应的中断服务程序入口，这需要 2 个机器周期。

外部中断响应的最长时间为 8 个机器周期。这种情况发生在 CPU 进行中断标志查询时，刚好才开始执行 RETI 或访问 IE 或 IP 的指令，则需把当前指令执行完再继续执行一条指令后，才响应中断。执行上述的 RETI 或访问 IE 或 IP 的指令，最长需要 2 个机器周期。而接着再执行一条指令，按最长的指令（乘法指令 MUL 和除法指令 DIV）来算，也只有 4 个机器周期。再加上硬件子程序调用指令 LCALL 的执行，需要 2 个机器周期，所以，外部中断响应的最长时间为 8 个机器周期。

如果已经在处理同级或更高级中断，外部中断请求的响应时间取决于正在执行的中断服务程序的处理时间，这种情况下，响应时间就无法计算了。

这样，在一个单一中断的系统里，AT89S51 单片机对外部中断请求的响应时间总是在 3~8 个机器周期之间。

5.6　外部中断的触发方式选择

外部中断有两种触发方式：电平触发方式和跳沿触发方式。

5.6.1　电平触发方式

若外部中断定义为电平触发方式，外部中断申请触发器的状态随着 CPU 在每个机器周期采样到的外部中断输入引脚的电平变化而变化。这能提高 CPU 对外部中断请求的响应速度。当外部中断源被设定为电平触发方式时，在中断服务程序返回之前，外部中断请求输入必须无效（外部中断请求输入已由低电平变为高电平），否则 CPU 返回主程序后会再次响应中断。所以电平触发方式适合于外部中断以低电平输入且中断服务程序能清除外部中断请求源（外部中断输入电平又变为高电平）的情况。如何清除电平触发方式的外部中断请求源的电平信号，将在本章的后面介绍。

5.6.2　跳沿触发方式

外部中断若定义为跳沿触发方式，外部中断申请触发器能锁存外部中断输入线上的负跳变。即使 CPU 暂时不能响应，中断请求标志也不丢失。在这种方式下，如果相继连续两次采样，一个机器周期采样到外部中断输入为高，下一个机器周期采样为低，则中断申请触发器置 1，直到 CPU 响应此中断时，该标志才清 0。这样才不会丢失中断，但输入的负脉冲宽度至少保持 12 个时钟周期（若晶体振荡器频率为 6MHz，则为 2μs），才能被 CPU 采样到。外部中断的跳沿触发方式适合于以负脉冲形式输入的外部中断请求。

5.7　中断请求的撤销

某个中断请求被响应后，就存在着一个中断请求的撤销问题。下面按中断请求源的类型分别说明中断请求的撤销方法。

1. 定时器/计数器中断请求的撤销

定时器/计数器中断的中断请求被响应后，硬件会自动把中断请求标志位（TF0 或 TF1）清 0，因此定时器/计数器中断请求是自动撤销的。

2. 外部中断请求的撤销

1）跳沿触发方式外部中断请求的撤销包括两项内容：中断标志位清 0 和外部中断信号的撤销。其中，中断标志位（IE0 或 IE1）清 0 是在中断响应后由硬件自动完成的。而外部中断请求信号的撤销，由于跳沿信号过后也就消失了，所以跳沿触发方式的外部中断请求也是自动撤销的。

2）对于电平触发方式外部中断请求的撤销，中断请求标志的撤销是自动的，但中断请求信号的低电平可能继续存在，在以后的机器周期采样时，又会把已清 0 的 IE0 或 IE1 标志位重新置 1。为此，要彻底解决电平方式外部中断请求的撤销，除了标志位清 0 之外，必要时还需在中断响应后把中断请求信号输入引脚从低电平强制改变为高电平。为此可在系统中增加如图 5-8 所示的电路。

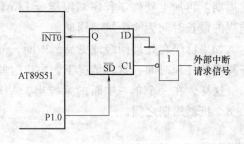

图 5-8　电平触发方式的外部中断
请求的撤销电路

如图所示，用触发器锁存外来的中断请求低电平，并通过触发器的输出端 Q 接到 $\overline{INT0}$（或 $\overline{INT1}$）。所以，增加的触发器不影响中断请求。中断响应后，为了撤销中断请求，可利用触发器的直接置 1 端 $\overline{SD}$ 实现，即把 $\overline{SD}$ 端接 AT89S51 的 P1.0 端。因此，只要 P1.0 端输出一个负脉冲就可以使触发器置 1，从而撤销低电平的中断请求信号。所需的负脉冲在中断服务程序中增加如下指令即可得到：

```
ORL      P1, #01H          ; P1.0 为 "1"
ANL      P1, #0FEH         ; P1.0 为 "0"
ORL      P1, #01H          ; P1.0 为 "1"
```

3. 串行口中断请求的撤销

串行口中断请求的撤销只有标志位清 0 的问题。串行口中断的标志位是 TI 和 RI，但对这两个中断标志 CPU 不进行自动清 0。因为在响应串行口的中断后，CPU 无法知道是接收中断还是发送中断，还需测试这两个中断标志位，以判定是接收操作还是发送操作，然后才能清除。所以串行口中断请求的撤销只能使用软件的方法，在中断服务程序中进行，即用如下指令在中断服务程序中对串行口中断标志位进行清除：

```
CLR      TI                ; 清 TI 标志位
CLR      RI                ; 清 RI 标志位
```

5.8　中断服务子程序的设计

中断系统的运行必须与中断服务子程序配合才能正确使用。设计中断服务子程序需要首先明确以下几个问题。

1. 中断服务子程序设计的任务

中断服务子程序设计的基本任务有下列 4 条：

1）设置中断允许控制寄存器 IE，允许相应的中断。

2）设置中断优先级寄存器 IP，确定并分配所使用的中断源的优先级。

3）若是外部中断源，还要设置中断请求的触发方式 IT1 或 IT0，以决定采用电平触发方式还是跳沿触发方式。

4）编写中断服务子程序，处理中断请求。

前 3 条一般放在主程序的初始化程序段中。

例 5-3　假设允许外部中断 0 中断，设定它为高优先级中断，其他中断源为低优先级中断，采用跳沿触发方式，在主程序中可编写如下初始化程序段：

```
SETB     EA                ; EA 位置 1，总中断开关位开放
SETB     EX0               ; EX0 位置 1，允许外部中断 0 产生中断
SETB     PX0               ; PX0 位置 1，外部中断 0 为高优先级中断
SETB     IT0               ; IT0 位置 1，外部中断 0 为跳沿触发方式
```

2. 采用中断时的主程序结构

由于各中断入口地址是固定的，而程序又必须先从主程序起始地址 0000H 执行。所以，在 0000H 起始地址的几个字节中，用无条件转移指令，跳转到主程序。另外，各中断入口地址之间依次相差 8 字节，中断服务子程序稍长就超过 8 字节，这样中断服务子程序就占用了其他的中断入口地址，影响其他中断源的中断处理。为此，一般在进入中断后，用一条无条件转移指令，把中断服务子程序跳转到远离其他中断入口的入口地址处。

常用的主程序结构如下：

```
ORG      0000H
LJMP     MAIN
ORG      X₁X₂X₃X₄H          ; X₁X₂X₃X₄H 为某中断源的中断入口
```

```
LJMP    INT                ; INT 为某中断源的中断服务子程序标号
……
ORG     Y₁Y₂Y₃Y₄H          ; Y₁Y₂Y₃Y₄H 为主程序入口
MAIN：  主程序
INT：    中断服务子程序
```

注意：在以上的主程序结构中，如果有多个中断源，就对应有多个 "ORG X₁X₂X₃X₄H" 的中断入口地址，多个 "中断入口地址" 必须依次由小到大排列。主程序 MAIN 的起始地址 Y₁Y₂Y₃Y₄H，根据具体情况来安排。

3．中断服务子程序的流程

中断服务子程序的基本流程如图 5-9 所示。下面对有关中断服务子程序执行过程中的一些问题进行说明。

（1）现场保护和现场恢复

所谓现场是指进入中断时，单片机中某些寄存器和存储器单元中的数据或状态。为使中断服务子程序的执行不破坏这些数据或状态，以免在中断返回后影响主程序的运行，因此要把它们送入堆栈保存起来，这就是现场保护。

现场保护一定要位于中断处理程序的前面。中断处理结束后，在返回主程序前，则需要把保存的现场内容从堆栈中弹出恢复原有内容，这就是现场恢复。

现场恢复一定要位于中断处理的后面。AT89S51 的堆栈操作指令 "PUSH direct" 和 "POP direct"，主要是供现场保护和现场恢复使用的。至于要保护哪些内容，应该由用户根据中断处理程序的具体情况来决定。

（2）关中断和开中断

图 5-9 中现场保护前和现场恢复前关中断是为了防止此时有高一级的中断进入，避免现场被破坏。在现场保护和现场恢复之后的开中断是为下一次的中断做好准备，也为了允许有更高级的中断进入。这样做的结果是，中断处理可以被打断，但原来的现场保护和现场恢复不允许更改，除了现场保护和现场恢复的片刻外，仍然保持着中断嵌套的功能。

但有的时候，对于一个重要的中断，必须执行完毕，不允许被其他的中断嵌套。对此可在现场保护前先关闭总中断开关位，彻底关闭其他中断请求，待中断处理完毕后再开总中断开关位。这样，就需要把图 5-9 中的 "中断处理" 步骤前后的 "开中断" 和 "关中断" 两个过程去掉。

（3）中断处理

中断处理是中断源请求中断的具体目的。应用设计者应根据任务的具体要求，来编写中断处理部分的程序。

（4）中断返回

中断服务子程序最后一条指令必须是返回指令 RETI，它是中断服务程序结束的标志。CPU 执行完这条指令后，把响应中断时所置 1 的不可寻址的优先级状态触发器清 0，然后从堆栈中弹出栈顶上的两个字节的断点地址送到程序计数器 PC，弹出的第一个字节送入 PCH，

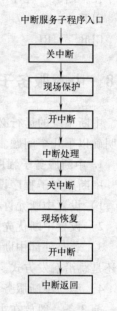

图 5-9　中断服务子程序的基本流程

弹出的第二个字节送入 PCL，CPU 从断点处重新执行被中断的主程序。

例 5-4　根据图 5-9 的中断服务子程序流程，编写中断服务程序。假设现场保护只需要将 PSW 寄存器和累加器 A 的内容压入堆栈中保护起来。

解：一个典型的中断服务子程序如下：

```
INT:   CLR    EA        ；CPU 关中断
       PUSH   PSW       ；现场保护
       PUSH   Acc
       SETB   EA        ；总中断允许
       中断处理程序段
       CLR    EA        ；关中断
       POP    Acc       ；现场恢复
       POP    PSW
       SETB   EA        ；总中断允许
       RETI             ；中断返回，恢复断点
```

上述程序有几点需要说明：

1）本例的现场保护假设仅涉及 PSW 和 A 的内容，如有其他需要保护的内容，只需在相应位置再加几条 PUSH 和 POP 指令即可。注意，对堆栈的操作是先进后出，次序不可颠倒。

2）中断服务子程序中的"中断处理程序段"，设计者应根据中断任务的具体要求，来编写这部分中断处理程序。

3）如果该中断服务子程序不允许被其他的中断所中断，可将"中断处理程序段"前后的"CLR　EA"和"SETB　EA"两条指令去掉。

4）中断服务子程序的最后一条指令必须是返回指令 RETI，千万不可缺少，它是中断服务子程序结束的标志。CPU 执行完这条指令后，返回断点处，重新执行被中断的主程序。

5.9　多外部中断源系统设计

AT89S51 为用户提供两个外部中断请求输入端 $\overline{INT0}$ 和 $\overline{INT1}$，实际的应用系统中，两个外部中断请求源往往不够用，需对外部中断源进行扩充，本节介绍一种扩充外部中断源的方法。

如图 5-10 所示。若系统中有 5 个外部中断请求源 IR0 ~ IR4，它们均为高电平请求有效。

这时可按中断请求的轻重缓急进行排队，把其中最高级别的中断请求源 IR0 直接接到 AT89S51 的一个外部中断请求源 IR0 输入端 $\overline{INT0}$，其余 4 个请求源 IR1 ~ IR4 按图 5-10 所示的方法通过各自的 OC 门（集电极开路门）连到 AT89S51 的另

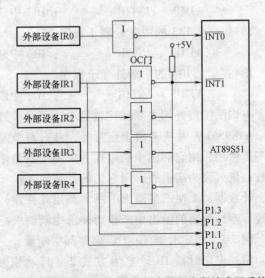

图 5-10　中断和查询相结合的多外部中断请求源系统

一个外中断源输入端$\overline{INT1}$，同时还连接到 P1 口的 P1.0 ~ P1.3 引脚，供 AT89S51 查询。各外部中断请求源的中断请求由外部设备的硬件电路产生。采用如图 5-10 所示的电路，除了 IR0 的中断优先权级别最高外，其余 4 个外部中断源的中断优先权取决于查询顺序，这里假设查询顺序为 P1.0 ~ P1.3，因此，中断优先权从高到低的顺序依次为 IR0，…，IR4，中断优先级的高、低取决于查询顺序。

假设图 5-10 中的 4 个外部设备中有一个外部设备提出高电平有效的中断请求信号，则中断请求通过 4 个集电极开路 OC 门的输出公共点，即$\overline{INT1}$引脚的电平就会变低。那么究竟是哪个外部设备提出的中断请求，还要通过程序查询 P1.0 ~ P1.3 引脚上的逻辑电平来确定。本例假设某一时刻只能有一个外部设备提出中断请求，并设 IR1 ~ IR4 这 4 个中断请求源的高电平可由相应的中断服务子程序清 0，则处理$\overline{INT1}$的中断服务子程序如下：

```
            ORG     0013H         ; INT1 的中断入口
            LJMP    INT1
            ……
            ORG     0100H
INT1：      PUSH    PSW           ; 保护现场
            PUSH    Acc
            JB      P1.0，IR1      ; 如 P1.0 为高，则 IR1 有中断请求，跳 IR1 处理
            JB      P1.1，IR2      ; 如 P1.1 为高，则 IR2 有中断请求，跳 IR2 处理
            JB      P1.2，IR3      ; 如 P1.2 为高，则 IR3 有中断请求，跳 IR3 处理
            JB      P1.3，IR4      ; 如 P1.3 为高，则 IR4 有中断请求，跳 IR4 处理
INTIR：     POP     Acc           ; 恢复现场
            POP     PSW
            RETI                  ; 中断返回
IR1：       ; IR1 的中断处理子程序
            AJMP    INTIR         ; IR1 中断处理完，跳 INTIR 处执行
IR2：       ; IR2 的中断处理子程序
            AJMP    INTIR         ; IR2 中断处理完，跳 INTIR 处执行
IR3：       ; IR3 的中断处理子程序
            AJMP    INTIR         ; IR3 中断处理完，跳 INTIR 处执行
IR4：       ; IR4 的中断处理子程序
            AJMP    INTIR         ; IR4 中断处理完，跳 INTIR 处执行
```

查询法扩展外部中断源比较简单，但是扩展的外部中断源个数较多时，查询时间稍长。

AT89S51 单片机有两个定时器，具有两个内部中断标志和外部计数引脚，如在某些应用中不被使用，则它们的中断可作为外部中断请求使用。此时，可将定时器设置成计数方式，计数初值可设为满量程，则它们的计数输入端 T0（P3.4）或 T1（P3.5）引脚上发生负跳变时，计数器加 1 便产生溢出中断。利用此特性，可把 T0 引脚或 T1 引脚作为外部中断请求输入线，而计数器的溢出中断作为外部中断请求标志。

例 5-5　将定时器 T0 扩展为外部中断源。

解： 将定时器 T0 设定为方式 2（自动恢复计数初值），TH0 和 TL0 的初值均设置为 FFH，允许 T0 中断，CPU 开放中断，部分源程序如下：

```
MOV     TMOD，#06H
MOV     TH0，#0FFH
MOV     TL0，#0FFH
SETB    TR0
SETB    ET0
SETB    EA
...
```

当连接在 T0（P3.4）引脚的外部中断请求输入线发生负跳变时，TL0 加 1 溢出，TF0 置 1，向 CPU 发出中断申请，同时，TH0 的内容自动送至 TL0，使 TL0 恢复初值。这样，T0 引脚每输入一个负跳变，TF0 都会置 1，向 CPU 请求中断，此时，T0 引脚相当于跳沿触发的外部中断源输入线。同样，也可将定时器 T1 扩展为外部中断源。

5.10　中断应用举例

中断控制实质上是对 4 个与中断有关的特殊功能寄存器 TCON、SCON、IE 和 IP 进行管理和控制，具体实施如下。

1）CPU 的开、关中断。

2）具体中断源中断请求的允许和禁止（屏蔽）。

3）各中断源优先级别的控制。

4）外部中断请求触发方式的设定。

中断管理和控制程序一般都包含在主程序中，根据需要通过几条指令来完成。中断服务程序是一种具有特定功能的独立程序段，可根据中断源的具体要求进行服务。下面通过实例来说明其具体应用。

例 5-6　请写出 INT1 为低电平触发的中断系统初始化程序。

解：（1）采用位操作指令

```
SETB    EA
SETB    EX1         ；开 INT1 中断
SETB    PX1         ；令 INT1 为高优先级
CLR     IT1         ；令 INT1 为电平触发
```

（2）采用字节型指令。

```
MOV     IE，#84H     ；开 INT1 中断
MOV     IP，#04H     ；令 INT1 为高优先级
ANL     TCON，#0FBH  ；令 INT1 为电平触发
```

例 5-7　利用外部中断 0（P3.2 口），使 P1.0 口接的 LED 作为中断响应，按钮 SB 接在 P3.2 脚上，硬件简图如图 5-11 所示，运行下列程序，分析功能。

解：程序清单如下：

```
        ORG     0000H
        AJMP    MAIN
        ORG     0003H；            外部中断地址入口
```

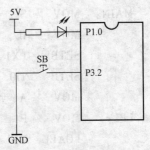

图 5-11　外部中断 0 的
简单应用硬件简图

```
          AJMP    INT_0;              转到真正的处理程序处
          ORG 0030H
MAIN：     MOV     SP，#5FH            ；初始化堆栈
          MOV     P1，#0FFH           ；灯全灭
          MOV     P3，#0FFH           ；P3 口置高电平
          SETB    IT0                ；下降沿触发
          SETB    EA                 ；开总中断
          SETB    EX0                ；开外部中断 0
          AJMP    $                  ；在本行等待
INT_0：    PUSH    ACC                ；数据进栈
          PUSH    PSW
          CPL     P1.0               ；取反
          POP     PSW                ；数据出栈，目的是保护现场
          POP     ACC
          RETI                       ；中断返回
          END
```

例 5-8 P1 口作输出口，正常时控制 8 只灯（P1 口输出低电平时灯被点亮），每隔 0.5s 全亮全灭一次；按下开关 1，8 只灯从右向左依次点亮；按下开关 2，8 只灯从左向右依次点亮。开关 1 的低电平脉冲信号作为外部中断信号由 INT0（P3.2）引脚输入，开关 2 的低电平信号作为外部中断信号由 INT1（P3.3）引脚输入。

解：中断允许寄存器 IE 中相应的 EA、EX1、EX0 位设置为 1。外部中断 0 为低优先级，IP 中的 PX0 位设置为 0；外部中断 1 为高优先级，IP 中的 PX1 位设置为 1。外部中断 0 的中断触发方式设为跳沿触发，控制位 IT0 应设置为 1；外部中断 1 的中断触发方式设为电平触发，控制位 IT1 应设置为 0。程序清单如下：

```
          ORG     0000H              ；程序入口
          LJMP    MAIN               ；转向主程序
          ORG     0003H              ；外部中断 0 的入口地址
          LJMP    INT_0              ；转向外部中断 0 中断服务程序
          ORG     0013H              ；外部中断 1 的入口地址
          LJMP    INT_1              ；转向外部中断 1 中断服务程序
          ORG     0030H
MAIN：     MOV     SP，#80H
          MOV     IE，#85H            ；允许外部中断 0、外部中断 1
          SETB    PX1                ；外部中断 1 为高优先级
          SETB    TI0                ；外部中断 0 为跳沿触发
          MOV     A，#00H
LP1：      MOV     P1，A
          LCALL   DELAY
          CPL     A
          SJMP    LP1
```

```
        ORG     0100H
INT_1:  PUSH    ACC                 ;外部中断1中断服务程序
        PUSH    PSW
        SETB    RS1                 ;选择第2组工作寄存器
        CLR     RS0
        MOV     R2, #07H
        MOV     A, #7FH             ;灯点亮的初始状态
NEXT1:  MOV     P1, A
        LCALL   DELAY
        RR      A
        DJNZ    R2, NEXT1
        POP     PSW
        POP     ACC
        RETI
INT_0:  PUSH    ACC                 ;外部中断0中断服务程序
        PUSH    PSW
        SETB    RS1                 ;选择第2组工作寄存器
        CLR     RS0
        MOV     R2, #07H
        MOV     A, #7FH             ;灯点亮的初始状态
NEXT0:  MOV     P1, A
        LCALL   DELAY
        RL      A
        DJNZ    R2, NEXT0
        POP     PSW
        POP     ACC
        RETI
DELAY:  MOV     R3, #250            ;延时0.5s程序
DEL2:   MOV     R2, #248
        NOP
DEL1:   DJNZ    R2, DEL1
        DJNZ    R3, DEL2
        RET
        END
```

思考题与习题 5

5-1　中断处理的全过程分为以下 3 个段：____、____、____。

5-2　AT89S51 单片机共有 5 个中断源，____个优先级。

5-3　AT89S51 单片机响应中断后，产生长调用指令 LCALL，执行该指令的过程包括：首先把 PC 的内容压入堆栈，以进行断点保护，然后把长调用指令的 16 位地址送 PC，使程序转向____的中断入口地址。

5-4 编程时，一般在中断服务子程序和子程序中需要保护和恢复现场，保护现场用＿＿指令，恢复现场用＿＿＿指令。

5-5 中断服务子程序与普通子程序有哪些相同和不同之处？

5-6 AT89S51 单片机响应外部中断的典型时间是多少？在哪些情况下，CPU 将推迟对外部中断请求的响应？

5-7 编写出外部中断 1 为跳沿触发的中断初始化程序段。

5-8 中断响应需要满足哪些条件？

5-9 某系统有 3 个外部中断源 1、2、3，当某一中断源发出的中断请求使 $\overline{INT1}$ 引脚变为低电平时（见图 5-10），便要求 CPU 进行处理，它们的优先处理次序由高到低依次为 3、2、1，中断处理程序的入口地址分别为 1000H、1100H、1200H。试编写主程序及中断服务程序（转至相应的中断处理程序的入口即可）

第6章 AT89S51单片机的定时器/计数器

在工业检测、控制系统及智能仪表等应用中，经常要用到定时器以实现定时或者延时的功能，也经常用到计数器，以实现对外部事件的计数功能。为了满足这方面的需要，几乎所有的单片机都集成了定时器/计数器。AT89S51单片机可提供两个可编程的定时器/计数器T1、T0，它们均可作定时器或计数器使用，为单片机提供定时或计数功能，进而满足系统的需要。

AT89S51单片机的定时器/计数器有2种工作模式和4种工作方式，每种模式下的工作方式由程序设定，其控制字和状态字均在相应的特殊功能寄存器中，通过对它的特殊功能寄存器的编程，用户可以方便地选择定时器/计数器的2种工作模式和4种工作方式（是定时还是计数；硬件启动还是软件启动；计数长度；溢出后是重装初值还是从0开始计数等）。此外，定时模式下的定时时间和计数模式下的计数值都可通过编程来设定。下面将具体介绍定时器/计数器的结构、功能工作方式、工作模式、2个相关的特殊功能寄存器TMOD和TCON、定时器/计数器的编程及应用实例等。

6.1 定时器/计数器的结构

AT89S51单片机的定时器/计数器的结构如图6-1所示，由图可知，定时器/计数器T0由特殊功能寄存器TH0、TL0构成，定时器/计数器T1由特殊功能寄存器TH1、TL1构成。

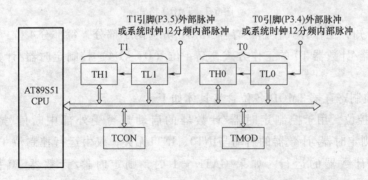

图6-1 AT89S51单片机的定时器/计数器结构图

两个定时器/计数器都具有定时器和计数器2种工作模式，4种工作方式（方式0、方式1、方式2和方式3）。定时器/计数器都属于增1计数器。

由图6-1可知，AT89S51单片机的定时器/计数器T0、T1的工作模式和工作方式由特殊寄存器TMOD来选择。特殊功能寄存器TCON用于控制定时器/计数器T0、T1的启动和停止计数，同时包含了定时器/计数器T0、T1的状态。

定时器/计数器T0、T1不论是工作在定时器模式还是计数器模式，都是对脉冲信号进行计数，只是计数信号的来源不同。

当计数源来自 I/O 引脚的外部信号时，称为计数模式。计数模式的功能是对外来脉冲信号进行计数。AT89S51 单片机有 T0（P3.4）和 T1（P3.5）两个输入引脚，分别是这两个计数器的计数输入端。每当计数器的计数输入引脚的脉冲发生负跳变时，计数器加 1。

当计数源来自相对稳定的系统时钟信号时称为定时模式。定时模式下，计数源由单片机的晶体振荡频率经片内 12 分频后得到，并对该内部脉冲信号进行计数。由于晶体振荡频率是定值，所以，可根据计数值计算出定时时间。

计数器的起始计数都是从计数器初值开始的。单片机复位时计数器的初值为 0，也可用指令给计数器装入一个新的初值。

在启动定时器/计数器工作之前，CPU 必须将一些命令（称为控制字）写入定时器/计数器中，这个过程称为定时器/计数器的初始化。定时器/计数器的初始化是通过设置定时器/计数器的工作方式寄存器 TMOD 和控制寄存器 TCON 来完成。

当设置了定时器的工作方式并启动定时器工作后，定时器将按照设定的工作方式独立工作，不再占用 CPU 的操作时间，只有当计数器计满溢出时才可能中断 CPU 的当前操作。

6.1.1　工作方式控制寄存器 TMOD

工作方式控制寄存器 TMOD 的功能是用于控制 AT89S51 单片机的定时器/计数器的工作模式和工作方式。工作方式控制寄存器 TMOD 不能进行位寻址，只能用字节传送指令设置其内容，字节地址为 89H，其格式如图 6-2 所示。

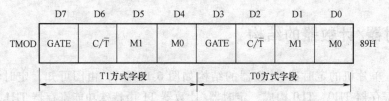

图 6-2　TMOD 格式

由图 6-2 可知，工作方式控制寄存器 TMOD 分为两个部分，每部分 4 位，低 4 位（D3 ～ D0）控制定时器/计数器 T0 的工作方式，高 4 位（D7 ～ D4）控制定时器/计数器 T1 的工作方式。

工作方式控制寄存器 TMOD 各位含义具体如下：

GATE：门控位。用于控制定时器/计数器的启动是否受外部中断信号的影响，如果 GATE = 0 时，则定时器/计数器的启动与 $\overline{\text{INT0}}$、$\overline{\text{INT1}}$ 无关，仅由运行控制位 TRx（x = 0，1）来控制定时器/计数器的运行。如果 GATE = 1 时，则定时器/计数器 T0 的启动受 $\overline{\text{INT0}}$（P3.2）的控制、定时器/计数器 T1 的启动受 $\overline{\text{INT1}}$（P3.3）的控制。

M1、M0：工作方式选择位。M1 和 M0 的四组合可以定义 4 工作方式，具体见表 6-1。

表 6-1　M1、M0 工作方式选择

M1	M0	工作方式	功能描述
0	0	方式 0	13 位计数器
0	1	方式 1	16 位计数器
1	0	方式 2	8 位的初值自动重新装载的定时器/计数器
1	1	方式 3	仅适用于 T0，此时 T0 分成两个 8 位计数器，T1 停止计数

C/T̄：计数器模式和定时器模式的选择位。当 C/T̄ = 0 时，计数脉冲来自 CPU 内，计数频率是晶体振荡频率的 12 分频，为定时器工作模式；当 C/T̄ = 1 时，计数脉冲来自引脚 T0（P3.4）或 T1（P3.5），为计数器工作模式。定时器/计数器到底作为哪一种功能用，可由用户根据需要通过编程自行设定。

6.1.2　定时器/计数器控制寄存器 TCON

控制寄存器 TCON 的功能是用于控制 AT89S51 单片机的定时器/计数器的启动和停止，以及管理定时器的溢出标志。控制寄存器 TCON 的字节地址为 88H，可进行位寻址，位地址为 88H ~ 8FH。控制寄存器 TCON 的格式如图 6-3 所示。

	D7	D6	D5	D4	D3	D2	D1	D0	
TCON	TF1	TR1	TF0	TR0	TE1	IT1	IE0	IT0	88H

图 6-3　TCON 格式

由图 6-3 可知，控制寄存器 TCON 分为两个部分，每部分 4 位，低 4 位（D3 ~ D0）用于外部中断控制（在第 5 章中断控制中已讲过），高 4 位（D7 ~ D4）用于定时器/计数器的中断控制。这里仅介绍与定时器/计数器相关的高 4 位功能。

TF1、TF0：计数溢出标志位。TF0 为定时器/计数器 T0 的溢出中断标志位，当 T0 计数器计数溢出（由全 "1" 变为全 "0"）时，TF0 由硬件自动置位，即 TF0 = 1。当采用中断方式进行计数溢出处理时（T0 中断已开放），由 CPU 硬件查询到 TF0 = 1 时，产生定时器 0 中断，进行定时器 0 的中断服务处理，当 CPU 响应中断并转向中断服务程序时，TF0 被硬件自动复位（TF0 = 0）。当采用查询方式进行计数处理时（T0 中断关闭），用户可在程序中查询 T0 的溢出标志位，当查询到 TF0 = 1 时，跳转去定时器 0 的溢出处理，此时在程序中需要用指令将溢出标志 TF0 清零。TF1 为定时器/计数器 T1 的溢出中断标志位，当 T1 计数器计数溢出（由全 "1" 变为全 "0"）时，TF1 由硬件自动置位，即 TF1 = 1。当采用中断方式进行计数溢出处理时（T1 中断已开放），由 CPU 硬件查询到 TF1 = 1 时，产生定时器 1 中断，进行定时器 1 的中断服务处理，当 CPU 响应中断并转向中断服务程序时，TF1 被硬件自动复位（TF1 = 0）。当采用查询方式进行计数处理时（T1 中断关闭），用户可在程序中查询 T1 的溢出标志位，当查询到 TF1 = 1 时，跳转去定时器 1 的溢出处理，此时在程序中需要用指令将溢出标志 TF1 清零。

TR1、TR0：计数运行控制位。其状态可通过软件设定，能否启动定时器/计数器工作与工作方式控制寄存器 TMOD 中的 CATE 位有关，分两种情况：当 GATE = 0 时，若 TR0 或 TR1 = 1，则定时器/计数器 T0 或 T1 启动计数工作；若 TR0 或 TR1 = 0，则定时器/计数器 T0 或 T1 停止计数工作。当 GATE = 1 时，若 TR0 或 TR1 = 1，且 INT0̄ 或 INT1̄ = 1 时，则定时器/计数器 T0 或 T1 启动计数工作；若 TR0 或 TR1 = 1，但 INT0̄ 或 INT1̄ = 0 时，则不能启动定时器/计数器 T0 或 T1 的计数工作；若 TR0 或 TR1 = 0，则定时器/计数器 T0 或 T1 停止计数工作。例如，当 GATE = 0 时，可用 "SETB TR0" 置位 TR0 以启动定时器/计数器 T0 运行；用指令 "CLR TR0" 复位指令关闭定时器/计数器 T0 的工作。

6.2 定时器/计数器的4种工作方式

AT89S51 单片机的定时器/计数器有 4 种工作方式，即工作方式 0、工作方式 1、工作方式 2、工作方式 3，它们主要用于定时和计数。但在工作方式 3 下定时器/计数器 T1 通常作为串行异步通信口的波特率发生器。需要注意：在初始化时，如果错将定时器/计数器 T1 置为工作方式 3，则定时器/计数器 T1 将停止工作。下面将分别介绍定时器/计数器的 4 种工作方式。

6.2.1 工作方式 0

当工作方式控制寄存器 TMOD 中的 M1M0 = 00 时，定时器/计数器被设置为工作方式 0，这是一种 13 位定时器/计数器方式，其等效逻辑结构框图如图 6-4 所示（以定时器/计数器 T1 为例，TMOD. 5 = 0、TMOD. 4 = 0）。

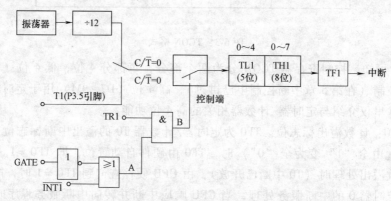

图 6-4 定时器/计数器方式 0 等效逻辑结构框图

定时器/计数器工作在工作方式 0 时，构成 13 位定时器/计数器，即计数长度为 13 位，由 TLx（x = 0，1）低 5 位和 THx 高 8 位构成，TLx（x = 0，1）高 3 位未用。TLx 低 5 位溢出则向 THx 进位，THx 计数溢出则把控制寄存器 TCON 中的溢出标志位 TFx 置 1。需要注意：加法计数器 THx 溢出后，必须用程序对 THx、TLx 设置初值，否则，下一次 THx、TLx 将从零开始计数。

由图 6-4 可知，C/$\overline{\text{T}}$ 位控制的电子开关决定了定时器/计数器的两种工作模式。当 C/$\overline{\text{T}}$ = 0 时，电子开关打在上面位置，定时器/计数器 T1（或 T0）工作在定时器模式，把晶体振荡频率 12 分频后的脉冲作为计数信号；当 C/$\overline{\text{T}}$ = 1 时，电子开关打在下面位置，定时器/计数器 T1（或 T0）工作在计数器模式，计数脉冲为 P3.5（或 P3.4）引脚上的外部输入脉冲，当引脚上发生负跳变时，计数器加 1，从而实现对外部信号的计数功能。无论是定时功能还是计数功能，当计数溢出时，硬件自动把 13 位计数器清 0，同时自动将溢出标志位 TF1 置 1，向 CPU 发出定时器溢出中断请求。

当 C/$\overline{\text{T}}$ = 1 时，定时器/计数器工作在计数状态，13 位加法器对引脚上的外部脉冲计数。计数值由下式确定：

$$N = 2^{13} - x = 8192 - x \tag{6-1}$$

式中，N 为计数值；x 是 THx、TLx 的初值。当 x = 8191 时，N 为最小计数值 1，当 x = 0 时，

N 为最大计数值 8192，即计数器的计数范围为 1 ~ 8192。

当 C/$\overline{\text{T}}$ = 0 时，定时器/计数器工作在定时状态，加法计数器对机器周期脉冲 T_{cy} 进行计数，每个机器周期 TLx 加 1。定时时间由下式确定：

$$T = N \times T_{\text{cy}} = (8192 - x) T_{\text{cy}} \tag{6-2}$$

式中，T_{cy} 为单片机的机器周期；x 是 THx、TLx 的初值。如果晶体振荡频率是 12MHz，则 T_{cy} = 1μs，定时范围为 1 ~ 8192μs；如果晶体振荡频率是 6MHz，则 T_{cy} = 2μs，定时范围为 2 ~ 16384μs。

GATE 位状态决定定时器/计数器的运行控制取决于 TRx 一个条件还是 TRx 和 $\overline{\text{INTx}}$（x = 0，1）引脚状态两个条件。当 GATE = 0 时，A 点（见图 6-4）电位恒为 1，B 点电位仅取决于 TRx 状态。TRx = 1，B 点为高电平，控制端控制电子开关闭合，允许定时器/计数器 T1（或 T0）对脉冲计数。TRx = 0，B 点为低电平，电子开关断开，禁止定时器/计数器 T1（或 T0）计数。当 GATE = 1 时，B 点电位由 $\overline{\text{INTx}}$（x = 0，1）的输入电平和 TRx 的状态这两个条件来确定。当 TRx = 1，且 $\overline{\text{INTx}}$ = 1 时，B 点才为 1，控制端控制电子开关闭合，允许定时器/计数器 T1（或 T0）计数。如果 $\overline{\text{INTx}}$ = 0，则定时/计数器停止工作。所以，在门控方式下，定时器/计数器的启动受到外部中断信号的影响。

6.2.2　工作方式 1

当工作方式控制寄存器 TMOD 中的 M1M0 = 01 时，定时器/计数器被设置为工作方式 1，这是一种 16 位定时器/计数器方式，由 THx 高 8 位和 TLx 低 8 位构成（x = 0，1），其等效逻辑结构如图 6-5 所示。工作方式 1 和工作方式 0 的结构和工作原理相同，其差别仅仅在于计数器的位数不同，工作方式 1 为 16 位计数器，工作方式 0 则为 13 位计数器。

由图 6-5 可知，B = 1 允许计数，B = 0 禁止计数。

在工作方式 1 下，计数器的计数值由下式确定：

$$N = 2^{16} - x = 65536 - x \tag{6-3}$$

式中，N 为计数值；x 是 THx、TLx 的初值。当 x = 65535 时，N 为最小计数值 1，当 x = 0 时，N 为最大计数值 65536，即计数器的计数范围为 1 ~ 65536。

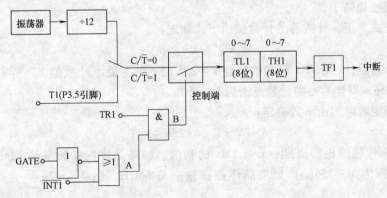

图 6-5　定时器/计数器方式 1 等效逻辑结构框图

定时器的定时时间由下式确定：

$$T = N \times T_{\text{cy}} = (65536 - x) T_{\text{cy}} \tag{6-4}$$

式中，T_{cy} 为单片机的机器周期；x 是 THx、TLx 的初值。如果晶体振荡频率是 12MHz，则 T_{cy}

$=1\mu s$，定时范围为 $1 \sim 65536\mu s$；如果晶体振荡频率是6MHz，则 $T_{cy} = 2\mu s$，定时范围为 $2 \sim 131072\mu s$。

6.2.3 工作方式2

工作方式0和工作方式1计数溢出后，计数器为全0，因此，在循环定时或循环计数时就存在用指令重新赋值问题。这不但影响定时的精度，还给程序设计带来麻烦。工作方式2就是针对这个问题而设置的。

当工作方式控制寄存器 TMOD 中的 M1M0 = 10 时，定时器/计数器被设置为工作方式2，构成具有自动重装初值功能的8位定时器/计数器方式。其等效逻辑结构如图6-6所示（以定时器 T1 为例）。

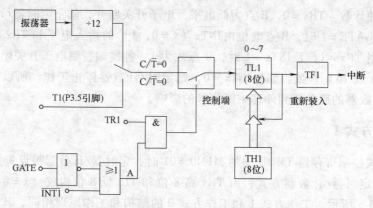

图6-6 定时器/计数器方式2等效逻辑结构框图

定时器/计数器工作方式2的16位定时器/计数器被拆成两个8位寄存器 TLx 和 THx，CPU 在对它们初始化时必须装入相同的定时器/计数器初值。TLx（x = 0，1）作为8位计数器使用，THx 作为初值寄存器使用。TLx、THx 的初值由软件设置。当 TLx 计数溢出时，在溢出标志 TFx 置1的同时，还自动将 THx 中的初值送至 TLx，使 TLx 从初值开始重新计数。重装初值后，THx 中的内容不变。这种工作方式，省去程序需不断给计数器赋值的麻烦，而且计数准确度也提高了。

在工作方式2下，计数器的计数值由下式确定：

$$N = 2^8 - x = 256 - x \tag{6-5}$$

式中，N 为计数值；x 是 THx 的初值。当 $x = 255$ 时，N 为最小计数值1，当 $x = 0$ 时，N 为最大计数值256，即计数器的计数范围为 $1 \sim 256$。

定时器的定时时间由下式确定：

$$T = N \times T_{cy} = (256 - x) T_{cy} \tag{6-6}$$

式中，T_{cy} 为单片机的机器周期；x 是 THx 的初值。如果晶体振荡频率是12MHz，则 $T_{cy} = 1\mu s$，定时范围为 $1 \sim 256\mu s$；如果晶体振荡频率是6MHz，则 $T_{cy} = 2\mu s$，定时范围为 $2 \sim 512\mu s$。

虽然定时器/计数器的工作方式2可以省去用户软件中重装初值的指令执行时间，简化定时初值的计算方法，但也有其局限性，即只有8位，计数值有限，最大计数值只有256。所以这种工作方式一般适合在那些重复计数的应用场合。既可以通过这种计数方式产生中断，进而产生一个固定频率的脉冲，也可以做串行数据通信的波特率发生器使用。

6.2.4　工作方式 3

当工作方式控制寄存器 TMOD 中的 M1M0 = 11 时，定时器/计数器被设置为工作方式 3，工作方式 3 是为了增加一个 8 位定时器/计数器而设值的，使 AT89S51 单片机具有 3 个定时器/计数器。工作方式 3 只适用于定时器/计数器 T0，定时器/计数器 T1 不能在工作方式 3 下工作。当定时器/计数器 T1 处于工作方式 3 下时，定时器/计数器 T1 停止计数，但可用做波特率发生器。工作在工作方式 3 下的定时器/计数器 T0 的等效电路逻辑结构如图 6-7 所示。

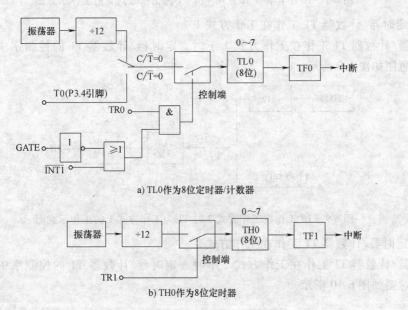

a) TL0 作为 8 位定时器/计数器

b) TH0 作为 8 位定时器

图 6-7　定时器/计数器 T0 方式 3 的等效逻辑结构框图

1. 工作方式 3 下的定时器/计数器 T0

定时器/计数器 T0 工作在工作方式 3 时，定时器/计数器 T0 被拆分为两个独立的 8 位计数器 TL0 和 TH0，其中，TL0 既可作计数器用，又可作定时器用，定时器/计数器 T0 的各控制位和引脚信号全归它使用。当 TL0 溢出时，定时器 T0 溢出中断标志位 TF0 置 1，而 TH0 只能作简单的定时器使用；当 TH0 溢出时，定时器 T1 溢出中断标志位 TF1 置 1，而且还要借用定时器/计数器 T1 的控制位 TR1 作为 TH0 的启动控制位，TR1 负责控制 TH0 定时器的启动和停止。由于 TL0 既可作计数器用，又可作定时器用，而 TH0 只能作简单的定时器使用，故在工作方式 3 下，定时器/计数器 T0 可以构成两个定时器或一个计数器一个定时器。

2. 定时器/计数器 T0 工作在工作方式 3 时定时器/计数器 T1 的各种工作方式

当定时器/计数器 T0 工作在工作方式 3 下时，定时器/计数器 T1 可工作在工作方式 0、工作方式 1 和工作方式 2，此时，由于 TF1 和 TR1 均被定时器/计数器 T0 占用，故不能使用中断方式。所以，定时器/计数器 T1 一般用来作为串行口的波特率发生器，或不需要中断的场合。当强行把定时器/计数器 T1 设置为工作方式 3 时，定时器/计数器 T1 停止工作。

（1）定时器/计数器 T1 工作在工作方式 0

定时器/计数器 T1 工作在工作方式 0 下时，定时器/计数器 T1 的控制字中 M1M0 = 00，其工作示意图如图 6-8 所示。

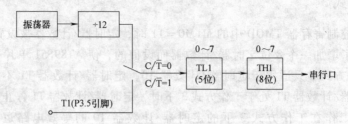

图 6-8　T0 工作在工作方式 3 时 T1 为工作方式 0 的工作示意图

（2）定时器/计数器 T1 工作在工作方式 1

定时器/计数器 T1 工作在工作方式 1 下时，定时器/计数器 T1 的控制字中 M1M0 = 01，其工作示意图如图 6-9 所示。

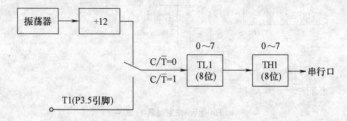

图 6-9　T0 工作在工作方式 3 时 T1 为工作方式 1 的工作示意图

（3）定时器/计数器 T1 工作在工作方式 2

定时器/计数器 T1 工作在工作方式 2 下时，定时器/计数器 T1 的控制字中 M1M0 = 10，其工作示意图如图 6-10 所示。

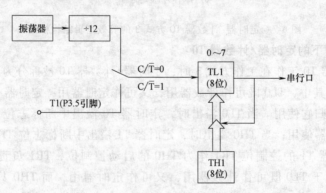

图 6-10　T0 工作在工作方式 3 时 T1 为工作方式 2 的工作示意图

（4）定时器/计数器 T1 工作在工作方式 3

由于定时器/计数器 T1 不能工作在工作方式 3，当强行把定时器/计数器 T1 设置为工作方式 3 时，定时器/计数器 T1 就会停止工作。

6.3　对外部输入的计数信号的要求

计数器在每个机器周期的 S5P2 期间，都对外部输入引脚 T0 或 T1 上的信号进行采样。

若前一个机器周期的采样值为 1，下一个机器周期的采样值为 0，则计数器加 1。所以，检测一个从 1 到 0 的跳变需要两个机器周期，因此，外部输入信号的周期应大于或等于两个机器周期，也就是说外部输入信号的频率必须小于晶体振荡频率的 1/24，若频率超过晶体振荡频率的 1/24，则无法准确计数脉冲个数。虽然对外部输入信号的占空比无特殊要求，但是为了确

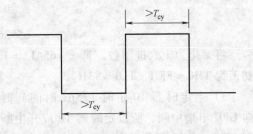

图 6-11　对外部计数输入信号的要求

保输入信号的电平在变化之前至少被采样一次，要求电平保持时间至少是一个完整的机器周期。对外部输入脉冲信号的基本要求如图 6-11 所示。

例 6-1　若系统振荡器频率选用 12MHz 的频率，则可输入的脉冲信号的最高频率为多少？

解：输入脉冲信号的频率 $\leqslant \dfrac{12\mathrm{MHz}}{24} = 500\mathrm{kHz}$，因此，可输入的脉冲信号的最高频率为 500kHz。

6.4　定时器/计数器的编程和应用

在定时器/计数器的 4 种工作方式中，工作方式 0 与工作方式 1 基本相同，只是它们的计数位数不同。由于工作方式 0 是为了兼容 MCS-48 系列单片机而设置的，其初值计算比较麻烦，所以，在实际应用中，工作方式 0 用得比较少，一般使用工作方式 1。

定时器/计数器在应用时，其功能是通过程序来实现的，因此，在定时器/计数器使用之前必须对其进行初始化。定时器/计数器的初始化顺序如下：

1）根据任务要求，对工作方式控制寄存器 TMOD 赋值确定定时器/计数器的工作方式。

2）根据要求计算定时器/计数器的初值 x。

3）将初值 x 赋于定时器/计数器的高、低位（TH、TL）。

4）如果允许定时器/计数器中断，则需对 IE、IP 寄存器赋值。

5）启动定时器/计数器。

下面对定时器/计数器工作方式的具体应用举一些实例。

6.4.1　工作方式 1 的应用

例 6-2　已知单片机晶体振荡频率为 12MHz，要求定时器 T0 工作在工作方式 1，在 P1.0 引脚上输出一个周期为 250μs 的等宽度方波脉冲，如图 6-12 所示。

解：1）设置寄存器 TMOD。

要求定时器/计数器 T0 实现定时，工作在工作方式 1、软启动，所以 TMOD = 01H。

2）计算计数初值 x。

采用定时器 T0 工作方式 1，单片机晶体振荡频率为 12MHz，机器周期 = 1μs = 1×10^{-6}s，则定时器 T0 的初值为 x，则有

$$(2^{16} - x) \times 1 \times 10^{-6} = 125 \times 10^{-6}$$

$$2^{16} - x = 125$$
$$x = 65536 - 125 = 65411$$

将 x 化为十六进制数，即 $x = 65411 = FF83H = 1111111110000011B$。所以，定时器 T0 的初值为 TH0 = FFH，TL0 = 83H。

3）当定时器 T0 定时 $125\mu s$ 时间到时，向 CPU 申请中断，所以定时器 T0 应开中断，即 ET0 = 1，中断总允许 EA = 1。

4）启动定时器 T0，即将 TR0 置位。

5）程序设计。

采用定时器中断方式工作。包括定时器初始化和中断系统初始化，主要是对寄存器 IP、IE、TCON、TMOD 的相应位进行正确的

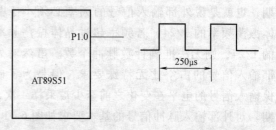

图 6-12　从引脚 P1.0 输出周期 $250\mu s$ 的方波

设置，并将计数初值送入定时器中。中断服务子程序除了完成所要求的产生方波的工作之外，还要注意将计数初值重新装入定时器，为下一次产生中断做准备。

本例，主程序用一条转至自身的短跳转指令来代替。

参考程序如下：

```
            ORG     0000H           ; 程序入口
RESET:      AJMP    MAIN            ; 转主程序
            ORG     000BH           ; T0 中断入口
            AJMP    ITOP            ; 转 T0 中断处理程序 ITOP
            ORG     0100H           ; 主程序入口
MAIN:       MOV     SP, #60H        ; 设堆栈指针
            MOV     TMOD, #01H      ; 设置 T0 为方式 1 定时
            ACALL   PT0M0           ; 调用初始化子程序 PT0M0
HERE:       AJMP    HERE            ; 原地循环，等待中断
PT0M0:      MOV     TL0, #83H       ; T0 初始化，装初值的低 8 位
            MOV     TH0, #0FFH      ; 装初值的高 8 位
            SETB    ET0             ; 允许 T0 中断
            SETB    EA              ; 总中断允许
            SETB    TR0             ; 启动 T0
            RET
ITOP:       MOV     TL0, #83H       ; 中断子程序，T0 重装初值
            MOV     TH0, #0FFH
            CPL     P1.0            ; P1.0 的状态取反
            RETI
```

如果 CPU 不做其他工作，也可用查询方式进行控制，程序要简单得多。

查询方式参考程序如下：

```
            MOV     TMOD, #01H      ; 设置 T0 为方式 1
LOOP:       MOV     TH0, #0FFH      ; T0 置初值
            MOV     TL0, #83H
```

```
         SETB   TR0              ；接通 T0
LOOP1：JNB    TF0，LOOP1      ；查 TF0，TF0 = 0，T0 未溢出；TF0 = 1，T0 溢出
         CLR    TR0              ；T0 溢出，关断 T0
         CPL    P1.0             ；P1.0 的状态求反
         SJMP   LOOP
```

查询程序虽简单，但 CPU 必须要不断查询 TF0 标志，工作效率低。因此，当 CPU 比较空闲时，可采用查询方式；当 CPU 比较繁忙时，则应采用中断方式。

当定时时间较大时（大于 65ms，12MHz），单个定时器已经实现不了定时时间的要求。这时，可以通过以下两种方法来实现：

1）采用 1 个定时器定时一定的间隔，然后用软件进行计数来实现。

2）采用 2 个定时器级联，其中一个定时器用来产生周期信号，然后将该信号送入另一个计数器的外部脉冲输入端进行脉冲计数来实现。

例 6-3　若单片机晶体振荡频率为 12MHz，编写定时器 T0 产生 0.5s 定时的程序。

解：因定时时间较长，首先确定采用哪一种工作方式。在晶体振荡频率为 12MHz 的条件下，定时器各种工作方式最长可定时时间为：

方式 0 最长可定时 8.192ms；

方式 1 最长可定时 65.536ms；

方式 2 最长可定时 256μs。

由此可见，定时器应选方式 1，每隔 50ms 中断一次，中断 10 次为 0.5s。

1）设置寄存器 TMOD。

要求定时器 T0 实现定时，工作在工作方式 1、软启动，所以 TMOD = 01H。

2）计算计数初值 x

采用定时器 T0 工作方式 1，单片机晶体振荡频率为 12MHz，则机器周期 = 1μs = 1×10^{-6}s，则定时器 T0 的初值为 x，则有

$$(2^{16} - x) \times 1 \times 10^{-6} = 5 \times 10^{-2}$$
$$x = 65536 - 50000 = 15536$$

将 x 化为十六进制数，即 $x = 15536 = 3CB0H = 0010110010110000B$。所以，定时器 T0 的初值为 TH0 = 3CH，TL0 = B0H。

3）当定时器 T0 定时 50ms 时间到时，向 CPU 申请中断，所以定时器 T0 应开中断，即 ET0 = 1，中断总允许 EA = 1。

4）启动定时器 T0，即将 TR0 置位。

5）实现 10 次计数。

对于中断 10 次的计数，采用 B 寄存器作为中断次数计数器。

6）程序设计。

参考程序如下：

```
         ORG    0000H            ；程序运行入口
RESET：LJMP   MAIN             ；跳向主程序入口 MAIN
         ORG    000BH            ；T0 的中断入口
         LJMP   IT0P             ；转 T0 中断处理子程序 IT0P
         ORG    1000H            ；主程序入口
```

```
MAIN：  MOV    SP，#60H        ；设堆栈指针
        MOV    B，#0AH         ；设循环次数 10 次
        MOV    TMOD，#01H      ；设置 T0 工作在方式 1 定时
        MOV    TL0，#0B0H      ；给 T0 设初值
        MOV    TH0，#3CH
        SETB   ET0            ；允许 T0 中断
        SETB   EA             ；总中断允许
        SETB   TR0            ；启动 T0
HERE：  SJMP   HERE           ；原地循环，等待中断
ITOP：  MOV    TL0，#0B0H      ；T0 中断子程序，T0 重装初值
        MOV    TH0，#3CH
        DJNZ   B，RTURN        ；B 中断次数计数，减 1 非 0 则中断返回
        CLR    TR0            ；1s 定时时间到，停止 T0 工作
        SETB   F0             ；1s 定时时间到标志 F0 置 1
RTURN：RETI
```

6.4.2　工作方式 2 的应用

定时器/计数器工作在工作方式 0、工作方式 1 和工作方式 3 下时，计数器会自动从 0 重新开始计数。如果要求反复计数或定时，这时需要用指令重新赋值。这不但影响定时的精度，还给程序设计带来麻烦。而工作方式 2 是一个可以自动重新装载初值的 8 位计数器/定时器。可省去重装初值指令，而且当某个定时器/计数器不使用时，可扩展一个负跳沿触发的外中断源。

例 6-4　AT89S51 单片机的硬件连接图如图 6-13 所示，要求用定时器/计数器 T0 为工作方式 2 对外部脉冲进行计数。每计满 20 个脉冲，就使 P1.0 引脚外接的发光二极管的状态发生变化，由亮变暗，或反之。

解：1）设置寄存器 TMOD。

外部脉冲信号从 T0 引脚输入，每发生一次负跳变计数器加 1，每输入 20 个脉冲，计数器产生溢出中断，在中断服务程序中将 P1.0 取反一次，使外接发光二极管的状态发生变化。

要求用定时器/计数器 T0 实现计

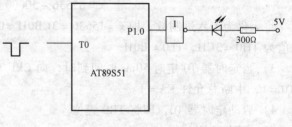

图 6-13　AT89S51 单片机的硬件连接图

数、工作在工作方式 2、软启动，所以 TMOD 寄存器应这样来设置：TMOD 寄存器中高 4 位是对定时器/计数器 T1 进行控制的，本题没有用到 T1，一般常用 "0" 进行填充。TMOD 的低 4 位是对定时器/计数器 T0 进行控制的，所以 TMOD = 06H。

2）计算计数器 T0 的初值 x。

采用计数器 T0 工作在工作方式 2，初值为 x，则有

$$x = 2^8 - 20$$
$$x = 236$$

将 x 化为十六进制数，即 $x = 236 = ECH = 11101100B$。所以，计数器 T0 的 TL0 的初值为 ECH，重装初值寄存器为 TH0 = ECH。

3）当计数器 T0 计满后，向 CPU 申请中断，所以计数器 T0 应开中断，即 ET0 = 1，中断总允许 EA = 1。

4）启动计数器 T0，即将 TR0 置位。

5）程序设计。

参考程序如下：

```
            ORG    0000H          ; 程序入口
            LJMP   MAIN
            ORG    000BH          ; T0 的中断入口
            LJMP   ITOP           ; 转 T0 中断服务程序
            ORG    0100H          ; 主程序入口
MAIN:       MOV    TMOD, #06H     ; 对 T0, T1 初始化，T0 方式 2
            MOV    TL0, #0ECH     ; T0 置初值
            MOV    TH0, #0ECH
            SETB   ET0            ; 允许 T0 中断
            SETB   EA             ; 总中断允许
            SETB   TR0            ; 启动 T0
HERE:       SJMP   HERE
            ORG    0200H          ; T0 中断服务程序
ITOP:       CPL    P1.0           ; P1.0 位取反
            RETI
            END
```

例 6-5　利用计数器 T1 的工作方式 2 对外部信号进行计数。要求每计满 100 次，将 P1.0 引脚取反。

解： 1）设置寄存器 TMOD。

要求用计数器 T1 实现计数、工作在工作方式 2、软启动，所以 TMOD 寄存器应如下设置：TMOD 寄存器中低 4 位是对 T0 进行控制的，本题没有用到 T0，一般常用 "0" 进行填充。TMOD 的高 4 位是对 T1 进行控制的，所以 TMOD = 60H。

2）计算计数 T1 初值 x。

采用计数器 T1 工作在工作方式 2，初值为 x，则有

$$x = 2^8 - 100$$

$$x = 156$$

将 x 化为十六进制数，即 $x = 156 = 9CH = 10011100B$。所以，计数器 T0 的 TL0 的初值为 9CH，重装初值寄存器为 TH0 = 9CH。

3）当计数器 T1 计满后，向 CPU 申请中断，所以计数器 T1 应开中断，即 ET1 = 1，中断总允许 EA = 1。

4）启动计数器 T1，即将 TR1 置位。

5）程序设计。

参考程序如下：

```
            ORG     0000H
            LJMP    MAIN
            ORG     001BH              ; T1 的中断入口
            LJMP    INT_TIME1          ; 转 T1 中断服务程序
            ORG     0030H              ; 主程序入口
MAIN:       MOV     TMOD, #60H         ; 设置 T1 为方式 2，外部计数方式
            MOV     TL0, #9CH          ; T0 置初值
            MOV     TH0, #9CH
            SETB    EA                 ; 总中断允许
            SETB    ET1
            SETB    TR1                ; 启动 T1 计数
HERE：      SJMP    HERE               ; 等待中断
INT_TIME1： CPL     P1.0               ; P1.0 位取反
            RETI
            END
```

例 6-6 AT89S51 单片机的晶体振荡频率为 6MHz，当 T0 引脚发生负跳变时，启动 P1.0 信号的输出，而且 P1.0 引脚外接的发光二极管的状态将发生规律性的变化，即灭 0.5ms，亮 0.5ms，然后再灭 0.5ms，亮 0.5ms，依次变化，其硬件连接如图 6-13 所示。

解： 1）设置寄存器 TMOD。

当定时器/计数器 T0 实现计数功能，工作在工作方式 1 时，初值设为 FFFFH。当外部计数输入端 T0 发生一次负跳变，计数器 T0 加 1 并溢出，溢出标志 TF0 置 1，向 CPU 发出中断请求，此时计数器 T0 相当于一个负跳沿触发的外部中断源。

进入 T0 中断程序后，F0 标志置 1，说明 T0 引脚上已接收过负跳变信号。定时器 T1 定义为工作方式 2。在 T0 引脚产生一次负跳变后，启动 T1 每 0.5ms 产生一次中断，在中断服务子程序中对 P1.0 求反，使 P1.0 的外接发光二极管按照灭 0.5ms，亮 0.5ms，然后再灭 0.5ms，亮 0.5ms 的规律亮和灭。由于省去重新装初值指令，所以可产生精确的定时时间。

根据系统需要，设 TMOD = 25H。

2）计算计数 T0 初值 x。

计数器 T0 工作在工作方式 2，单片机晶体振荡频率为 6MHz，则机器周期 = 2μs = 2 × 10^{-6}s，计数器 T0 的初值为 x，则有

$$(2^8 - x) \times 2 \times 10^{-6} = 0.5 \times 10^{-3}$$

$$2^8 - x = 250$$

$$x = 256 - 250 = 6$$

将 x 化为十六进制数，即 $x = 6 = 06H = 0110B$。所以，计数器 T0 的 TL0 的初值为 06H，重装初值寄存器为 TH0 = 06H。

3）当计数器 T0 计满时，向 CPU 申请中断，所以计数器 T0 应开中断，即 ET0 = 1，当定时器 T1 定时时间到时，向 CPU 申请中断，所以定时器 T1 应开中断，即 ET1 = 1，中断总允许 EA = 1。

4）启动计数器 T0，将 TR0 置位；启动定时器 T1，将 TR1 置位。

5）程序设计。

参考程序如下：

```
                ORG     0000H           ; 程序入口
RESET：LJMP      MAIN            ; 跳向主程序 MAIN
                ORG     000BH           ; T0 的中断入口
                LJMP    IT0P            ; 转 T0 中断服务程序
                ORG     001BH           ; T1 的中断入口
                LJMP    IT1P            ; 转 T1 中断服务程序
                ORG     0100H           ; 主程序入口
MAIN：MOV        SP, #60H        ; 设堆栈指针
                ACALL   PT0M2           ; 调用对 T0，T1 初始化子程序
LOOP：MOV        C, F0           ; T0 是否产生过中断，若产生过，则 F0 置 1
                JNC     LOOP            ; T0 未产生中断，C = 0，则跳到 LOOP，等待 T0 中断
                SETB    ET1             ; 允许 T1 产生定时中断
                SETB    TR1             ; 启动 T1
HERE：AJMP       HERE
PT0M2：MOV       TMOD, #25H      ; 设置 T0 方式 1 计数，T1 方式 2 定时
                MOV     TL0, #0FFH      ; T0 置初值
                MOV     TH0, #0FFH
                SETB    ET0             ; 允许 T0 中断
                MOV     TL1, #06H       ; T1 置初值
                MOV     TH1, #06H
                CLR     F0              ; 把 T0 已发生中断标志 F0 清 0
                SETB    EA              ; 总中断允许
                SETB    TR0             ; 启动 T0
                RET
IT0P：CLR        TR0             ; T0 中断服务程序，停止 T0 计数
                SETB    F0              ; 把 T0 引脚接收过负脉冲标志 F0 置 1，
                RETI
IT1P：CPL        P1.0            ; T1 中断服务程序，P1.0 位取反
                RETI
```

6.4.3　工作方式 3 的应用

工作方式 3 是为了增加一个 8 位定时器/计数器而设值的，使 AT89S51 单片机具有 3 个定时器/计数器。工作方式 3 只适用于定时器/计数器 T0，定时器/计数器 T1 不能工作在工作方式 3。因此，工作方式 3 下的定时器/计数器 T0 和定时器/计数器 T1 大不相同。定时器/计数器 T0 工作在工作方式 3 时，TL0 和 TH0 被分成两个独立的 8 位定时器/计数器。其中，TL0 可作为 8 位的定时器/计数器，而 TH0 只能作为 8 位的定时器。此时定时器/计数器 T1 只能工作在工作方式 0、1 或 2。

一般情况下，当定时器/计数器 T1 用作串行口波特率发生器时，定时器/计数器 T0 才设

置为工作方式 3。此时，常把定时器 T1 设置为工作方式 2，用作波特率发生器。

例 6-7　AT89S51 单片机的晶体振荡频率为 6MHz，假设单片机应用系统的两个外部中断源已被占用，设置定时器/计数器 T1 工作在方式 2，用作波特率发生器。现要求增加一个外部中断源，并控制 P1.0 引脚输出一个周期为 400μs 的方波。

解：1）设置寄存器 TMOD。

根据系统需要设置定时器/计数器 T0 工作在工作方式 3 计数模式下，定时器/计数器 T1 工作在工作方式 2 下，所以 TMOD = 27H。

2）计算初值 x。

设置定时器/计数器 T0 工作在工作方式 3 计数模式下，TL0 的初值设为 0FFH，当检测到 T0 引脚上的信号出现负跳变时，TL0 溢出，同时向 CPU 申请中断，这里 T0 引脚作为一个负跳沿触发的外部中断请求输入端。在中断处理子程序中，启动 TH0，TH0 事先被设置为工作方式 3 的 200μs 定时，从而控制 P1.0 输出周期为 400μs 的方波信号。

TL0 的初值设为 0FFH。

方波信号的周期为 400μs，因此，TH0 的定时时间为 200μs。TH0 的初值 x 按下式计算：

$$(2^8 - x) \times 2 \times 10^{-6} = 2 \times 10^{-4}$$

$$x = 2^8 - 100 = 156$$

将 x 化为十六进制数，即 $x = 156 = 9\text{CH} = 10011100\text{B}$。所以，TH0 的初值为 9CH。

3）根据题意应允许 T0 中断，结合第 5 章的知识，则定时器/计数器控制寄存器 TCON = 15H 应开中断，中断允许寄存器 IE = 9FH。

4）要启动定时器/计数器 T0 实现定时，则需将 TR1 置位。

5）程序设计。

参考程序如下：

```
            ORG    0000H
            LJMP   MAIN
            ORG    000BH          ; TL0 中断入口，TL0 使用 T0 的中断
            LJMP   TL0INT         ; 跳向 TL0 中断服务程序，TL0 占用 T0 中断
            ORG    001BH          ; TH0 中断入口，T0 为方式 3 时，TH0 使用了 T1 的
                                  ; 中断
            LJMP   TH0INT         ; 跳向 TH0 中断服务程序
            ORG    0100H          ; 主程序入口
    MAIN:   MOV    TMOD, #27H     ; T0 方式 3，T1 方式 2 定时作串行口波特率发生器
            MOV    TL0, #0FFH     ; 置 TL0 初值
            MOV    TH0, #9CH      ; 置 TH0 初值
            MOV    TL1, #datal    ; TL1 装入串口波特率常数
            MOV    TH1, #datah    ; TH1 装入串口波特率常数
            MOV    TCON, #15H     ; 允许 T0 中断
            MOV    IE, #9FH       ; 设置中断允许，总中断允许，TH0、TL0 中断允许
    HERE:   AJMP   HERE           ; 循环等待
    TL0INT: MOV    TL0, #0FFH     ; TL0 中断服务处理子程序，TL0 重新装入初值
            SETB   TR1            ; 开始启动 TH0 定时
```

```
                              RETI
TH0INT: MOV        TH0, #9CH      ; TH0 中断服务程序, TH0 重新装入初值
        CPL        P1.0           ; P1.0 位取反输出
        RETI
```

6.4.4　门控位 GATE 的应用——测量脉冲宽度

工作方式控制寄存器 TMOD 中的门控制位 GATE 使定时器/计数器 Tx（x = 0、1）受 $\overline{INTx}$（x = 0、1）的控制, 当 GATE = 1, TRx = 1（x = 0、1）时, 只有 $\overline{INTx}$（x = 0、1）引脚输入为高电平时, Tx（x = 0、1）才允许计数, 因此, 可以利用 GATE 的这个功能, 测量 $\overline{INTx}$（x = 0、1）引脚上正脉冲的宽度。下面具体介绍门控制位 GATE 的应用, 即测量 $\overline{INTx}$（x = 0、1）引脚上正脉冲的宽度。

例 6-8　试选择定时器/计数器 T0 测试 $\overline{INT0}$ 引脚上输入的被测脉冲宽度, 已知晶体振荡频率为 12MHz。

解：计数器可以用于测量脉冲宽度程序设计, 测量外部脉冲宽度利用 TMOD 的门控位控制很方便, 当 GATE = 1 时, 仅设置 TR0 = 1, 计数器不能被启动, 还必须使 $\overline{INT0}$ 引脚输入为高电平时, 计数器才开始工作, 测试过程如图 6-14 所示。

图 6-14　测试过程

1）设置寄存器 TMOD。

要实现脉冲宽度的测量, 需设置门控信号 GATE = 1, 定时器/计数器 T0 工作在工作方式 1 定时模式下, 所以 TMOD = 09H。

2）计算初值 x。

定时器 T0 一般从 0 开始计数。所以, 定时器 T0 的初值为 TH0 = 00H, TL0 = 00H。

3）根据题意应允许 T0 中断, 结合第 5 章的知识, 则定时器/计数器控制寄存器 TCON 中的位 EA = 1, ET0 = 1。

4）启动定时器/计数器 T0, 即将 TR0 置位。

5）程序设计。

参考程序如下：

```
        ORG    0000H
        LJMP   MAIN
        ORG    000BH
        LJMP   INT_TIME0
        ORG    0030H
MAIN:   MOV    R2, #00H      ; 如果被测脉冲宽度太长, 则累计溢出次数
        MOV    TMOD, #09H    ; 设置 T0 为模式 1, 门控方式
        MOV    TL0, #00H     ; 设置初值
        MOV    TH0, #00H
        SETB   EA            ; 开放 T0 中断
        SETB   ET0
```

```
          SETB    TR0          ；INT0 引脚高电平到来才会启动 T0
          JNB     P3.2, $      ；等待高电平的到来
          JB      P3.2, $      ；高电平到来，启动 T0 开始测量
          CLR     TR0
          MOV     R0, TH0      ；P3.2 低电平，测量结束，保存结果
          MOV     R1, TL0
          LJMP    $
INT_TIME0：INC     R2
          MOV     TL0, #00H
          MOV     TH0, #00H
          RETI
```

例 6-9 门控位 GATE1 可使定时器/计数器 T1 的启动计数受 $\overline{INT1}$ 的控制，当 GATE1 = 1，TR1 = 1 时，只有 INT1 引脚输入高电平时，定时器/计数器 T1 才被允许计数，试测量 $\overline{INT1}$ 引脚上正脉冲的宽度。

解： 当 GATE1 = 1，TR1 = 1 时，只有 $\overline{INT1}$ 引脚输入高电平时，定时器/计数器 T1 才被允许计数，因此，可以利用 GATE 的门控功能测量 $\overline{INT1}$ 引脚上正脉冲的宽度。其方法如图 6-15 所示。

图 6-15 利用 G ATE 位测量正脉冲的宽度

1）设置寄存器 TMOD。

根据系统需要，在门控信号 GATE = 1 下，设置定时器/计数器 T1 工作在工作方式 1 计数模式下，所以 TMOD = 90H。

2）计算初值 x。

在门控信号下，计数器一般从零开始计数。所以，计数器 TI 的初值为 TH1 = 00H，TL1 = 00H。

3）启动计数器 T1，即将 TR1 置位。

4）程序设计

参考程序如下：

```
          ORG     0000H
          LJMP    MAIN         ；复位入口转主程序
          ORG     0100H        ；主程序入口
MAIN：    MOV     SP, #60H
          MOV     TMOD, #90H   ；T1 为方式 1 定时，GATE = 1
          MOV     TL1, #00H    ；计数值清零
          MOV     TH1, #00H
LOOP0：    JB      P3.3, LOOP0  ；等待 INT1 为低
          SETB    TR1          ；如 INT1 为低，启动 T1
LOOP1：    JNB     P3.3, LOOP1  ；等待 INT1 升高
LOOP2：    JB      P3.3, LOOP2  ；INT1 为高，此时计数器计数，等待 INT1 降低
          CLR     TR1          ；停止 T1 计数
```

```
          MOV     A, TL1              ; T1 计数值送 A
          MOV     B, TH1              ; T1 计数值送 B
          END
```

执行以上程序，使INT1引脚上出现的正脉冲宽度以机器周期数的形式显示在显示器上。

这种方案所测脉冲的宽度上限 65535 个机器周期，由于靠软件启动和停止计数，有一定的测量误差，其最大误差与指令的执行时间有关。

在本例中，在读取定时器的计数之前，已把定时器停止。但在某些情况下，不希望在读计数值时打断定时的过程，这时，读取时需要注意，否则读取的计数值可能会出错，因为不可能在同一时刻读取 THx 和 TLx 的内容。如果先读 TLx，后读 THx，由于定时器在不停地运行，在读 THx 之前，若恰好 TLx 溢出向 THx 进位，则读得的 TLx 值就不对了；同样，若先读 THx，后读 TLx 也可能出错。

一般解决的方法是：先读 THx，后读 TLx，再读 THx，如果两次读得的 THx 不变，则可确定读到的内容是正确的；若读得的 THx 变化，则读得的内容是错误的，这时需要重复上述过程，直到读得的内容是正确的。

例 6-10　试用定时器/计数器测量低频脉冲信号频率和脉冲宽度。

解:　由于被测信号频率低，可令定时器/计数器 T0 处于定时模式，测出信号相邻两下降沿之间的时间，即可知道被测信号的周期，利用门控功能即可测出从 P3.2 引脚输入的信号宽度。

1）设置寄存器 TMOD。

当实现低频脉冲信号的频率测量时，定时器/计数器 T0 工作在工作方式 1 定时模式下，所以，TMOD = 01H，当实现脉冲宽度测量时，在门控信号 GATE = 1 下，设置定时器/计数器 T0 工作在工作方式 1 计数模式下，所以 TMOD = 90H。

2）计算初值 x。

定时器/计数器 T0 从 0 开始计数。所以，T0 的初值为 TH0 = 00H，TL0 = 00H。

3）启动定时器/计数器 T0，即将 TR0 置位。

4）程序设计。

参考程序如下:

```
          ORG     0000H
          AJMP    MAIN               ; 转入主程序
          ORG     0100H              ; 主程序入口
MAIN:     MOV     SP, #5FH
          MOV     TL0, #00H          ; 计数值清零
          MOV     TH0, #00H
          MOV     TMOD, #01H         ; 设置 T0 为方式 1 定时, GATE = 0
                                     ; 初始化 INT0 中断
          SETB    IT0                ; 外中断 INT0 定义为跳沿触发方式
          JNB     IE0, $             ; 等待 P3.2 引脚出现下降沿
          SETB    TR0                ; 开始计数
          CLR     IE0                ; 清除 INT0 中断标志位
          JNB     IE0, $             ; 再次等待 INT0 中断
```

CLR	TR0	; 停止 TR0 计数
		; 可以测出被测信号的周期
MOV	R2, TL0	; 保存结果
MOV	R3, TH0	
		; 测量信号的宽度
MOV	TL0, #00H	; 计数值清零
MOV	TH0, #00H	
ANL	TMOD, #0F0H	; 使 TMOD 低 4 位清零, 高 4 位保持不变
ORL	TMOD, #00001001B	; 由 INT0 和 TR0 共同控制计数器的开和关,
		; GATE 位为 1
		; 定时方式, 并且工作方式为 1
WAITL:	JB	P3.2, WAITL	; 等待 P3.2 引脚为低电平
	SETB	TR0	; 在下降沿启动计数器
WAITH:	JNB	P3.2, WAITH	; 等待 P3.2 引脚为高电平
WAITHL:	JB	P3.2, WAITHL	; 等待 P3.2 引脚出现正脉冲下降沿
	CLR	TR0	; 在第二个下降沿停止计数器 T0

6.4.5　实时时钟的设计

实时时钟是以秒、分、时为单位进行计时的，如何利用 AT89S51 单片机里的定时器/计数器来实现时钟，下面将进行具体的介绍。

1. 实现实时时钟的基本方法

实时时钟的最小计时单位是秒，如何获得 1s 的定时时间呢？从前面介绍可以知道，定时器工作方式 1，最大的定时时间也只能达到 131ms。在这里，可以将定时器的定时时间定为 100ms，然后对中断方式进行溢出次数的累计，计满 10 次，即得秒计时。而计数 10 次可用循环程序的方法实现。初值的计算如例 6-3 所示。

时钟在运行时，片内 RAM 规定了 3 个单元分别为秒、分、时单元，具体如下：

32H 为"秒"单元；31H 为"分"单元；30H 为"时"单元从秒到分，从分到时是通过软件累加并比较来实现。要求每满 1s，则"秒"单元 32H 中的内容加 1；"秒"单元满 60，则"分"单元 31H 中的内容加 1；"分"单元满 60，则"时"单元 30H 中的内容加 1；"时"单元满 24，则将 32H、31H、30H 单元中的内容全部清 0。

2. 程序设计

（1）主程序设计

主程序的主要功能是对定时器 T0 进行初始化，并启动定时器 T0，然后通过反复调用显示子程序，等待 100ms 中断的到来。其流程图如图 6-16 所示。

（2）中断服务程序的设计

中断服务程序的主要功能是实现秒、分、时的计时处理。其实现过程如流程图 6-17 所示。

具体的执行程序如下：

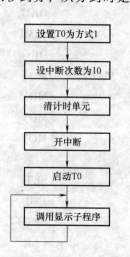

图 6-16　时钟主程序流程图

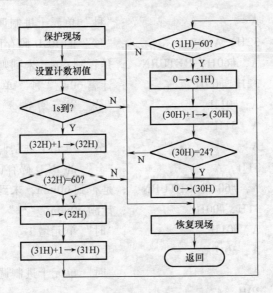

图 6-17　中断服务程序流程图

```
          ORG    0000H
          AJMP   MAIN              ; 上电，跳向主程序
          ORG    000BH             ; T0 的中断入口
          AJMP   IT0P
          ORG    1000H
MAIN:     MOV    TMOD, #01H        ; 设 T0 为方式 1
          MOV    20H, #0AH         ; 装入中断次数
          CLR    A
          MOV    30H, A            ; "时"单元清 0
          MOV    31H, A            ; "分"单元清 0
          MOV    32H, A            ; "秒"单元清 0
          SETB   ET0               ; 允许 T0 申请中断
          SETB   EA                ; 总中断允许
          MOV    TH0, #3CH         ; 给 T0 装入计数初值
          MOV    TL0, #0B0H
          SETB   TR0               ; 启动 T0
HERE:     SJMP   HERE              ; 等中断
IT0P:     PUSH   PSW               ; T0 中断子程序入口，保护现场
          PUSH   Acc
          MOV    TH0, #3CH         ; 重新装入初值
          MOV    TL0, #0B0H
          DJNZ   20H, RETURN       ; 1s 时间未到，返回
          MOV    20H, #0AH         ; 重置中断次数
          MOV    A, #01H           ; "秒"单元增 1
          ADD    A, 32H
```

```
        DA      A              ;"秒"单元十进制调整
        MOV     32H, A         ;"秒"的 BCD 码存回"秒"单元
        CJNE    A, #60H, RETURN ;是否到 60s,未到则返回
        MOV     32H, #00H      ;计满 60s,"秒"单元清 0
        MOV     A, #01H        ;"分"单元增 1
        ADD     A, 31H
        DA      A              ;"分"单元十进制调整
        MOV     31H, A         ;"分"的 BCD 码存回"分"单元
        CJNE    A, #60H, RETURN ;是否到 60min,未到则返回
        MOV     31H, #00H      ;计满 60min,"分"单元清 0
        MOV     A, #01H        ;"时"单元增 1
        ADD     A, 30H
        DA      A              ;"时"单元十进制调整
        MOV     30H, A
        CJNE    A, #24H, RETURN ;是否到 24h,未到则返回
        MOV     30H, #00H      ;到 24h,"时"单元清 0
RETURN: POP     Acc            ;恢复现场
        POP     PSW
        RETI                   ;中断返回
        END
```

前面针对定时器/计数器的几种应用模式进行了一些介绍,结合实际应用看一个综合应用实例。

例 6-11　一交通路口设置有红、黄、绿三盏交通灯,当红灯亮 2s 后,黄灯亮 400ms,最后绿灯亮 1s,试用 AT89S51 单片机模拟交通灯控制。

解：单片机采用发光二极管模拟交通灯控制,即利用 P1.0～P1.2 分别接红、黄、绿 3 个发光二极管。但是这里要用到 3 个定时时间（2s、400ms、1s）,这里采用软件定时的方式,即找到几个定时的时间的公约数,利用软件计数器就可以完成不同的延时。

1）设置寄存器 TMOD。

根据系统需要设置定时器/计数器 T0 工作在工作方式 1 定时模式下,所以 TMOD = 01H。

2）计算初值 x

系统的晶体振荡频率为 12MHz,3 个定时的时间的公约数为 50ms,定时器 T0 初值按下式计算：

$$(2^{16} - x) \times 1 \times 10^{-6} = 5 \times 10^{-2}$$
$$x = 2^{16} - 5 \times 10^4 = 65536 - 50000 = 15536$$

将 x 化为十六进制数,即 $x = 15536 = 3CB0H = 0011110010110000B$。所以,定时器 T0 的初值为 TH0 = 3CH, TL0 = B0H。

3）当定时器 T0 定时时间到时,向 CPU 申请中断,所以定时器 T0 应开中断,即 ET0 = 1,中断总允许 EA = 1。

4）启动定时器 T0,即将 TR0 置位。

5）程序设计。

参考程序如下：

```
        NumberOf50ms    EQU    30H              ; 定义软件定时器的计数次数
                ORG        0000H
                LJMP       MAIN
                ORG        000BH                ; T0 的中断入口
                LJMP       INT_TIME0
                ORG        0030H
MAIN:           CLR        P1.0                 ; 红灯亮
                MOV        NumberOf50ms, #28H   ; 延时 2s
                LCALL      DELAY
                SETB       P1.0                 ; 红灯灭
                CLR        P1.1                 ; 黄灯亮
                MOV        NumberOf50ms, #08H   ; 延时 400ms
                LCALL      DELAY
                SETB       P1.1                 ; 黄灯灭
                CLR        P1.2                 ; 绿灯亮
                MOV        NumberOf50ms, #14H   ; 延时 1s
                LCALL      DELAY
                SETB       P1.2                 ; 绿灯灭
                LJMP       MAIN
DELAY:          SETB       ET0
                SETB       EA
                SETB       TR0
                MOV        TMOD, #01H
                MOV        TH0, #3CH
                MOV        TL0, #0B0H
DEL_LOOP:       MOV        A, NumberOf50ms
                CJNE       A, #00H, DEL_LOOP
                CLR        TR0
                RET
```

中断服务程序：

```
INT_TIME0:      CLR        EA
                MOV        TH0, #3CH
                MOV        TL0, #0B0H
                DEC        NumberOf50ms
                SETB       EA
                SETB       ET0
                RETI
                END
```

思考题与习题 6

6-1　AT89S51 单片机的定时器/计数器的作用是什么，有什么特点？

6-2　AT89S51 单片机的定时器/计数器有哪几种工作方式，各有什么特点？

6-3　已知 AT89S51 单片机晶振频率是 12MHz，定时器 T0 最长定时时间是多少？如果 AT89S51 单片机晶振频率是 6MHz，定时器 T0 最长定时时间是多少？

6-4　AT89S51 单片机的定时器定时时间是有限的，如何实现较长时间的定时？

6-5　列举几个定时器/计数器实际应用的例子。

6-6　与定时工作方式 1 和 0 相比较，定时工作方式 2 不具备的特点是（　　）。

A. 计数溢出后能自动重新加载计数初值

B. 增加计数器位数

C. 提高定时精度

D. 适用于循环定时和循环计数应用

6-7　特殊寄存器 TMOD 的 C/$\overline{\text{T}}$ 位的作用是什么？

6-8　已知 AT89S51 单片机的晶振频率 $f_{\text{osc}} = 12\text{MHz}$，用定时器/计数器 T0 实现定时，试编程由 P1.0 输出周期为 $500\mu\text{s}$ 的方波。

6-9　下列说法正确是（　　）。

A. 特殊寄存器 SCON，与定时器/计数器的控制无关

B. 特殊寄存器 TCON，与定时器/计数器的控制无关

C. 特殊寄存器 IE，与定时器/计数器的控制无关

D. 特殊寄存器 TMOD，与定时器/计数器的控制无关

6-10　已知 AT89S51 单片机晶体振荡频率是 6MHz，要求用定时器 T0 定时，每定时 1s 时间到，就使 P1.7 引脚外接的发光二极管的状态发生变化，由亮变暗，或反之。试计算初值，并编写程序。

6-11　AT89S51 单片机的门控信号 GATE = 1 时，定时器如何启动？

6-12　由 P3.4 引脚（T0）输入一个低频脉冲信号，要求 P3.4 每发生一次负跳变时，P1.0 输出一个 $500\mu\text{s}$ 的同步负脉冲，同时 P1.1 输出一个 1ms 的同步正脉冲。已知晶体振荡频率为 6MHz。

6-13　定时器/计数器作计数器时，对外界计数脉冲有什么要求？

第 7 章　AT89S51 单片机的串行口

单片机与外部设备或单片机与单片机之间的信息交换统称为通信。

单片机与外部设备的通信有两种基本方式：并行通信和串行通信。这两种基本通信方式如图 7-1 所示。并行通信是指被传送数据信息的各位同时出现在数据传送端口上，信息的各位同时进行传送；而串行通信是把被传送的数据按组成数据各位的相对位置一位一位顺序传送，而接收时再把顺序传送的数据位按原数据形式恢复。并行通信控制简单、传输速度快。由于传输线较多，长距离传送时成本高且接收方的各位同时接收存在困难，多用于短距离数据传输。串行通信传输线少，长距离传送时成本低，且可以利用电话网等现成的设备，但数据的传送控制比并行通信复杂，多用于远距离传输。

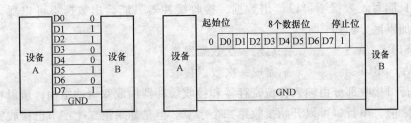

图 7-1　两种基本通信方式

串行数据通信主要有两个技术问题。一个是数据传送，另一个则是数据转换。数据传送主要解决传送中的标准、格式及工作方式等问题。而数据转换则一般是数据的串并转换。因为在计算机中使用的数据都是并行数据，因此在发送端，要把并行数据转换为串行数据；而在接收端，却要把串行数据转换为并行数据。为了实现数据的串并转换，可以采用软件或硬件方法实现。

软件实现：如假设要求传送的字符帧为 1 位起始位、7 位数据位、1 位奇偶校验位和 2 位停止位，长度为 11 位。可以编程控制使 P1.0 输出串行字符帧，先输出一位低电平作起始位；然后，利用移位指令把要发送的并行数据转换为串行数据依次从 P1.0 口输出；在发送完数据位后，输出一位奇偶校验位，其后，输出停止位。它的位时间可以用软件延时程序控制。由于实现串并转换的程序和电路都比较简单，此处略。

硬件实现串并转换，通常采用单片机内置的一个全双工串行口 UART（Universal Asynchronous Receiver/Transmitter）部件。下面着重介绍单片机串行口 UART 的结构、特点、工作方式及简单应用。

7.1　串行口的结构

AT89S51 单片机内置了一个可编程的全双工串行通信口部件 UART，它主要由串行接收缓冲器 SBUF 和串行发送缓冲器 SBUF、输入移位寄存器、接收控制器、发送控制器和门电路等部分组成，其内部结构如图 7-2 所示。串行数据从 TXD（P3.1）引脚输出，从 RXD

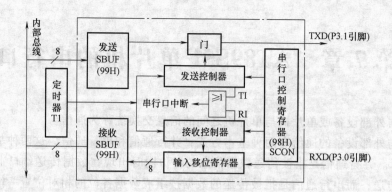

图 7-2 串行口的内部结构图

（P3.0）引脚输入。串行通信接口 UART 的发送、接收缓冲器使用同一特殊功能寄存器名 SBUF（字节地址都是 99H），接收、发送缓冲器 SBUF 物理结构上相互独立，其发送和接收数据是彼此独立的，可同时进行。两个缓冲器共用一个特殊功能寄存器字节地址（99H）。发送缓冲器只能写入数据不可以读出数据，接收缓冲器只能读出数据不可以写入数据，用读、写指令加以区分。如：

```
MOV  SBUF, A           ;启动一次数据发送
MOV  A, SBUF           ;完成一次数据接收
```

由于串行口接收部分由输入移位寄存器和接收缓冲器构成双缓冲结构，所以在接收缓冲器读出数据之前，串行口可以开始接收第二个字节。但是如果第二个字节已接收完毕时，第一个字节还没有读出，则将丢失其中一个字节。

串行口的控制寄存器共有两个：特殊功能寄存器 SCON 和 PCON。下面详细介绍这两个特殊功能寄存器各位的功能。

7.1.1 串行口控制寄存器 SCON

串行口控制寄存器 SCON 用于定义串口工作方式和实施接收/发送控制，字节地址为 98H，可位寻址，位地址为 98H ~ 9FH。格式如图 7-3 所示。

	D7	D6	D5	D4	D3	D2	D1	D0	
SCON	SM0	SM1	SM2	REN	TB8	RB8	TI	RI	98H
位地址	9FH	9EH	9DH	9CH	9BH	9AH	99H	98H	

图 7-3 串行口控制寄存器 SCON 的格式

下面介绍 SCON 中各位的功能。

（1）SM0、SM1——串行口 4 种工作方式选择位

SM0、SM1 两位编码所对应的 4 种工作方式见表 7-1。

表 7-1 串行口的 4 种工作方式

SM0	SM1	方式	功能说明
0	0	0	同步移位寄存器方式（用于扩展 I/O 口）
0	1	1	8 位异步收发，波特率可变（由定时器控制）
1	0	2	9 位异步收发，波特率为 $f_{osc}/64$ 或 $f_{osc}/32$
1	1	3	9 位异步收发，波特率可变（由定时器控制）

串行口有 4 种工作方式，其中，方式 0 并不用于通信，而是通过外接移位寄存器芯片实现扩展 I/O 口的功能，该方式又称为移位寄存器方式，此时 SM2 必须为 0，波特率固定为 $f_{osc}/12$。方式 1、2、3 都是异步通信方式。方式 1 是 8 位异步通信接口，一帧信息由 10 位组成，用于双机通信。方式 2 和 3 都是 9 位异步通信接口，其区别仅在于波特率不同。方式 2 和 3 主要用于多机通信，也可用于双机通信。

（2）SM2——多机通信控制位

允许工作在方式 2 和方式 3 下的单片机实现多机通信，故 SM2 主要用于方式 2 和方式 3 中。当串口以方式 2 或方式 3 接收时，如果 SM2 = 1，则只有当接收到的第 9 位数据（RB8）为 1 时，才使 RI 置 1，产生中断请求，并将接收到的前 8 位数据送入 SBUF；当接收到的第 9 位数据（RB8）为 0 时，则将接收到的前 8 位数据丢弃。而当 SM2 = 0 时，则不论第 9 位数据是 1 还是 0，都将前 8 位数据送入 SBUF 中，并使 RI 置 1，产生中断请求。

在方式 1 时，如果 SM2 = 1，则只有收到有效的停止位时才会激活 RI。

在方式 0 时，SM2 必须为 0。

（3）REN——允许串行接收控制位

用于控制是否允许接收数据，由软件置 1 或清 0。

REN = 1，表示允许串行口接收数据。

REN = 0，表示禁止串行口接收数据。

（4）TB8——发送的第 9 位数据

在方式 2 和方式 3 时，TB8 是要发送的第 9 位数据，其值可根据需要由软件置 1 或清 0。在双机串行通信时，TB8 一般作为奇偶校验位使用；在多机串行通信中用来表示主机发送的是地址帧还是数据帧，TB8 = 1 为地址帧，TB8 = 0 为数据帧。

（5）RB8——接收的第 9 位数据

在方式 2 和方式 3 时，RB8 存放接收到的第 9 位数据位。在方式 1 时，如 SM2 = 0，RB8 接收到的是停止位；在方式 0 时，不使用 RB8。

（6）TI——发送中断标志位

用于指示一帧信息发送是否完成。串行口工作在方式 0 时，串行发送的第 8 位数据结束时 TI 由硬件置 1。在其他方式中，串行口发送停止位的开始时由硬件置 TI 为 1。TI = 1，表示一帧数据发送完成，同时申请中断。TI 的状态可供软件查询，也可申请中断。CPU 响应中断后，在中断服务程序中向 SBUF 写入要发送的下一帧数据。TI 在发送数据前必须由软件清 0。

（7）RI——接收中断标志位

用于指示一帧信息是否接收完成。工作在方式 0 时，接收完第 8 位数据时，RI 由硬件置 1。在其他工作方式中，串行接收到停止位时，该位置 1。RI = 1，表示一帧数据接收完毕，并发出中断申请，要求 CPU 从接收 SBUF 取走数据。该位的状态也可供软件查询。RI 必须由软件清 0。

SCON 的所有位都可进行位操作清 0 或置 1。

7.1.2　特殊功能寄存器 PCON

特殊功能寄存器 PCON 也称为电源控制寄存器，是为了在 CMOS 型单片机上实现电源控制而设置的专用寄存器，字节地址为 87H，不能位寻址。格式如图 7-4 所示。

	D7	D6	D5	D4	D3	D2	D1	D0	
PCON	SMOD	—	—	—	GF1	GF0	PD	IDL	87H

图 7-4　特殊功能寄存器 PCON 的格式

下面介绍 PCON 中各位功能。其中，仅最高位 SMOD 与串口有关，其他各位的功能已在第 2 章的节电工作方式一节中做过介绍。

SMOD：波特率选择位。

例如，方式 1 的波特率计算公式为

$$方式 1 波特率 = \frac{2^{SMOD}}{32} \times 定时器 T1 的溢出率$$

当 SMOD =1 时，要比 SMOD =0 时的波特率加倍，所以也称 SMOD 位为波特率倍增位。

7.2　串行口的 4 种工作方式

4 种工作方式由特殊功能寄存器 SCON 中 SM0、SM1 位定义，编码见表 7-1。

7.2.1　方式 0

串行口的工作方式 0 为同步移位寄存器输入/输出方式。该方式并不用于两个 AT89S51 单片机之间的异步串行通信，而是用于串行口外接移位寄存器，扩展 I/O 口。

方式 0 以 8 位数据为一帧，无起始位和停止位，先发送或接收最低位。波特率固定，为 $f_{osc}/12$。方式 0 的帧格式如图 7-5 所示。

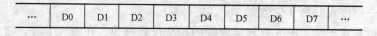

| … | D0 | D1 | D2 | D3 | D4 | D5 | D6 | D7 | … |

图 7-5　方式 0 的帧格式

1. 方式 0 发送

（1）方式 0 发送过程

当 CPU 执行一条将数据写入发送缓冲器 SBUF 的指令时，产生一个正脉冲，串行口开始把 SBUF 中的 8 位数据以 $f_{osc}/12$ 的固定波特率从 RXD 引脚串行输出，低位在先，TXD 引脚输出同步移位脉冲，发送完 8 位数据，中断标志位 TI 置 1。方式 0 发送时序如图 7-6 所示。

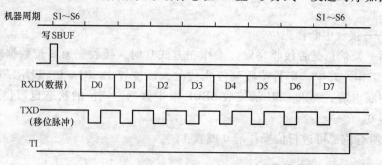

图 7-6　方式 0 发送时序

（2）方式 0 发送应用举例

图 7-7 所示为方式 0 发送的一个具体应用，通过串行口外接 8 位串行输入并行输出移位

寄存器 74LS164，扩展两个 8 位并行输出口的具体电路。

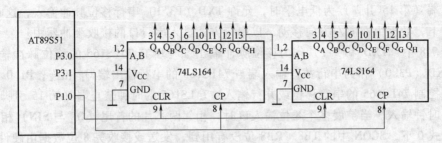

图 7-7　外接串入并出移位寄存器 74LS164 扩展的并行输出口

方式 0 发送时，串行数据由 P3.0（RXD 端）送出，移位脉冲由 P3.1（TXD 端）送出。在移位脉冲的作用下，串行口发送缓冲器的数据逐位地从 P3.0 串行移入 74LS164 中。

2. 方式 0 接收

（1）方式 0 接收过程

方式 0 接收时，REN 为串行口允许接收控制位，REN = 0，禁止接收；REN = 1，允许接收。当 CPU 向 SCON 寄存器写入控制字（设置为方式 0，并使 REN 位置 1，同时 RI = 0）时，产生一个正脉冲，串行口开始接收数据。引脚 RXD 为数据输入端，TXD 为移位脉冲信号输出端，接收器以 $f_{osc}/12$ 的固定波特率采样 RXD 引脚的数据信息，当接收完 8 位数据时，中断标志 RI 置 1，表示一帧数据接收完毕，可进行下一帧数据的接收，时序如图 7-8 所示。

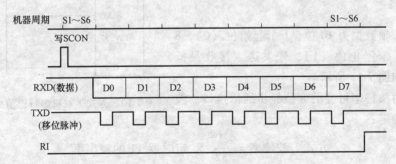

图 7-8　方式 0 接收时序

（2）方式 0 接收应用举例

图 7-9 为串行口外接两片 8 位并行输入串行输出的寄存器 74LS165 扩展两个 8 位并行输入口的电路。

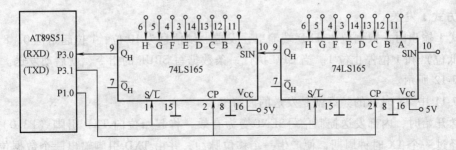

图 7-9　扩展 74LS165 作为并行输入口

当 74LS165 的 S/$\overline{L}$ 端由高到低跳变时，并行输入端的数据被置入寄存器；当 S/$\overline{L}$ = 1，且时钟禁止端（第 15 引脚）为低电平时，允许 TXD（P3.1）串行移位脉冲输入，这时在移位脉冲作用下，数据由右向左方向移动，以串行方式进入串行口的接收缓冲器中。

在图 7-8 中，TXD（P3.1）作为移位脉冲输出端与所有 75LS165 的移位脉冲输入端 CP 相连；RXD（P3.0）作为串行数据输入端与 74LS165 的串行输出端 Q_H 相连；P1.0 与 S/$\overline{L}$ 相连，用来控制 74LS165 的串行移位或并行输入；74LS165 的时钟禁止端（第 15 引脚）接地，表示允许时钟输入。当扩展多个 8 位输入口时，相邻两芯片的首尾（Q_H 与 SIN）相连。

在方式 0 下，SCON 中的 TB8、RB8 位没有用到，发送或接收完 8 位数据由硬件使 TI 或 RI 中断标志位置 1，CPU 响应 TI 或 RI 中断，在中断服务程序中向发送 SBUF 中送入下一个要发送的数据或从接收 SBUF 中把接收到的 1B 存入内部 RAM 中。注意，TI 或 RI 标志位必须由软件清 0，采用如下指令：

```
CLR    TI          ；TI 位清 0
CLR    RI          ；RI 位清 0
```

方式 0 时，SM2 位（多机通信控制位）必须为 0。

7.2.2　方式 1

方式 1 为双机串行通信方式，连接电路如图 7-10 所示。

当 SM0SM1 = 01 时，串行口设为方式 1 的双机串行通信。TXD 脚和 RXD 脚分别用于发送和接收数据。

方式 1 一帧数据为 10 位，1 个起始位（0），8 个数据位，1 个停止位（1），先发送或接收最低位。帧格式如图 7-11 所示。

方式 1 为波特率可变的 8 位异步通信接口。波特率由下式确定：

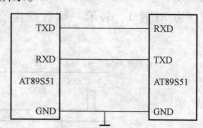

图 7-10　方式 1 双机串行通信的连接电路

$$方式 1 波特率 = \frac{2^{SMOD}}{32} \times 定时器 T1 的溢出率$$

式中，SMOD 为 PCON 寄存器的最高位的值（0 或 1）。

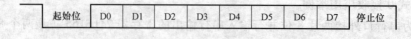

图 7-11　方式 1 的帧格式

1. 方式 1 发送

方式 1 输出时，数据位由 TXD 端输出，发送一帧信息为 10 位：1 位起始位 0，8 位数据位（先低位）和 1 位停止位 1。当 CPU 执行一条数据写 SBUF 的指令，就启动发送。发送时序如图 7-12 所示。

图 7-11 中 TX 时钟的频率就是发送的波特率。

发送开始时，内部发送控制信号 $\overline{SEND}$ 变为有效，将起始位向 TXD 引脚（P3.0）输出，此后每经过一个 TX 时钟周期，便产生一个移位脉冲，并由 TXD 引脚输出一个数据位。8 位数据位全部发送完毕后，中断标志位 TI 置 1。

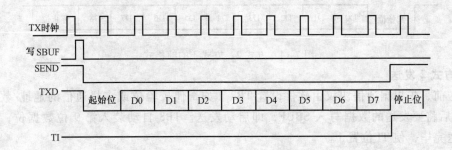

图 7-12　方式 1 发送时序

2. 方式 1 接收

方式 1 接收时 (REN = 1)，数据从 RXD (P3.1) 引脚输入。当检测到起始位的负跳变时，则开始接收。接收时序如图 7-13 所示。

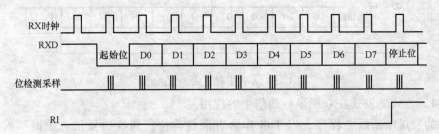

图 7-13　方式 1 接收时序

接收时，定时控制信号有两种，一种是接收移位时钟 (RX 时钟)，它的频率和传送的波特率相同，另一种是位检测器采样脉冲，频率是 RX 时钟的 16 倍。以波特率的 16 倍速率采样 RXD 引脚状态。当采样到 RXD 端从 1 到 0 的负跳变时就启动检测器，接收的值是 3 次连续采样 (第 7、8、9 个脉冲时采样) 取两次相同的值，以确认起始位 (负跳变) 的开始，较好地消除干扰引起的影响。

当确认起始位有效时，开始接收一帧信息。每一位数据，也都进行 3 次连续采样 (第 7、8、9 个脉冲采样)，接收的值是 3 次采样中至少两次相同的值。当一帧数据接收完毕后，同时满足以下两个条件，接收才有效。

1) RI = 0，即上一帧数据接收完成时，RI = 1 发出的中断请求已被响应，SBUF 中的数据已被取走，说明 "接收 SBUF" 已空。

2) SM2 = 0 或收到的停止位 = 1 (方式 1 时，停止位已进入 RB8)，则将接收到的数据装入 SBUF 和 RB8 (装入的是停止位)，且中断标志 RI 置 1。

若不同时满足两个条件，收的数据不能装入 SBUF，该帧数据将丢弃。

7.2.3　方式 2

方式 2 和方式 3，为 9 位异步通信接口。每帧数据为 11 位，1 位起始位 0，8 位数据位 (先低位)，1 位可程控为 1 或 0 的第 9 位数据和 1 位停止位。方式 2、方式 3 帧格式如图 7-14 所示。

$$方式 2 波特率 = \frac{2^{\text{SMOD}}}{64} \times f_{\text{osc}}$$

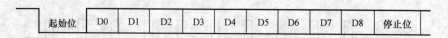

图 7-14　方式 2、方式 3 的帧格式

1. 方式 2 发送

发送前，先根据通信协议由软件设置 TB8（如奇偶校验位或多机通信的地址/数据标志位），然后将要发送的数据写入 SBUF，即启动发送。TB8 自动装入第 9 位数据位，逐一发送。发送完毕，使 TI 位置 1。

发送时序如图 7-15 所示。

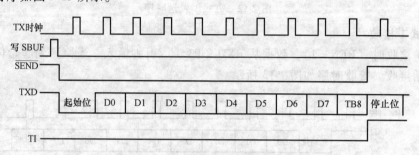

图 7-15　方式 2 和方式 3 发送时序

例 7-1　方式 2 发送在双机串行通信中的应用。

下面的发送中断服务程序，以 TB8 作为奇偶校验位，偶校验发送。数据写入 SBUF 之前，先将数据的偶校验位写入 TB8（设第 2 组的工作寄存器区的 R0 作为发送数据区地址指针）。

```
PIPTI:   PUSH    PSW            ; 现场保护
         PUSH    Acc
         SETB    RS1            ; 选择第 2 组工作寄存器区
         CLR     RS0
         CLR     TI             ; 发送中断标志清 0
         MOV     A, @R0         ; 取数据
         MOV     C, P           ; 校验位送 TB8，采用偶校验
         MOV     TB8, C         ; P = 1，校验位 TB8 = 1，P = 0，校验位 TB8 = 0
         MOV     SBUF, A        ; A 中数据发送，同时发送 TB8 校验位
         INC     R0             ; 数据指针加 1
         POP     Acc            ; 恢复现场
         POP     PSW
         RETI                   ; 中断返回
```

2. 方式 2 接收

当 SM0SM1 为 10 时，且 REN = 1 时，串行口以方式 2 接收数据。数据由 RXD 端输入，接收 11 位信息。当位检测逻辑采样到 RXD 引脚由 1 到 0 的负跳变，即判断起始位有效后，便开始接收一帧信息。在接收完第 9 位数据后，需满足以下两个条件，才能将接收到的数据送入 SBUF（接收缓冲器）。

1）RI = 0，意味着接收缓冲器为空。

2）SM2 = 0 或接收到的第 9 位数据位 RB8 = 1。

当满足上述两个条件时，收到的数据送入 SBUF（接收缓冲器），第 9 位数据送入 RB8，且 RI 置 1。若不满足这两个条件，接收的信息将被丢弃。

串行口方式 2 和方式 3 接收时序如图 7-16 所示。

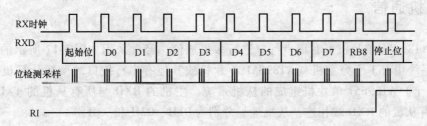

图 7-16　方式 2 和方式 3 接收时序

例 7-2　方式 2 接收在双机通信中的应用。

本例对例 7-1 发送的数据进行偶校验接收，程序如下（设 1 组寄存器区的 R0 为数据缓冲区指针）。

PIRI：	PUSH	PSW	；保护现场
	PUSH	Acc	
	SETB	RS0	；选择 1 组寄存器区
	CLR	RS1	
	CLR	RI	
	MOV	A，SBUF	；将接收到数据送到累加器 A
	MOV	C，P	；接收到数据字节的奇偶性送入 C 位
	JNC	L1	；C = 0，收的字节 1 的个数为偶数，跳 L1 处
	JNB	RB8，ERP	；C = 1，再判断 RB8 是否为 0。如 RB8 = 0，则出错， ；跳 ERP 处出错处理
	AJMP	L2	；C = 1，RB8 = 1，收的数据正确，跳 L2 处
L1：	JB	RB8，ERP	；C = 0，再判断 RB8 是否为 1。如 RB8 = 1， ；则出错，跳 ERP 出错处理
L2：	MOV	@R0，A	；C = 0，RB8 = 0 或 C = 1，RB8 = 1，接收数据正确， ；存入数据缓冲区
	INC	R0	；数据缓冲区指针加 1，为下次接收做准备
	POP	Acc	；恢复现场
	POP	PSW	
ERP：	……		；出错处理程序段入口
	……		
	RETI		

7.2.4　方式 3

SM0SM1 两位为 11 时，串行口工作在方式 3。方式 3 为波特率可变的 9 位异步通信方式，除了波特率外，方式 3 和方式 2 相同。方式 3 发送和接收时序分别如图 7-15 和图 7-16

所示。

$$方式3波特率 = \frac{2^{\text{SMOD}}}{32} \times 定时器 \text{ T1 的溢出率}$$

7.3 多机通信

多个 AT89S51 单片机可利用串行口进行多机通信，经常采用如图 7-17 所示的主从式结构。多机系统中有 1 个为主机（AT89S51 单片机或其他有串行接口的微型计算机）和 3 个（也可为多个）AT89S51 单片机组成的从机系统。主机的 RXD 与所有从机的 TXD 端相连，TXD 与所有从机的 RXD 端相连。从机地址分别为 01H、02H 和 03H。

主从式是指在多个单片机组成的系统中，只有一个主机，其余全是从机。主机发送的信息可以被所有从机接收，任何一个从机发送的信息只能由主机接收。从机和从机之间不能进行直接通信，只能经主机才能实现。

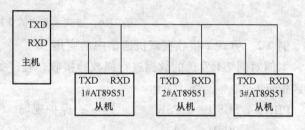

图 7-17　多机通信系统主从式结构示意图

多机通信的工作原理：

要保证主机与所选择的从机实现可靠通信，须保证串行口具有识别功能。串行口控制寄存器 SCON 中的 SM2 位就是为满足这一条件而设置的多机通信控制位。其工作原理是在串行口以方式 2（或方式 3）接收时，若 SM2 = 1，则表示进行多机通信，这时可能出现以下两种情况：

1）从机接收到的主机发来的第 9 位数据 RB8 = 1 时，前 8 位数据才装入 SBUF，并置中断标志 RI = 1，向 CPU 发出中断请求。在中断服务程序中，从机把接收到的 SBUF 中的数据存入数据缓冲区中。

2）如果从机接收到主机发来的第 9 位数据 RB8 = 0 时，则不产生中断标志 RI = 1，不引起中断，从机不接收主机发来的数据。

若 SM2 = 0，则接收的第 9 位数据不论是 0 还是 1，从机都将产生 RI = 1 中断标志，接收到的数据装入 SBUF 中。

应用 AT89S51 单片机串行口的这一特性，可实现 AT89S51 单片机的多机通信。多机通信的工作过程如下：

1）各从机初始化程序允许从机的串行口中断，将串行口编程为方式 2 或方式 3 接收，即 9 位异步通信方式，且 SM2 和 REN 位置 1，使从机只处于多机通信且只接收地址帧的状态。

2）在主机和某个从机通信之前，先将从机地址（准备接收数据的从机）发送给各个从机，接着才传送数据（或命令），主机发出的地址帧信息的第 9 位为 1，数据（或命令）帧的第 9 位为 0。当主机向各从机发送地址帧时，各从机的串行口接收到的第 9 位信息 RB8 为 1，且由于各从机的 SM2 = 1，则中断标志位 RI 置 1，各从机响应中断。在中断服务子程序中，各从机判断主机送来的地址是否和本机地址相符合，若为本机地址，则该从机 SM2 位清 0，准备接收主机的数据或命令；若地址不相符，则保持 SM2 = 1 状态。

3）接着主机发送数据（或命令）帧，数据帧的第 9 位为 0。此时各从机接收到的 RB8 = 0，只有与前面地址相符合的从机（SM2 位已清 0 的从机）才能激活中断标志位 RI，从而进入中断服务程序，接收主机发来的数据（或命令）；与主机发来的地址不相符的从机，由于 SM2 保持为 1，又 RB8 = 0，因此不能激活中断标志 RI，就不能接受主机发来的数据帧。从而保证主机与从机间通信的正确性。此时主机与建立联系的从机已经设置为单机通信模式，即在整个通信中，通信的双方都要保持发送数据的第 9 位（TB8 位）为 0，防止其他的从机误接收数据。

4）结束数据通信并为下一次的多机通信做好准备。在多机通信系统中，每个从机都被赋予唯一的地址。例如，图 7-17 中 3 个从机的地址可设为：01H、02H、03H。还要预留 1 ~ 2 个"广播地址"，它是所有从机共有的地址，例如将"广播地址"设为 00H。当主机与从机的数据通信结束后，一定要将从机再设置为多机通信模式，以便进行下一次的多机通信。这时要求与主机正在进行数据传输的从机必须随时注意，一旦接收的数据第 9 位（RB8）为 1，说明主机传送的不再是数据，而是地址，这个地址就有可能是"广播地址"。当收到"广播地址"后，便将从机的通信模式再设置成多机模式，为下一次的多机通信做好准备。

7.4　波特率的制定方法

串行通信中，收、发双方的发送或接收的波特率必须一致。AT89S51 的串行口有 4 种工作方式。其中方式 0 和方式 2 的波特率是固定的；方式 1 和方式 3 的波特率是可变的，由定时器 T1 的溢出率来确定。

7.4.1　波特率的定义

串行口每秒发送（或接收）的位数称为波特率。设发送一位所需要的时间为 T，则波特率为 $1/T$。

定时器的不同工作方式，得到的波特率的范围是不一样的，这是由定时器/计数器 T1 在不同工作方式下计数位数的不同所决定的。

7.4.2　定时器 T1 产生波特率的计算

波特率和串行口的工作方式有关。

1）工作在方式 0 时，波特率固定为时钟频率 f_{osc} 的 1/12，不受 SMOD 位值的影响。若 f_{osc} = 12 MHz，波特率为 $f_{osc}/12$，即 1Mbit/s。

2）工作在方式 2 时，波特率仅与 SMOD 位的值有关。

$$方式 2 波特率 = \frac{2^{SMOD}}{64} \times f_{osc}$$

若 f_{osc} = 12 MHz；SMOD = 0，波特率 = 187.5 kbit/s；SMOD = 1，波特率为 375 kbit/s。

3）在方式 1 或方式 3 时，常用定时器 T1 作为波特率发生器，其关系式为

$$波特率 = \frac{2^{SMOD}}{64} \times 定时器 T1 的溢出率 \tag{7-1}$$

由式（7-1）可见，T1 的溢出率和 SMOD 的值共同决定波特率。

在实际设定波特率时，T1 常设置为方式 2 定时（自动装初值），即 TL1 作为 8 位计数

器，TH1 存放备用初值。这种方式操作方便，也避免因软件重装初值带来的定时误差。

设定时器 T1 方式 2 的初值为 x，则有

$$\text{定时器 T1 的溢出率} = \frac{\text{计数速率}}{256-x} = \frac{f_{osc}/12}{256-x} \tag{7-2}$$

将式（7-2）代入式（7-1），则有

$$\text{波特率} = \frac{2^{SMOD}}{32} \times \frac{f_{osc}}{12\,(256-x)} \tag{7-3}$$

由式（7-3）可见，此方式下波特率随 f_{osc}、SMOD 和初值 x 而变化。

实际使用时，经常根据已知波特率和时钟频率 f_{osc} 来计算定时器 T1 的初值 x。为避免繁杂的初值计算，常用的波特率和初值 x 间的关系常列成表 7-2 的形式，以供查用。

表 7-2　用定时器 T1 产生的常用波特率

波特率/（kbit/s）	f_{osc}/MHz	SMOD 位	方式	初值 x
62.5	12	1	2	FFH
19.2	11.0592	1	2	FDH
9.6	11.0592	0	2	FDH
4.8	11.0592	0	2	FAH
2.4	11.0592	0	2	F4H
1.2	11.0592	0	2	E8H

对表 7-2 有以下两点需要注意：

1）在使用的时钟振荡频率 f_{osc} 为 12MHz 或 6MHz 时，将初值 x 和 f_{osc} 代入式（7-3）中，分子除以分母不能整除，因此计算出的波特率有一定误差。要消除误差可以通过调整时钟振荡频率 f_{osc} 实现，例如采用的时钟频率为 11.0592MHz。

2）如果选用很低的波特率，如波特率选为 55，可将定时器 T1 设置为方式 1 定时。但在这种情况下，T1 溢出时，需在中断服务程序中重新装入初值。中断响应时间和执行指令时间会使波特率产生一定的误差，可用改变初值的方法加以调整。

例 7-3　若 AT89S51 单片机的时钟频率为 11.0592MHz，选用 T1 的方式 2 定时作为波特率发生器，波特率为 2400bit/s，求初值。

解：设 T1 为方式 2 定时，选 SMOD = 0。

将已知条件代入式（7-3）中，有

$$\text{波特率} = \frac{2^{SMOD}}{32} \times \frac{f_{osc}}{12\,(256-x)} = 2400$$

从中解得 $x = 244 = $ F4H。

只要把 F4H 装入 TH1 和 TL1，则 T1 发出的波特率为 2400bit/s。该结果也可直接从表 7-2 中查到。

这里时钟振荡频率选为 11.0592MHz，就可使初值为整数，从而产生精确的波特率。

7.5　串行口的应用

利用 AT89S51 单片机的串行口可实现 AT89S51 单片机之间的点对点串行通信、多机通

信以及 AT89S51 单片机与 PC 间的单机或多机通信。限于篇幅，本节仅介绍 AT89S51 单片机之间的双机串行通信的硬件接口和软件设计。

7.5.1　双机串行通信的硬件连接

AT89S51 单片机串行口的输入、输出均为 TTL 电平。这种传输方式抗干扰性差，传输距离短，传输速率低。为提高串行通信的可靠性，增大串行通信的距离和提高传输速率，都采用标准串行接口，如 RS-232C、RS-422A、RS-485 等来实现串行通信。

根据 AT89S51 单片机的双机通信距离和抗干扰性要求，可选择 TTL 电平传输、RS-232C、RS-422A、RS-485 串口进行串行数据传输。

1. TTL 电平通信接口

如果两个单片机相距在 1.5m 之内，它们的串行口可直接相连，接口如图 7-10 所示。甲机的 RXD 与乙机的 TXD 端相连，乙机的 RXD 与甲机的 TXD 端相连，从而直接用 TTL 电平传输方法来实现双机通信。

2. RS-232C 双机通信接口

如果双机通信距离在 1.5～15m 之间时，可用 RS-232C 标准接口实现点对点的双机通信，接口电路如图 7-18 所示。图 7-18 的 MAX232A 是美国 MAXIM（美信）公司生产的 RS-232C 双工发送器/接收器电路芯片。

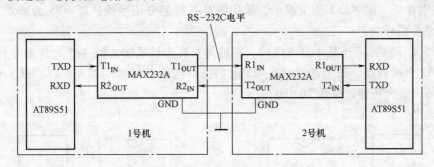

图 7-18　RS-232C 双机通信接口电路

3. RS-422A 双机通信接口

RS-232C 推出较早，应用广泛，但有明显缺点：传输速率低、通信距离短、接口处信号容易产生串扰等。为此国际上又推出了 RS-422A 标准。该标准与 RS-232C 的主要区别是，收发双方的信号地不再共地，RS-422A 采用了平衡驱动和差分接收的方法。用于数据传输的是两条平衡导线，这相当于两个单端驱动器。

两条线上传输的信号电平，当一个表示逻辑"1"时，另一条一定为逻辑"0"。若传输中，信号中混入干扰和噪声（共模形式），由于差分接收器的作用，就能识别有用信号并正确接收传输的信息，并使干扰和噪声相互抵消。

RS-422A 能在长距离、高速率下传输数据。它的最大传输率为 10Mbit/s，电缆允许长度为 12m，如果采用较低传输速率时，最大传输距离可达 1219m。

为了增加通信距离，可采用光隔离，利用 RS-422A 标准进行双机通信的接口电路如图 7-19 所示。

图中，每个通道的接收端都接有 3 个电阻 R_1、R_2 和 R_3，其中 R_1 为传输线的匹配电阻，取值范围在 50Ω～1kΩ，其他两个电阻是为了解决第一个数据的误码而设置的匹配电阻。为了起到隔离、抗干扰的作用，图 7-19 中必须使用两组独立的电源。

图中的 SN75174、SN75175 是 TTL 电平到 RS-422A 电平与 RS-422A 电平到 TTL 电平的电平转换芯片。

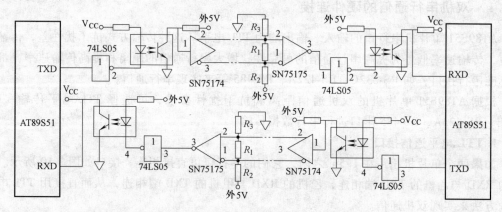

图 7-19　RS-422A 双机通信接口电路

4. RS-485 双机通信接口

RS-422A 双机通信需四芯传输线，这对实际工业现场的长距离通信很不经济，故在工业现场，通常采用双绞线传输的 RS-485 串行通信接口。RS-485 是 RS-422A 的变型，它与 RS-422A 的区别在于：RS-422A 为全双工，采用两对平衡差分信号线；RS-485 为半双工，采用一对平衡差分信号线。

RS-485 对于多站互连是十分方便的，很容易实现多机通信。RS-485 允许最多并联 32 台驱动器和 32 台接收器。图 7-20 为 RS-485 通信接口电路。与 RS-422A 一样，最大传输距离约为 1219m，最大传输速率为 10Mbit/s。

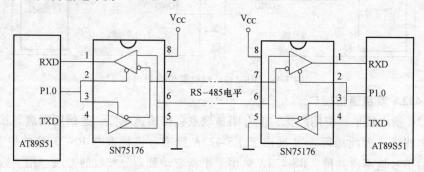

图 7-20　RS-485 双机通信接口电路

通信线路要采用平衡双绞线。平衡双绞线的长度与传输速率成反比，在 100kbit/s 速率以下，才可能使用规定的最长电缆。

只有在很短的距离下才能获得最大传输速率。一般 100m 长双绞线最大传输速率仅为 1Mbit/s。

在图 7-20 中，RS-485 以双向、半双工的方式来实现双机通信。在 AT89S51 单片机系统发送或接收数据前，应先将 SN75176 的发送门或接收门打开，当 P1.0 = 1 时，发送门打开，接收门关闭；当 P1.0 = 0 时，接收门打开，发送门关闭。

图 7-20 中的 SN75176 芯片内集成了一个差分驱动器和一个差分接收器，且兼有 TTL 电平到 RS-485 电平、RS-485 电平到 TTL 电平的转换功能。

此外常用的 RS-485 接口芯片还有 MAX485。

7.5.2　串行通信设计需要考虑的问题

单片机的串行通信接口设计时，需考虑如下问题。

1）首先确定通信双方的数据传输速率。

2）由数据传输速率确定采用的串行通信接口标准。

3）在通信接口标准允许的范围内确定通信的波特率。为减小波特率的误差，通常选用 11.0592MHz 的晶体振荡频率。

4）根据任务需要，确定收发双方使用的通信协议。

5）通信线的选择，这是要考虑的一个很重要的因素。通信线一般选用双绞线较好，并根据传输的距离选择纤芯的直径。如果空间的干扰较多，还要选择带有屏蔽层的双绞线。

6）通信协议确定后，进行通信软件编程，请见下面的介绍。

7.5.3　双机串行通信软件编程

串行口的方式 1 ~ 3 是用于串行通信的，下面介绍双机串行通信软件编程。

应当说明的是，下面介绍的双机串行通信的编程实际上与上面介绍的各种串行标准的硬件接口电路无关，因为采用不同标准的串行通信接口仅仅是由双机串行通信距离、传输速率以及抗干扰性能来决定的。

1. 串行口方式 1 应用编程

例 7-4　采用方式 1 进行双机串行通信，收、发双方均采用频率为 6MHz 晶体振荡器，波特率为 2400bit/s，一帧信息为 10 位，发送方把以 78H、77H 单元的内容为首地址，以 76H、75H 单元内容减 1 为末地址的数据块通过串口发送给收方。

发送方要发送的数据块的地址为 2000H ~ 201FH。先发地址帧，再发数据帧；接收方在接收时使用一个标志位来区分接收的是地址还是数据，然后将其分别存放到指定的单元中。发送方可采用查询方式或中断方式发送数据，接收方可采用中断或查询方式接收。

（1）甲机发送程序

中断方式的发送程序如下：

```
          ORG    0000H          ; 程序初始入口
          LJMP   MAIN
          ORG    0023H          ; 串行中断入口
          LJMP   COM_INT
          ORG    1000H
MAIN:     MOV    SP, #53H        ; 设置堆栈指针
          MOV    78H, #20H       ; 设发送的数据块首、末地址
          MOV    77H, #00H
          MOV    76H, #20H
          MOV    75H, #40H
          ACALL  TRANS          ; 调用发送子程序
HERE:     SJMP   HERE
TRANS:    MOV    TMOD, #20H      ; 设置定时器/计数器工作方式
```

```
              MOV      TH1, #0F3H        ; 设置计数器初值
              MOV      TL1, #0F3H
              MOV      PCON, #80H        ; 波特率加倍
              SETB     TR1               ; 接通计数器计数
              MOV      SCON, #40H        ; 设置串行口工作方式
              MOV      IE, #00H          ; 先关中断, 用查询方式发送地址帧
              CLR      F0
              MOV      SBUF, 78H         ; 发送首地址高8位
WAIT1:        JNB      TI, WAIT1
              CLR      TI
              MOV      SBUF, 77H         ; 发送首地址低8位
WAIT2:        JNB      TI, WAIT2
              CLR      TI
              MOV      SBUF, 76H         ; 发送末地址高8位
WAIT3:        JNB      TI, WAIT3
              CLR      TI
              MOV      SBUF, 75H         ; 发送末地址低8位
WAIT4:        JNB      TI, WAIT4
              CLR      TI
              MOV      IE, #90H          ; 打开中断允许寄存器,采用中断方式发送数据
              MOV      DPH, 78H
              MOV      DPL, 77H
              MOVX     A, @DPTR
              MOV      SBUF, A           ; 发送首个数据
WAIT:         JNB      F0, WAIT          ; 发送等待
              RET
COM_INT:      CLR      TI                ; 关发送中断标志位 TI
              INC      DPTR              ; 数据指针加1, 准备发送下个数据
              MOV      A, DPH            ; 判断当前被发送的数据的地址是不是末地址
              CJNE     A, 76H, END1      ; 不是末地址则跳转
              MOV      A, DPL            ; 同上
              CJNE     A, 75H, END1
              SETB     F0                ; 数据发送完, 标志位置1
              CLR      ES                ; 关串行口中断
              CLR      EA                ; 关中断
              RET
END1:         MOVX     A, @DPTR          ; 将要发送的数据送累加器, 准备发送
              MOV      SBUF, A           ; 发送数据
              RETI                       ; 中断返回
              END
```

（2）乙机接收程序

中断方式的接收程序如下：

```
            ORG     0000H
            LJMP    MAIN
            ORG     0023H
            LJMP    COM_INT
            ORG     1000H
MAIN：      MOV     SP, #53H          ；设置堆栈指针
            ACALL   RECEI             ；调用接收子程序
HERE：      SJMP    HERE
RECEI：     MOV     R0, #78H          ；设置地址接收区
            MOV     TMOD, #20H        ；设置定时器/计数器工作方式
            MOV     TH1, #0F3H        ；设置波特率
            MOV     TL1, #0F3H
            MOV     PCON, #80H        ；波特率加倍
            SETB    TR1               ；开计数器
            MOV     SCON, #50H        ；设置串行口工作方式
            MOV     IE, #90H          ；开中断
            CLR     F0                ；标志位清 0
            CLR     7FH
WAIT：      JNB     7F, WAIT          ；查询标志位等待接收
            RET
COM_INT：   PUSH    DPL               ；压栈，保护现场
            PUSH    DPH
            PUSH    Acc
            CLR     RI                ；接收中断标志位清 0
            JB      F0, R_DATA        ；判断接收的是数据还是地址，F0 = 0 为地址
            MOV     A, SBUF           ；接收数据
            MOV     @R0, A            ；将地址帧送指定的寄存器
            DEC     R0
            CJNE    R0, #74H, RETN
            SETB    F0                ；置标志位，地址接收完毕
RETN：      POP     Acc               ；出栈，恢复现场
            POP     DPH
            POP     DPL
            RETI                      ；中断返回
R_DATA：    MOV     DPH, 78H          ；数据接收程序区
            MOV     DPL, 77H
            MOV     A, SBUF           ；接收数据
            MOVX    @DPTR, A          ；送指定的数据存储单元中
```

```
            INC     77H              ; 地址加 1
            MOV     A, 77H           ; 判断当前接收数据的地址是否向高 8 位进位
            JNZ     END2
            INC     78H
    END2:   MOV     A, 76H
            CJNE    A, 78H, RETN     ; 判断是否最后一帧, 不是则继续
            MOV     A, 75H
            CJNE    A, 77H, RETN     ; 是最后一帧则各种标志位清 0
            CLR     ES
            CLR     EA
            SETB    7FH
            SJMP    RETN             ; 跳入返回子程序区
            END
```

2. 串行口方式 2 应用编程

方式 2 和方式 1 有两点不同之处。方式 2 接收/发送 11 位信息, 第 0 位为起始位, 第 1 ~ 8 位为数据位, 第 9 位为程控位, 该位可由用户决定, 第 10 位是停止位 1, 这是方式 1 和方式 2 的一个不同点。另一不同点是方式 2 波特率变化范围比方式 1 小, 方式 2 的波特率 = 振荡器频率/n。

当 SMOD = 0 时, $n = 64$。

当 SMOD = 1 时, $n = 32$。

鉴于方式 2 的使用和方式 3 基本一样 (只是波特率不同), 所以方式 2 的具体编程应用, 可参照下面的方式 3 编程。

3. 串行口方式 3 应用编程

例 7-5 用方式 3 进行发送和接收。发送方采用查询方式发送地址帧, 采用中断或查询方式发送数据, 接收方采用中断或查询方式接收数据。发送方和接收方均采用频率 6MHz 的晶体振荡器, 波特率为 4800bit/s。

发送方首先将存在 78H 和 77H 单元中的地址发送给接收方, 然后发送数据 00H ~ FFH, 共 256 个数据。

(1) 甲机发送程序

中断方式的发送程序如下:

```
            ORG     0000H
            LJMP    MAIN
            ORG     0023H
            LJMP    COM_INT
            ORG     1000H
    MAIN:   MOV     SP, #53H         ; 设置堆栈指针
            MOV     78H, #20H        ; 设置要存放数据单元的首地址
            MOV     77H, #00H
            ACALL   TRAN             ; 调用发送子程序
    HERE:   SJMP    HERE
```

```
TRANS:   MOV    TMOD, #20H          ; 设置定时器/计数器工作方式
         MOV    TH1, #0FDH          ; 设置波特率为 4800bit/s
         MOV    TL1, #0FDH
         SETB   TR1                 ; 开定时器
         MOV    SCON, #0E0H         ; 设置串行口工作方式为方式 3
         SETB   TB8                 ; 设置第 9 位数据位
         MOV    IE, #00H            ; 关中断
         MOV    SBUF, 78H           ; 查询方式发首地址高 8 位
WAIT:    JNB    TI, WAIT
         CLR    TI
         MOV    SBUF, 77H           ; 发送首地址低 8 位
WAIT2:   JNB    TI, WAIT2
         CLR    TI
         MOV    IE, #90H            ; 开中断
         CLR    TB8
         MOV    A, #00H
         MOV    SBUF, A             ; 开始发送数据
WAIT1:   CJNE   A, #0FFH, WAIT1     ; 判数据是否发送完毕
         CLR    ES                  ; 发送完毕则关中断
         RET
COM_INT: CLR    TI                  ; 中断服务子程序段
         INC    A                   ; 要发送数据值加 1
         MOV    SBUF, A             ; 发送数据
         RETI                       ; 中断返回
         END
```

（2）乙机接收程序

接收方把先接收到的数据送给数据指针，将其作为数据存放的首地址，然后将接下来接收到的数据存放到以先前接收的数据为首地址的单元中去。

中断方式接收：

```
         ORG    0000H
         LJMP   MAIN
         ORG    0023H
         LJMP   COM_INT
         ORG    1000H
MAIN:    MOV    SP, #53H            ; 设置堆栈指针
         MOV    R0, #0FEH           ; 设置地址帧接收计数寄存器初值
         ACALL  RECEI               ; 调用接收子程序
HERE:    SJMP   HERE
RECEI:   MOV    TMOD, #20H          ; 设定时器工作方式
         MOV    TH1, #0FDH          ; 设置波特率为 4800bit/s
```

```
          MOV     TL1，#0FDH
          SETB    TR1                 ；开定时器
          MOV     IE，#90H             ；开中断
          MOV     SCON，#0F0H          ；设串口工作方式，允许接收
          SETB    F0                  ；设置标志位
WAIT：    JB      F0，WAIT            ；等待接收
          RET
COM_INT：CLR      RI                  ；接收中断标志位清0
          MOV     C，RB8              ；判断第9位数据，是数据还是地址
          JNC     PD2                 ；是地址则送给数据指针指示器DPTR
          INC     R0
          MOV     A，R0
          JZ      PD
          MOV     DPH，SBUF
          SJMP    PD1
PD：      MOV     DPL，SBUF
          CLR     SM2                 ；地址标志位清0
PD1：     RETI
PD2：     MOV     A，SBUF             ；接收数据
          MOVX    @DPTR，A
          INC     DPTR
          CJNE    A，#0FFH，PD1       ；判断是否为最后一帧数据
          SETB    SM2                 ；如果是，则相关标志位清0
          CLR     F0
          CLR     ES
          RETI                        ；中断返回
          END
```

一般来说，定时器方式2用来确定波特率是比较理想，它不需反复装初值，且波特率比较准确。在波特率不是很低的情况下，建议使用定时器T1的方式2来确定波特率。

7.5.4 PC 与单片机的点对点串行通信接口设计

在测控系统中，要经常使用单片机在现场进行数据采集，由于单片机的数据存储容量和数据处理能力都较低，所以一般情况下单片机通过串行口与PC的串行口相连，把采集到的数据传送到PC上，再在PC上进行数据处理。由于单片机的输入输出是TTL电平，而PC配置的都是RS-232标准串行接口，为9针"D"形连接器（插座），其插头引脚定义如图7-21所示。表7-3为PC RS-232C接口信号。由于两者的电平不匹配，必须将单片机输出的TTL电平

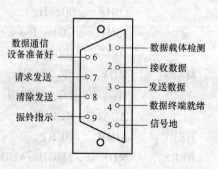

图7-21 "D"形9针插头引脚定义

转换为 RS-232 电平。单片机与 PC 的接口方案如图 7-22 所示。

表 7-3　PC 的 RS-232C 接口信号

引脚号	符号	方向	功能
1	DCD	输入	数据载体检测
2	TXD	输出	发送数据
3	RXD	输入	接收数据
4	DTR	输出	数据终端就绪
5	GND		信号地
6	DSR	输入	数据通信设备准备好
7	RTS	输出	请求发送
8	CTS	输入	清除发送
9	RI	输入	振铃指示

图 7-22 中所使用的电平转换芯片为 MAX232，接口的连接只用了 3 条线，即 RS-232 插座中的 2 脚、3 脚与 5 脚。TTL 电平经 TIN 输入转换成 RS-232 电平从 TOUT 送到 PC 的 DP9 插头；DP9 插头的 RS-232 电平信息从 RIN 输入转换成 TTL 电平后从 ROUT 输出。

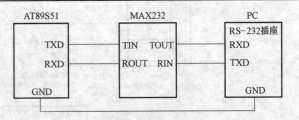

图 7-22　单片机与 PC 的串行接口方案

7.5.5　PC 与多个单片机的串行通信接口设计

1. 硬件接口电路

一台 PC 和若干台 AT89S51 单片机可构成小型分布式测控系统，如图 7-23 所示。这也是目前单片机应用的一大趋势。

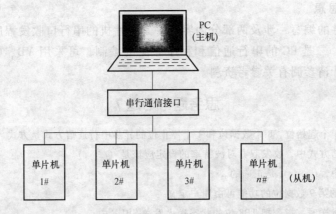

图 7-23　PC 与多台单片机构成小型分布式测控系统

这种分布式测控系统在许多实时工业控制和数据采集系统中，充分发挥了单片机功能强、抗干扰性好、面向控制等优点，同时又可利用 PC 弥补单片机在数据处理和交互性等方面的不足。在应用系统中，一般是以 PC 作为主机，定时扫描以 AT89S51 为核心的前沿单片机，以便采集数据或发送控制信息。在这样的系统中，以 AT89C51 为核心的智能式测量和控制仪表（从机）既能独立地完成数据处理和控制任务，又可将数据传送给 PC（主机）。PC 将这些数据进行处理、显示、打印，同时将各种控制命令传送给各个从机，以实现集中管理和最优控制。要组成一个这样的分布式测控系统，首先要解决的是 PC 与单片机之间的串行通信接口问题。

下面以 RS-485 串行多机通信为例，说明 PC 与数台 AT89S51 单片机进行多机通信的接口电路设计方案。PC 配有 RS-232C 串行标准接口，可通过转换电路转换成 RS-485 串行接口，AT89S51 单片机本身具有一个全双工的串行口，该串行口加上驱动电路后就可实现 RS-485 串行通信。PC 与数台 AT89S51 单片机进行多机通信的 RS-485 串行通信接口电路如图 7-24 所示。

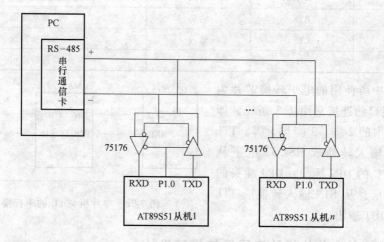

图 7-24　PC 与 AT89C51 单片机串行通信接口电路

在图 7-24 中，AT89S51 单片机的串行口通过 75176 芯片驱动后就可转换成 RS-485 标准接口，根据 RS-485 标准接口的电气特性，从机数量不多于 32 个。PC 与 AT89S51 单片机之间的通信采用主从方式，PC 为主机，AT89S51 为从机，由 PC 决定与哪个单片机进行通信。

2. 软件设计思想

串行通信软件的编写，涉及两部分内容：一是单片机的串行口收发程序，可采用汇编语言或 C 语言编写；二是 PC 的串行通信和程序界面的编制，可采用 VB、C 或 VC 语言来编写。具体软件设计请参阅有关参考资料。

思考题与习题 7

7-1　帧格式为 1 个起始位，8 个数据位和 1 个停止位的异步串行通信方式是方式（　　）。

7-2　在串行通信方式中，收发双方对波特率的设定应该是（　　）。

7-3　下列选项中，（　　）是正确的。

A. 串行口通信的第 9 数据位的功能可由用户定义

B. 串行通信帧发送时，指令把 TB8 位的状态送入发送 SBUF 中

C. 发送数据的第 9 数据位的内容是在 SCON 寄存器的 TB8 位中预先准备好的

D. 串行通信接收到的第 9 位数据送 SCON 寄存器的 RB8 中保存

E. 串行口方式 1 的波特率是可变的，通过定时器/计数器 T1 的溢出率设定

7-4　通过串行口发送或接收数据时，在程序中应使用（　　）。

A. MOVC 指令　　　　B. MOVX 指令　　　　C. MOV 指令　　　　D. XCHD 指令

7-5　串行口工作方式 1 的波特率是（　　　）。

A. 固定的，为 $f_{osc}/32$

B. 固定的，为 $f_{osc}/16$

C. 可变的，通过定时器/计数器 T1 的溢出率设定

D. 固定的，为 $f_{osc}/64$

7-6　在异步串行通信中，接收方是如何知道发送方开始发送数据的？

7-7　AT89S51 单片机的串行口有几种工作方式，有几种帧格式？各种工作方式的波特率如何确定？

7-8　假定串行口串行发送的字符格式为 1 个起始位、8 个数据位、1 个奇校验位、1 个停止位，请画出传送字符“D”的帧格式。

7-9　若晶体振荡器为 11.0592MHz，串行口工作于方式 1，波特率为 4800bit/s，写出用 T1 作为波特率发生器的方式控制字和计数初值。

7-10　简述利用串行口进行多机通信的原理。

7-11　某 AT89S51 单片机串行口，传送数据的帧格式由 1 个起始位（0）、7 个数据位、1 个偶校验位和 1 个停止位（1）组成。当该串行口每分钟传送 1800 个字符时，试计算出它的波特率。

7-12　为什么 AT89S51 单片机串行口的方式 0 帧格式没有起始位（0）和停止位（1）？

7-13　直接以 TTL 电平串行传输数据的方式有什么缺点？为什么在串行传输距离较远时，常采用 RS-232C、RS-422A 和 RS-485 标准串行接口来进行串行数据传输？比较 RS-232C、RS-422A 和 RS-485 标准串行接口各自的优缺点。

第8章 AT89S51单片机外部存储器的扩展

AT89S51单片机片内集成4KB的程序存储器和128B的数据存储器，在许多复杂的应用系统中，片内的存储器资源不够用，因此需要对AT89S51单片机进行外部程序存储器和数据存储器的扩展。本章介绍AT89S51单片机两个外部存储器空间的地址分配方法，即线选法和译码法，介绍扩展外部程序存储器和数据存储器的具体设计。

单片机本身具有体积小、功能强的特点，单片机加上自身所需的晶体振荡电路和复位电路组成单片机最小应用系统，可实现简单的控制。在实际的应用控制系统中，控制对象复杂且要求多样，单片机自身的资源显得不够，需要进行系统扩展。单片机的系统扩展主要包括自身资源的扩展和外围功能部件的扩展，扩展方式又分为并行扩展方式和串行扩展方式。本章主要讨论单片机自身资源的并行扩展，主要包括存储器、I/O接口的扩展。

8.1 系统扩展结构

单片机系统扩展是以AT89S51单片机为控制核心，通过总线将AT89S51单片机与外围相关集成电路连接而成。AT89S51单片机系统扩展的基本结构如图8-1所示。

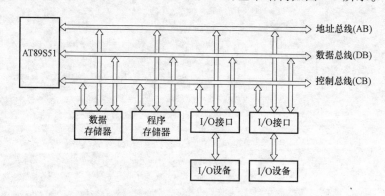

图8-1 AT89S51单片机系统扩展的基本结构图

系统总线是系统中连接各扩展部件的一组公共信号线。按照功能分为三类：地址总线、数据总线和控制总线。

（1）地址总线（Address Bus，AB）

用于传送单片机输出的地址信号，以便进行存储器单元与I/O端口的选择。地址总线的数目决定了可直接访问的地址单元的数目，如有n位地址总线可产生2^n个连续的地址编码，因此，可访问2^n个单元。地址总线总是单向的，只能由单片机向外发送。

（2）数据总线（Data Bus，DB）

用于单片机与存储器之间或I/O端口之间的数据传送。数据总线的位数与单片机处理数据的字长相同。AT89S51单片机是8位字长，数据总线的位数也是8位。数据总线总是双向的，可以实现双向的数据传送。

（3）控制总线（Control Bus，CB）

控制总线用于传输单片机发出的各种控制信号。

总之，数据总线是传送数据的载体，数据在其中传送；地址总线指定了数据传送的位置，保证数据传送给指定的对象；控制总线决定了数据传送的时刻和方向。系统扩展的基本内容是用系统三总线连接外围电路组成应用系统。基本原理是用三总线的时序信号控制外围电路的数据交换。

AT89S51 单片机系统扩展时三总线的构造：

1. P0 口作为低 8 位地址/数据总线

AT89S51 单片机的引脚有限，系统扩展时，P0 口的 8 位口线既作为低 8 位地址总线，又分时复用为 8 位数据总线。因此，在扩展时需要增加一个 8 位的地址锁存器。在实际应用中，先发出外部存储器单元或 I/O 接口寄存器单元的低 8 位地址送锁存器暂存，锁存器输出作为系统的低 8 位地址，随后，P0 口作为数据总线使用。

2. P2 口作为高 8 位地址总线

P2 口的全部 8 位口线作为高 8 位地址总线，与 P0 口经锁存器输出的低 8 位地址总线结合，形成系统完整的 16 位地址总线，从而使单片机系统的寻址范围达到 64KB。在实际应用中，高位地址线不一定全用，需要几位就从 P2 口引出几根线。

3. 控制总线

除了地址总线和数据总线，在系统扩展时，还需要扩展系统的控制总线，通常由 P3 口的第二功能信号以及单片机的某些引脚提供。

1）$\overline{\text{PSEN}}$ 信号作为片外程序存储器的读选通控制信号。

2）$\overline{\text{EA}}$ 作为片内、片外程序存储器的选择控制信号。

3）$\overline{\text{RD}}$ 和 $\overline{\text{WR}}$ 信号作为片外数据存储器或 I/O 端口的读/写控制信号。

4）ALE 作为地址锁存信号，用于控制 P0 口发出的低 8 位地址的锁存控制信号。

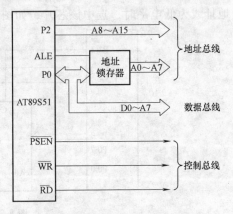

图 8-2　AT89S51 单片机系统扩展的片外三总线

AT89S51 在系统扩展时，并行的 I/O 口中，P0 口和 P2 口用作地址线和数据线，部分 P3 口线作为控制总线，P1 和部分 P3 口线可以用于输入/输出。AT89S51 单片机扩展的片外三总线如图 8-2 所示。

8.2　地址空间分配和外部地址锁存器

本节在地址总线的基础上讨论如何对存储器空间进行分配，并介绍用于输出低 8 位地址的常用地址锁存器。

8.2.1　存储器地址空间分配

AT89S51 单片机的存储器按功能分为程序存储器和数据存储器，片内的程序存储器和数据存储器的空间采用分开的哈佛结构。因此，AT89S51 单片机的存储器扩展包括外部程序存储器和外部数据存储器的扩展，而且系统扩展后，形成了两个并行的外围 64KB 的存储器空间。如何分配片外的两个 64KB 的地址给程序存储器和数据存储器芯片，并且使程序存储器和数据存储器的各芯片之间，一个存储单元对应一个地址，在单片机发出一个地址时避免访问两个单元，产生数据冲突，这就是存储器的地址空间分配问题。

AT89S51 单片机发出的地址码用于选择某个存储单元，在外部扩展多片芯片时，AT89S51 要完成这种功能，必须进行两种选择。一是必须选中该存储器芯片，称为片选。只有选中的存储器芯片才能被 AT89S51 单片机访问。二是在选中的存储器芯片上，再选中芯片内部的某一存储单元，称为单元选择。为了实现片选，每个存储器芯片都应有片选信号引脚；为了实现单元选择，每个存储器芯片都应有多个地址线。需要注意的是，片选和单元选择都是单片机通过地址线一次发出的地址信号来完成选择的。

AT89S51 单片机的地址总线有 16 根，通常地址线的低位直接用于单元选择，剩余的地址线的高位用于片选。

常用的存储器片选方法有两种：线选法和地址译码法。

1. 线选法

线选法是利用单片机系统的某一高位地址线作为存储器（或 I/O 接口芯片）的片选控制信号。系统扩展时，直接将单片机 P2 口的某位地址线与扩展芯片的片选信号 $\overline{CS}$ 相连，该地址线为低电平时，选中该芯片，如图 8-3 所示。

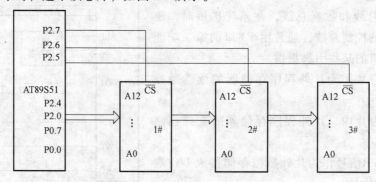

图 8-3 用线选法实现片选

下面讨论采用线选法进行外围扩展芯片的地址空间分配问题。

图中 1#、2#、3# 芯片都是 8KB×8 位的存储器芯片，地址线 A12～A0 实现片内寻址，地址线 A15、A14、A13 实现片选。为了保证寻址正确，片选线 A15、A14、A13 中任一根为低电平时，另外两根必须为高电平。片内地址从全 "0" 变到全 "1"。这样可得到 3 个芯片的地址分配，见表 8-1。

表 8-1 线选法地址分配表

芯片	二进制表示						十六进制表示
	A15	A14	A13	A12	…	A0	
1#芯片	0	1	1	0 1	… …	0 1	6000H ~ 7FFFH
2#芯片	1	0	1	0 1	… …	0 1	A000H ~ BFFFH
3#芯片	1	1	0	0 1	… …	0 1	C000H ~ DFFFH

如果系统采用线选法扩展两片容量为 32KB 的存储器芯片。由于片内寻址需要 15 条地址线 A14 ~ A0，仅剩余 1 条地址线 A15 完成两块芯片的片选，这时可以通过一个"非门"实现，如图 8-4 所示。图中当 A15 为低电平时选通 1#芯片，当 A15 为高电平时选通 2#芯片，可得两芯片的地址空间为：1#芯片 0000H ~ 7FFFH，2#芯片 8000H ~ FFFFH。

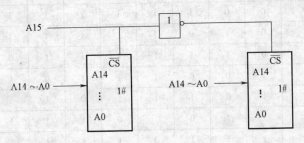

图 8-4　用一条高位地址线对两片存储器扩展

线选法的优点是硬件连线比较简单。缺点是可扩展的芯片数量有限，且扩展的芯片地址不连续，芯片内的单元地址不唯一，给编程带来麻烦。适用于外围芯片少，剩余的高位地址线较多的情况。

2. 地址译码法

当线选法所需的地址线多于可用的地址线时，一般采用地址译码法。地址译码法是使用译码器对 AT89S51 单片机的高位地址线进行译码，将译码器的译码输出作为存储器芯片的片选信号。剩余的高位地址线全部作为译码器的输入时，称为全地址译码，该方法产生的地址空间连续，且唯一；利用剩余高位地址线中的一部分作为译码器的输入时，称为部分地址译码，部分地址译码存在地址重叠的现象。

地址译码法的优点是可扩展多片存储器及 I/O 接口芯片，系统地址线利用率高。缺点是需要增加译码电路，硬件相对复杂。常用的译码器芯片有 74LS138（3-8 译码器）、74LS139（双 2-4 译码器）、74LS154（4-16 译码器）等，下面介绍两种常用的译码器。

74LS138 是一种 3-8 译码器，有 3 个数据输入端，经译码产生 8 种输出。结构如图 8-5 所示，真值表见表 8-2。当译码器的输入为某一固定编码时，其输出仅有一个固定引脚为低电平，其余引脚为高电平。输出为低电平的引脚作为某一存储器芯片的片选控制信号。

74LS139 译码器是双 2-4 译码器，两个译码器完全独立，分别有各自的数据输入端、译码状态输出端和数据输入允许端，其结构如图 8-6 所示，真值表见表 8-3，真值表仅给出一组的功能。

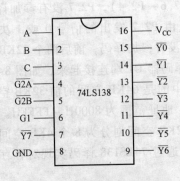

图 8-5　74LS138 译码器

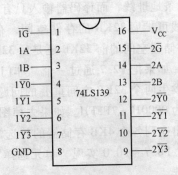

图 8-6　74LS139 译码器

表 8-2　74LS138 真值表

输入端						输出端							
G1	$\overline{G2A}$	$\overline{G2B}$	C	B	A	$\overline{Y7}$	$\overline{Y6}$	$\overline{Y5}$	$\overline{Y4}$	$\overline{Y3}$	$\overline{Y2}$	$\overline{Y1}$	$\overline{Y0}$
1	0	0	0	0	0	1	1	1	1	1	1	1	0
1	0	0	0	0	1	1	1	1	1	1	1	0	1
1	0	0	0	1	0	1	1	1	1	1	0	1	1
1	0	0	0	1	1	1	1	1	1	0	1	1	1
1	0	0	1	0	0	1	1	1	0	1	1	1	1
1	0	0	1	0	1	1	1	0	1	1	1	1	1
1	0	0	1	1	0	1	0	1	1	1	1	1	1
1	0	0	1	1	1	0	1	1	1	1	1	1	1
其他状态			不定	不定	不定	1	1	1	1	1	1	1	1

表 8-3　74LS139 真值表

输入端			输出端			
允许	选择					
$\overline{G}$	B	A	$\overline{Y3}$	$\overline{Y2}$	$\overline{Y1}$	$\overline{Y0}$
0	0	0	1	1	1	0
0	0	1	1	1	0	1
0	1	0	1	0	1	1
0	1	1	0	1	1	1

下面以 74LS138 为例介绍如何进行地址空间的分配。

例如，要扩展 8 片 8KB 的 RAM 6264，如何通过 74LS138 把 64KB 空间分配给各个芯片呢？由表 8-2 可知，把 G1 接到 5V，$\overline{G2A}$、$\overline{G2B}$ 接地，P2.7、P2.6、P2.5（高 3 位地址线）分别接 74LS138 的 C、B、A 端，由于对高 3 位地址译码，这样译码器有 8 个输出 $\overline{Y0}$ ~ $\overline{Y7}$，分别接到 8 片 6264 的各"片选"端，实现 8 选 1 的片选。低 13 位地址（P2.4 ~ P2.0，P0.7 ~ P0.0）完成对选中的 6264 芯片中的各个存储单元的"单元选择"。这样就把 64KB 存储器空间分成 8 个 8KB 空间了。这里采用全地址译码方式，当 AT89S51 发出 16 位地址时，每次只能选中某一芯片及该芯片的一个存储单元。如图 8-7 所示。

仍采用 74LS138，要扩展 8 片 4KB 的存储器 RAM 6232，地址空间如何分配呢？4KB 空间需 12 条地址线，而译码器输入只有 3 条地址线（P2.6 ~ P2.4），P2.7 没有参加译码，15 根地址线可扩展 32KB 的存储空间，存储空间的地址由 P2.7 发出的信号 0 或 1 决定选择 64KB 存储器空间的前 32KB 还是后 32KB。由于 P2.7 没有参加译码，前后两个 32KB 空间就重叠了。如果把 P2.7 通过一个"非门"与 74LS138 译码器 G1 端连接起来，如图 8-8 所示，就不会发生两个 32KB 空间重叠的问题了。这时，选中的是 64KB 空间的前 32KB 空间，地址范围为 0000H ~ 7FFFH。如果去掉图 8-8 中的非门，地址范围为 8000H ~ FFFFH。把译码器的输出连到各个 4KB 存储器的片选端，这样就把 32KB 空间划分为 8 个 4KB 空间。P2.3 ~ P2.0，P0.7 ~ P0.0 实现"单元选择"，P2.6 ~ P2.4 通过 74LS138 译码实现对各存储器芯片的片选。

注意，采用译码器划分的地址空间块都是相等的，如果将地址空间块划分为不等的块，

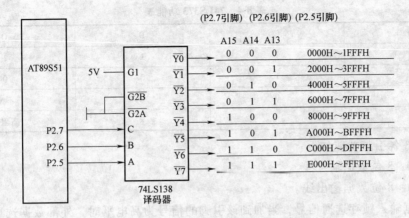

图 8-7　64KB 地址空间划分成每块 8KB

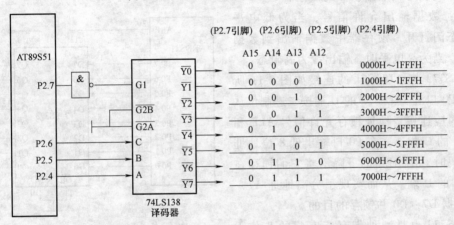

图 8-8　32KB 地址空间划分成每块 4KB

可采用可编程逻辑器件 FPGA 对其编程来代替译码器进行非线性译码。

8.2.2　外部地址锁存器

　　AT89S51 单片机受引脚的限制，外部扩展时 P0 口既作数据线又作地址线，为了将它们分离开，需要外加地址锁存器。常用的地址锁存器有 74LS373、74LS573 等芯片。

　　74LS373 是一种带有三态门的 8 位 D 锁存器，其引脚如图 8-9 所示，其内部结构如图 8-10 所示，其功能见表 8-4。

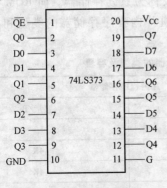

图 8-9　74LS373 引脚图

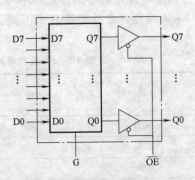

图 8-10　74LS373 内部结构图

表 8-4　74LS373 功能表

OE	G	D	Q
0	1	1	1
0	1	0	0
0	0	×	不变
1	×	×	高阻态

74LS373 各引脚功能如下：

D7 ~ D0：8 位数据输入线。

Q7 ~ Q0：8 位数据输出线。

G：数据输入锁存选通信号，当加到该引脚的信号为高电平时，外部数据选通到内部锁存器，负跳变时，数据锁存到锁存器中。

OE：数据输出允许信号，当为低电平时，三态门打开，锁存器中数据输出到数据输出线；当为高电平时，输出线为高阻态。

74LS373 与 AT89S51 的连接如图 8-11 所示。把 P0 口和 74LS373 的 D 端按二进制位从低到高对应连接，地址锁存允许信号 ALE 和 74LS373 的 G 相连，在 P0 口输出低 8 位地址总线编码时，用 ALE 的下降沿将它们锁存在 74LS373 的 D 端。从而实现了分离地址 A7 ~ A0 和数据 D7 ~ D0 并锁存的目的。

74LS573 也是一种带有三态门的 8 位 D 锁存器，功能和内部结构与 74LS373 完全一样，只是引脚排列不同。

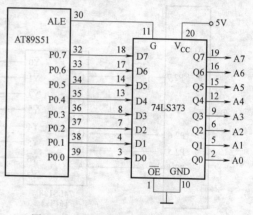

图 8-11　AT89S51 与 74LS373 的连接

8.3　程序存储器 EPROM 的扩展

单片机应用系统由硬件和软件组成，软件的载体是硬件中的程序存储器。程序存储器采用只读存储器，这种存储器在电源关闭后，仍能保存程序，在系统上电后，CPU 可取出这些指令重新执行。只读存储器（Read Only Memory，ROM）中的信息一旦写入，就不能随意更改，特别是不能在程序运行过程中写入新的内容，故称为只读存储器。向 ROM 中写入信息称为 ROM 编程。根据编程方式不同，51 系列单片机片内程序存储器的类型和容量见表 8-5。

表 8-5　51 系列单片机片内程序存储器的类型及容量

单片机型号	片内程序存储器	
	类型	容量/B
8031	无	—
8051	ROM	4K
8751	EPROM	4K
8951	Flash	4K

　　1) 掩模 ROM。在制造过程中编程，是以掩模工艺实现的，因此称为掩模 ROM。这种芯片存储结构简单，集成度高，但由于掩模工艺成本较高，只适合于大批量生产。

　　2) 可编程 ROM（PROM）。芯片出厂时没有任何程序信息，用独立的编程器写入。但 PROM 只能写一次，写入内容后，就不能再修改。

　　3) EPROM。用紫外线擦除，用电信号编程。在芯片外壳的中间位置有一个圆形窗口，对该窗口照射紫外线就可擦除原有的信息，使用编程器可将调试完毕的程序写入。

　　4) E^2PROM（EEPROM）。用电信号擦除，用电信号编程。对 E^2PROM 的读写操作与 RAM 存储器几乎没有什么差别，只是写入的速度慢一些，但断电后仍能保存信息。

　　5) Flash ROM。闪速存储器（简称闪存），是在 EPROM、E^2PROM 的基础上发展起来的一种电擦除型只读存储器。特点是可快速在线修改其存储单元中的数据，改写次数达 1 万次，读写速度快，存取时间可达 70ns，而成本比 E^2PROM 低得多，因此正逐步取代 E^2PROM。

　　目前许多公司生产的 51 内核单片机，在芯片内部大多集成了数量不等的 Flash ROM。例如，美国 ATMEL 公司的产品 AT89C5x/AT89S5x，片内有不同容量的 Flash ROM。在片内的 Flash ROM 满足要求时，不必扩展外部程序存储器。

8.3.1　常用的 EPROM 芯片介绍

　　程序存储器的扩展可根据需要使用上述各种存储器芯片，但使用比较多的是与单片机并行连接的 EPROM 芯片。

　　EPROM 芯片是国内用得较多的程序存储器，EPROM 芯片上有一个玻璃窗口，在紫外线照射下，存储器中的各位信息均变 1，即处于擦除状态。擦除干净的 EPROM 可以通过编程器将应用程序固化到芯片中。典型的 EPROM 芯片是 27 系列，如 2716（2KB×8）、2732（4KB×8）、2764（8KB×8）、27128（16KB×8）、27256（32KB×8）、27512（64KB×8）等，型号名称 27 后面的数字是位存储容量，如 2716 的存储容量是 16K 个位，若换算成字节容量，将该数字除以 8 即可，即 16KB÷8＝2KB。

　　随着大规模集成电路技术的发展，大容量存储器芯片产量剧增，性价比明显增高；而小容量芯片停止生产，使得其价格比大容量芯片还贵。所以，应尽量采用大容量芯片。

1. 常用的 EPROM 芯片的引脚

　　27 系列 EPROM 芯片的引脚如图 8-12 所示。

　　芯片的引脚功能如下：

　　A15～A0：地址线引脚。它的数目由芯片的存储容量决定，用于进行单元选择。

　　D7～D0：数据线引脚。

　　$\overline{CE}$：片选控制端。

　　$\overline{OE}$：输出允许控制端。

　　PCM：编程时，编程脉冲的输入端。

　　V_{PP}：编程时，编程电压（12V 或 25V）输入端。

　　V_{CC}：5V，芯片的工作电压。

　　GND：数字地。

　　NC：无用端。

　　27 系列芯片的参数见表 8-6，其中 I_m 为最大静态电流，I_s 为维持电流，T_{RM} 为最大读出时间。

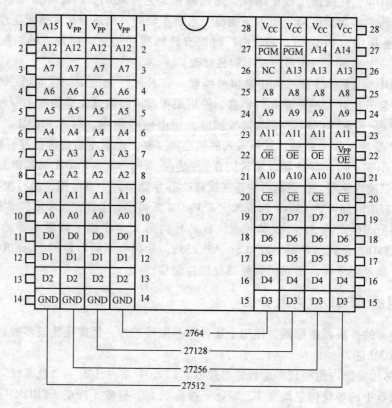

图 8-12　27 系列 EPROM 芯片的引脚

表 8-6　27 系列 EPROM 芯片参数

参数 型号	V_{CC}/V	V_{PP}/V	I_m/mA	I_s/mA	T_{RM}/ns	容量
TMS2732A	5	21	132	32	200 ~ 450	4KB × 8
TMS2764	5	21	100	35	200 ~ 450	8KB × 8
Intel 2764A	5	12.5	60	20	200	8KB × 8
Intel 27C64	5	12.5	10	0.1	200	8KB × 8
Intel 27128A	5	12.5	100	40	150 ~ 200	16KB × 8
SCM27C128	5	12.5	30	0.1	200	16KB × 8
Intel 27256	5	12.5	100	40	220	32KB × 8
MBM27C256	5	12.5	8	0.1	250 ~ 300	32KB × 8
Intel 27512	5	12.5	125	40	250	64KB × 8

2. EPROM 芯片的工作方式

一般有 5 种工作方式，工作于哪种方式由 $\overline{CE}$、$\overline{OE}$、PCM 信号的组合确定。5 种工作方式与各控制信号关系见表 8-7。

表 8-7　EPROM 芯片的工作方式与控制信号关系表

方式 ＼ 引脚	$\overline{\text{CE}}$/PGM	$\overline{\text{OE}}$	V_{PP}	D7 ~ D0
读出	低	低	5V	程序读出
未选中	高	×	5V	高阻
编程	正脉冲	高	25V（或 12V）	程序写入
程序校验	低	低	25V（或 12V）	程序读出
编程禁止	低	高	25V（或 12V）	高阻

1）读出。当片选信号$\overline{\text{CE}}$/PGM 和输出允许信号$\overline{\text{OE}}$都为低电平，编程信号 V_{PP} 为高电平时，芯片处于正常工作方式，把指定地址单元的内容从 D7 ~ D0 上读出。

2）未选中。片选信号$\overline{\text{CE}}$/PGM 为高电平，数据输出为高阻抗悬浮状态，不占用数据总线。EPROM 处于低功耗的维持状态。

3）编程。$\overline{\text{CE}}$/PGM 有效，$\overline{\text{OE}}$无效信号，V_{PP}外接 25V（或 12V）电压，PGM 端加 45 ~ 55ms 的 TTL 低电平编程脉冲，数据写入到指定地址单元。编程地址和编程数据分别由系统的 A15 ~ A0 和 D7 ~ D0 提供。注意 V_{PP} 不得超过允许值，否则会损坏芯片。

4）编程校验。V_{PP}端保持相应的编程电压（高压），再按读出方式操作，读出固化好的内容，校验写入内容是否正确。

5）编程禁止。V_{PP}接编程电压，但片选无效，不能进行编程操作。

8.3.2　程序存储器的操作时序

1. 访问程序存储器的控制信号

AT89S51 访问外部扩展的程序存储器时，使用以下 3 个控制信号：

1）ALE：用于锁存控制低 8 位地址信息。

2）$\overline{\text{PSEN}}$：片外程序存储器 "读选通" 控制信号。它接外扩 EPROM 的$\overline{\text{OE}}$引脚。

3）$\overline{\text{EA}}$：片内、片外程序存储器访问的控制信号。当 $\overline{\text{EA}}$ = 1 时，在单片机发出的地址小于片内程序存储器最大地址时，访问片内程序存储器；当$\overline{\text{EA}}$ = 0 时，只访问片外程序存储器。

如果指令是从片外 EPROM 中读取的，除了 ALE 用于低 8 位地址锁存信号之外，控制信号还有$\overline{\text{PSEN}}$，$\overline{\text{PSEN}}$接外扩 EPROM 的$\overline{\text{OE}}$引脚。此外，P0 口分时作低 8 位地址总线和数据总线，P2 口用作高 8 位地址线。

2. 操作时序

单片机扩展外部 ROM 的操作时序分两种，访问外部程序存储器和数据存储器的时序，如图 8-13 所示。

（1）访问外部程序存储器

扩展系统中无 RAM（或 I/O 口）时，系统执行 MOVC 指令，操作时序如图 8-13a 所示。P0 口作地址/数据复用的双向总线，用于输入指令或输出程序存储器的低 8 位地址。P2 口专门用于输出程序存储器的高 8 位地址。P0 口分时复用，首先将 P0 口输出的低 8 位地址 PCL 锁存在锁存器中，然后 P0 口再作为数据口。每个机器周期中，允许地址锁存两次有效，ALE 在下降沿时，将 P0 口的低 8 位地址 PCL 锁存在锁存器中。同时，$\overline{\text{PSEN}}$在每个机器周期中两次有效，用于选通片外程序存储器，将指令读入片内。系统无片外 RAM（或 I/O）时，ALE 信号以振荡器频率的 1/6 出现在引脚上，它可用作外部时钟或定时脉冲信号。

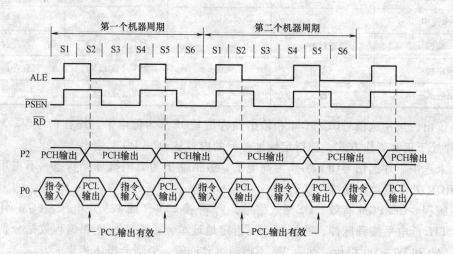

a) 访问外部程序存储器的时序

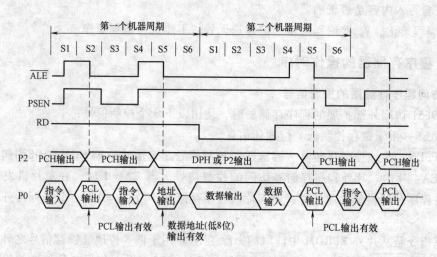

b) 访问外部数据存储器的时序

图 8-13　AT89S51 访问外部存储器的时序

（2）访问外部数据存储器

扩展系统中有 RAM（或 I/O 口），且访问片外 RAM（或 I/O 口）时执行指令 MOVX，其操作时序有所变化，如图 8-13b 所示。执行 MOVX 指令时，16 位地址应转到片外数据存储器。在指令输入以前，P2 口输出的地址 PCH 指向程序存储器；在指令输入并判定是 MOVX 指令后，ALE 在该机器周期 S5 状态锁存 P0 口发出的片外 RAM（或 I/O）低 8 位地址。若执行的是"MOVX　A，@ DPTR"或"MOVX　@ DPTR，A"指令，则此地址就是 DPL（数据指针低 8 位）；同时，在 P2 口上出现的是 DPH（数据指针的高 8 位）。若执行的

是"MOVX　A，@Ri"或"MOVX　@Ri，A"指令，则 Ri 的内容为低 8 位地址，而 P2 口
线上将是 P2 口锁存器的内容。在同一机器周期中将不再出现有效的取指信号，下一个机器
周期中 ALE 的有效锁存信号也不再出现；当$\overline{RD}$/$\overline{WR}$有效时，P0 口将读/写数据存储器中的
数据。

注意：在将 ALE 作为定时脉冲输出时，若执行一次 MOVX 指令将丢失一个 ALE 脉冲。
而且只有在执行 MOVX 指令的第二个机器周期内，才对数据存储器（或 I/O 口）进行读/
写，地址总线由数据存储器使用。

8.3.3　AT89S51 单片机与 EPROM 芯片的接口电路设计

由于 AT89S5x 单片机片内集成不同容量的 Flash ROM，可根据实际需要来决定是否外部
扩展 EPROM。当应用程序小于单片机片内的 Flash ROM 容量时，不必扩展程序存储器。

EPROM 正常使用时只读出不写入，只能读出控制引脚$\overline{OE}$，该引脚与单片机的$\overline{PSEN}$相
连，地址线和数据线分别与 AT89S51 的地址线和数据线相连，片选信号可用线选法或译码
法。

下面仅介绍 2764、27128 芯片与 AT89S51 单片机的扩展接口电路，更大容量的 27256 和
27512 扩展，只是连接的地址线数目不同而已。

图 8-14 为 AT89S51 扩展一片 27128 EPROM 的接口电路。由于仅扩展一片外围芯片，片
选信号$\overline{CE}$直接接地，为常通端。

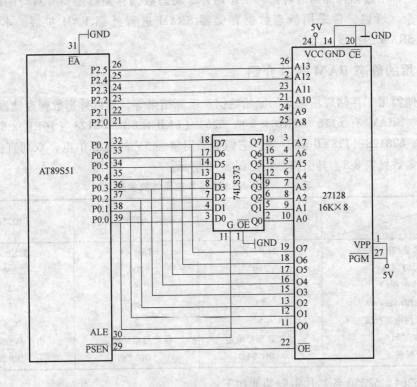

图 8-14　AT89S51 与单片 27128 EPROM 的接口电路

AT89S51 单片机扩展多片 EPROM 时的地址、数据总线与扩展单片类似，所不同的是片
选信号的接法不同，且片选控制信号常采用译码产生，如图 8-15 所示。

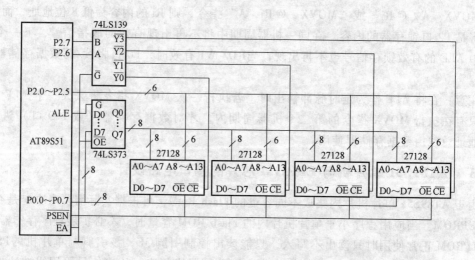

图 8-15　AT89S51 与 4 片 27128 EPROM 的接口电路

8.4　静态数据存储器 SRAM 的扩展

　　AT89S51 单片机内部只有 128B 的 RAM，当系统需要较大容量 RAM 时，需要扩展片外数据存储器。常用数据存储器有静态和动态两种，动态数据存储器需要有对应的刷新电路，硬件连线复杂。所以，常采用静态数据存储器 SRAM 进行外部 RAM 扩展。本节只讨论 AT89S51 与 SRAM 的扩展。

8.4.1　常用的静态 RAM 芯片介绍

　　数据存储器用于存储现场采集的原始数据、运算结果等，所以外部数据存储器能随机读/写。常用的 SRAM 有 6116（2KB × 8）、6264（8KB × 8）、62128（16KB × 8）、62256（32KB × 8）、628128（128KB × 8）等。它们都采用单一 5V 的电源供电，双列直插式封装。其主要性能参数见表 8-8。其引脚结构如图 8-16 所示。

表 8-8　常用 SRAM 芯片主要性能参数

性能	型号	6116	6264	62256
容量/bit		2KB × 8	8KB × 8	32KB × 8
读写时间/ns		200	200	200
工作电压/V		5	5	5
典型工作电流/mA		35	40	8
典型维持电流/mA		5	2	0.5
存取时间/ns		由产品型号确定	由产品型号确定	由产品型号确定
封装		DIP 24	DIP 28	DIP 28

　　6116、6264、62256 各芯片引脚功能如下：

　　Ai ~ A0：地址输入线。

　　D7 ~ D0：双向三态数据线。

　　$\overline{CE}$：片选信号输入线。6264 芯片的 24 引脚（CS）为高电平且 $\overline{CE}$ 为低电平时选中该片。

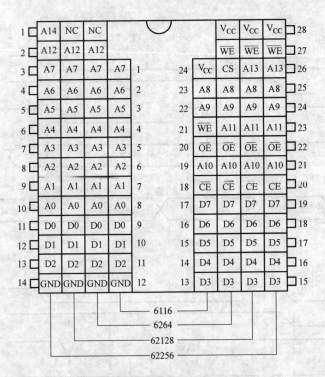

图 8-16　常用 SRAM 引脚结构图

$\overline{OE}$：读选通信号输入线，低电平有效。

$\overline{WE}$：写允许信号输入线，低电平有效。

V_{CC}：工作电源 5V。

GND：地。

静态存储器有读出、写入、维持 3 种工作方式，芯片的工作方式控制见表 8-9。

表 8-9　常用 SRAM 工作方式的控制

工作方式 ＼ 信号	$\overline{CE}$	$\overline{OE}$	$\overline{WE}$	D7 ~ D0
读出	0	0	1	数据输出
写入	0	1	0	数据输入
维持	1	×	×	高阻态

8.4.2　外部数据存储器的读写操作时序

AT89S51 单片机对片外 RAM 的读和写操作时序基本相同。在进行片外 RAM 读/写操作时，用到的所有控制信号有 ALE、$\overline{PSEN}$、$\overline{RD}$ 和 $\overline{WR}$。在进行扩展时，应将单片机的 $\overline{WR}$ 与 RAM 的 $\overline{WE}$ 引脚连接，$\overline{RD}$ 与 RAM 的 $\overline{OE}$ 引脚连接。ALE 信号用于锁存低 8 位地址，以便读片外 RAM 中的数据。P0 口和 P2 口在取指令阶段用来传送 ROM 地址和指令，在执行阶段传送片外 RAM 地址和读/写的数据。

1. 读外部数据存储器

执行 "MOVX A，@Ri" 和 "MOVX　A，@ DPTR" 指令时进入读外部 RAM 时序。外部 RAM 读时序图 8-17a 所示。

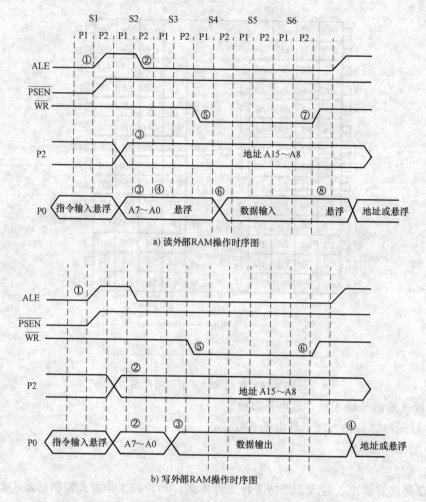

a) 读外部RAM操作时序图

b) 写外部RAM操作时序图

图 8-17　AT89S51 单片机对片外 RAM 的读/写时序

在第一个机器周期的 S1 状态，ALE 信号由低变高（①处），读 RAM 周期开始。在 S2 状态，CPU 把低 8 位地址送到 P0 口总线上，把高 8 位地址送上 P2 口（在执行"MOVX　A，@ DPTR"指令阶段才送高 8 位；若执行"MOVX　A，@ Ri"则不送高 8 位），ALE 下降沿（②处）用来把低 8 位地址信息锁存到外部锁存器 74LS373 内。而高 8 位地址信息一直锁存在 P2 口锁存器中（③处）。在 S3 状态，P0 口总线变成高阻悬浮状态（④处）。在 S4 状态，执行指令"MOVX　A，@ DPTR"后使RD信号变有效（⑤处），被寻址的片外 RAM 过片刻后把数据送上 P0 口总线（⑥处），当RD回到高电平后（⑦处），P0 总线变悬浮状态（⑧处）。读片外 RAM 周期结束。

2. 写外部数据存储器

执行"MOVX @ Ri，A"和"MOVX　@ DPTR，A"指令，进入写外部 RAM 时序，如图 8-17b 所示。开始的过程与读过程类似，但写的过程是 CPU 主动把数据送上 P0 口总线，故在时序上，CPU 先向 P0 口总线上送完 8 位地址后，再在 S3 状态将数据送到 P0 口总线（③处）。此间，P0 总线上不会出现高阻悬浮现象。在 S4 状态，执行指令"MOVX　@ DPTR，A"后使写信号WR有效（⑤处），RAM 的WE有效，选通片外 RAM，在WR的中部位置，P0 口上的数据写到被译码的 RAM 存储单元中，然后写信号WR变为无效（⑥处），写操作结束。

8.4.3 AT89S51 单片机与 RAM 的接口电路设计

扩展数据存储器同扩展程序存储器一样，由 P2 口提供高 8 位地址，P0 口分时提供低 8 位地址和 8 位双向数据总线。AT89S51 单片机对片外数据存储器的读/写由单片机的$\overline{RD}$（P3.7）/$\overline{WE}$（P3.6）信号控制，片选端$\overline{CE}$由线选法或译码器的输出控制，在设计接口电路时，主要解决地址分配、数据线和控制信号线的连接问题。在与高速单片机连接时，还要根据时序解决读/写速度匹配问题。

图 8-18 为 AT89S51 单片机线选法扩展外部数据存储器的接口电路。数据存储器选用 6116 芯片，容量 2KB，该芯片的地址线为 A10 ~ A0，接单片机的 P2.2 ~ P2.0、P0.7 ~ P0.0，以及剩余地址线 5 条，用于片选端控制。本例只扩展一片 RAM，片选端$\overline{CE}$接地。双向数据线 D7 ~ D0 与 P0 口相连。$\overline{OE}$、$\overline{WE}$分别与单片机的$\overline{RD}$、$\overline{WR}$相连，AT89S51 执行外部数据存储器读/写指令符合 6116 读/写工作方式的要求。

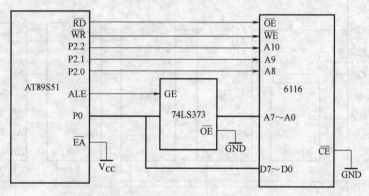

图 8-18 线选法扩展外部数据存储器的接口电路

图 8-19 为译码法扩展外部数据存储器的接口电路。数据存储器选用 62128，容量 16KB，芯片地址线为 A13 ~ A0，接 AT89S51 的 P2.5 ~ P2.0、P0.7 ~ P0.0。单片机剩余地址线两条，作为 2-4 译码器的输入端，译码器的 4 个输出控制 4 片 62128 的片选端。控制线的接法同上述线选法扩展电路。

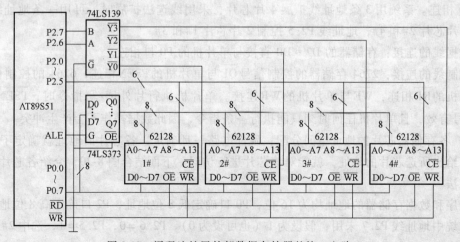

图 8-19 译码法扩展外部数据存储器的接口电路

8.5　EPROM 和 RAM 的综合扩展

在单片机应用系统中，经常既要扩展程序存储器，同时又要扩展数据存储器。下面举例介绍如何进行存储器的综合扩展。

8.5.1　综合扩展的硬件接口电路

例 8-1　采用线选法扩展 2 片 8KB 的 RAM 和 2 片 8KB 的 EPROM。

1）芯片选择：单片机选用 AT89S51，RAM 选用 6264（8K×8），EPROM 选用 2764（8K×8），地址锁存器用 74LS373 芯片。

2）硬件电路：AT89S51 单片机线选法综合扩展电路如图 8-20 所示。

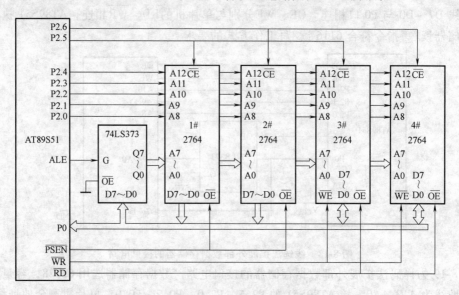

图 8-20　线选法存储器的综合扩展电路

地址线的连接：存储器芯片片内地址线 A12~A0 共 13 条与单片机的 P2.4~P2.0、P0.7~P0.0 相连。系统用 3 条地址线扩展 4 片芯片，采用线选法扩展时，可用一条地址线 P2.6 控制 2 片芯片 2#和 4#，地址线 P2.5 控制 2 片芯片 1#和 3#。

数据线的连接：存储器的 D7~D0 直接与单片机的 P0 口相连。

控制线的连接：2764 存储器的控制信号 $\overline{\text{OE}}$ 与单片机的 $\overline{\text{PSEN}}$ 相连，6264 的控制信号 $\overline{\text{OE}}$ 与单片机的 $\overline{\text{RD}}$ 相连，$\overline{\text{WE}}$ 与单片机的 $\overline{\text{WR}}$ 连接。单片机执行片外读/写指令时，$\overline{\text{PSEN}}$、$\overline{\text{RD}}$、$\overline{\text{WR}}$ 信号有效，且单片机任何时刻只能执行一条指令，因此数据操作不会产生冲突。

3）各存储器芯片的地址空间分配：硬件电路一旦确定，各芯片的地址就确定了。编程时只要给出所选芯片的地址，就能对该芯片进行访问。下面结合图 8-20，介绍各芯片地址的确定方法。

程序和数据存储器的地址均为 16 位，P0 口确定低 8 位地址，P2 口确定高 8 位地址。

系统中地址线 P2.7 未用，假设为 1（也可设为 0）。P2.6=0，P2.5=1，选中 2#和 4#芯片，剩余地址线的值可变，A15~A0 与 P2、P0 对应关系见表 8-10。

表 8-10　片外地址 A15~A0 与 P2 、P0 的对应关系

P2.7	P2.6	P2.5	P2.4	P2.3	P2.2	P2.1	P2.0	P0.7	P0.6	P0.5	P0.4	P0.3	P0.2	P0.1	P0.0
A15	A14	A13	A12	A11	A10	A9	A8	A7	A6	A5	A4	A3	A2	A1	A0
1	0	1	×	×	×	×	×	×	×	×	×	×	×	×	×

其中"×"的值可变,当全为 0 时,最小地址 A000H,当全为 1 时,最大地址 BFFFH。所以 2#和 4#芯片的地址范围为 A000H~BFFFH,共 8KB。同理 P2.6 = 1,P2.5 = 0 时,选中 1#和 3#芯片,其地址范围为 C000H~DFFFH。

例 8-2　采用译码法扩展 2 片 8KB 的 RAM 和 2 片 8KB 的 EPROM。

1）芯片选择:单片机 AT89S51,RAM 6264（8K×8）,EPROM 2764（8K×8）,地址锁存器 74LS373,译码器 74LS139。

2）硬件电路:AT89S51 单片机译码法综合扩展电路如图 8-21 所示。

地址线的连接:存储器片内地址线 A12~A0 与单片机的连接同例 8-1。单片机剩余的 3 条地址线作为译码器 74LS139 的输入端,P2.7 与译码器的控制端 $\overline{G}$ 相连。当 P2.7 = $\overline{G}$ = 0,译码器工作;当 P2.7 = $\overline{G}$ = 1,译码器关。P2.6、P2.5 作为译码器的输入端,译码器的输出与 P2.7、P2.6、P2.5 的关系可查 74LS139 真值表。各芯片地址空间分配见表 8-11。

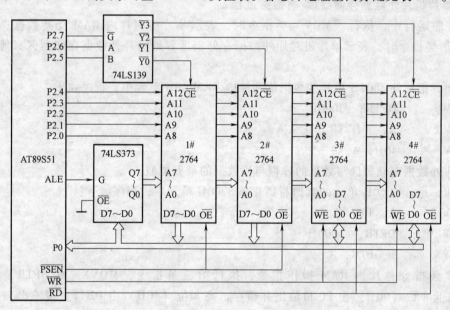

图 8-21　译码法存储器的综合扩展电路

表 8-11　各芯片的地址空间分配

2-4 译码器控制端 P2.7	2-4 译码器输入 P2.6　P2.5		2-4 译码器 有效输出	选中芯片	地址范围
	0	0	$\overline{Y0}$	1#	0000H~1FFFH
0	0	1	$\overline{Y1}$	2#	2000H~3FFFH
	1	0	$\overline{Y2}$	3#	4000H~5FFFH
	1	1	$\overline{Y3}$	4#	6000H~7FFFH
1	×	×	无	未选中	

数据线和控制线的连接同例 8-1。

由此可见，译码法进行地址分配时各芯片的地址是连续的。

8.5.2　外部存储器芯片的工作原理与软件设计

下面结合例 8-2，说明片外存储器读指令和片外数据存储器读/写数据的过程。

1. 单片机片外程序存储器读指令过程

单片机复位后，CPU 从 0000H 地址开始取指令，执行程序。

取指令期间，PC 低 8 位地址送 P0 口，经锁存器 A0 ~ A7 输出。PC 高 8 位地址送往 P2 口，直接由 P2.0 ~ P2.4 锁存到 A8 ~ A12 地址线上，P2.5 ~ P2.7 输入给 74LS139 进行译码输出片选。这样，根据 P2 口、P0 口状态选中 1#程序存储器芯片（2764）的第一个单元地址 0000H。然后当$\overline{PSEN}$变低时，把 0000H 单元中的指令代码经 P0 口读入内部 RAM 中进行译码，从而决定进行何种操作。

取出一个指令字节后 PC 自动加 1，然后取第二个字节，依次类推。当 PC = 1FFFH 时，从 1#芯片最后一个单元取指令，然后 PC = 2000H，CPU 向 P2 口、P0 口送出 2000H 地址时，则选中 2#芯片，2#芯片的地址范围为 2000H ~ 3FFFH，读指令过程同前所述。

2. 单片机片外数据存储器读/写数据过程

当程序运行中，执行“MOV”类指令时，表示单片机与片内 RAM 交换数据；当遇到“MOVX”类指令时，表示单片机对片外数据存储器区寻址。片外数据存储器区只能间接寻址。

例如，把片外 3000H 单元的数据读到片内 RAM 40H 单元中，程序如下：

```
MOV       DPTR, #3000H
MOVX      A, @ DPTR
MOV       40H, A
```

向片外数据存储器区写数据的过程与读数据的过程类似。

例如，把片内 60H 单元的数据写到片外 8000H 单元中，程序如下：

```
MOV       A, 40H
MOV       DPTR, #8000H
MOVX      @ DPTR, A
```

前 2 条指令是片内 RAM 操作指令，执行第三条指令“MOVX　@ DPTR, A”时，DPTR 的低 8 位（00H）由 P0 口输出并锁存，高 8 位（40H）由 P2 口直接输出，根据 P0 口、P2 口状态选中 3#芯片（6264）的 8000H 单元。稍后片刻，A 中的内容送往片外 8000H 单元。

单片机读/写片外数据存储器中内容，除了用“MOVX　A, @ DPTR”和“MOVX @ DPTR, A”外，还可用指令“MOVX　A, @ Ri”和“MOVX　@ Ri, A”。这时 P0 口装入 Ri 中内容（低 8 位地址），而把 P2 口原有的内容作为高 8 位地址输出。

例 8-3　编写程序，将程序存储器中以 TABLE 为首地址的 100 个单元的内容依次传送到外部 RAM 以 8000H 为首地址的区域中。

数据的首地址为 ROM 的 TABLE，出口地址为片外 RAM 的 8000H 单元，传送数据个数 100 个，可以采用循环结构。参考程序如下：

```
MOV       P2, #80H
```

```
         MOV     DPTR ，#TABLE
         MOV     R1，#0
LOOP：   MOV     A，R1
         MOVC    A，@ A + DPTR
         MOVX    A，@ R1
         INC     R1
         CJNE    R1，#5AH，LOOP
         SJMP    $
TABLE：  DB      50H，78H，…
```

8.6　E²PROM 存储器的扩展

在单片机应用系统中，有时要求某些状态参数能够在线修改，断电后能保持，以备上电后恢复系统的状态。掉电数据的保护可选用具有断电保护功能的 RAM 和 E²PROM。具有断电保护功能的 RAM 容量大、速度快，但占用口线多，成本高。E²PROM 存储器，是一种电擦除的可在线编程的只读存储器，无需使用专门的程序擦除设备，在工作线上即可完成程序的改写。其最大读出时间为 150ns，和 SRAM 大致相当；在线写入时间通常只有几个毫秒，可作为随机存储器 RAM 使用。但字节写（包括页面写）的最大时间是 5ms，比 SRAM 器件慢得多。所以，适合于数据交换量较少，对传送速度要求不高的场合。

在与单片机的连接上，E²PROM 有并行和串行之分。

并行连接的 E²PROM 速度快，容量大。串行连接的接口连线少，速度慢。具体选择由实际情况而定。串行 I²C 接口扩展将在第 12 章中介绍。本节只介绍单片机与并行 E²PROM 芯片的接口设计与编程。

8.6.1　并行 E²PROM 芯片简介

常见的并行 E²PROM 芯片由 ATMEL、MICROCHIP 公司提供，典型产品有 2816/2816A，2817/2817A，2864A 等。芯片的引脚排列同 SRAM（6xxx），如图 8-22 所示。性能与 EPROM（27xxx）兼容，主要性能见表 8-12。

表 8-12　几种常见 E²PROM 的主要性能

参数 ＼ 型号	2816	2816A	2817	2817A	2864A
取数时间/ns	250	200/250	250	200/250	250
读操作时电压/V	5	5	5	5	5
写/擦操作电压/V	21	5	21	5	5
字节擦除时间/ms	10	9 ~ 15	10	10	10
写入时间/ms	10	9 ~ 15	10	10	10
容量/KB	2	2	2	2	8
封装	DIP24	DIP24	DIP28	DIP28	DIP28

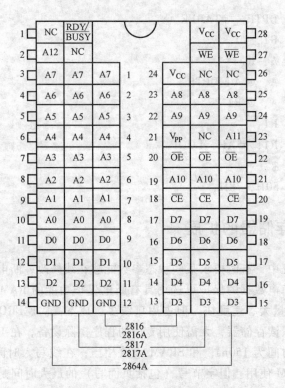

图 8-22　常见的并行 E^2PROM 引脚图

8.6.2　E^2PROM 的工作方式

E^2PROM 有 4 种工作方式，4 种工作方式与各引脚状态关系见表 8-13。

表 8-13　4 种工作方式与各引脚状态关系

工作方式	$\overline{CE}$	$\overline{OE}$	$\overline{WE}$	D0 ~ D7
维持	高	×	×	高阻抗
读	低	低	高	数据输出
写	低	高	低	数据输入
数据查询	低	低	高	数据输出

1. 维持方式：即低功耗方式，输出呈高阻态，芯片的电流从 140mA 降至维持电流 60mA。

2. 读工作方式：同 RAM 和 EPROM。若作为 ROM 器件使用，用"MOVC"指令读出；若作为 RAM 器件使用，则用"MOVX"指令读出。

3. 写工作方式：有页写和字节写两种方式。下面以 2864A 为例介绍两种写入方式。

（1）页写

页写是对指定的一页存储单元的内容进行写入。为提高写入速度，将整个存储器划分成 512 页，每页 16B，片内设置 16B 的"页缓冲器"。页面地址由地址线的高 9 位（A12 ~ A4）确定，地址线的低 4 位（A3 ~ A0）用来选择"页缓冲器"中的 16 个地址单元。页写操作时序如图 8-23 所示，分两步实现：

第一步，在软件控制下把数据写入页缓冲器中的某一单元，称为页装载，与一般的静态

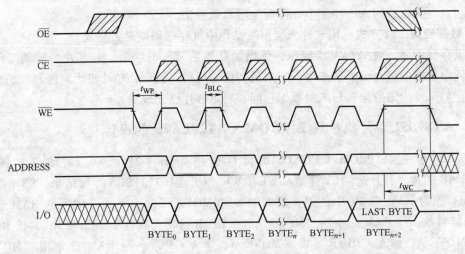

图 8-23　页写时序图

RAM 写操作是一样的。

第二步，在片内时序电路的控制下，在最后一个字节（第 16B）将"页缓冲器"中的内容送到地址所指定存储阵列中对应地址的单元中，这一过程称为页存储。在读出操作时，无需分页。

页写的开始条件是 $\overline{CE}$ 或 $\overline{WE}$ 为低电平，地址码 A12 ~ A0 被内部锁存器锁存，在 $\overline{WE}$ 上升沿，数据被锁存。在一串 $\overline{WE}$ 脉冲作用下，页的编码 A4 ~ A12 保持稳定。每个待写字节的地址和数据被存入 16B 的缓冲区。由于片内设置字节装载限时定时器，只要时间未到，数据可随机地写入页缓冲器，不用担心限时定时器会溢出，每当 $\overline{WE}$ 下降沿时，限时定时器自动被复位并重新启动计时。限时定时器要求写一个字节数据时间 T_{BLW} 须满足：$3\mu s < T_{BLW} < 20\mu s$，这是对 2864A 进行正确页写操作的关键。当一页装载完毕，不再有 $\overline{WE}$ 信号时，限时定时器将溢出，页存储操作随即自动开始。首先把选中页的内容擦除，然后写入的数据由页缓冲器传递到 E^2PROM 阵列中。

（2）字节写

字节写是对芯片的某一个指定存储字节单元的内容进行写入操作，字节写时序如图 8-24

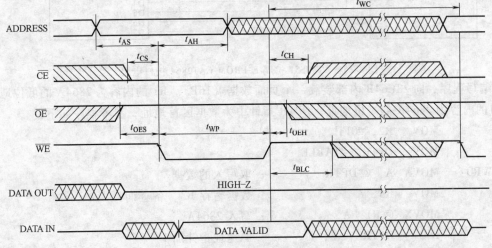

图 8-24　字节写时序图

所示。与页写类似，写入一个字节，限时定时器就溢出。

4. 数据查询工作方式：用软件来检测写操作中页存储周期是否完成。

在页存储期间，对 2864A 读操作，读出的是最后写入的字节，若芯片的转储工作未完成，则读出数据的最高位是原来写入字节最高位的反码。据此，单片机可判断芯片的编程是否结束。如果读出的数据与写入的数据相同，表示芯片已完成编程。

8.6.3　AT89S51 单片机扩展 E²PROM CAT28C64B 的设计

AT89S51 扩展 E²PROM CAT28C64B 接口电路如图 8-25 所示。系统仅扩展一个 CAT28C64B 芯片，其片选端 $\overline{CE}$ 接地。$\overline{WE}$ 接 $\overline{WR}$，$\overline{OE}$ 接 $\overline{RD}$ 和 $\overline{PSEN}$ 的与结果。8KB 存储器 E²PROM可作为 RAM 和 ROM 使用。用 MOVX 和 MOVC 可读出不同存储区的 RAM 数据或 ROM 表格常数。读 RAM 指令用 "MOVX A，@ DPTR" 或 "MOVX　A，@ Ri"。读 ROM 指令用 "MOVC A，@ A + DPTR" 或 "MOVC A，@ A + PC"。写 RAM 指令用 "MOVX @ DPTR，A" 或 "MOVX @ Ri，A"。实际写入操作中，应注意字节写和页写的区别，以及页内地址和页内字节数量的要求。

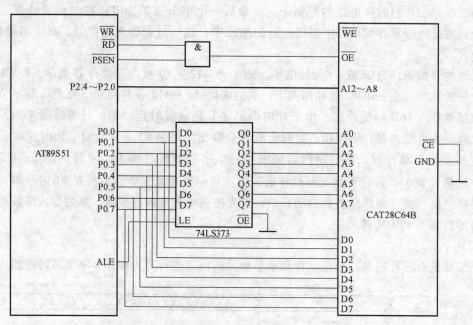

图 8-25　AT89S51 扩展 E²PROM CAT2864 接口电路

编写程序，向 28C64B 内部装载一个页面数据（16B）。R1 的内容为 2864A 的低位地址，P2 口的内容为 2864A 的高位地址，DPTR 指针中为数据区首地址，参考程序如下：

```
        MOV   R2，#0FH
        MOV   DPTR，#TABLE
WR0：   MOVX  A，@ DPTR      ；取写入的数据
        MOV   R3，A           ；数据暂存 R3，备查询
        MOVX  @ R1，A        ；写入 2864A
        INC   DPTR           ；源地址指针加 1
        INC   R1             ；目的地址指针加 1
```

```
            CJNE    R1，#00H，NEXT        ;低位地址指针未满跳 NEXT 处
            INC     P2                   ;否则高位指针加 1
    NEXT：  DJNZ    R2，WR0              ;页面未装载完转移
            DEC     R1                   ;页装载完，恢复最后写入数据的地址
    LOOP：  MOVX    A，@ R1              ;读 2864A
            XRL     A，R3               ;与写入的最后一个数据相异或
            JB      ACC.7，LOOP          ;最高位不等，再查
            RET                          ;最高位相同，一页写完
```

上述写入程序中，完成页面装载的循环部分共 8 条指令，当采用 12MHz 晶体振荡器时，执行时间约为 13μs，完全符合 2864A 的 T_{BLW} 的宽度要求。

8.7　片内 Flash 存储器的编程

Flash 存储器是一种电擦除型只读存储器。它的主要特点是在不加电的情况下能长期保持存储的信息，又可快速在线修改其存储单元中的数据，其在线改写功能使单片机的程序改写和固化过程更加简便。目前许多公司生产的 51 内核单片机，如 ATMEL 公司的 AT89 系列单片机、Winbond 公司的 W77、W78 系列单片机、Philips 公司的 P89、P87 系列单片机、SST 公司的 ST89C、ST89F 单片机等，都用 Flash 存储器作为片内程序存储器。当片内的 Flash 存储器满足要求时，不必扩展外部程序存储器。下面讨论如何把已经调试完毕的程序写入 AT89S51 单片机的片内 Flash 存储器。

AT89S51 单片机片内 4KB 的 Flash 存储器的特点：

1）可擦写寿命 10,000 次。

2）数据保存时间 10 年。

3）最大读取时间 150ns，页编程时间 10ms。

4）具有 3 级加密算法，使得 AT89S 系列单片机的解密变得不可能，程序的加密性大大加强。

AT89S51 出厂时，Flash 存储器处于全部空白状态（各单元均为 FFH），可直接进行编程。若不全为空白状态（单元中有不是 FFH 的），应首先将芯片擦除后，方可写入程序。

片内 Flash 存储器有低电压编程（V_{PP} = 5V）和高电压编程（V_{PP} = 12V）两类芯片。低电压编程可用于在线编程，高电压编程与一般常用的 EPROM 编程器兼容。在 AT89S51 芯片的封装面上标有低电压编程还是高电压编程的编程电压标志。

应用程序在 PC 中与在线仿真器以及用户目标板一起调试通过后，PC 中调试完毕的程序代码文件（.HEX 目标文件），必须写入到 AT89S51 片内的 Flash 存储器中。目前常用的编程方法主要有两种：一种是使用通用编程器编程，另一种是使用下载型编程器进行编程。

8.7.1　通用编程器编程

单片机编程器的核心部件是单片机，它的主要功能是开发单片机和烧写各类存储器的程序。编程器的使用包括硬件的连接和软件的调试。按照使用说明书，先将编程器与 PC 连接好，加电后指示灯闪烁，表明电路工作正常，如果能联机成功，表明编程器已通过了自检，可以开始编程操作了。其次安装编程器软件并设置波特率。然后启动编程器软件，在服务程·

序中先选择所要编程的单片机型号，再调入 . HEX 目标文件，编程器就将目标文件烧录到单片机片内的 Flash 存储器中，编程工作完成。

对 AT89S51 单片机内部 Flash 存储器编程时，将 AT89S51 单片机看成是一个待写入程序的外部程序存储器芯片。

常用的 RF-810 编程器的性能特点如下：

1）可对 100 余厂家的 1000 多种常用器件进行编程与测试。

2）采用 40 引脚锁紧插座，可以选配各种通用适配器，与 PC 并行口联机工作。

3）可自行调整烧录电压的参数，具有芯片损坏、插反检测功能，可有效地保护芯片。

4）可对各种单片机内 Flash 存储器、EPROM、E²PROM、PLD 进行编程。

5）完善的过电流保护有效地保护编程器和器件不受损害。

6）塑料机壳，体积小，重量轻，功耗低。

RF-810 编程器配备全中文的 Windows 环境下运行的驱动软件。编程器内部设有定时功能，对芯片的编程不需要人工干预，软件使用方便。

RF-810 编程器套件包括：RF-810 编程器主机，并口电缆及匹配器插座以及 AC/DC 电源适配器等。

使用编程器前应先进行硬件安装和软件安装。硬件安装时，首先把编程器的电缆与 PC 并行口连接好，再接通 PC 电源，打开编程器的电源开关，编程器主机上的电源灯亮。此时，再进行编程器软件安装。PC 电源接通后，进入 Windows 环境。编程器的软件安装与普通软件的安装方法相同。软件安装完毕后，自动在桌面上形成 RF-810 编程器的图标。双击 RF-810 编程器的图标，进入主菜单。主菜单下有如下功能的快捷方式图标的命令可供选择。

1）选择要编程芯片的厂家、类型、型号、容量等。

2）将编程的内容调入缓冲区，进行浏览、修改操作。

3）检查器件是否处于空白状态。

4）可按照擦除、编程、校验等操作顺序自动完成对器件的全部操作过程。

5）把缓冲区的内容写入到芯片内并进行校验。

6）把器件的内容读入到缓冲区。

7）校对器件内容和缓冲区内容是否一致，并列出有差异的第一个单元的地址。

8）逐单元比较器件内容和缓冲区内容有无差异，并将有差异的单元列表显示。

9）将器件的内容在屏幕上显示。

具体使用，可详细阅读所购买的编程器的使用说明书。

8.7.2 ISP 编程

ISP 编程即在系统可编程，是指在电路板上的被编程的器件可以直接写入已经编译好的程序代码，而不需要从电路板上取下器件。已经编程的器件也可以用 ISP 方式擦除或再编程。ATMEL 公司的单片机 AT89S8252、AT89S51、AT89S52、AT89S53，提供了一个 SPI 串行接口对内部程序存储器在系统编程（ISP）。在 ISP 下载编程器与单片机连接时采用 AT-MEL 公司的标准接口 IDC 端口即可实现 ISP 编程。图 8-26 所示为 IDC 端口的实物图及端口的定义。

AT89S51 单片机的 ISP 编程引脚共有 4 个：RST、MOSI、MISO 、SCK。RST 为在系统编程输入端，MOSI 为主机输出从机输入数据端，MISO 为主机输入从机输出的数据端，SCK 为

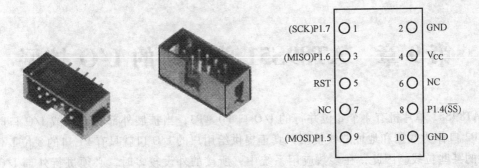

图 8-26　ISP 编程器的 IDC 端口实物图及端口的定义

串行编程的时钟端，可以实现主、从机时序的同步。

ISP 下载是基于串行传输方式，并且符合 SPI 协议。ISP 下载程序时，用户板上必须装有上述 IDC 端口，且端口信号线必须与目标板上 AT89S51 的对应引脚连接。

不同的在线编程电路对应于不同的硬件电路，在程序实现上也有区别，常见的 ISP 下载型编程器为 ISPro 下载型编程器。用户在网上下载此共享软件，运行安装程序 SETUP.exe 即可。安装后，在桌面上建立一个 "ISPro.exe 下载型编程器" 图标，双击该图标，即可启动编程软件。

ISPro 下载型编程器软件的使用与 RF-810 软件的使用方法基本相同，可参照编程器使用说明书进行操作。

上面介绍了两种程序下载的方法，就单片机的发展方向而言，ISP 技术是未来的发展方向，一方面由于原有不支持 ISP 下载的芯片逐渐被淘汰（大部分已经停产），另一方面 ISP 使用起来十分方便，不增加太多的成本就可以实现程序的下载，所以 ISP 下载方式已经逐步成为主流。

思考题与习题 8

8-1　试叙述单片机应用系统扩展技术的基本内容、基本原理和基本方法。

8-2　程序存储器和数据存储器的主要功能是什么？

8-3　扩展外部存储器时，片选控制信号的确定方法有哪几种？各自的优缺点是什么？

8-4　在 AT89S51 单片机应用系统中，外接数据存储器和程序存储器的共 16 条地址线和 8 条数据线，为何不会发生数据冲突？

8-5　存储器的片内地址线条数与存储器的容量的对应关系是什么？4KB 容量的存储器片内地址线有几条？

8-6　编写程序时，如何将片外数据存储器 7000H～7050H 单元全部清 0？

8-7　AT89S51 单片机扩展外部存储器时，为什么 P0 口的低 8 位地址需要锁存，而 P2 口高 8 位地址却不需要锁存？在锁存过程中，锁存信号是什么？在锁存信号的什么位置发生？

8-8　写出图 8-14 中 4 片程序存储器 27128 各自所占的地址空间。

8-9　以 AT89S51 单片机为主机，扩展 1 片 EPROM 2764（8KB×8）和 1 片 SRAM 6264（8KB×8）。要求画出硬件电路图，并指出各芯片的地址空间。

第9章 AT89S51 单片机的 I/O 扩展

AT89S51 单片机有 4 个 8 位并行的 I/O 口 P0 ~ P3，当扩展外部存储器或 I/O 口时，P0 口和 P2 口作为数据和地址总线使用，真正提供给用户的 I/O 口就只有 P1 的 8 位 I/O 口和 P3 口的某些位线。因此，在多数应用系统中，所接的外设较多时，必须进行外部 I/O 口的扩展。本章重点介绍 AT89S51 与可编程 I/O 接口芯片 82C55 和 81C55 的接口电路设计，此外，还介绍了使用 74LSTTL 芯片扩展并行 I/O 接口，以及使用 AT89S51 单片机的串行口来扩展并行 I/O 接口的设计。本章最后介绍了使用 I/O 接口控制的声音报警器。

9.1 I/O 接口扩展概述

单片机应用系统要连接各种外部设备，外部输入设备中的原始数据或现场信息通过输入接口输入单片机，单片机对输入的数据进行处理后，还要通过输出接口输出给外部设备。输入/输出接口是单片机与外部设备交换信息的桥梁。

单片机自身的 I/O 接口在扩展存储器或其他芯片后，剩余的数量有限，因此要扩展 I/O 接口。I/O 接口的扩展与存储器的扩展原理相同，即两者的读写操作时序一致、三总线连接方法相同。

9.1.1 扩展的 I/O 接口功能

扩展的 I/O 接口电路主要有以下作用：

1. 实现速度匹配

不同外设的速度差别较大，而且大多数外设的速度很慢，无法和微秒量级的单片机速度相比。单片机在与外设进行数据传送时，只有在确认外设已经做好数据传送的准备时才能进行数据传送。外设是否准备好，就需要 I/O 接口电路与外设之间传送状态信息，以实现单片机与外设之间的速度匹配。

2. 输出数据锁存

与外设相比，由于单片机的工作速度快，数据在数据总线上保留的时间十分短暂，无法满足慢速外设的数据接收。所以在扩展的 I/O 接口电路中应有输出数据锁存器，以保证输出数据能为慢速的接收设备所接收。

3. 输入数据三态缓冲

数据总线上可能"挂"有多个数据源，为使传送数据时不发生冲突，只允许当前时刻正在接收数据的 I/O 接口使用数据总线，其余的 I/O 接口应处于隔离状态，为此要求 I/O 接口电路能为数据输入提供三态缓冲功能。

4. 数据转换

一般来说，CPU 与输入或输出接口进行的是并行数据传送，但有些情况需要传送的是模拟信号、串行信号，所以，需要接口电路进行模数转换（A-D）、数模转换（D-A）、串行并行转换和并行串行转换等。

9.1.2　I/O 接口的编址

介绍 I/O 接口编址之前，首先弄清楚 I/O 接口（Interface）和 I/O 端口（Port）的概念。

I/O 端口简称 I/O 口，是指 I/O 接口电路中具有单元地址的寄存器或缓冲器。I/O 接口是单片机与外设间连接电路的总称。一个 I/O 接口芯片可以有多个 I/O 端口，传送数据的称为数据口，传送命令的称为命令口，传送状态信息的称为状态口。当然，并不是所有的外设都需要 3 种端口齐全的 I/O 接口。

每个 I/O 接口中的端口都要有地址，以便 AT89S51 通过端口地址和外设交换信息。I/O 端口编址有两种方式，一种是外设端口单独编址方式，另一种是外设端口与存储器统一编址方式。

1. 外设端口单独编址方式

I/O 端口地址空间和存储器地址空间分开编址。两个地址空间相互独立，界限分明。但需要设置一套专门的读写 I/O 端口的指令和控制信号。

2. 外设端口与存储器统一编址方式

I/O 端口与片外数据存储器单元同等对待，统一进行编址。优点是不需专门的 I/O 指令，直接使用数据存储器的读写指令进行 I/O 操作，简单、方便，且功能强。缺点是需要合理划分外设端口单元地址和存储器单元的地址，地址空间分配相对复杂。

AT89S51 使用的是外设端口与存储器统一编址的方式，因此，外部数据存储器 64KB 的空间包括 I/O 端口在内。系统扩展时，应注意把数据存储器单元地址与 I/O 端口的地址划分清楚，避免数据冲突。

9.1.3　I/O 接口数据的传送方式

为了实现和不同外设的速度匹配，必须根据不同外设选择恰当的 I/O 数据传送方式。I/O 接口数据传送有 3 种方式：无条件传送、查询传送、中断传送。

1. 无条件传送

又称为同步传送，当外设速度和单片机的速度相比拟时，常采用无条件传送方式，典型的无条件传送是单片机和外部数据存储器之间的数据传送。

2. 查询传送

又称异步式传送，也称有条件传送。单片机通过查询外设"准备好"后，再进行数据传送。查询传送方式的优点是通用性好，硬件连线和查询程序简单，但工作效率低。

3. 中断传送

单片机和外设接口都具有中断功能，单片机只有在外设准备好后并发出中断请求，才中断主程序的执行，进入与外设数据传送的中断服务子程序，进行数据传送。中断服务完成后又返回主程序断点处继续执行。采用中断方式大大提高了单片机的工作效率。

9.1.4　I/O 接口电路

I/O 接口的种类很多，按连接方式有串行 I/O 接口和并行 I/O 接口两种类型。并行 I/O 接口用于并行传送 I/O 接口数据，各位数据同时传达，传送速度快、效率高，但硬件成本高。串行 I/O 接口用于串行传送 I/O 接口数据，数据按位传送，传送速度慢，硬件成本低。串行 I/O 接口扩展将在第 12 章中介绍。本章重点介绍并行 I/O 接口的扩展。

　　常用的并行 I/O 接口芯片：①82C55：可编程通用并行接口，具有 3 个 8 位 I/O 口；②81C55：可编程的 IO/RAM 扩展接口电路，具有 2 个 8 位 I/O 口，1 个 6 位 I/O 口，256B RAM 单元，1 个 14 位的减法计数器。可直接与 AT89S51 单片机相连，接口逻辑电路简单。

9.2　AT89S51 扩展 I/O 接口芯片 82C55 的设计

9.2.1　82C55 芯片简介

　　82C55 是 Intel 公司生产的可编程并行 I/O 接口芯片，具有 3 个 8 位并行 I/O 口，3 种工作方式，可通过编程改变其功能，因而使用灵活方便，通用性强，广泛用于连接单片机与打印机、键盘、显示器以及输入输出接口等外围设备的接口电路。

1. 引脚说明

　　82C55 共 40 个引脚，采用双列直插式封装，引脚排列如图 9-1 所示。各引脚功能如下：

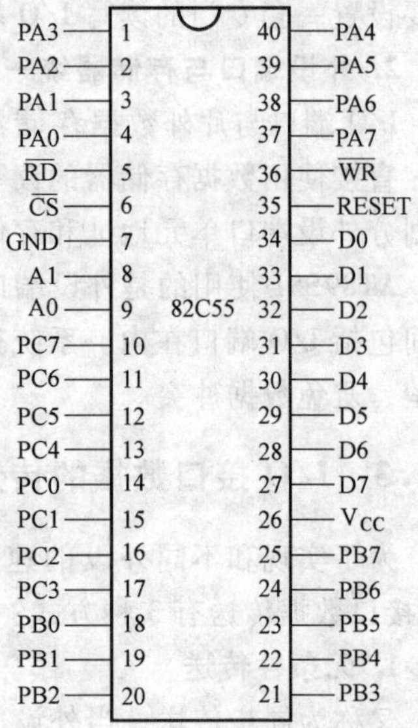

　　D7 ~ D0：三态双向数据线，与单片机的 P0 口连接，用来与单片机之间传送数据信息。

　　$\overline{CS}$：片选信号线，低电平有效，有效时表示本芯片被选中。

　　$\overline{RD}$：读信号线，低电平有效，用来读 82C55 端口数据的控制信号。

　　$\overline{WR}$：写信号线，低电平有效，用来向 82C55 写入端口数据的控制信号。

　　V_{CC}：5V 电源。

　　PA7 ~ PA0：端口 A 输入/输出线。

　　PB7 ~ PB0：端口 B 输入/输出线。

　　PC7 ~ PC0：端口 C 输入/输出线。

　　RESET：复位引脚，高电平有效。

```
PA3 ─┤ 1        40 ├─ PA4
PA2 ─┤ 2        39 ├─ PA5
PA1 ─┤ 3        38 ├─ PA6
PA0 ─┤ 4        37 ├─ PA7
 RD ─┤ 5        36 ├─ WR
 CS ─┤ 6        35 ├─ RESET
GND ─┤ 7        34 ├─ D0
 A1 ─┤ 8        33 ├─ D1
 A0 ─┤ 9  82C55 32 ├─ D2
PC7 ─┤ 10       31 ├─ D3
PC6 ─┤ 11       30 ├─ D4
PC5 ─┤ 12       29 ├─ D5
PC4 ─┤ 13       28 ├─ D6
PC0 ─┤ 14       27 ├─ D7
PC1 ─┤ 15       26 ├─ VCC
PC2 ─┤ 16       25 ├─ PB7
PC3 ─┤ 17       24 ├─ PB6
PB0 ─┤ 18       23 ├─ PB5
PB1 ─┤ 19       22 ├─ PB4
PB2 ─┤ 20       21 ├─ PB3
```

图 9-1　82C55 引脚

　　A1、A0：地址线，用来选择 82C55 内部的 4 个端口。地址线 A1、A0 与端口的对应关系见表 9-1。

表 9-1　地址线 A1、A0 与端口的对应关系

地址线 A1、A0 选择		对应端口
A1	A0	
0	0	A 口
0	1	B 口
1	0	C 口
1	1	控制口（控制寄存器）

2. 内部结构

　　82C55 芯片内部结构如图 9-2 所示，其中包括 3 个并行数据输入/输出端口、两种工

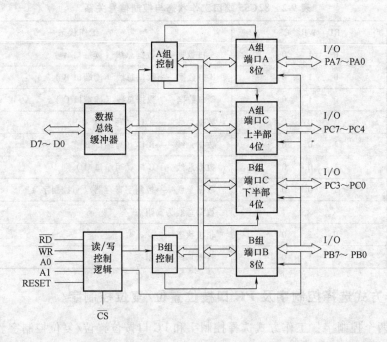

图 9-2　82C55 内部结构

作方式的控制电路、一个读/写控制逻辑电路和一个 8 位数据总线缓冲器。各部件的功能如下：

（1）端口 PA、PB、PC

3 个 8 位并行口 PA、PB 和 PC，都可以选为输入/输出工作模式，但功能和结构上有差异。

PA 口：一个 8 位数据输出锁存器和缓冲器；一个 8 位数据输入锁存器。

PB 口：一个 8 位数据输出锁存器和缓冲器；一个 8 位数据输入缓冲器。

PC 口：一个 8 位的输出锁存器；一个 8 位数据输入缓冲器。

通常 PA 口、PB 口作为输入/输出口，PC 口既可作为输入/输出口，也可在软件控制下，分为两个 4 位的端口，作为端口 PA、PB 选通方式操作时的状态控制信号。

（2）A 组和 B 组控制电路

82C55 工作方式的控制电路。A 组控制 PA 口和 PC 口的上半部（PC7～PC4）；B 组控制 PB 口和 PC 口的下半部（PC3～PC0），并可用"命令字"对端口 PC 的每一位实现按位置 1 或清 0。

（3）数据总线缓冲器

数据总线缓冲器是一个三态双向 8 位缓冲器，作为 82C55 与系统总线之间的接口，用来传送数据、指令、控制命令以及外部状态信息。

（4）读/写控制逻辑电路

该电路接收 AT89S51 单片机发来的控制信号 $\overline{WR}$、$\overline{RD}$、RESET、地址信号 A1、A0 等，然后根据控制信号的要求，由 AT89S51 单片机读出端口数据，或者将 AT89S51 单片机送来的数据写入端口。

82C55 各端口工作状态与控制信号的关系见表 9-2。

表 9-2　82C55 端口工作状态与控制信号关系

A1	A0	$\overline{RD}$	$\overline{WR}$	$\overline{CS}$	工作状态
0	0	0	1	0	A 口数据——数据总线（读端口 A）
0	1	0	1	0	B 口数据——数据总线（读端口 B）
1	0	0	1	0	C 口数据——数据总线（读端口 C）
0	0	1	0	0	数据总线——A 口（写端口 A）
0	1	1	0	0	数据总线——B 口（写端口 B）
1	0	1	0	0	数据总线——C 口（写端口 C）
1	1	1	0	0	数据总线——控制字寄存器（写控制字）
×	×	×	×	1	数据总线为高阻态
1	1	0	1	0	非法状态
×	×	1	1	0	数据总线为高阻态

9.2.2　工作方式选择控制字及 PC 口按位置位/复位控制字

82C55 有两个控制字：工作方式选择控制字和 PC 口按位置位/复位控制字。用户可通过程序把两个控制字写入 82C55 的控制字寄存器，以设定 82C55 的工作方式和 PC 口的状态。

1. 工作方式选择控制字

82C55 有 3 种基本工作方式，3 个端口各工作于什么方式，是输入还是输出，由 82C55 的方式选择控制字决定。82C55 方式选择控制字的格式如图 9-3 所示。

图 9-3 中最高位 D7 为控制字标志位，若 D7 = 1，该控制字为方式选择控制字；若 D7 = 0，该控制字为 PC 口按位置位复位控制字。

例 9-1　要求 82C55 各端口：PA 口方式 0 输出，PC 口的上半部分（PC7 ~ PC4）输出，PB 口方式 1 输出，PC 口的下半部分（PC3 ~ PC0）输入。试写出 82C55 的方式选择控制字。

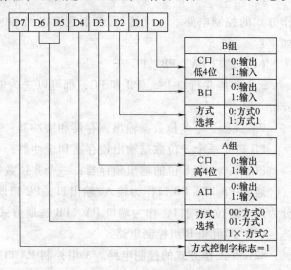

图 9-3　82C55 方式选择控制字的格式

D7	D6	D5	D4	D3	D2	D1	D0
1	A 口方式	A 口方式	A 口 I/O	C 口高 4 位	B 口方式	B 口 I/O	C 口低 4 位
	0	0	0	0	1	0	1

根据上图可归纳出 82C55 的方式控制字为 10000101B = 85H。

2. PC 口按位置位/复位控制字

PC 口 8 位中的任何一位，可用一个写入 82C55 控制口的置位/复位控制字对 PC 口按位置 1 或清 0，这一功能主要用于位控。82C55 PC 口按位置位/复位控制字格式如图 9-4 所示。

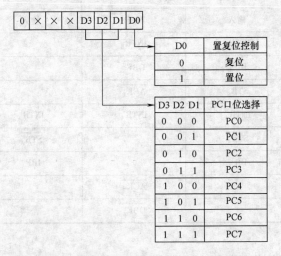

图 9-4　PC 口按位置位/复位控制字格式

例 9-2　要求 82C55 的 PC 口中 PC5 置 1，试写出 82C55 的 PC 口按位置位/复位控制字。

D7	D6	D5	D4	D3	D2	D1	D0
0	×	×	×	位选择			置 1/清 0
	0	0	0	1	0	1	1

根据上图可归纳出 82C55 的 PC 口按位置位/复位控制字为 00001011B＝0BH。

9.2.3　82C55 的 3 种工作方式

82C55 有 3 种基本工作方式：基本输入/输出方式（方式 0）、选通输入/输出方式（方式 1）、双向数据传送方式（方式 2）。PA 口可工作于方式 0、1 和 2，PB 口只能工作在方式 0 和 1。PC 口工作于方式 0，可作为 PA 口、PB 口的联络信号线。工作方式的设定通过 AT89S51 程序写入到 82C55 的控制字寄存器即可。

1. 方式 0

基本输入/输出方式，这种方式不需要任何选通信号，外设的 I/O 数据可在 82C55 的各端口得到锁存和缓冲。在方式 0 下，根据需要，通过向控制寄存器写入工作方式控制字设定 PA 口、PB 口及 PC 口为单向输入或单向输出。各端口作为输出口时，输出的数据被锁存，PB 口、PC 口作为输入口时，其输入的数据可以缓冲，但不锁存。

2. 方式 1

选通输入/输出方式，PA 口和 PB 口可通过编程设定为选通输入口或选通输出口。PC 口中的 6 位分为两组，分别作为 PA 口和 PB 口的联络应答信号线，剩下的两位仍可作为基本输入或输出使用。

在方式 1 下，82C55 的 PA 口和 PB 口通常用于 I/O 数据的传送，PC 口用作 PA 口和 PB 口的应答联络信号线，PC 口的 PC7 ~ PC0 的应答联络线是规定好的，以实现查询或中断方式传送 I/O 数据。其各位联络信号定义见表 9-3。

表 9-3　PC 口联络信号的定义

PC 口引脚	方式 1（PA 口或 PB 口）		方式 2（PA 口）	
	输入	输出	输入	输出
PC0	$INTR_B$	$INTR_B$		
PC1	IBF_B	$\overline{OBF_B}$		
PC2	$\overline{STB_B}$	$\overline{ACK_B}$		
PC3	$INTR_A$	$INTR_A$	$INTR_A$	$INTR_A$
PC4	$\overline{STB_A}$		$\overline{STB_A}$	
PC5	IBF_A		IBF_A	
PC6		$\overline{ACK_A}$		$\overline{ACK_A}$
PC7		$\overline{OBF_A}$		$\overline{OBF_A}$

（1）方式 1 输入

方式 1 输入应答联络信号如图 9-5 所示。PA 口占用 PC3 ~ PC5，PB 口占用 PC0 ~ PC2 作应答联络信号线，PC 口仅剩 PC6、PC7 两根数据线。各应答联络信号的功能如下：

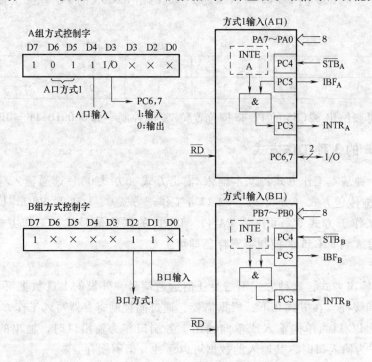

图 9-5　方式 1 输入时的联络应答信号

$\overline{STB}$：（PA 口为 PC4、PB 口为 PC2）输入选通信号，低电平有效。该信号由外设提供，外设通过$\overline{STB}$信号将数据锁存到 PA 口或 PB 口输入缓冲器/锁存器中。

IBF：（PA 口为 PC5、PB 口为 PC1）输入缓冲器满，高电平有效。82C55 提供给外设的状态信号，通知外设已收到外设发来的数据且已装入端口缓冲器，但 CPU 尚未读取。

INTR：（PA 口为 PC3、PB 口为 PC0）由 82C55 向 AT89S51 单片机发出的中断请求信号，高电平有效。只有$\overline{STB}$、IBF、INTE 都为高电平时，INTR 才被置为高电平。

INTE：（PA 口为 PC4、PB 口为 PC2）中断允许，由 PC4 和 PC2 的置位/复位来控制 PA 口、PB 口允许中断/禁止中断。

下面以 PA 口为例说明方式 1 下输入的工作过程，如图 9-6 所示。

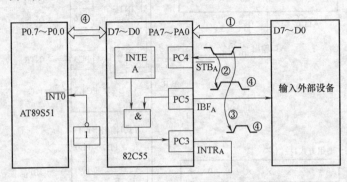

图 9-6　PA 口方式 1 下输入工作过程示意图

①　当外设向 82C55 输入一个数据并送到 PA7 ~ PA0 时，外设自动在$\overline{STB_A}$上向 82C55 发送一个低电平选通信号。

②　82C55 收到$\overline{STB_A}$后，先把 PA7 ~ PA0 输入的数据存入 PA 口的输入数据缓冲/锁存器，然后使输出应答线 IBF$_A$变为高，通知输入外设，PA 口已收到它送来的数据。

③　82C55 检测到$\overline{STB_A}$由低电平变为高电平、IBF$_A$（PC5）为 "1" 状态和中断允许 INTE$_A$（PC4）=1 时，使 INTR$_A$（PC3）变为高电平，向单片机发出中断请求。INTE$_A$的状态可由用户通过指令对 PC4 的按位置位/复位控制字来控制。

④　单片机响应中断后，进入中断服务子程序来读取 PA 口的外设发来的输入数据。当输入数据被单片机读走后，82C55 撤销 INTR$_A$上的中断请求，并使 IBF$_A$变低，通知输入外设可传送下一个输入数据。

（2）方式 1 输出

方式 1 输出应答联络信号如图 9-7 所示。PA 口占用 PC7、PC6、PC3，PB 口占用 PC2 ~ PC0 作应答联络信号线，PC 口仅剩 PC5、PC4 两根 I/O 数据线。各应答联络信号的功能如下：

$\overline{OBF}$：（PA 口为 PC7、PB 口为 PC1）输出缓冲器满信号，低电平有效，是 82C55 输出给外设的状态信号。当 CPU 已把数据输出到 PA 口或 PB 口时，对应口的$\overline{OBF}$有效，通知外设可以将数据取走。

$\overline{ACK}$：（PA 口为 PC6、PB 口为 PC2）外设应答信号，低电平有效，表示外设已将数据从 82C55 的端口输出缓冲器中取走。

INTR：（PA 口为 PC3、PB 口为 PC0）中断申请。只有当外设已经取走 82C55 输出的数据后，$\overline{OBF}$、$\overline{ACK}$和 INTE 都变为高电平，INTR 才有效，向 CPU 发出中断请求。

INTE：（PA 口为 PC6、PB 口为 PC2）中断允许。由 PC6 和 PC2 的置位/复位来控制 PA 口、PB 口允许中断/禁止中断。

下面以 PB 口为例说明方式 1 下输出的工作过程，如图 9-8 所示。

①　AT89S51 可以通过 "MOVX　@Ri，A" 指令把输出数据送到 PB 口的输出数据锁存器，82C55 收到后便令输出缓冲器满信号，即使得$\overline{OBF_B}$引脚（PC1）变低，以通知输出设

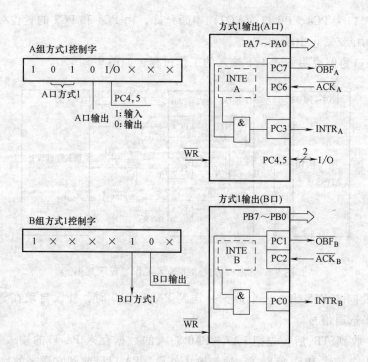

图 9-7　方式 1 输出时的联络应答信号

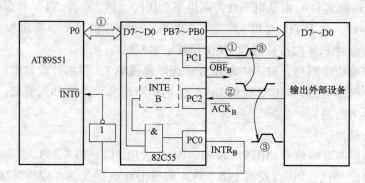

图 9-8　PB 口方式 1 下输出工作过程示意图

备数据已在 PB 口的 PB7 ～ PB0 上。

②　输出外设收到 $\overline{OBF}_B$ 上低电平后，先从 PB7 ～ PB0 上取走输出数据，然后使 $\overline{ACK}_B$ 变低电平，以通知 82C55 输出外设已收到 82C55 输出的数据。

③　82C55 从应答输入线 $\overline{ACK}_B$ 收到低电平后就对 $\overline{OBF}_B$ 和中断允许控制位 $INTE_B$ 状态进行检测，若皆为高电平，则 $INTR_B$ 变为高电平，向单片机请求中断。

④　AT89S51 单片机响应 $INTR_B$ 上中断请求后便可通过中断服务程序把下一个输出数据送到 PB 口的输出数据锁存器。重复上述过程，完成数据的输出。

3. 方式 2

双向数据传送方式，只有 PA 口有这种工作方式。此时，PA 口为 8 位双向数据口，PC 口中的 PC3 ～ PC7 作为 PA 口的联络应答信号。而 PC0 ～ PC2，既可以指定它作为 PB 口工作于方式 1 时的联络应答信号，也可在 PB 口工作于方式 0 时指定它为基本输入输出口。

PA 口工作于方式 2 时的联络信号如图 9-9 所示。各联络信号功能同方式 1。

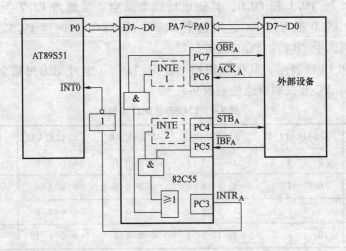

图 9-9　PA 口方式 2 下联络信号图

9.2.4　AT89S51 单片机与 82C55 的接口设计

1. 硬件接口电路

AT89S51 扩展一片 82C55 的电路如图 9-10 所示。82C55 的 D0 ~ D7 接至单片机的 P0；$\overline{RD}$、$\overline{WR}$ 线分别接至单片机的读/写信号 $\overline{RD}$、$\overline{WR}$；PA、PB、PC 口与外围设备相连；端口地址选择线 A0、A1 经地址锁存器 74LS373 的 Q0、Q1 后分别接至单片机的 P0.0、P0.1；片选线 $\overline{CS}$ 接至单片机的 P2.7。

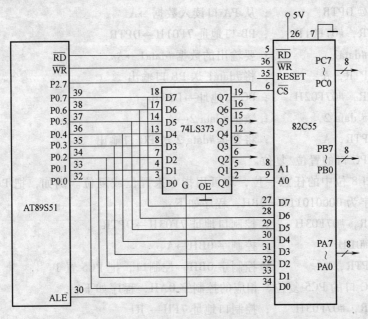

图 9-10　用 82C55 扩展 I/O 口

2. 确定 82C55 端口地址

图 9-10 中 82C55 只有 3 条线与 AT89S51 地址线相接，片选端 $\overline{CS}$、端口地址选择端 A1、

A0，分别接于 P2.7、P0.1 和 P0.0，其他地址线全悬空。显然当 P2.7 为低电平时，选中 82C55；若 P0.1、P0.0 再为 "00"，则选中 82C55 的 PA 口。同理 P0.1、P0.0 为 "01"、"10"、"11" 分别选中 PB 口、PC 口及控制口。

若端口地址用 16 位表示，其他无用端全设为 "1"（也可把无用端全设为 "0"），则 82C55 的 PA、PB、PC 及控制口地址见表 9-4。

表 9-4　82C55 各端口地址

82C55 端口	A15A14A13A12	A11A10A9A8	A7A6A5A4	A3A2A1A0	十六进制地址
PA 口	0 1 1 1	1 1 1 1	0 0 0 0	0 0 0 0	7F00H
PB 口	0 1 1 1	1 1 1 1	0 0 0 0	0 0 1 0	7F01H
PC 口	0 1 1 1	1 1 1 1	0 0 0 0	0 0 1 0	7F02H
控制口	0 1 1 1	1 1 1 1	0 0 0 0	0 0 1 1	7F03H

3. 软件编程

在实际设计中，需根据外设的类型选择 82C55 的操作方式，并在初始化程序中把相应控制字写入控制口。下面根据图 9-10，介绍对 82C55 进行操作的编程。

例 9-3　要求 82C55 工作在方式 0，PA 口作为输入，PB 口、PC 口作为输出，程序如下：

```
MOV   A, #90H           ; 控制字送 A
MOV   DPTR, #07F03H     ; 控制寄存器地址 7F03H→DPTR
MOVX  @ DPTR, A         ; 方式控制字→控制寄存器
MOV   DPTR, #07F00H     ; PA 口地址 7F00H→DPTR
MOVX  A, @ DPTR         ; 从 PA 口读入数据→A
MOV   DPTR, #07F01H     ; PB 口地址 7F01H→DPTR
MOV   A, #data1         ; 要输出的数据#data1→A
MOVX  @ DPTR, A         ; 将#data1 送 PB 口输出
MOV   DPTR, #07F02H     ; PC 口地址→DPTR
MOV   A, # data 2       ; 数据#data 2→A
MOVX  @ DPTR, A         ; 将数据#data 2 送 PC 口输出
```

例 9-4　对 PC 口的置位/复位。

82C55 PC 口 8 位中的任意一位，均可用指令来置位或复位。例如，把 PC 口的 PC5 置 1，相应的控制字为 00001011B = 0BH，程序如下：

```
MOV   DPTR, #07F03H     ; 控制口地址 7F03H→DPTR
MOV   A, #0BH           ; 控制字 0BH→A
MOVX  @ DPTR, A         ; 控制字 0BH→控制口，把 PC5 置 1
```

如果想把 PC 口的 PC5 复位，相应的控制字 0AH，程序如下：

```
MOV   DPTR,. #07F03H    ; 控制口地址 7FH→ R1
MOV   A, #0AH           ; 控制字 0AH→A
MOVX  @ DPTR, A         ; 控制字 7FH→控制口，PC5 清 0
```

82C55 接口芯片在 AT89S51 单片机应用系统中广泛用于与各种外部数字设备的连接，如打印机、键盘、显示器以及作为数字信息的输入、输出接口。

9.3　AT89S51 扩展 I/O 接口芯片 81C55 的设计

81C55 是一种复合型的可编程 I/O 芯片，40 个引脚，含 3 种扩展功能：1）3 个可编程 I/O 端口，两个 8 位并行口 PA 口和 PB 口，一个 6 位并行口 PC 口；2）256B RAM 存储区（静态）；3）一个 14 位减 1 计数器。PA 口和 PB 口可工作于基本输入/输出方式（同 82C55 的方式 0）或选通输入/输出方式（同 82C55 的方式 1）。81C55 内置有地址锁存器，其地址线可直接与 AT89S51 单片机的 P0 口相连，无需外接地址锁存器。由于 81C55 片内集成有 I/O 口、RAM 和减 1 计数器，因而应用广泛。

9.3.1　81C55 芯片介绍

1. 81C55 的结构

81C55 内部逻辑结构如图 9-11 所示。

2. 81C55 的引脚说明

81C55 共有 40 个引脚，采用双列直插式封装，其引脚排列如图 9-12 所示。

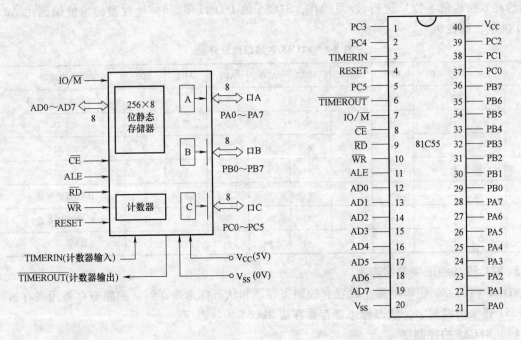

图 9-11　81C55 内部逻辑结构图　　　图 9-12　81C55 引脚图

各引脚功能如下：

1）电源线：V_{cc} 为 5V 电源输入线，V_{ss} 接地。

2）AD7 ~ AD0：地址/数据线，可直接与 AT89S51 单片机的 P0 口相连，用于分时传送地址/数据信息。

3）I/O 总线（22 条）：

PA7 ~ PA0：通用 I/O 线，输出数据具有锁存功能，但输入不锁存。

PB7 ~ PB0：通用 I/O 线，输出数据具有锁存功能，但输入不锁存。

PC5~PC0：数据/控制线，共有 6 条，输出数据具有锁存功能，但输入不锁存。在通用 I/O 方式下，用作传送数据；在选通 I/O 方式下，用作传送命令/状态信息。

4）控制引脚：

TIMERIN：定时/计数器输入端，输入脉冲的一次上跳沿 81C55 片内的 14 位计数器减 1。

TIMEROUT：定时/计数器输出端，当 14 位计数器减为 0 时输出脉冲或方波，输出信号形式由所选的定时/计数器工作方式决定。

RESET：复位引脚，在 RESET 引脚上输入一个大于 600ns 宽的正脉冲可使 81C55 进入复位状态，PA、PB、PC 三口设置为输入方式。

$\overline{RD}$：低电平有效，从 I/O 口或内部 RAM 读出数据。

$\overline{WR}$：低电平有效，向 I/O 口、内部寄存器或内部 RAM 写入数据。

ALE：地址锁存信号，高电平有效。若 ALE = 1，则 81C55 允许 AT89S51 通过 AD7~AD0 线发出地址锁存到 81C55 片内的地址锁存器；否则，81C55 地址锁存器处于封锁状态。81C55 的 ALE 常和 AT89S51 的 ALE 相连。

IO/$\overline{M}$：I/O 口与存储器选择信号。当 IO/$\overline{M}$ = 0，AT89S51 对 82C55 内部 RAM 进行读/写操作；IO/$\overline{M}$ = 1，AT89S51 对 81C55 的 I/O 口及内部寄存器（包括命令寄存器及定时/计数器的高 6 位或低 8 位）进行读/写操作。81C55 的 I/O 口和定时/计数器的地址编码由 A2~A0 决定，见表 9-5。

表 9-5 81C55 各端口地址分配

$\overline{CE}$	IO/$\overline{M}$	AD7	AD6	AD5	AD4	AD3	AD2	AD1	AD0	所选的端口
0	1	×	×	×	×	×	0	0	0	命令/状态寄存器
0	1	×	×	×	×	×	0	0	1	PA 口
0	1	×	×	×	×	×	0	1	0	PB 口
0	1	×	×	×	×	×	0	1	1	PC 口
0	1	×	×	×	×	×	1	0	0	计数器低 8 位
0	1	×	×	×	×	×	1	0	1	计数器高 6 位
0	0	×	×	×	×	×	×	×	×	RAM 单元

3. 81C55 的控制字与状态字

81C55 内的控制逻辑电路中设置有控制寄存器和状态标志寄存器。控制寄存器用来存放 AT89S51 送来的控制字，状态标志寄存器存放 81C55 的状态字。

（1）81C55 的控制字

控制字存放在 81C55 的控制寄存器中，只能写入不能读出，用于选择 81C55 的 I/O 口工作方式及对中断和定时器/计数器的控制。81C55 控制字格式如图 9-13 所示。控制寄存器中的 D3~D0 位用来设置 PA 口、PB 口和 PC 口的工作方式。D4、D5 位用来确定 PA 口、PB 口以选通输入/输出方式工作时是否允许中断请求。D6、D7 位用来设置计数器的操作。

（2）81C55 的状态字

在 81C55 中有一个状态标志寄存器，用来存入 PA 口和 PB 口的状态标志。它的地址与控制寄存器地址相同，AT89S51 单片机只能对其读出，不能写入。状态字格式如图 9-14 所示。AT89S51 单片机可以对其内容直接读出查询。

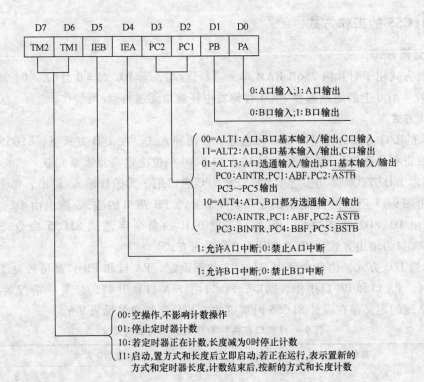

图 9-13　81C55 的控制字格式

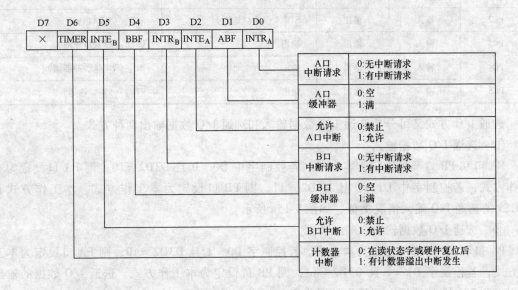

图 9-14　81C55 的状态字格式

下面仅对状态字中的 D6 位给出说明。

D6 为计数器中断状态标志位 TIMER。若计数器正在计数或开始计数前，则 D6 = 0；若计数器的计数长度已计满，即计数器减为 0，则 D6 = 1，可作为计数器中断请求标志。在硬件复位或对它读出后又恢复为 0。

9.3.2　81C55 的工作方式

1. 存储器方式

存储器方式用于对片内 256B RAM 单元进行读/写，若 IO/$\overline{\text{M}}$ = 0 且 $\overline{\text{CE}}$ = 0，则 AT89S51 可通过 AD7 ~ AD0 上的地址选择 RAM 存储器中任意单元进行读/写操作。

2. I/O 方式

81C55 的 I/O 方式分为基本 I/O 和选通 I/O 两种方式。在 I/O 方式下，81C55 可选择片内任意端口寄存器读/写，端口地址由 A2、A1、A0 三位决定（见表 9-5）。

1）基本 I/O 方式。本方式下，PA、PB、PC 三口用于无条件输入/输出，每个口作输入还是输出由图 9-13 所示的控制字决定。其中，PA、PB 两口的输入/输出由 D1、D0 决定，PC 口各位由 D3、D2 状态决定。例如，若把 01H 的命令字送到 81C55 命令寄存器，则 81C55 的 PA 口为输出方式，PB 口和 PC 口为输入方式。

2）选通 I/O 方式。由命令字中 D3、D2 状态设定，PA 口和 PB 口都可独立工作于这种方式。此时，PA 口和 PB 口用作数据口，PC 口用作 A 口和 B 口的应答联络控制。PC 口各位应答联络线的定义是在设计 81C55 时规定的，其分配和命名见表 9-6。

表 9-6　PC 口在两种 I/O 方式下各位的定义

PC 口	基本 I/O 方式		选通 I/O 方式	
	方式 0	方式 1	方式 2	方式 3
PC0	输入	输出	INTR$_A$（PA 口中断）	INTR$_A$（PA 口中断）
PC1	输入	输出	BF$_A$（PA 口缓冲器满）	BF$_A$（PA 口缓冲器满）
PC2	输入	输出	$\overline{\text{STB}}_A$（PA 口选通）	$\overline{\text{STB}}_A$（PA 口选通）
PC3	输入	输出	输出	INTR$_B$（PB 口中断）
PC4	输入	输出	输出	BF$_B$（PB 口缓冲器满）
PC5	输入	输出	输出	$\overline{\text{STB}}_B$（PB 口选通）

选通 I/O 方式又可分为选通 I/O 数据输入和选通 I/O 数据输出两种方式。

① 选通 I/O 数据输入

PA 口和 PB 口都可设定为本方式。若控制字中 D0 = 0 且 D3D2 = 10，则 PA 口设定为本工作方式；若控制字中 D1 = 0 且 D3D2 = 11，则 PB 口设定为本工作方式。本工作方式和 82C55 的选通 I/O 输入情况类似，如图 9-15a 所示。

② 选通 I/O 数据输出

PA 口和 PB 口都可设定为本方式。若控制字 D0 = 1 且 D3D2 = 10，则 PA 口设定为本工作方式；若控制字 D1 = 1 且 D3D2 = 11，则 PB 口设定为本工作方式。选通 I/O 数据的输出过程也和 82C55 的选通 I/O 输出情况类似，如图 9-15b 所示。

3. 内部定时器/计数器的使用

14 位减法定时器/计数器，AT89S51 单片机可通过软件来选择计数长度和计数方式。计数长度和计数方式由写入计数器的控制字来确定。计数器的格式如图 9-16 所示。

其中，T13 ~ T0 为计数器的长度，其范围为 2H ~ 3FFFH；M2、M1 用来设置计数器的输出方式。81C55 计数器的 4 种工作方式及对应的引脚输出波形见表 9-7。

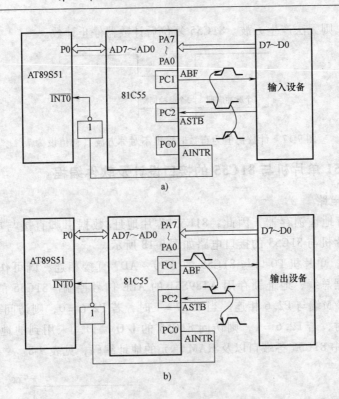

图 9-15　选通 I/O 方式示意图

	D7	D6	D5	D4	D3	D2	D1	D0
T_L(04H)	T7	T6	T5	T4	T3	T2	T1	T0

	D7	D6	D5	D4	D3	D2	D1	D0
T_H(05H)	M2	M1	T13	T12	T11	T10	T9	T8

图 9-16　81C55 计数器格式

表 9-7　81C55 计数器工作方式及输出波形

M2	M1	工作方式	定时器输出波形
0	0	单方波	
0	1	连续方波	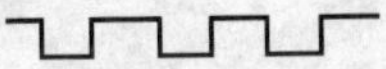
1	0	单脉冲	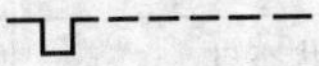
1	1	连续脉冲	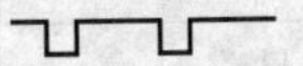

　　注意，81C55 的计数器初值从 2 开始。这是因为，如果选择计数器的输出为方波形式，则从启动计数开始，前一半计数输出为高电平，后一半计数输出为低电平。若写入计数器的初值为奇数，引脚的方波输出是不对称的。例如，初值为 7 时，计数器的输出，在前 4 个计数脉冲周期内为高电平，后 3 个计数脉冲周期内为低电平，如图 9-17 所示。显然，如果计

数初值是 0 或 1，则无法产生方波。81C55 复位后计数器停止计数。

图 9-17　计数初值为奇数时输出不对称方波（初值设为 7）

9.3.3　AT89S51 单片机与 81C55 的接口设计及软件编程

1. 硬件接口电路

81C55 内部有地址锁存器，因此，81C55 芯片地址/数据引脚直接与单片机的 P0 口相连。AT89S51 单片机与 81C55 的接口电路如图 9-18 所示。

在图 9-18 中，单片机 P0 口与 81C55 的 AD0 ~ AD7 直接相连，既可作为低 8 位地址总线，又可作为数据总线，地址锁存用 AT89S51 的 ALE 信号控制。81C55 的 $\overline{\text{CE}}$ 端经 "非门" 与 P2.7 相连，IO/$\overline{\text{M}}$ 端与 P2.6 相连。当 P2.7 = 1 时，若 P2.6 = 0，则访问 81C55 的 RAM 单元。当 P2.7 = 1 时，若 P2.6 = 1，则访问 81C55 的 I/O 端口。未用到的地址位取 "1"。由此，可得图 9-18 中 81C55 各端口以及 RAM 单元的地址编码，见表 9-8。

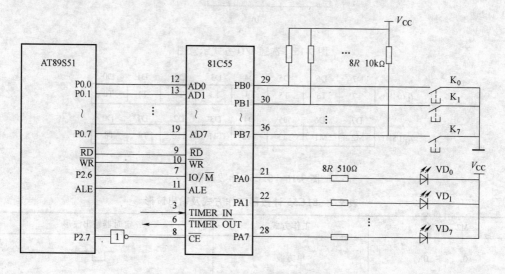

图 9-18　81C55 与 AT89S51 单片机的接口电路

表 9-8　81C55 各端口及 RAM 单元地址

81C55 的 I/O 端口及 RAM 单元	A15 A14 A13 A12	A11 A10 A9 A8	A7 A6 A5 A4	A3 A2 A1 A0	地址
控制/状态口	1 1 1 1	1 1 1 1	1 1 1 1	1 0 0 0	FFF9H
PA 口	1 1 1 1	1 1 1 1	1 1 1 1	1 0 0 1	FFFAH
PB 口	1 1 1 1	1 1 1 1	1 1 1 1	1 0 1 0	FFFBH
PC 口	1 1 1 1	1 1 1 1	1 1 1 1	1 0 1 1	FFFCH
计数器低 8 位	1 1 1 1	1 1 1 1	1 1 1 1	1 1 0 0	FFFDH
计数器高 6 位	1 1 1 1	1 1 1 1	1 1 1 1	1 1 0 1	FFFEH
RAM 单元	1 1 0 0	1 1 1 1	× × × ×	× × × ×	BF00H ~ BFFFH

2. 81C55 的编程

如图 9-18 所示，介绍对 81C55 的操作过程。

要求：1）PA 口为基本输出方式，PB 口为基本输入方式，读入 PB 口的开关状态，然后通过 PA 口输出到发光二极管显示。2）对输入脉冲进行 1000 分频，然后输出。

分析：1）设定计数器初值和计数器输出方式。初始值为 1000，16 进制数为 03E8H；计数器输出为连续方波，M2M1 = 01，则计数器高位 = 0100 0011B = 43H，低位 = E8H。

2）设定控制字。控制字为 C1H，见表 9-9。

表 9-9　按要求设定控制字

定时器控制　启动	中断控制　禁止	工作方式 0	B 口 输入	A 口 输出
D7D6 = 11	D5D4 = 00	D3D2 = 00	D1 = 0	D0 = 1

程序初始化设计。

将控制字写入 81C55 的控制口，设置 81C55 的 PA 口、PB 口工作方式及计数器的初值。

```
SRART: MOV    A, #0E8H           ; 计数器低字节地始值
       MOV    DPTR, #0FFFDH      ; 计数器低字节地址
       MOVX   @ DPTR, A          ; 写计数器低字节地址初始值
       MOV    A, #03H            ; 计数器高字节初始值
       MOV    DPTR, #0FFFEH      ; 计数器高字节地址
       MOVX   @ DPTR, A          ; 写计数器高字节地址初始值
       MOV    A, #0C1H           ; 命令字
       MOV    DPTR, #0FFF9H      ; 命令口地址
       MOVX   @ DPTR, A          ; 写命令字
```

读 81C55 的 PB 口开关的状态。程序如下：

```
       MOV    DPTR, #0FFFBH      ; DPTR 指针指向 81C55 的 FFFBH 单元
       MOVX   A, @ DPTR          ; FFFBH 单元内容→A
```

把 81C55 的 PA 口状态输出。程序如下：

```
       MOV    DPTR, #0FFFAH      ; PA 口地址
       MOVX   @ DPTR, A          ; PB 口开关状态从 PA 口输出
```

9.4　利用 74LSTTL 电路扩展并行 I/O 口

在单片机应用中，有些场合需要降低成本、缩小体积，这时常采用 74LS 系列的 TTL 电路、CMOS 电路锁存器或三态门电路构成各种类型的简单输入/输出口。常用的 74LS 系列产品有 74LS373、74LS273、74LS367、74LS374、74LS377、74LS244 等。

如图 9-19 所示，74LS244 接 8 个按钮开关，通过 P0 口向 AT89S51 单片机输入 8 个按钮开关的状态。74LS273 接 8 个发光二极管，通过 P0 口发光二极管输出显示 8 个按钮开关的状态。

电路的工作原理是，当某条输入口线的按钮开关按下时，该输入口线为低电平，读入单片机后，其相应位为 "0"，然后再将口线的状态经 74LS273 输出，某位低电平时二极管发光，从而显示出按下的按钮开关的位置。

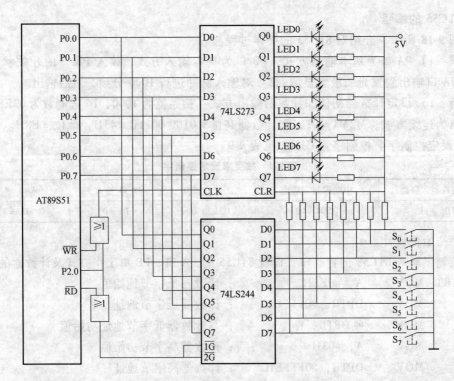

图 9-19　74LSTTL 扩展 I/O 口电路

74LS244 是八位线驱动器，引脚及真值表如图 9-20 所示。74LS244 内部由 2 组 4 位三态缓冲器组成，一组输入端 1A1 ~ 1A4，输出端 1Y1 ~ 1Y4，控制端 $1\overline{G}$；另一组输入端 2A1 ~ 2A4，输出端 2Y1 ~ 2Y4，控制端 $2\overline{G}$。当控制端为低电平时，输出端 Y 与输入端 A 相同；当控制端为高电平时，输出端 Y 为高阻态。通过对控制端进行控制，可对 74LS244 的输入端 1A1 ~ 1A4 和 2A1 ~ 2A4 的数据进行读入操作。

74LS244

2	1A1	1Y1	18
4	1A2	1Y2	16
6	1A3	1Y3	14
8	1A4	1Y4	12
11	2A1	2Y1	9
13	2A2	2Y2	7
15	2A3	2Y3	5
17	2A4	2Y4	3
1	$1\overline{G}$		
19	$2\overline{G}$		

74LS244 真值表

输入		输出
G	A	Y
L	L	L
L	H	H
H	X	Z

图 9-20　74LS244 引脚及真值表图

74LS273 是 8 位 D 触发器，作为地址锁存器，在前面已经介绍过其功能。

图中 74LS244 的输入控制引脚 $1\overline{G}$、$2\overline{G}$，由 $\overline{RD}$ 和 P2.0 相"或"控制，当 P2.0 = 0，$\overline{RD}$ = 0（$\overline{WR}$ = 1）时，选中 74LS244 芯片，此时若无按钮开关按下，输入全为高电平。当某开关按下时，对应位输入为 0，74LS244 的输入端不全为 1，其输入状态通过 P0 口数据线被读入 AT89S51 片内。

当 P2.7 = 0，$\overline{WR}$ = 0（$\overline{RD}$ = 1）时，选中 74LS273 芯片，CPU 通过 P0 口输出数据锁存

到 74LS273，74LS273 的输出端低电平位对应的发光二极管点亮。

　　总之，在图 9-19 中只要保证 P2.7 为 0，其他的地址位为 0（或 1）均可。如无效位地址位全为 1，芯片地址为 7FFFH；若无效地址位为 0，则芯片地址为 0000H。

　　8 位开关状态的输入程序为：

```
MOV      DPTR，#7FFFH              ; I/O 地址→DPTR
MOVX     A，@DPTR                  ; RD为低，74LS244 数据被读入 A 中
```

　　8 位二极管的输出显示程序为：

```
MOV      A，#data                  ; 数据#data→A
MOV      DPTR，#7FFFH              ; I/O 地址#07FFFH→DPTR
MOVX     @DPTR，A                  ; WR为低电平，数据经 74LS273 口输出
```

　　该电路从 74LS244 读入数据并从 74LS273 输出数据的程序如下：

```
MOV      DPTR，#7FFFH              ; DPTR 为地址指针（P2.7 = 0）
MOVX     A，@DPTR                  ; 74LS244 数据读入
MOVX     @DPTR，A                  ; 74LS377 输出数据
```

　　由程序看出，对于扩展接口的输入/输出就像从外部 RAM 读/写数据一样方便。图 9-19 仅扩展了两片，如果不够用，还可扩展多片 74LS244、74LS273 之类的芯片。但作为输入口时，一定要求有三态缓冲功能，否则将影响总线的正常工作。作为输出口时，输出数据在执行写外部数据存储器指令时由 P0 口送出，指令过后数据随即消失，端口需要锁存功能。

9.5　用 AT89S51 单片机的串行口扩展并行口

　　串口的方式 0 为同步移位寄存器工作方式。数据由 RXD 端（P3.0）输入，同步移位时钟由 TXD 端（P3.1）输出。串口的方式 0 可用于扩展 I/O 口。

9.5.1　用 74LS165 扩展并行输入口

　　74LS165 是 8 位并入串出的移位寄存器，能完成数据的并串转换。74LS165 的串行数据 Q_H 送到 RXD 端作为串行口的数据输入，而 74LS165 的移位时钟 CP 仍由串口的 TXD 提供。端口线 P1.0 作为 74LS165 的接收和移位控制器控制端 S/$\overline{L}$。当 S/$\overline{L}$ = 0 时，允许 74LS165 输入并行数据；当 S/$\overline{L}$ = 1 时，且时钟禁止端（15 引脚）为低时，允许 74LS165 串行移位端输出数据。在移位时钟脉冲作用下，数据由右向左方向移动。图 9-21 为串口扩展两个 8 位并行输入口。当扩展多个 8 位输入口时，相邻两芯片的首尾（Q_H 与 SIN）相连即可。

　　根据图 9-21 所示的硬件连线，串行口经 74LS165 并行输入数据的程序段如下：

```
         MOV      R5，#0AH          ; 设置读入组数
         MOV      R1，#40H          ; 设置内部 RAM 数据区首址
START:   CLR      P1.0             ; 并行置入数据，S/L = 0
         NOP
         SETB     P1.0             ; 允许串行移位，S/L = 1
         MOV      SCON，#00010000H  ; 设置串口方式 0，允许接收，启动接收过程
WAIT:    JNB      R1，WAIT          ; 未接收完一帧，循环等待
         CLR      R1               ; R1 标志清 "0"，准备下次接收
```

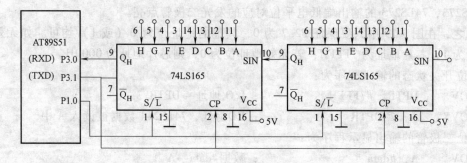

图 9-21　利用 74LS165 扩展并行输入口

MOV	A，SBUF	；读入数据
MOV	@R1，A	；送至 RAM 缓冲区
INC	R1	；指向下一个地址
DJNZ	R5，START	；5 组数据未读完重新并行置入
……		；对数据进行处理

串行接收过程采用查询等待的方式，也可采用中断的方式。

9.5.2　用 74LS164 扩展并行输出口

74LS164 是 8 位串入并出的移位寄存器，能完成数据的串并转换。串行口的数据通过 RXD 引脚送到 74LS164 的输入端 A、B，串行口输出的移位时钟通过 TXD 引脚加到 74LS164 的时钟端 CP。单片机的端口线 P1.0 作为 74LS164 的输出允许选通端 CLR。图 9-22 为串口外接两片 74LS164（8 位串入并出移位寄存器）扩展两个 8 位并行输出口的接口电路。

注意，由于 74LS164 无并行输出控制端，在串行输入中，其输出端的状态会不断变化，在某些场合，74LS164 输出端应增加输出三态门，以保证串行输入结束后再输出数据。

根据图 9-22 所示的硬件连线，串行口经 74LS164 输出数据的程序段如下：

MOV	SCON，#00H	；设置串行口为方式 0
SETB	P1.0	
MOV	A，#DATA	
MOV	SBUF，A	；启动串行口发送过程
WAIT：JNB	TI，WAIT	；一帧未发完，等待
CLR	TI	
CLR	P1.0	

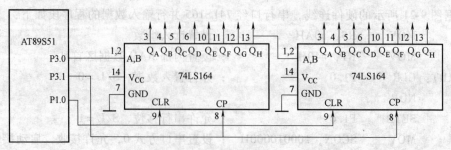

图 9-22　利用 74LS164 扩展并行输出口

9.6　用 I/O 口控制的声音报警器接口

当单片机测控系统发生故障或处于某种紧急状态时，单片机应用系统应能及时发出提醒人们警觉的声音。用 I/O 口很容易实现报警功能。

9.6.1　蜂鸣音报警接口

市面上常用的报警音有两种：蜂鸣音和音乐。压电式蜂鸣器是一种可以产生蜂鸣音的电子元件，工作原理简单，仅需 10mA 的电流就可工作。图 9-23 是压电式蜂鸣器的两种报警接口电路。

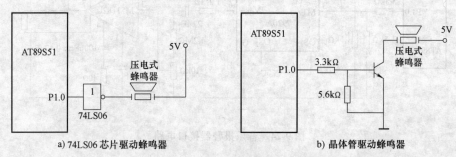

a) 74LS06 芯片驱动蜂鸣器　　　　　　　　b) 晶体管驱动蜂鸣器

图 9-23　压电式蜂鸣器报警接口电路

74LS06 是一个非门逻辑电路。当 P1.7 输出高电平时，74LS06 的输出为低电平，压电蜂鸣器两端加上近 5V 的直流电压，由于压电效应而发出蜂鸣音。当 P1.7 端输出低电平，74LS06 的输出端高约 5V，压电蜂鸣器两端的直流电压降至 0V，发声停止。采用晶体管驱动时，当 P1.7 输出高电平时，晶体管导通，压电蜂鸣器两端获得约 5V 电压而发声；当 P1.7 输出低电平时，晶体管截止，蜂鸣器两端压降为 0，发声停止。

下面是连续蜂鸣 50ms 的程序，两个接口电路都适用。

```
SOUND：SETB    P1.7            ;P1.7 输出高电平，蜂鸣器开始鸣叫
       MOV     R1，#32H         ;延时 50ms
LP：    MOV     R0，#0F9H
LP1：   DJNZ    R0，LP1          ;延时 1ms 的循环
       DJNZ    R1，LP
       CLR     P1.7            ;P1.7 输出低电平，蜂鸣器停止鸣叫
       RET
```

如果想要发出更大的声音，可采用功率大的扬声器，采用相应的功率驱动电路。

9.6.2　音乐报警接口

蜂鸣音报警音调比较单一，设计者可根据自己的喜好选择音乐作为某种提示信号或报警信号，音乐发声电路可使用乐曲发生器。

音乐报警接口电路由两部分组成：乐曲发生器和放大电路。

如图 9-24 所示为音乐报警接口电路，音乐发生器采用 7920A 电子音乐芯片。放大电路采用 M51182L 放大器。当 P1.7 输出高电平时，7920A 的输出端 V_{out} 便发出乐曲信号，经

M51182L 放大而驱动扬声器发出乐曲报警声，音量大小由 10kΩ 电位器调整。若 P1.7 输出低电平，7920A 因输入电位变低而关闭，扬声器停止奏曲。播放音乐的参考程序如下：

```
START：SETB    P1.0           ；P1.0 为高电平，发出音乐报警乐曲
        RET
STOP：  CLR     P1.0           ；P1.0 为低电平，音乐报警乐曲停止
        RET
```

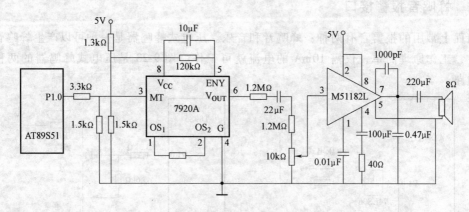

图 9-24　音乐报警器接口电路

思考题与习题 9

9-1　I/O 接口和 I/O 端口有什么区别？I/O 接口的功能是什么？

9-2　I/O 接口数据传送有哪几种传送方式？举例说明应用场合。

9-3　常用的 I/O 端口编址有哪两种方式？它们各自的优缺点是什么？AT89S51 单片机的 I/O 端口采用的是哪种方式？

9-4　编程对 82C55 芯片进行初始化，设 A 口为基本输入口，B 口为选通输入口，C 口的高 4 位输入，低 4 位输出。

9-5　编写程序，采用 82C55 的 PC 口按位置位/复位控制字，将 PC5 置 1，PC0 清 0。（假设 82C55 各端口的地址为 8000H ~ 80003H）

9-6　81C55 的端口有哪些？哪些引脚决定端口的地址？引脚 TIMEIN 和 $\overline{\text{TIMEOUT}}$ 的作用是什么？

9-7　利用 AT89S51 扩展一片 82C55，使 82C55 的 PB 口用作输入，PB 口的每一位接一个开关，PA 口用作输出，每一位接一个发光二极管，请画出电路原理图，并编写出 PB 口某一位开关接高电平时，PA 口相应位发光二极管被点亮的程序。

9-8　假设 81C55 的 TIMERIN 引脚输入脉冲频率为 1MHz，编写程序，使 $\overline{\text{TIMEOUT}}$ 引脚上输出周期为 10ms 的方波。（假设 I/O 端口的地址为 7F00H ~ 7F05H）

第 10 章 AT89S51 单片机与输入/输出外设的接口

大多数的单片机应用系统都要配置输入外部设备和输出外部设备。常用的输入外部设备有键盘、BCD 拨码盘等；常用的输出外部设备有 LED 数码管、LCD 显示器、打印机等。本章介绍 AT89S51 单片机与各种输入外部设备、输出外部设备的接口电路设计以及软件编程。

10.1 LED 数码管的显示原理

发光二极管（Light Emitting Diode，LED）LED 数码管是由发光二极管构成的。

10.1.1 LED 数码管的结构

常见的 LED 数码管为"8"字形的，共计 8 段。每一段对应一个发光二极管。有共阳极和共阴极两种，如图 10-1 所示。共阴极发光二极管的阴极连在一起，通常公共阴极接地。当阳极为高电平时，发光二极管点亮。

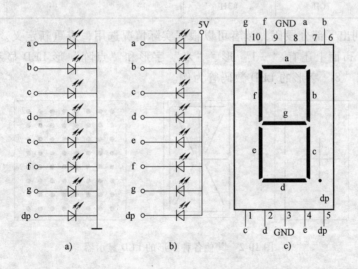

图 10-1 8 段 LED 数码管结构及外形

同样，共阳极 LED 数码管的发光二极管的阳极连接在一起，公共阳极接正电压，当某个发光二极管的阴极接低电平时，发光二极管被点亮，相应的段被显示。

为了使数码管显示不同的符号或数字，要把某些段发光二极管点亮，就要为 LED 数码管提供段码（字形码）。

LED 数码管共计 8 段。正好是一个字节。习惯上是以"a"段对应段码字节的最低位。各段与字节中各位对应关系见表 10-1。

表 10-1　　段码与字节中各位对应关系

代码位	D7	D6	D5	D4	D3	D2	D1	D0
显示段	dp	g	f	e	d	c	b	a

按照上述格式，显示各种字符的 8 段 LED 数码管的段码见表 10-2。

表 10-2　　8 段 LED 段码

显示字符	共阴极段码	共阳极段码	显示字符	共阴极段码	共阳极段码
0	3FH	C0H	C	39H	C6H
1	06H	F9H	d	5EH	A1H
2	5BH	A4H	E	79H	86H
3	4FH	B0H	F	71H	8EH
4	66H	99H	P	73H	8CH
5	6DH	92H	U	3EH	C1H
6	7DH	82H	T	31H	CEH
7	07H	F8H	y	6EH	91H
8	7FH	80H	H	76H	89H
9	6FH	90H	L	38H	C7H
A	77FH	88H	"灭"	00H	FFH
b	7CH	83H	…	…	……

表 10-2 只列出了部分段码，读者可以根据实际情况选用，或重新定义。除"8"字形的 LED 数码管外，市面上还有"±1"形、"米"字形和"点阵"形 LED 显示器，如图 10-2 所示。本章均以"8"字形的 LED 数码管为例。

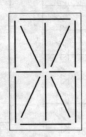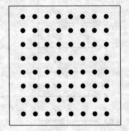

图 10-2　　其他各种字形的 LED 显示器

10.1.2　LED 数码管的工作原理

图 10-3 所示为显示 4 位字符的 LED 数码管的结构原理图。4 位位选线和 8×4 条段码线。段码线控制显示字形，而位选线控制着该显示位的 LED 数码管的亮或暗。

LED 数码管有静态显示和动态显示两种显示方式。

1. LED 静态显示方式

无论多少位 LED 数码管，同时处于显示状态。

静态显示方式，各位的共阴极（或共阳极）连接在一起并接地（或接 5V）；每位的段码线（a～dp）分别与一个 8 位的 I/O 口锁存器输出相连。如果送往各个 LED 数码管所显示字符的段码一经确定，则相应 I/O 口锁存器锁存的段码输出将维持不变，直到送入另一个字符的段码为止。正因为如此，静态显示方式的显示无闪烁，亮度都较高，软件控制比较容易。

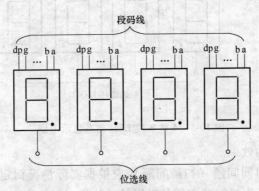

图 10-3　4 位 LED 数码管的结构原理图

图 10-4 所示为 4 位 LED 数码管静态显示电路，各位可独立显示，静态显示方式接口编程容易，但是占用口线较多。对图 10-4 电路，若用 I/O 口线接口，要占用 4 个 8 位 I/O 口。因此在显示位数较多的情况下，所需的电流比较大，对电源的要求也就随之增高，这时一般都采用动态显示方式。

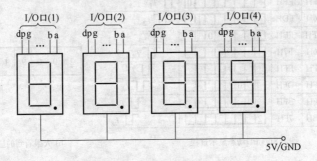

图 10-4　4 位 LED 静态显示电路

2. LED 动态显示方式

无论在任何时刻只有一个 LED 数码管处于显示状态，即单片机采用"扫描"方式控制各个数码管轮流显示。

在多位 LED 显示时，为简化硬件电路，通常将所有显示位的段码线的相应段并联在一起，由一个 8 位 I/O 口控制，而各位的共阳极或共阴极分别由相应的 I/O 线控制，形成各位的分时选通。

图 10-5 所示为一个 4 位 8 段 LED 动态显示电路。其中段码线占用一个 8 位 I/O 口，而位选线占用一个 4 位 I/O 口。采用动态的"扫描"显示方式。即在某一时刻，只让某一位的位选线处于选通状态，而其他各位的位选线处于关闭状态，同时，段码线上输出相应位要显示的字符的段码。

虽然这些字符是在不同时刻出现，而在同一时刻，只有一位显示，其他各位熄灭，由于余辉和人眼的"视觉暂留"作用，只要每位显示间隔足够短，则可以造成"多位同时亮"

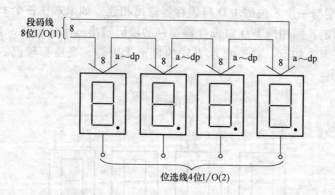

图 10-5　4 位 8 段 LED 动态显示电路

的假象，达到同时显示的效果。

　　LED 不同位显示的时间间隔（扫描间隔）应根据实际情况而定。显示位数多，将占大量的单片机时间，因此动态显示的实质是以牺牲单片机时间来换取 I/O 端口的减少。

　　图 10-6 所示为 8 位 LED 动态显示 "2009.10.10" 的过程和方案。图 10-6a 所示为显示过程，某一时刻，只有一位 LED 被选通显示，其余位则是熄灭的；图 10-6b 所示为实际的显示结果，人眼看到的是 8 位稳定的同时显示的字符。

显示字符	段码	位显码	显示器显示状态(微观)	位选通时序
0.	3FH	FEH	⬜⬜⬜⬜⬜⬜⬜0	T_1
1	06H	FDH	⬜⬜⬜⬜⬜⬜1⬜	T_2
0	BFH	FBH	⬜⬜⬜⬜⬜0.⬜⬜	T_3
1	06H	F7H	⬜⬜⬜⬜1⬜⬜⬜	T_4
9	FFH	EFH	⬜⬜⬜9.⬜⬜⬜⬜	T_5
0	3FH	DFH	⬜⬜0⬜⬜⬜⬜⬜	T_6
0	3FH	BFH	⬜0⬜⬜⬜⬜⬜⬜	T_7
2	5BH	7FH	2⬜⬜⬜⬜⬜⬜⬜	T_8

a) 8位LED动态显示过程

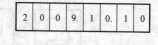

b) 人眼看到的显示结果

图 10-6　8 位 LED 动态显示 "2009.10.10" 的过程和结果

　　动态显示的优点是硬件电路简单，显示器越多，优势越明显。缺点是显示亮度不如静态显示的亮度高。如果 "扫描" 速率较低，会出现闪烁现象。

10.2　键盘接口原理

　　键盘具有向单片机输入数据、命令等功能，是人与单片机对话的主要手段。下面介绍键盘的工作原理和键盘的工作方式。

10.2.1　键盘输入应解决的问题

1. 键盘的任务

任务有三项：

1）判别是否有键按下，若有，进入下一步工作。

2) 识别哪一个键被按下，并求出相应的键值。

3) 根据键值，找到相应键值的处理程序入口。

2. 键盘输入的特点

常见键盘有触摸式键盘、薄膜键盘和按键式键盘等，最常用的是按键式键盘。按键实质上就是一个开关。如图 10-7a 所示，按键开关的两端分别连接在行线和列线上，通过键盘开关机械触点的断开、闭合，其行线电压输出波形如图 10-7b 所示。

图 10-7b 所示的 t_1 和 t_3 分别为键的闭合和断开过程中的抖动期（呈现一串负脉冲），抖动时间长短与开关的机械特性有关，一般为 $5 \sim 10ms$，t_2 为稳定的闭合期，其时间由按键动作确定，一般为十分之几秒到几秒，t_0、t_4 为断开期。

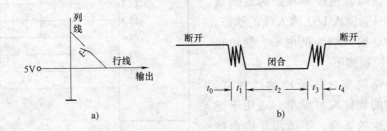

图 10-7　键盘开关及其行线波形

3. 按键的识别

键的闭合与否，行线输出电压上就是呈现低电平或高电平。高电平表示键断开，低电平则表示键闭合，通过对行线电平的高低状态的检测，可确认按键按下以及按键释放与否。为了确保对一次按键动作只确认一次按键有效，必须消除抖动期 t_1 和 t_3 的影响。

4. 如何消除按键的抖动

按键去抖动的方法有两种。

一种软件延时，本思想是在检测到有键按下时，该键所对应的行线为低电平，执行一段延时 10ms 的子程序后，确认该行线电平是否仍为低电平，如果仍为低电平，则确认该行确实有键按下。当按键松开时，行线的低电平变为高电平，执行一段延时 10ms 的子程序后，检测该行线为高电平，说明按键确实已经松开。采取本措施，可消除两个抖动期 t_1 和 t_3 的影响。

另一种是采用专用的键盘/显示器接口芯片，这类芯片中都有自动去抖动的硬件电路。

10.2.2　键盘的工作原理

键盘可分为两类：非编码键盘和编码键盘。

非编码键盘是利用按键直接与单片机相连接而成，这种键盘通常使用在按键数量较少的场合。使用这种键盘，系统功能通常比较简单，需要处理的任务较少，但是可以降低成本、简化电路设计。按键的信息通过软件来获取。

1. 编码键盘

键盘上闭合键的识别由专用的硬件编码器实现，并产生键编码号或键值的称为编码键盘，如计算机键盘。在单片机组成的各种系统中，以非编码键盘应用最多，本节重点介绍非编码键盘。

2. 非编码键盘

常见的有两种结构：独立式键盘和矩阵式键盘。

（1）独立式键盘

特点是：一键一线，各键相互独立，每个键各接一条 I/O 口线，通过检测 I/O 输入线的电平状态，可容易地判断哪个按键被按下，如图 10-8 所示。

对于图 10-8 的键盘，图中的上拉电阻保证按键释放时，输入检测线上有稳定的高电平。

当某一按键按下时，对应的检测线就变成了低电平，与其他按键相连的检测线仍为高电平，只需读入 I/O 输入线的状态，判别哪一条 I/O 输入线为低电平，便可很容易识别哪个键被按下。

优点：电路简单，各条检测线独立，识别按下按键的软件编写简单。适用于键盘按键数目较少的场合，不适用于键盘按键数目较多的场合，因为将占用较多的 I/O 口线。

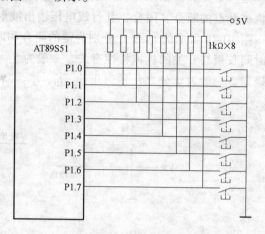

图 10-8　独立式键盘接口电路

识别某一键是否按下的子程序如下：

```
KEYIN:  MOV    P1, 0FFH            ; P1 口写入 1，设置 P1 口为输入状态
        MOV    A, P1              ; 读入 8 个按键的状态
        CJNE   A, #0FFH, QUDOU     ; 有键按下，跳去抖动
        LJMP   RETURN             ; 无键按下，返回
QUDOU:  MOV    R3, A              ; 8 个按键的状态送 R3 保存
        LCALL  DELAY10            ; 调用延时子程序，软件去键抖动
        MOV    A, P1              ; 再一次读入 8 个按键的状态
        CJNE   A, R3, RETURN      ; 两次键值比较，不同，是抖动引起，转
                                  ; RETURN
KEY0:   MOV    C, P1.0            ; 有键按下，读 P1.0 的按键状态
        JC     KEY1              ; P1.0 为高，该键未按下，跳 KEY1，判
                                  ; 断下一个键
        LJMP   PKEY0             ; P1.0 的键按下，跳 PKEY0 处理
KEY1:   MOV    C, P1.1           ; 读 P1.1 的按键状态
        JC     KEY2              ; P1.1 为高，该键未按下，跳 KEY2，判
                                  ; 断下一个键
        LJMP   PKEY1             ; P1.1 的键按下，跳 PKEY1 处理
KEY2:   MOV    C, P1.2           ; 读 P1.2 的按键状态
        JC     KEY3              ; P1.2 为高，该键未按下，跳 KEY3，判
                                  ; 断下一个键
        LJMP   PKEY2             ; P1.2 的键按下，跳 PKEY2 处理
```

```
KEY3：  MOV    C，P1.3           ; 读 P1.3 的按键状态
        ……
        ……
KEY7：  MOV    C，P1.7           ; 读 P1.7 的按键状态
        JC     RETURN           ; P1.7 为高，该键未按下，跳 RETURN 处
        LJMP   PKEY7            ; P1.7 的键按下，跳 PKEY7 处理
RETURN：RET                      ; 子程序返回
```

软件延时 10ms 子程序 DELAY10 的编写，参见第 4 章。对应 8 个按键的键处理程序 PKEY0 ~ PKEY7，根据按键功能的要求来编写。注意，在进入键处理程序后，需要先等待按键释放，再执行键处理功能。另外，在键处理程序完成后，一定要跳向 RETURN 标号处返回。

（2）矩阵式键盘

矩阵式（也称行列式）键盘用于按键数目较多的场合，由行线和列线组成，按键位于行、列的交叉点上。如图 10-9 所示，一个 4×4 的行、列结构可以构成一个 16 个按键键盘。在按键数目较多的场合，可节省较多的 I/O 口线。

矩阵中无按键按下时，行线为高电平；当有按键按下时，行线电平状态将由与此行线相连的列线的电平决定。列线的电平如果为低，则行线电平为低；列线的电平如果为高，则行线的电平也为高，这是识别按键是否按下的关键所在。

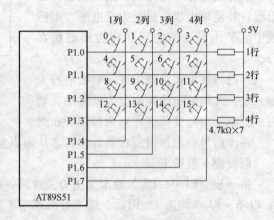

图 10-9　矩阵式键盘接口

由于矩阵式键盘中行、列线为多键共用，各按键彼此将相互发生影响，所以必须将行、列线信号配合，才能确定闭合键位置。下面讨论矩阵式键盘按键的识别方法。

1）扫描法。第 1 步，识别键盘有无键按下；第 2 步，如有键被按下，识别出具体的键位。

下面以图 10-9 所示的键 3 被按下为例，说明识别过程。

第 1 步，识别键盘有无键按下。先把所有列线均置为 0，然后检查各行线电平是否都为高，如果不全为高，说明有键按下，否则无键被按下。

例如，当键 3 按下时，第 1 行线为低，还不能确定是键 3 被按下，因为如果同一行的键 2、1 或 0 之一被按下，行线也为低电平。只能得出第 1 行有键被按下的结论。

第 2 步，识别出哪个按键被按下。采用逐列扫描法，在某一时刻只让 1 条列线处于低电平，其余所有列线处于高电平。

当第 1 列为低电平，其余各列为高电平时，因为是键 3 被按下，第 1 行的行线仍处于高电平；

当第 2 列为低电平，其余各列为高电平时，第 1 行的行线仍处于高电平；

直到让第 4 列为低电平，其余各列为高电平时，此时第 1 行的行线电平变为低电平，据此，可判断第 1 行第 4 列交叉点处的按键被按下，即键 3 被按下。

综上所述，扫描法的思想是，先把某一列置为低电平，其余各列置为高电平，检查各行线电平的变化，如果某行线电平为低电平，则可确定此行此列交叉点处的按键被按下。

2）线反转法。扫描法要逐列扫描查询，有时则要多次扫描。而线反转法则很简练，无论被按键是处于第一列或最后一列，均只需经过两步便能获得此按键所在的行列值，下面以图 10-10 所示的矩阵式键盘为例，介绍线反转法的具体步骤。

让行线编程为输入线，列线编程为输出线，并使输出线输出全为低电平，则行线中电平由高变低的所在行为按键所在行。

再把行线编程为输出线，列线编程为输入线，并使输出线输出全为低电平，则列线中电平由高变低所在列为按键所在列。

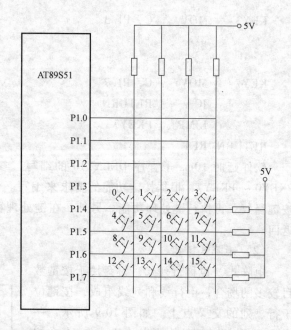

图 10-10 采用线反转法的矩阵式键盘

两步即可确定按键所在的行和列，从而识别出所按的键。

假设键 3 被按下。

第一步，P1.0 ~ P1.3 输出全为 0，然后，读入 P1.4 ~ P1.7 线的状态，结果 P1.4 = 0，而 P1.5 ~ P1.7 均为 1，因此，第 1 行出现电平的变化，说明第 1 行有键按下；

第二步，让 P1.4 ~ P1.7 输出全为 0，然后，读入 P1.0 ~ P1.3 位，结果 P1.0 = 0，而 P1.1 ~ P1.3 均为 1，因此第 4 列出现电平的变化，说明第 4 列有键按下。

综上所述，即第 1 行、第 4 列按键被按下，即按键 3 被按下。线反转法简单适用，但不要忘记按键去抖动处理。

10.2.3 键盘的工作方式

单片机在忙于其他各项工作任务时，如何兼顾键盘的输入，这取决于键盘的工作方式。工作方式选取原则是，既要保证及时响应按键操作，又不过多占用单片机工作时间。键盘工作方式有 3 种，即编程扫描、定时扫描和中断扫描。

1. 编程扫描方式

编程扫描方式也称查询方式，利用单片机空闲时，调用键盘扫描子程序，反复扫描键盘。

如果单片机查询的频率过高，虽能及时响应键盘的输入，但也会影响其他任务的进行。查询的频率过低，可能会出现键盘输入漏判。

所以要根据单片机系统的繁忙程度和键盘的操作频率，来调整键盘扫描的频率。

2. 定时扫描方式

定时扫描方式是指每隔一定的时间对键盘扫描一次。在这种方式中，通常利用单片机内的定时器产生的定时中断，进入中断子程序来对键盘进行扫描，在有键按下时识别出该键，并执行相应键的处理程序。为了不漏判有效的按键，定时中断的周期一般应小于 100ms。

3. 中断扫描方式

为提高单片机扫描键盘的工作效率，可采用中断扫描方式，如图 10-11 所示。

图中的键盘只有在键盘有按键按下时，发出中断请求信号，单片机响应中断，执行键盘扫描程序中断服务子程序。如无键按下，单片机将不理睬键盘。

此种方式的优点是，只有按键按下时，才进行处理，所以其实时性强，工作效率高。

非编码矩阵式键盘所完成的工作分为 3 个层次。

1）单片机如何来监视键盘的输入，体现在键盘的工作方式上就是：①编程扫描；②定时扫描；③中断扫描。

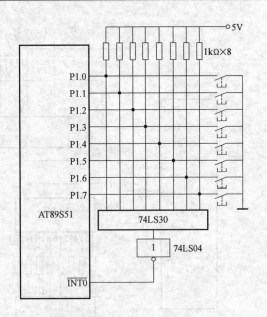

图 10-11　键盘中断扫描方式

2）确定按下键的键号。体现在按键的识别方法上就是：①扫描法；②线反转法。

3）根据按下键的键号，实现按键的功能，即跳向对应的键处理程序。

10.3　键盘/显示器接口设计实例

在单片机应用系统设计中，一般都是把键盘和显示器放在一起考虑。也有的系统仅单独需要键盘或显示器。下面介绍几种实用的键盘/显示器接口的设计方案。

10.3.1　利用 AT89S51 单片机串行口实现的键盘/显示器接口

当 AT89S51 单片机的串行口未作他用时，可使用 AT89S51 的串行口的方式 0 的输出方式，构成键盘/显示器接口，如图 10-12 所示。

8 个 74LS164：74LS164（0）～74LS164（7）作为 8 位 LED 数码管的段码输出口，AT89S51 的 P3.4、P3.5 作为两行键的行状态输入线，P3.3 作为 TXD 引脚同步移位脉冲输出控制线，P3.3 = 0 时，与门封死，禁止同步移位脉冲输出。这种方案主程序可不必扫描显示器，软件设计简单，使单片机有更多的时间处理其他事务。

下面列出显示子程序和键盘扫描子程序。

显示子程序：

```
DIR:     SETB   P3.3           ;P3.3 = 1，允许 TXD 引脚同步移位
                               ;脉冲输出

         MOV    R7, #08H        ;送出的段码个数
         MOV    R0, #7FH        ;7FH ~ 78H 为显示数据缓冲区
DL0:     MOV    A, @R0          ;取出要显示的数送 A
         ADD    A, #0DH         ;加上偏移量
         MOVC   A, @A + PC      ;查段码表 SEGTAB，取出段码
```

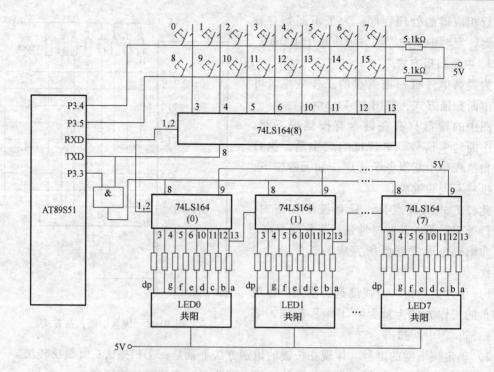

图 10-12　用 AT89S51 串行口扩展键盘/显示器

	MOV	SBUF, A	；将段码送串行口的 SBUF
DL1：	JNB	TI, DL1	；查询 1 个字节的段码输出完否
	CLR	TI	；1 字节的段码输出完, 清 TI 标志
	DEC	R0	；指向下一个显示数据单元
	DJNZ	R7, DL0	；段码个数计数器 R7 是否为 0，如
			；不为 0, 继续送段码
	CLR	P3.3	；8 个段码输出完毕,关闭显示器输出
	RET		；返回
SEGTAB：	DB	0C0H,0F9H,0A4H,0B0H,99H	；共阳极段码表,0,1,2,3,4
	DB	92H,82H,0F8H,90H	;5,6,7,8,9
	DB	88H,83H,0C6H,0A1H,86H	;A,B,C,D,E
	DB	8FH,0BFH,8CH,0FFH,0FFH	;F,—,P,暗

键盘扫描子程序：

KEYI：	MOV	A, #00H	；判断有无键按下, 使所有列线为 0
			；的编码送 A
	MOV	SBUF, A	；扫描键盘的（8）号 74LS164 输出
			；为 00H, 使所有列线为 0
KL0：	JNB	TI, KL0	；串行输出完否？
	CLR	TI	；串行输出完毕, 清 TI
KL1：	JNB	P3.4, PK1	；第 1 行有闭合键吗? 如有, 跳 PK1
			；进行处理

```
            JB      P3.5，KL1              ；在第 2 行键中有闭合键吗？无闭合
                                          ；键跳 KL1
PK1：       ACALL DL10                    ；调用延时 10ms 子程，软件消抖动
            JNB     P3.4，PK2             ；判断是否由抖动引起？
            JB      P3.5，KL1             ；
PK2：       MOV     R7，#08H              ；不是抖动引起的
            MOV     R6，#0FEH             ；判别是哪一个键按下，FEH 为最左
                                          ；1 列为低
            MOV     R3，#00H              ；R3 为列号寄存器
            MOV     A，R6
KL5：       MOV     SBUF，A               ；列扫描，列扫描码从串行口输出
KL2：       JNB     TI，KL2               ；等待串行口发送完
            CLR     TI                    ；串行口发送完毕，清 TI 标志
            JNB     P3.4，PKONE           ；读第 1 行线状态，第 1 行有键闭
                                          ；合，跳 PKONE
            JB      P3.5，NEXT            ；读第 2 行状态，2 行某键是否被按下？
            MOV     R4，#08H              ；2 行中有键被按下，行首键号 08H
                                          ；送 R4
            AJMP    PK3
PKONE：     MOV     R4，#00H              ；1 行键中有键按下，行首键号 00H
                                          ；送 R4
PK3：       MOV     SBUF，#00H            ；等待键释放，发送 00H 使所有列线
                                          ；为低
KL3：       JNB     TI，KL3               ；判断 1 个字节是否发送完毕
            CLR     TI                    ；发送完毕，清标志
KL4：       JNB     P3.4，KL4             ；判断行线状态
            JNB     P3.5
            MOV     A，R4                 ；两行线均为高，说明键已释放
            ADD     A，R3                 ；计算得键码→A
            RET
NEXT：      MOV     A，R6                 ；列扫描码左移一位，判断下一列键
                                          ；是否按下
            RL      A
            MOV     R6，A                 ；记住列扫描码于 R6 中
            INC     R3                    ；列号增 1
            DJNZ    R7，KL5               ；列计数器 R7 减 1，8 列键都检查
                                          ；完否？
            AJMP    KEYI                  ；8 列扫描完，开始下一个键盘扫
                                          ；描周期
DL10：      MOV     R7，#0AH              ；延时 10ms 子程序
```

```
DL：        MOV     R6，#0FFH
DL6：       DJNZ    R6，DL6
            DJNZ    R7，DL
            RET
```

本例中，如只需 LED 数码管显示部分，可把键盘部分的电路去掉即可；如只需键盘，可把 LED 数码管部分的电路去掉。

10.3.2　各种专用的键盘/显示器接口芯片简介

用专用芯片，可省去键盘/显示器动态扫描程序以及键盘去抖动程序编写的繁琐工作。

目前各种专用接口芯片种类繁多，各有特点，总体趋势是并行接口芯片逐渐退出，串行接口芯片越来越多地得到应用。

早期的较为流行的键盘/显示器芯片是 8279，目前流行的键盘/显示器接口芯片均采用串行通信方式，占用口线少。常见的芯片有：周立功公司的 ZLG7289A、ZLG7290B，美信公司的 MAX7219，南京沁恒公司的 CH451、HD7279 和 BC7281 等。

这些芯片全采用动态扫描方式，且控制的键盘均为编码键盘。

1. 专用键盘/显示器接口芯片 8279

可编程的并行键盘/显示器接口芯片。内部有键盘 FIFO（先进先出堆栈）/传感器双重功能的 $8 \times 8 = 64$ 字节 RAM，键盘控制部分可控制 8×8 的键盘矩阵，能自动获得按下键的键号。

自动去键盘抖动并具有双键锁定保护功能。显示 RAM 的容量为 16×8 位，最多可控制 16 个 LED 数码管显示。8279 已经逐渐淡出市场。

2. 专用键盘/显示器芯片 ZLG7290B

采用 I^2C 串行口总线结构，可实现 8 位 LED 显示和 64 键的键盘管理，需外接晶体振荡器，使用按键功能时要接 8 个二极管，电路稍显复杂，且每次 I^2C 通信间隔稍长（10ms）。

功能：闪烁、段点亮、段熄灭、功能键、连击键计数等。其中，功能键实现了组合按键，这在此类芯片中极具特点；连击键计数实现了识别长按键的功能，也是独有的。

3. 专用显示器芯片 MAX7219

MAXIM（美信）公司的产品。该芯片采用串行 SPI 接口，仅是单纯驱动共阴极 LED 数码管，没有键盘管理功能。

4. 专用显示器芯片 BC7281

可驱动 16 位 LED 数码管显示和实现 64 键的键盘管理，可实现闪烁、段点亮、段熄灭等功能。最大特点是通过外接移位寄存器驱动 16 位 LED 数码管。但所需外围电路较多，占 PCB 空间较大，且在驱动 16 位 LED 数码管时，由于采用动态扫描方式工作，电流噪声过大。

5. 专用键盘/显示器芯片 HD7279

与单片机间采用串行通信，可控制并驱动 8 位 LED 数码管和实现 64（8×8）键的键盘管理。外围电路简单，价格低廉。由于具有上述优点，目前得到较为广泛的应用。

6. 专用键盘/显示器芯片 CH451

可动态驱动 8 位 LED 数码管显示，具有 BCD 码译码、闪烁、移位等功能。内置大电流驱动级，段电流不小于 30mA，位电流不小于 160mA。内置 64（8×8）键键盘控制器，可对

8×8 矩阵键盘自动扫描，且有去抖动电路，并提供键盘中断和按键释放标志位，可供查询按键按下与释放状态。片内内置上电复位和看门狗定时器。芯片性价比较高，是目前使用较为广泛的专用的键盘/显示器接口芯片之一。但抗干扰能力不是很强，不支持组合键识别。

上述各种芯片，CH451 和 HD7279 使用较多。从性价比，首推 CH451，主要因为对 LED 数码管的驱动功能较完善。

10.3.3　专用接口芯片 CH451 实现的键盘/显示器控制

本节将介绍专用键盘/显示器接口芯片 CH451（南京沁恒公司）。

1. 基本功能与引脚介绍

CH451 是内部集成数码管显示驱动和键盘扫描控制的专用键盘/显示器接口芯片。内置 RC 振荡电路，可以直接动态驱动 8 位 LED 数码管（或者 64 只 LED），可实现显示数字左移、右移、左循环、右循环、各位显示数字独立闪烁等功能。

内置大电流驱动级，段电流不小于 30mA，字电流不小于 160mA，并有 16 级亮度控制功能。

在键盘控制方面，该芯片内有 64 键键盘控制器，可实现 8×8 矩阵编码键盘的扫描，并内置自动去抖动电路，可提供按键中断与按键释放标志位等功能。

与单片机的接口，可选用 1 线串行接口或高速 4 线串行接口，片内有上电复位电路，同时可提供高电平有效复位和低电平有效复位两种输出，同时片内提供看门狗定时器。

两种封装形式：28 引脚的表贴型封装（SOP 型）以及 24 引脚的双列直插（DIP）封装，如图 10-13 所示。

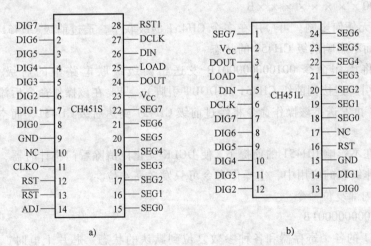

图 10-13　CH451 的封装与引脚

28 引脚与 24 引脚在功能上稍有差别，引脚定义见表 10-3。

表 10-3　CH451 的引脚定义

28 引脚号	24 引脚号	引脚名称	引脚说明
23	2	V_{CC}	正电源，持续电流不小于 200mA
9	15	GND	电源地，持续电流不小于 200mA
25	4	LOAD	输入端，4 线串行接口的数据加载，带上拉电阻

（续）

28 引脚号	24 引脚号	引脚名称	引脚说明
26	5	DIN	输入端，4 线串行接口的数据输入，带上拉电阻
27	6	DCLK	输入端，串行接口的数据时钟，带上拉电阻，可同时用于看门狗定时器的清除
24	3	DOUT	输出端，串行接口的数据输出和键盘中断
22 ~ 15	1、24 ~ 18	SEG7 ~ SEG0	输出端，LED 数码管的段驱动，高电平有效；键盘扫描输入，高电平有效
1 ~ 8	7 ~ 14	DIG7 ~ DIG0	输出端，LED 数码管的位驱动，低电平有效；键盘扫描输入，高电平有效
12	16	RST	输出端，上电复位和看门狗定时器复位，高电平有效
13	不支持	$\overline{\text{RST}}$	输出端，上电复位和看门狗定时器复位，低电平有效
28	不支持	RSTI	输入端，上电复位门限调整或手动复位输入
14	不支持	ADJ	输入端，段电流上限调整，带强下拉电阻
11	不支持	CLKO	输出端，CLK 引脚时钟信号的二分频输出
10	17	NC	不连接，禁止使用

2. CH451 的操作命令

命令均为 12 位，其中高 4 位为标识码，低 8 位为参数。

（1）空操作命令

编码：0000 × × × × × × × ×B。

对 CH451 无任何影响。可应用在多个 CH451 的级联中，透过前级 CH451 向后级 CH451 发送操作命令而不影响前级 CH451 的状态。

例如，要将操作命令 001000000001B 发送给两级级联电路中的后级 CH451（后级 CH451 的 DIN 引脚连接到前级 CH451 的 DOUT 引脚），只要在该操作命令后添加空操作命令 000000000000B 再发送，该操作命令将经过前级 CH451 到达后级 CH451，而空操作命令留给了前级 CH451。

另外，为在不影响 CH451 的前提下，使 DCLK 变化以清除看门狗计时器，也可以发送空操作命令。在非级联的应用中，空操作命令可只发送高 4 位。

（2）芯片内部复位命令

编码：001000000001B。

可将 CH451 的各个寄存器和各种参数复位到默认的状态。芯片上电时，CH451 均被复位，此时各个寄存器均复位为 0，各种参数均恢复为默认值。

（3）字数据移位命令

编码：0011000000 [D1] [D0] B。

命令共有 4 个：开环左移、右移，闭环左移、右移。D0 = 0 时为开环，D0 = 时为闭环；D1 = 0 时左移，D1 = 1 时右移。

开环左移时，DIG0 引脚对应的单元补 00H，此时不译码方式显示为空格，BCD 译码方式时显示为 0。

开环右移时，DIG7 引脚对应的单元补 00H；而在闭环时 DIG0 与 DIG7 头尾相接，闭环移位。

（4）设定系统参数命令

编码：010000000 [WDOG] [KEYB] [DISP] B。

用于设定 CH451 的系统级参数，如看门狗定时器使能、键盘扫描使能 KEYB、显示驱动使能 DISP 等。各个参数均可通过命令中的 1 位数据来进行控制，将相应数据位置为 1 可启用该功能，否则关闭该功能（默认值）。

（5）设定显示参数命令

编码：0101 [MODE（1 位）] [LIMIT（3 位）] [INTENSITY（4 位）] B。

设定 CH451 的显示参数，其中译码方式 MODE（1 位）、扫描极限 LIMIT（3 位）、显示亮度 INTENSITY（4 位）。

译码方式 MODE = 1，为 BCD 译码方式，MODE = 0 时为不译码方式。

CH451 默认不译码方式，此时 8 个数据寄存器中字节数据的位 7 ~ 位 0 分别对应 8 个数码管的小数点和段 a ~ 段 g，当某段数据位为 1 时，对应的段点亮；当某段数据位为 0 时熄灭。

CH451 BCD 译码方式主要用于 LED 数码管驱动，单片机只要给出二进制数的 BCD 码，便由 CH451 将其译码并直接驱动 LED 数码管以显示对应的字符。

BCD 译码方式是对显示数据寄存器字节中的数据位 4 ~ 位 0 进行 BCD 译码，可用于控制段驱动引脚 SEG6 ~ SEG0 的输出，它们对应于数码管的段 g ~ 段 a，同时可用字节数据的位 7 来控制 SEG7 段对应的 LED 数码管的小数点，字节数据的位 6 和位 5 不影响 BCD 译码的输出，它们可以是任意值。

将位 4 ~ 位 0 进行 BCD 译码可显示以下 28 个字符：

其中 00000B ~ 01111B 分别对应于显示字符 "0 ~ F"。

10000B ~ 11010B 分别对应于显示 "空格"、"＋"、"－"、"＝"、"["、"]"、"_"、"H"、"L"、"P"、"."，其余值为空格。

扫描极限 LIMIT 控制位 001B ~ 111B 和 000B（默认值）可分别设定扫描极限 1 ~ 7 和 8。

显示亮度 INTENSITY 控制位（4 位）可实现 16 级显示亮度控制。0001B ~ 1111B 和 0000B（默认值）则用于分别设定显示驱动占空比 1/16 ~ 15/16 和 16/16。

（6）设定闪烁控制命令

编码：[D7S] [D6S] [D5S] [D4S] [D3S] [D2S] [D1S] [D0S] B。

用于设定 CH451 的闪烁显示属性，其中 D7S ~ D0S 位分别对应于 8 个数码管的字驱动 DIG7 ~ DIG0，并控制 DIG7 ~ DIG0 的属性，将相应的数据位置为 1 则闪烁显示，否则为不闪烁的正常显示（默认值）。

（7）加载显示数据命令

编码：[DIG_ADDR] [DIG_DATA] B。

用于将显示字节数据 DIG_DATA（8 位）写入 DIG_ADDR（3 位）指定的数据寄存器中。

DIG_ADDR 的 000B ~ 111B 分别用于指定显示寄存器的地址 0 ~ 7，并分别对应于 DIG0 ~ DIG7 引脚驱动的 8 个 LED 数码管。DIG_DATA 为待写入的显示字节数据。

（8）读取按键代码命令

编码：0111××××××××B。

用于获得 CH451 最近检测到的有效按键的代码。CH451 通常从 DOUT 引脚向单片机输出按键代码，按键代码是 7 位数据，最高位是状态码，位 5 ~ 位 0 是扫描码。读取按键代码命令的位 7 ~ 位 0 可以是任意值，可将该命令缩短为 4 位，即位 11 ~ 位 8。

例如，CH451 检测到有效按键并向单片机发出中断请求时，假如按键代码是 5EH，则单片机先向 CH451 发出读取按键代码命令 0111B，然后再从 DOUT 获得按键代码 5EH。CH451 所提供的按键代码为 7 位，位 2 ~ 位 0 是列扫描码，位 5 ~ 位 3 是行扫描码，位 6 是按键的状态码（键按下为 1，键释放为 0）。

对 8 × 8 键盘，即连接在 DIG7 ~ DIG0 与 SEG7 ~ SEG0 之间的键按下时，CH451 所提供的按键代码是固定的，如图 10-14 所示。如果需要键被释放时的按键代码，可将图 10-14 所示的按键代码的位 6 置 0，也可将按键代码减去 40H。

例如，连接 DIG3 与 SEG4 的键被按下时，按键代码为 63H，键被释放后，按键代码是 23H。

单片机可在任何时候读取有效按键的代码，但一般在 CH451 检测到有效按键并向单片机发出键盘中断请求时，进入中断服务程序读取按键代码，此时按键代码的位 6 总是 1。

另外，如需了解按键何时释放，可通过查询方式定期读取按键代码，直到按键代码的位 6 为 0。

注意：CH451 不支持组合键。如需要组合键功能，则可利用两片 CH451 来实现。具体的实现，请见相关资料。

3. CH451 与 AT89S51 单片机的接口

接口电路如图 10-14 所示，使用 4 线串行接口。其中 DOUT 引脚连到外部中断输入引脚，用中断方式响应有效按键。也可用查询方式确定 CH451 是否检测到有效按键，同时还可向单片机提供复位信号 RESET，并带有看门狗定时器功能。

CH451 的段驱动引脚串 200Ω 电阻用于限制和均衡段驱动电流。在 5V 下，串接 200Ω 电阻对应的段电流为 13mA。CH451 具有 64 键的键盘扫描功能，为防止键按下后在 SEG 信号线与 DIG 信号线之间形成短路而影响数码管显示，一般应在 CH451 的 DIG0 ~ DIG7 引脚与键盘矩阵之间串接限流电阻，阻值 1 ~ 10kΩ。

将 P1.0 与 DIN 连接可用于输入串行数据，串行数据输入的顺序是低位在前，高位在后。

另外，在上电复位后，CH451 默认选择 1 线串行接口，如需选择 4 线串行接口，则应在 DCLK 输出串行时钟之前，先在 DIN 上输出一个低电平脉冲，以通知 CH451 为 4 线串行接口。将 P1.1 与 DCLK 连接可提供串行时钟，以使 CH451 在其上升沿从 DIN 输入数据，并在其下降沿从 DOUT 输出数据。

LOAD 用于加载串行数据，CH451 一般在其上升沿加载移位寄存器中的 12 位数据以作为操作命令进行分析并处理。也就是说，LOAD 的上升沿是串行数据帧的帧完成标志，此时无论移位寄存器中的 12 位数据是否有效，CH451 都会将其当作操作命令来处理。

应注意，在级联电路中，单片机每次输出的串行数据必须是单个 CH451 的串行数据的位数乘以级联的级数。下面介绍该接口电路的驱动程序。

CH451 初始化子程序：

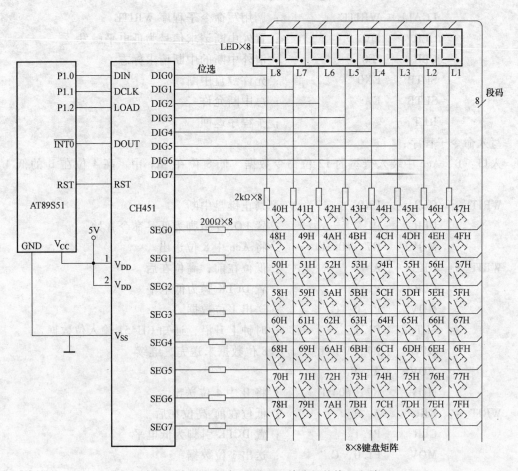

图 10-14　CH451 与 AT89S51 单片机的接口电路

INIT:	CLR	P1.0	; DIN 引脚先置低，当有上跳沿时，选择 CH451
			; 为 4 线串行接口
	SETB	P1.1	; 置 DCLK 为默认的高电平
	SETB	P1.0	; 置 DIN 为高电平，产生上跳沿，选 4 线串行接口
	SETB	P1.2	; 置 LOAD 脚为高电平
	SETB	P3.2	; 置 INT0（P3.2）为输入
	MOV	B，#04H	; 设置系统参数命令
	MOV	A，#07H	; 看门狗定时器使能，开键盘、显示功能
	LCALL	WRITE	; 调用写命令子程序 WRITE
	MOV	B，#03H	; 设置移位命令
	MOV	A，#00H	; 开环左移
	LCALL	WRITE	; 调用写命令子程序 WRITE
	MOV	B，#05H	; 设置显示参数
	MOV	A，#00H	; 不译码，8 位显示，最高亮度
	LCALL	WRITE	; 调用写命令子程序 WRITE
	MOV	B，#06H	; 设置闪烁控制
	MOV	A，#00H	; 不闪烁

```
        LCALL   WRITE           ; 调用写命令子程序 WRITE
        CLR     IT0             ; 置外中断请求信号为低电平触发
        CLR     IE0             ; 清外中断的中断请求标志
        SETB    EX0             ; 允许键盘中断
        SETB    EA              ; 总中断允许
        RET                     ; 子程序返回
```

写入命令子程序：

入口：B、Acc 中装入待写的 12 位命令数据，低 8 位在 Acc 中，高 4 位在 B 的低 4 位中。

```
WRITE:  CLR     EX0             ; 禁止键盘中断
        CLR     P1.2            ; 置 LOAD 引脚为低，命令开始
        MOV     R7, #08H        ; 将 Acc 中 8 位送出
WRIT_8: RRC     A               ; 低位在前，高位在后
        CLR     P1.1            ; 置 DCLK 脚为低电平
        MOV     P1.0, C         ; 送出 1 位数据
        SETB    P1.1            ; 时钟上升沿，通知 CH451 输入位数据
        DJNZ    R7, WRIT_8      ; 8 位数据未送完，继续
        MOV     A, B
        MOV     R7, #04H        ; 将 B 中 4 位送出
WRIT_4: RRC     A               ; 低位在前 高位在后
        CLR     P1.1            ; 置 DCLK 引脚为低电平
        MOV     P1.0, C         ; 送出 1 位数据
        SETB    P1.1            ; 产生时钟上升沿，通知 CH451 输入位数据
        DJNZ    R7, WRIT_4      ; 4 位数据未送完，继续
        SETB    P1.2            ; 产生加载上跳沿，通知 CH451 处理命令数据
        SETB    EX0             ; 允许键盘中断
        RET
```

读入键值子程序：

出口：键值数据在 Acc 中。

```
READ:   CLR     EX0             ; 禁止键盘中断
        CLR     P1.2            ; 命令开始
        MOV     A, #07H         ; 读取键值命令的高 4 位 0111B
        MOV     R7, #04H        ; 忽略 12 位命令的低 8 位 READ_4
READ_4: RRC     A               ; 低位在前，高位在后
        CLR     P1.1            ; 置 DCLK 引脚为低电平
        MOV     P1.0, C         ; 读入 1 位数据
        SETB    P1.1            ; 置 DCLK 引脚为高电平
        DJNZ    R7, READ_4      ; 4 位数据未完继续
        SETB    P1.2            ; 加载上跳沿，通知 CH451 处理命令数据
        MOV     A               ; 先清除键值单元以便移位
```

```
          MOV      R7，#07H        ；读入 7 位键值
READ_7： MOV      C，P3.2         ；读入 1 位数据
          CLR      P1.1           ；置 DCLK 引脚低电平，产生下跳沿，通知 CH451
                                  ；输出下一位
          RLC      A              ；数据移入 Acc，高位前，低位后
          SETB     P1.1           ；置 DCLK 引脚为高电平
          DJNZ     R7，READ_7     ；7 位数据未完继续
          MOV      IE0            ；清中断标志，读操作过程中有低电平脉冲
          SETB     EX0            ；允许键盘中断
          RET
```

使用 CH451 扩展键盘显示接口，具有接口简单、占用 CPU 资源少、外围器件简单、性能价格比高等优点，在各种单片机系统中得以广泛的应用。

10.4　AT89S51 单片机与液晶显示器的接口

液晶显示器（Liquid Crystal Display，LCD）被动显示，本身并不发光，是利用液晶经过处理后能改变光线通过方向的特性，从而达到白底黑字或黑底白字显示的目的。液晶显示器具有省电、抗干扰能力强等优点，广泛应用在智能仪器仪表和单片机测控系统中。

10.4.1　LCD 的分类

当前市场上液晶显示器种类繁多，按排列形状可分为字段型、点阵字符型和点阵图形型。

（1）字段型。以长条状组成字符显示。主要用于数字显示，也可用于显示西文字母或某些字符，已广泛用于电子表、计算器、数字仪表中。

（2）点阵字符型。专门用于显示字母、数字、符号等。它由若干 5×7 或 5×10 的点阵组成，每一点阵显示一字符。广泛应用在各类单片机应用系统中。

（3）点阵图形型。它是在平板上排列多行或多列，形成矩阵式的晶格点，点的大小可根据显示的清晰度来设计。广泛应用于图形显示，如用于笔记本电脑、彩色电视和游戏机等。

10.4.2　点阵字符型液晶显示模块介绍

单片机应用中，常用点阵字符型 LCD。要有相应的 LCD 控制器、驱动器来对 LCD 显示器进行扫描、驱动，还要 RAM 和 ROM 来存储单片机写入的命令和显示字符的点阵。

由于 LCD 的面板较为脆弱，制造商已将 LCD 控制器、驱动器、RAM、ROM 和 LCD 用 PCB 连接到一起，称为液晶显示模块（LCD Module，LCM）。只需购买现成的液晶显示模块即可。

单片机控制 LCM 时，只要向 LCM 送入相应的命令和数据就可显示需要的内容。下面介绍常见的点阵型液晶显示模块：1602 字符型 LCM（两行，每行 16 个字符）。

1. 基本结构与特性

（1）液晶显示板

在液晶显示板上排列着若干 5×7 或 5×10 点阵的字符显示位，从规格上分为每行 8、16、20、24、32、40 位，有 1 行、2 行及 4 行等，根据需要，选择购买。

（2）模块电路框图

图 10-15 所示为字符型 LCD 模块的电路框图，它由日立公司生产的控制器 HD44780、驱动器 HD44100 及几个电阻和电容组成。HD44100 是扩展显示字符位用的（例如，16 字符 × 1 行模块就可不用 HD44100，16 字符 ×2 行模块就要用一片 HD44100）。

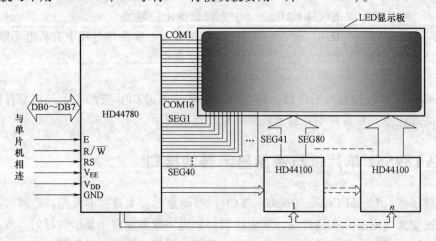

图 10-15　字符型 LCD 模块的电路框图

（3）1602 字符型 LCM 的特性

①　内部具有字符发生器 ROM（CGROM），即字符库。可显示 192 个 5×7 点阵字符，如图 10-16 所示。由该字符库可看出 LCM 显示的数字和字母部分的代码值，恰好与 ASCII 码表中的数字和字母相同。所以在显示数字和字母时，只需向 LCM 送入对应的 ASCII 码即可。

②　模块内有 64B 的自定义字符 RAM（CGRAM），用户可自行定义 8 个 5×7 点阵字符。

③　模块内有 80B 的数据显示存储器（DDRAM）。

2. LCM 的引脚

通常 LCM 有 16 个引脚，也有少数的 LCM 为 14 个引脚，其中包括 8 条数据线、3 条控制线和 3 条电源线，部分引脚见表 10-4。通过单片机向模块写入命令和数据，就可对显示方式和显示内容做出选择。

表 10-4　液晶显示模块的部分引脚

引脚号	符号	引脚功能
1	GND	电源地
2	V_{DD}	5V 逻辑电源
3	V_{EE}	液晶驱动电源（用于调节对比度）
4	RS	寄存器选择（1—数据寄存器，0—命令/状态寄存器）
5	R/$\overline{W}$	读/写操作选择（1—读，0—写）
6	E	使能（下降沿触发）
7～14	DB0～DB7	数据总线，与单片机的数据总线相连，三态
15	E1	背光电源，通常为 5V，并串联一个电位器，调节背光亮度
16	E2	背光电源地

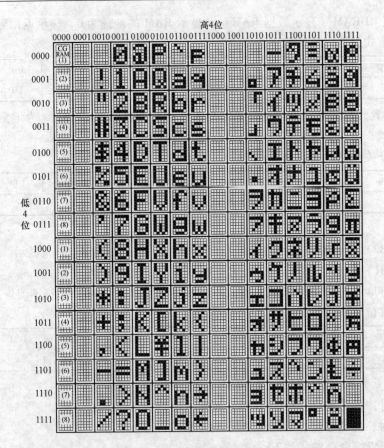

图 10-16　ROM 字符库的内容

3. 命令格式及功能说明

（1）内部寄存器

控制器 HD44780 内有多个寄存器，寄存器的选择见表 10-5。

表 10-5　寄存器的选择

RS	R/$\overline{W}$	操　作	RS	R/$\overline{W}$	操　作
0	0	命令寄存器写入	1	0	数据寄存器写入
0	1	忙标志和地址计数器读出	1	1	数据寄存器读出

RS 位和 R/$\overline{W}$ 引脚上的电平决定对寄存器的选择和读/写，而 DB7 ~ DB0 决定命令功能。

（2）命令功能说明

下面介绍可写入命令寄存器的 11 个命令。

1）清屏。格式如下：

RS	R/$\overline{W}$	DB7	DB6	DB5	DB4	DB3	DB2	DB1	DB0
0	0	0	0	0	0	0	0	0	1

功能：清除屏幕显示，并给地址计数器 AC 置 0。

2）返回。格式如下：

RS	R/$\overline{W}$	DB7	DB6	DB5	DB4	DB3	DB2	DB1	DB0
0	0	0	0	0	0	0	0	1	×

功能：置 DDRAM（显示数据 RAM）及显示 RAM 的地址为 0，显示返回到原始位置。

3）输入方式设置。格式如下：

RS	R/$\overline{\text{W}}$	DB7	DB6	DB5	DB4	DB3	DB2	DB1	DB0
0	0	0	0	0	0	0	1	I/D	S

功能：设置光标的移动方向，并指定整体显示是否移动。I/D = 1，为增量方式；I/D = 0，为减量方式；S = 1，表示移位；S = 0，表示不移位。

4）显示开关控制。格式如下：

RS	R/$\overline{\text{W}}$	DB7	DB6	DB5	DB4	DB3	DB2	DB1	DB0
0	0	0	0	0	0	1	D	C	B

功能：

D 位（DB2）控制整体显示的开与关，D = 1，开显示；D = 0，则关显示。

C 位（DB1）控制光标的开与关，C = 1，光标开；C = 0，则光标关。

B 位（DB0）控制光标处字符闪烁，B = 1，字符闪烁；B = 0，字符不闪烁。

5）光标移位。格式如下：

RS	R/$\overline{\text{W}}$	DB7	DB6	DB5	DB4	DB3	DB2	DB1	DB0
0	0	0	0	0	1	S/C	R/L	×	×

功能：移动光标或整体显示，DDRAM 中内容不变。其中：

S/C = 1 时，显示移位；S/C = 0 时，光标移位。

R/L = 1 时，向右移位，R/L = 0 时，向左移位。

6）功能设置。命令格式如下：

RS	R/$\overline{\text{W}}$	DB7	DB6	DB5	DB4	DB3	DB2	DB1	DB0
0	0	0	0	1	DL	N	F	×	×

功能：

DL 位设置接口数据位数。DL = 1 为 8 位数据接口；DL = 0 为 4 位数据接口。

N 位设置显示行数。N = 0 单行显示；N = 1 双行显示。

F 位设置字型大小。F = 1 为 5 × 10 点阵；F = 0 为 5 × 7 点阵。

7）CGRAM（自定义字符 RAM）地址设置。格式如下：

RS	R/$\overline{\text{W}}$	DB7	DB6	DB5	DB4	DB3	DB2	DB1	DB0
0	0	0	1	A	A	A	A	A	A

功能：设置 CGRAM 的地址，地址范围为 0 ~ 63。

8）DDRAM（数据显示存储器）地址设置。格式如下：

RS	R/$\overline{\text{W}}$	DB7	DB6	DB5	DB4	DB3	DB2	DB1	DB0
0	0	1	A	A	A	A	A	A	A

功能：设置 DDRAM 的地址，地址范围为 0 ~ 127。

9）忙标志 BF 及地址计数器。格式如下：

RS	R/$\overline{\text{W}}$	DB7	DB6	DB5	DB4	DB3	DB2	DB1	DB0
0	1	BF				AC			

功能：BF 位为忙标志。BF = 1，表示忙，此时 LCM 不能接收命令和数据；BF = 0，表示 LCM 不忙，可接收命令和数据。

AC 位为地址计数器的值，范围为 0 ~ 127。

10）向 CGRAM/DDRAM 写数据。格式如下：

RS	R/$\overline{W}$	DB7	DB6	DB5	DB4	DB3	DB2	DB1	DB0
1	0	\multicolumn{8}{c} DATA							

功能：将数据写入 CGRAM 或 DDRAM 中，应与 CGRAM 或 DDRAM 地址设置命令结合使用。

11）从 CGRAM/DDRAM 中读数据。格式如下：

RS	R/$\overline{W}$	DB7	DB6	DB5	DB4	DB3	DB2	DB1	DB0
1	1	DATA								

功能：从 CGRAM 或 DDRAM 中读出数据，应与 CGRAM 或 DDRAM 地址设置命令结合使用。

（3）有关说明

1）显示位与 DDRAM 地址的对应关系，见表 10-6。

表 10-6　显示位与 DDRAM 地址的对应关系

显示位		1	2	3	4	5	6	7	8	9	…	39	40
DDRAM	第一行	00	01	02	03	04	05	06	07	08	…	26	27
地址（H）	第二行	40	41	42	43	44	45	46	47	48	…	66	67

2）标准字符库。图 10-16 所示为字符库的内容、字符码和字型的对应关系。

3）字符码（DDRAM DATA）、CGRAM 地址与自定义点阵数据（CGRAM 数据）之间的关系，见表 10-7（以字符"￥"为例）。

表 10-7　字符"￥"的点阵数据

DDRAM 数据									CGRAM 地址						CGRAM 数据（字符"￥"的点阵数据）							
7	6	5	4	3	2	1			5	4	3		2	1	0	7	6	5	4	3	2	1	0
													0	0	0	×	×	×	1	0	0	0	1
													0	0	1	×	×	×	0	1	0	1	0
													0	1	0	×	×	×	1	1	1	1	1
													0	1	1	×	×	×	0	0	1	0	0
0	0	0	0	×	a	a	a		a	a	a		1	0	0	×	×	×	1	1	1	1	1
													1	0	1	×	×	×	0	0	1	0	0
													1	1	0	×	×	×	0	0	1	0	0
													1	1	1	×	×	×	0	0	0	0	0

10.4.3　AT89S51 单片机与 LCD 的接口及软件编程

1. AT89S51 单片机与 LCD 模块的接口

AT89S51 单片机与 LCD 模块的接口如图 10-17 所示。

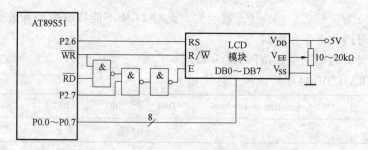

图 10-17　AT89S51 单片机与 LCD 模块的接口电路

2. 软件编程

（1）初始化

先对 LCD 模块进行初始化，否则模块无法正常显示。两种初始化方法。

1）利用模块内部的复位电路进行初始化。LCM 有内部复位电路，能进行上电复位。复位期间 BF = 1，在电源电压 V_{DD} 达 4.5V 以后，此状态可维持 10ms，复位时执行下列命令清除显示。

功能设置：DL = 1 为 8 位数据长度接口；N = 0 单行显示；F = 0 为 5×7 点阵字符。

开/关设置：D = 0 关显示；C = 0 关光标；B = 0 关闪烁功能。

进入方式设置：I/D = 1 地址采用递增方式；S = 0 关显示移位功能。

2）软件初始化。流程如图 10-18 所示。

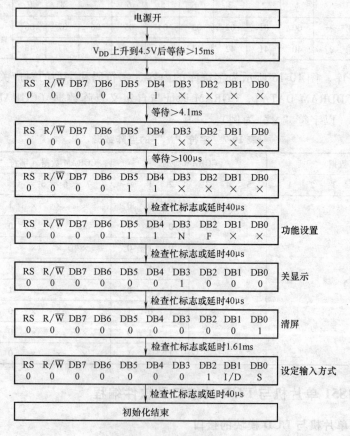

图 10-18　软件初始化流程

（2）显示程序编写

例 10-1　编写程序使得在 LCD 第一行显示"CS&S"，第二行显示"92"。假定对 LCM 已按图 10-19 所示完成初始化。程序如下：

```
START: MOV    DPTR, #8000H       ; 命令口地址 8000H 送 DPTR
       MOV    A, #01H            ; 清屏并置 AC 为 0
       MOVX   @DPTR, A           ; 输出命令
       ACALL  F_BUSY             ; 等待直至 LCM 不忙
       MOV    A, #30H            ; 功能设置，8 位接口，2 行显示，5×7 点阵
       MOVX   @DPTR, A
       ACALL  F_BUSY
       MOV    A, #0EH            ; 开显示及光标，不闪烁
       MOVX   @DPTR, A
       ACALL  F_BUSY
       MOV    A, #06H            ; 内容显示，AC 为增量
       MOVX   @DPTR, A
       ACALL  F_BUSY
       MOV    DPTR, #0C000H      ; 数据口地址 C000H 送 DPTR
       MOV    A, #43H            ; C 的 ASCII 码为 43H
       MOVX   @DPTR, A           ; 第一行第一位显示 C
       ACALL  F_BUSY
       MOV    A, #53H            ; S 的 ASCII 码为 53H
       MOVX   @DPTR, A           ; 显示"CS"
       ACALL  F_BUSY
       MOV    A, #26H            ; "&" 的 ASCII 码为 26H
       MOVX   @DPTR, A           ; 显示"CS&"
       ACALL  F_BUSY
       MOV    A, #53H
       MOVX   @DPTR, A           ; 显示"CS&S"
       ACALL  F_BUSY
       MOV    DPTR, #8000H       ; 指向命令口
       MOV    A, #0C0H           ; 置 DDRAM 地址为 40H
       MOVX   @DPTR, A           ; 第二行首显示光标
       ACALL  F_BUSY
       MOV    DPTR, #C000H       ; 指向数据口
       MOV    A, #39H            ; 9 的 ASCII 码为 39H
       MOVX   @DPTR, A           ; 显示 9
       ACALL  F_BUSY
       MOV    A, #32H            ; 2 的 ASCII 码为 32H
       MOVX   @DPTR, A           ; 显示 92
       ……
```

由于 LCD 是一慢速显示器件，所以在执行每条指令之前一定要确认 LCM 的忙标志为 0，即非忙状态，否则该命令将失效。上面程序判定"忙"标志的子程序 F_BUSY 如下：

```
F_BUSY: PUSH    PH                      ;保护现场
        PUSH    DPL
        PUSH    PSW
        PUSH    Acc
LOOP:   MOV     DPTR, #8000H
        MOVX    A, @ DPTR
        JB      Acc.7, LOOP             ;忙, 继续等待
        POP     Acc                     ;不忙, 恢复现场返回
        POP     PSW
        POP     DPL
        POP     DPH
        RET
```

10.5　AT89S51 单片机与 BCD 码拨盘的接口设计

在某些单片机系统中，有时需输入一些控制参数，这些参数一经设定将维持不变。使用数字输入拨盘简单、直观，方便可靠。

1. BCD 码拨盘简介

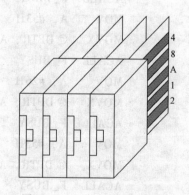

使用最方便的拨盘是十进制输入、BCD 码输出的 BCD 码拨盘。图 10-19 为 4 片 BCD 码拨盘拼接的 4 位十进制输入拨盘组。每片拨盘具有 0～9 十个位置，每个位置都有相应的数字显示。因此，每片拨盘可代表一位十进制数。

需要几位十进制数即可选择几片 BCD 码拨盘拼接。

BCD 码拨盘后面有 5 个接点，如图 10-19 所示，其中 A 为输入控制端，另外 4 条是 BCD 码输出端 8、4、2、1。

图 10-19　4 位 BCD 码拨盘组

拨盘拨到不同位置时，输入控制端 A 分别与 4 条 BCD 码输出端中的某条或某几条接通，其接通的 BCD 码输出端状态正好与拨盘指示的十进制数一致。

表 10-8 所示为 BCD 码拨盘的输入/输出状态表。

表 10-8　BCD 码拨盘的输入/输出状态

拨盘输入	控制端 A	输出状态			
		8	4	2	1
0	1	0	0	0	0
1	1	0	0	0	1
2	1	0	0	1	0

（续）

拨盘输入	控制端 A	输出状态			
		8	4	2	1
3	1	0	0	1	1
4	1	0	1	0	0
5	1	0	1	0	1
6	1	0	1	1	0
7	1	0	1	1	1
8	1	1	0	0	0
9	1	1	0	0	1

注：输出状态为 1 时，表示该输出线与 A 相连。

2. 单片 BCD 码拨盘与单片机的接口

单片 BCD 码拨盘可以与任何一个 4 位的 I/O 口或扩展的 I/O 口相连，以输入 BCD 码。

图 10-20 所示为 AT89S51 单片机通过 P1.0 ~ P1.3 与单片 BCD 码拨盘相连的接口电路。

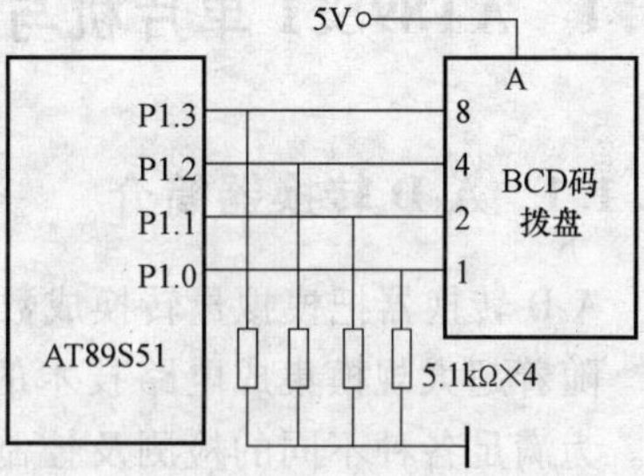

A 接 5V，当拨盘拨至某个输入的十进制数时，相应的 8、4、2、1 有效端输出高电平（如拨至"6"时，4、2 端为有效端），无效端为低电平。输出正逻辑 BCD 码（原码）。如控制端 A 接地，则 8、4、2、1 输出端通过电阻上拉至高电平时，输出负逻辑 BCD 码（反码）。

图 10-20　单片 BCD 码拨盘与 AT89S51 单片机的接口

软件编程，只需读入 P1.0 ~ P1.3 端口的状态，例如：

```
MOV   P1, #0FFH      ; 设置 P1 端口为输入
MOV   A, P1          ; 读入 P1.0 ~ P1.7 的状态
ANL   A, 0FH         ; 屏蔽 P1.4 ~ P1.7
MOV   40H, A         ; 将 BCD 码拨盘的值存入内部 RAM 的 40H 单元
```

思考题与习题 10

10-1　为什么要消除按键的机械抖动？软件消除按键机械抖动的原理是什么？

10-2　LED 的静态显示方式与动态显示方式有何区别？各有什么优缺点？

10-3　说明矩阵式非编码键盘按下的识别原理。

10-4　键盘有哪 3 种工作方式？它们各自的工作原理及特点是什么？

第 11 章　AT89S51 单片机与 A-D、D-A 转换器的接口

在单片机测控系统中，被测量的温度、压力、流量、速度等非电物理量，须经传感器先转换模拟电信号，再转换成数字量后才能在单片机中用软件进行处理。

模拟量转换成数字量的器件为 A-D 转换器（ADC）。

单片机处理完毕的数字量，有时需转换为模拟信号输出。器件称为 D-A 转换器（DAC）。

本章介绍典型的 ADC、DAC 集成电路芯片，以及与单片机的硬件接口设计及软件设计。

11.1　AT89S51 单片机与 A-D 转换器的接口

11.1.1　A-D 转换器简介

A-D 转换器把模拟量转换成数字量，以便于单片机进行数据处理。

随着超大规模集成电路技术的飞速发展，A-D 转换器的新设计思想和制造技术层出不穷。为满足各种不同的检测及控制任务的需要，大量结构不同、性能各异的 A-D 转换芯片应运而生。

1. A-D 转换器概述

目前单片的 ADC 芯片较多，对设计者来说，只需合理的选择芯片即可。现在部分的单片机片内集成了 A-D 转换器，在片内 A-D 转换器不能满足需要，还是需要外扩。因此扩展 A-D 转换器的基本方法，读者还是应当掌握。

尽管 A-D 转换器的种类很多，但目前广泛应用在单片机应用系统中的主要有逐次比较型转换器和双积分型转换器，此外 Σ-Δ 式转换器也逐渐得到重视和较为广泛的应用。

逐次比较型 A-D 转换器，在精度、速度和价格上都适中，是最常用的 A-D 转换器。

双积分型 A-D 转换器，具有精度高、抗干扰性好、价格低廉等优点，与逐次比较型 A-D 转换器相比，转换速度较慢，近年来在单片机应用领域中也得到广泛应用。

Σ-Δ 式 ADC 具有积分式与逐次比较型 ADC 的双重优点。它对工业现场的串模干扰具有较强的抑制能力，不亚于双积分 ADC，同时它又比双积分 ADC 具有较高的转换速度，与逐次比较型 ADC 相比，有较高的信噪比，分辨率高，线性度好，不需要采样保持电路。由于上述优点，Σ-Δ 式 ADC 得到了重视，已有多种 Σ-Δ 式 A-D 芯片可供用户选用。

A-D 转换器按照输出数字量的有效位数分为 4 位、8 位、10 位、12 位、14 位、16 位并行输出以及 BCD 码输出的 3 位半、4 位半、5 位半等多种类型。

目前，除并行输出 A-D 转换器外，随着单片机串行扩展方式的日益增多，带有同步 SPI 串行接口的 A-D 转换器的使用也逐渐增多。串行输出的 A-D 转换器具有占用端口线少、使用方便、接口简单等优点，因此，读者要给予足够重视。较为典型的串行 A-D 转换器为美国 TI 公司的 TLC549（8 位）、TLC1549（10 位）以及 TLC1543（10 位）和 TLC2543（12

位)。

单片机与串行 A-D 转换器接口设计,涉及同步串行口 SPI 的内容,本章不做介绍,感兴趣的读者,请见第 12 章。本章仅介绍单片机与各种并行输出 A-D 转换器的接口设计。

A-D 转换器按照转换速度可大致分为超高速(转换时间不大于 1ns)、高速(转换时间不大于 1μs)、中速(转换时间不大于 1ms)、低速(转换时间不大于 1s)等几种不同转换速度的芯片。为适应系统集成的需要,有些转换器还将多路转换开关、时钟电路、基准电压源、二-十进制译码器和转换电路集成在一个芯片内,为用户提供很多方便。

2. A-D 转换器的主要技术指标

(1)转换时间和转换速率

转换时间是指 A-D 完成一次转换所需要的时间。转换时间的倒数为转换速率。

(2)分辨率

在 A-D 转换器中,分辨率是衡量 A-D 转换器能够分辨出输入模拟量最小变化程度的技术指标。分辨率取决于 A-D 转换器的位数,所以习惯上用输出的二进制位数或 BCD 码位数表示。例如,A-D 转换器 AD1674 的满量程输入电压为 5V,可输出 12 位二进制数,即用 2^{12} 个数进行量化,其分辨率为 1LSB,也即 $5V/2^{12} = 1.22mV$,其分辨率为 12 位,或 A-D 转换器能分辨出输入电压 1.22mV 的变化。

又如,双积分型输出 BCD 码的 A-D 转换器 MC14433,其满量程输入电压为 2V,其输出最大的十进制数为 1999,分辨率为三位半(BCD 码),如果换算成二进制位数表示,其分辨率约为 11 位,因为 1999 最接近于 $2^{11} = 2048$。

量化过程引起的误差称为量化误差。是由于有限位数字量对模拟量进行量化而引起的误差。理论上规定为一个单位分辨率的 $-1/2 \sim +1/2$LSB,提高 A-D 位数既可以提高分辨率,又能够减少量化误差。

(3)转换精度

A-D 转换器的转换精度定义为一个实际 A-D 转换器与一个理想 A-D 转换器在量化值上的差值,可用绝对误差或相对误差表示。

11.1.2　AT89S51 与逐次比较型 8 位 A-D 转换器 ADC0809 的接口

1. ADC0809 引脚及功能

ADC0809 是一种 ADC0809 逐次比较型 8 路模拟输入、8 位数字量输出的 A-D 转换器,其引脚如图 11-1 所示。

共 28 引脚,双列直插式封装。引脚功能如下:

IN0 ~ IN7:8 路模拟信号输入端。

D0 ~ D7:转换完毕的 8 位数字量输出端。

A、B、C 与 ALE:控制 8 路模拟输入通道的切换。A、B、C 分别与单片机的三条地址线相连,三位编码对应 8 个通道地址端口。CBA = 000 ~ 111 分别对应 IN0 ~ IN7 通道的地址。各路模拟输入之间切换由软件改变 C、B、A 引脚的编码来实现。

OE、START、CLK:OE 为输出允许端,START 为启动信号输入端,CLK 为时钟信号输入端。

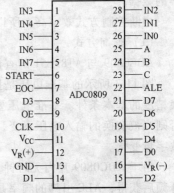

图 11-1　ADC0809 的引脚图

V_R（＋）、V_R（－）：基准电压输入端。

2. ADC0809 结构及转换原理

ADC0809 的结构如图 11-2 所示。采用逐次比较法完成 A-D 转换，单一的 5V 电源供电。片内带有锁存功能的 8 选 1 模拟开关，由 C、B、A 的编码来决定所选的通道。完成一次转换需 100μs 左右（转换时间与 CLK 引脚的时钟频率有关），具有输出 TTL 三态锁存缓冲器，可直接连到单片机数据总线上。通过适当的外接电路，ADC0809 可对 0～5V 的模拟信号进行转换。

3. AT89S51 单片机与 ADC0809 的接口

在讨论接口设计之前，先了解单片机如何控制 ADC 开始转换，如何得知转换结束以及如何读入转换结果的问题。

单片机控制 ADC0809 过程如下：先用指令选择 ADC0809 的一个模拟输入通道，当执行"MOVX @DPTR，A"时，单片机的 $\overline{WR}$ 信号有效，从而产生一个启动脉冲。信号给 ADC0809 的 START 引脚，开始对选中通道转换。当转换结束后，

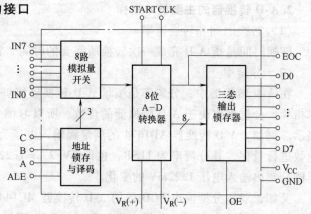

图 11-2　ADC0809 结构框图

ADC0809 发出转换结束 EOC（高电平）信号，该信号可供单片机查询，也可反相后作为向单片机发出的中断请求信号。

当执行指令"MOVX A，@DPTR"时，单片机发出读控制 $\overline{RD}$ 信号，通过逻辑电路控制 OE 端为高电平，把转换完毕的数字量读入到单片机的累加器 A 中。

单片机读取 ADC 的转换结果时，可采用查询和中断控制两种方式。

查询方式是在单片机把启动信号送到 ADC 之后，执行其他程序，同时对 ADC0809 的 EOC 引脚不断进行检测，以查询 ADC 变换是否已经结束，如查询到转换已经结束，则读入转换完毕的数据。

中断控制方式是在启动信号送到 ADC 之后，单片机执行其他程序。ADC0809 转换结束并向单片机发出中断请求信号时，单片机响应此中断请求，进入中断服务程序，读入转换完毕的数据。

中断控制方式效率高，所以特别适合于转换时间较长的 ADC。

（1）查询方式

ADC0809 与 AT89S51 的查询式接口如图 11-3 所示。

图 11-3 所示的基准电压是提供给 A-D 转换器在转换时所需要的基准电压，这是保证转换精度的基本条件。基准电压要单独用高精度稳压电源供给，其电压的变化要小于 1LSB。否则当被变换的输入电压不变，而基准电压的变化大于 1LSB，也会引起 A-D 转换器输出的数字量变化。

由于 ADC0809 片内无时钟，可利用单片机提供的地址锁存允许信号 ALE 经 D 触发器二分频后获得，ALE 引脚的频率是 AT89S51 单片机时钟频率的 1/6（但要注意，每当访问外部数据存储器时，将少一个 ALE 脉冲）。如果单片机时钟频率采用 6MHz，则 ALE 引脚的输出

频率 为 1MHz，再 二 分 频 后 为 500kHz，符合 ADC0809 对时钟频率的要求。当然，也可采用独立的时钟源输出，直接加到 ADC 的 CLK 引脚。

由于 ADC0809 具有输出三态锁存器，其 8 位数据输出引脚 D0 ～ D7 可直接与单片机的 P0 口相连。地址译码引脚 C、B、A 分别与地址总线的低三位 A2、A1、A0 相连，以选通 IN0 ～ IN7 中的一个通道。

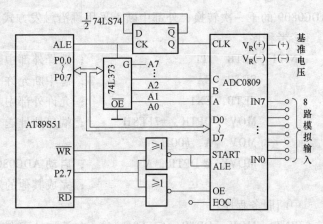

图 11-3 ADC0809 与 AT89S51 查询式接口

在启动 A-D 转换时，由单片机的写信号 $\overline{WR}$ 和 P2.7 控制 ADC 的地址锁存和转换启动，由于 ALE 和 START 连在一起，因此 ADC0809 在锁存通道地址的同时，启动并进行转换。

在读取转换结果时，用低电平的读信号和 P2.7 引脚经一级"或非门"后产生的正脉冲作为 OE 信号，用来打开三态输出锁存器。

下面的程序是采用软件延时的方式，分别对 8 路模拟信号轮流采样一次，并依次把结果转存到数据存储区的转换程序。

```
MAIN:   MOV    R1, #data          ; 置数据区首地址
        MOV    DPTR, #7FF8H       ; 端口地址送 DPTR，
                                  ; P2.7 = 0，且指向通道 IN0
        MOV    R7, #08H           ; 置通道个数
LOOP:   MOVX   @DPTR, A           ; 启动 A-D 转换
        MOV    R6, #0AH           ; 软件延时，等待转换结束
DELAY:  NOP
        NOP
        NOP
        DJNZ   R6, DELAY
        MOVX   A, @DPTR           ; 读取转换结果
        MOV    @R1, A             ; 存储转换结果
        INC    DPTR               ; 指向下一个通道
        INC    R1                 ; 修改数据区指针
        DJNZ   R7, LOOP           ; 8 个通道全采样完
                                  ; 否？未完则继续
        ……
```

（2）中断方式

ADC0809 与 AT89S51 单片机的中断方式接口电路只需要将图 11-3 所示的 EOC 引脚经过一"反门"连接到 AT89S51 单片机的外中断输入引脚 $\overline{INT1}$ 即可。

采用中断方式可大大节省单片机的时间。当转换结束时，EOC 发出脉冲向单片机提出中断申请，单片机响应中断请求，由外部中断 1 的中断服务程序读 A-D 结果，并启动

ADC0809 的下一次转换，外部中断 1 采用跳沿触发方式。

参考程序：

```
INIT1：SETB   IT1              ; 选择外部中断 1 为跳沿触发方式
      SETB   EA               ; 总中断允许
      SETB   EX1              ; 允许外部中断 1 中断
      MOV    DPTR，#7FF8H      ; 端口地址送 DPTR
      MOV    A，#00H
      MOVX   @DPTR，A          ; 启动 ADC0809 对 IN0 通道转换
      ……                     ; 完成其他的工作
```

中断服务程序：

```
PINT1：MOV    DPTR，#7FF8H      ; 读取 A-D 结果送内部 RAM 单元 30H
      MOVX   A，@DPTR
      MOV    30H，A
      MOV    A，#00H           ; 启动 ADC0809 对 IN0 的转换
      MOVX   @DPTR，A
      RETI
```

11.1.3　AT89S51 与双积分型 A-D 转换器 MC14433 的接口

双积分型 A-D 由于两次积分时间比较长，所以 A-D 转换速度慢，但精度可以做得比较高；对周期变化的干扰信号积分为零，抗干扰性能也较好。

双积分型 A-D 转换器集成电路芯片很多，常见的有 3 位半 A-D 转换器 MC14433 和 4 位半 A-D 转换器 ICL7135。具有精度高、抗干扰性能好等优点，其缺点为转换速度慢，约 1 ~ 10 次／秒。双积分型 A-D 转换器在不要求高速转换的数据采集系统中，得到了广泛应用。

1. MC14433 A-D 转换器简介

MC14433A-D 转换器被转换电压量程为 199.9mV 或 1.999V 两档。转换完的数据以 BCD 码的形式分 4 次送出（最高位输出内容特殊，详见表 11-1）。

MC14433 引脚如图 11-4 所示。下面介绍各引脚的功能。

（1）电源及共地端

V_{DD}：主工作电源，5V。

V_{EE}：模拟部分的负电源端，接 −5V。

V_{AG}：模拟地端。

V_{SS}：数字地端。

V_R：基准电压输入端。

（2）外接电阻及电容端

R1：积分电阻输入端，转换电压 V_X = 2V 时，R1 = 470Ω；V_X = 200mV 时，R1 = 27kΩ。

C1：积分电容输入端，C1 一般取 0.1μF。

R1/C1：R1 与 C1 的公共端。

CLKI、CLKO：外接振荡器时钟调节电阻 R_C，R_C 一般取 470Ω 左右。

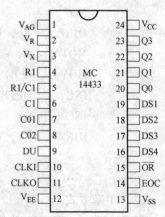

图 11-4　MC14433 引脚图

（3）转换启动/结束信号端

EOC：转换结束信号输出端，正脉冲有效。

DU：启动新的转换，若 DU 与 EOC 相连，每当 A-D 转换结束后，自动启动新的转换。

（4）过量程信号输出端

$\overline{OR}$：当 $|V_x| > V_R$ 时，过量程 $\overline{OR}$ 输出低电平。

（5）位选通控制端

DS4～DS1：分别为个、十、百、千位输出的选通脉冲，正脉冲有效。DS1 对应千位，DS4 对应个位。每个选通脉冲宽度为 18 个时钟周期，两个相邻脉冲之间间隔为 2 个时钟周期，如图 11-5 所示。

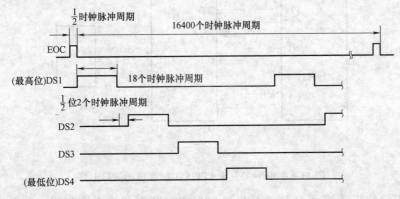

图 11-5　MC14433 选通脉冲时序图

（6）BCD 码输出端

Q3～Q0：BCD 码数据输出线。其中，Q3 为最高位，Q0 为最低位。当 DS2、DS3 和 DS4 选通期间，输出 3 位完整的 BCD 码数，但在 DS1（千位）选通期间，即 DS1 = 1 期间，输出端 Q3～Q0 除了表示个位的 0 或 1 外，还表示被转换电压的正负极性（Q2 = 1 为正）和欠量程或过量程，其具体含义见表 11-1。

表 11-1　DS1 选通时 Q3～Q0 表示的结果

Q3	Q2	Q1	Q0	输出结果状态	Q3	Q2	Q1	Q0	输出结果状态
1	×	×	0	千位数为 0	×	0	×	0	结果为负
0	×	×	0	千位数为 1	0	×	×	1	输入信号过量程
×	1	×	0	结果为正	1	×	×	1	输入信号欠量程

由表 11-1 可知：

1）Q3 表示最高位千位（1/2 位）。Q3 = 0 对应 "1"，反之对应 "0"。

2）Q2 表示极性。Q2 = 1 为正极性，Q2 = 0 为负极性。

3）Q0 = 1 表示过量程或欠量程。当 Q3 = 0 时，表示过量程；当 Q3 = 1 时，表示欠量程。

2. MC14433 与 AT89S51 单片机的接口

MC14433 的 A-D 转换结果是动态分时输出的 BCD 码，Q0～Q3 为千、百、十、个位的 BCD 码，而 DS1～DS4 分别为千、百、十、个位的选通信号，由于转换结果输出不是总线式的并行输出，因此 AT89S51 单片机只能通过并行 I/O 接口或扩展 I/O 接口与其相连。

下面介绍 MC14433 与 AT89S51 单片机 P1 口直接相连的接口电路，如图 11-6 所示。

图 11-6 MC1403 为 2.5V 精密集成电压基准源，分压后作为 A-D 转换基准电压。DU 端与 EOC 端相连即选择连续转换方式，每次转换结果都送至输出寄存器。EOC 是 A-D 转换结束的输出标志信号。

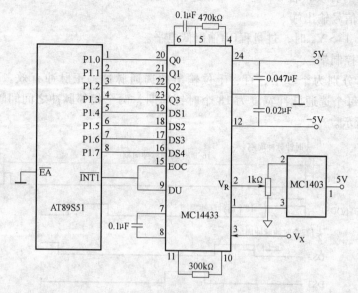

图 11-6　MC14433 与 AT89S51 单片机的接口电路

AT89S51 单片机读取 A-D 转换结果可以采用中断方式或查询方式。采用中断方式时，EOC 端与 AT89S51 单片机外部中断输入端$\overline{INT0}$或$\overline{INT1}$相连。采用查询方式时，EOC 端可与 AT89S51 单片机的任意 I/O 口线相连。

若选用中断方式读取 MC14433 的结果，应选用跳沿触发方式。如果将 A-D 转换的结果存放到 AT89S51 单片机内部 RAM 的 20H、21H 单元中，则数据存放的格式如图 11-7 所示。

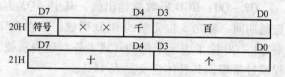

图 11-7　数据存放格式

读取 A-D 转换结果的程序设计。初始化程序首先是总中断允许，外部中断 1 中断请求允许，置外部中断 1 为跳沿触发方式。每次 A-D 转换结束，都向单片机请求中断，单片机响应中断，执行中断服务程序，读取 A-D 转换的结果。

参考程序如下：

```
        ORG     001BH
        LJMP    PINT1          ;跳向外部中断 1 的中断服务程序
        ORG     0100H
INITI:  SETB    IT1            ;初始化，外中断 1 为跳沿触发方式
        MOV     IE, #84H       ;总中断允许，外部中断 1 中断允许
        ……
PINT1:  MOV     A, P1          ;外部中断 1 服务程序
        JNB     Acc.4, PINT1   ;等待 DS1 选通信号的到来
        JB      Acc.0, Per     ;过、欠量程？是则转 Per 处理
        JB      Acc.2, PL1     ;结果正负？为正，跳转 PL1
```

	SETB	07H	; 结果为负, 符号位 07H 置 1
	AJMP	PL2	
PL1:	CLR	07H	; 结果为正, 符号位清 0
PL2:	JB	Acc. 3, PL3	; 千位的结果, 千位为 0, 跳转 PL3
	SETB	04H	; 千位为 1, 04H 位置 1
	AJMP	PL4	
PL3:	CLR	04H	; 千位为 0, 04H 位清 0
PL4:	MOV	A, P1	
	JNB	Acc. 5, PL4	; 等待百位的选通信号 DS2
	MOV	R0, #20H	; 指针指向 20H 单元
	XCHD	A, @ R0	; 百位→20H 单元低 4 位
PL5:	MOV	A, P1	
	JNB	Acc. 6, PL5	; 等待十位的选通信号 DS3 的到来
	SWAP	A	; 读入十位, 高低 4 位交换
	INC	R0	; 指针指向 21H 单元
	MOV	@ R0, A	; 十位的 BCD 码送入 21H 高 4 位
PL6:	MOV	A, P1	
	JNB	Acc. 7, PL6	; 等待个位选通信号 DS4 的到来
	XCHD	A, @ R0	; 个位送入 21H 单元的低 4 位
	RETI		
Per:	SETB	10H	; 置过量程、欠量程标志
	RETI		; 中断返回

MC14433 外接的积分元件 R_1、C_1（图 11-6 中的引脚 4、5、6）大小和时钟有关, 在实际应用中需加以调整, 以得到正确的量程和线性度。积分电容也应选择聚丙烯电容器。

11.2　AT89S51 单片机与 DAC 的接口

本节将介绍单片机系统如何输出模拟量。

目前商品化 DAC 芯片较多, 设计者只需要合理地选用合适的芯片, 了解它们的功能、引脚外特性以及与单片机的接口设计方法即可。由于现在部分的单片机芯片中集成了 D-A 转换器, 位数一般在 10 位左右, 且转换速度也很快, 所以单片的 DAC 开始向高的位数和高转换速度上转变。

低端的产品, 如 8 位的 D-A 转换器, 开始面临被淘汰的危险, 但是在实验室或涉及某些工业控制方面的应用, 低端的 8 位 DAC 以其优异性价比还是具有相当大的应用空间的。

11.2.1　D-A 转换器简介

1. 概述

购买和使用 D-A 转换器时, 要注意 D-A 转换器选择的几个问题。

（1）D-A 转换器的输出形式

D-A 转换器有两种输出形式。一种是电压输出, 即给 D-A 转换器输入的是数字量, 而输出为电压。另一种是电流输出。

对电流输出的 D-A 转换器，如需要模拟电压输出，可在其输出端加一个由运算放大器构成的 *I-V* 转换电路，将电流输出转换为电压输出。

（2）D-A 转换器与单片机的接口形式

单片机与 D-A 转换器的连接，早期多采用 8 位数字量并行传输的并行接口，现在除并行接口外，带有串行口的 D-A 转换器品种也不断增多。除了通用的 UART 串行口外，目前较为流行的还有 I^2C 串行口和 SPI 串行口等。所以在选择单片 D-A 转换器时，要考虑单片机与 D-A 转换器的接口形式。

2. 主要技术指标

D-A 转换器的技术指标很多，使用者最关心的几个指标如下。

（1）分辨率

分辨率指单片机输入给 D-A 转换器的单位数字量的变化，所引起的模拟量输出的变化，通常定义为输出满刻度值与 2^n 之比（n 为 D-A 转换器的二进制位数）。习惯上用输入数字量的二进制位数表示。位数越多，分辨率越高，即 D-A 转换器对输入量变化的敏感程度越高。

例如，8 位的 D-A 转换器，若满量程输出为 10V，根据分辨率定义，则分辨率为 10V/2^n，分辨率为 $10V/256 = 39.1mV$，即输入的二进制数最低位的变化可引起输出的模拟电压变化 39.1mV，该值占满量程的 0.391%，常用符号 1LSB 表示。

同理：

10 位 D-A 转换　　1 LSB = 9.77mV = 0.1% 满量程；

12 位 D-A 转换　　1 LSB = 2.44mV = 0.024% 满量程；

16 位 D-A 转换　　1 LSB = 0.076mV = 0.00076% 满量程。

使用时，应根据对 D-A 转换器分辨率的需要来选定 D-A 转换器的位数。

（2）建立时间

建立时间是描述 D-A 转换器转换快慢的一个参数，用于表明转换时间或转换速度。其值为从输入数字量到输出达到终值误差 ±（1/2）LSB 时所需的时间。

电流输出的转换时间较短，而电压输出的转换器，由于要加上完成 *I-V* 转换的运算放大器的延迟时间，因此转换时间要长一些。快速 D-A 转换器的转换时间可控制在 1μs 以下。

（3）转换精度

理想情况下，转换精度与分辨率基本一致，位数越多精度越高。

但由于电源电压、基准电压、电阻、制造工艺等各种因素存在着误差，严格讲，转换精度与分辨率并不完全一致。只要位数相同，分辨率则相同，但相同位数的不同转换器转换精度会有所不同。

例如，某种型号的 8 位 DAC 精度为 ±0.19%，而另一种型号的 8 位 DAC 精度为 ±0.05%。

11.2.2　AT89S51 单片机与 8 位 D-A 转换器 DAC0832 的接口设计

1. DAC0832 芯片介绍

（1）DAC0832 的特性

美国国家半导体公司的 DAC0832 芯片是具有两个输入数据寄存器的 8 位 DAC，它能直接与 AT89S51 单片机连接，主要特性如下：

1）分辨率为 8 位。

2）电流输出，建立时间为 1μs。

3）可双缓冲输入、单缓冲输入或直接数字输入。

4）单一电源供电（5V～15V）。

5）低功耗，20mW。

（2）DAC0832 的引脚及逻辑结构

DAC0832 的引脚如图 11-8 所示，逻辑结构如图 11-9 所示。

引脚功能：

DI0～DI7：8 位数字信号输入端，与单片机的数据总线 P0 口相连，用于接收单片机送来的待转换为模拟量的数字量，DI7 为最高位。

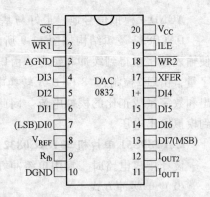

图 11-8　DAC0832 的引脚图

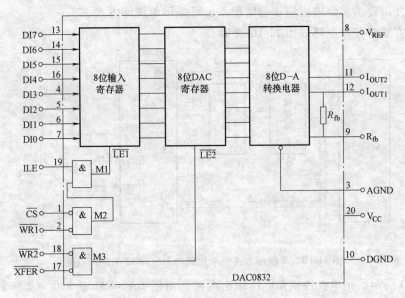

图 11-9　DAC0832 的逻辑结构

$\overline{CS}$：片选端，当 $\overline{CS}$ 为低电平时，本芯片被选中。

ILE：数据锁存允许控制端，高电平有效。

$\overline{WR1}$：第一级输入寄存器写选通控制端，低电平有效。当 $\overline{CS}=0$，ILE $=1$，$\overline{WR1}=0$ 时，待转换的数据信号被锁存到第一级 8 位输入寄存器中。

$\overline{XFER}$：数据传送控制端，低电平有效。

$\overline{WR2}$：DAC 寄存器写选通控制端，低电平有效。当 $\overline{XFER}=0$，$\overline{WR2}=0$ 时，输入寄存器中待转换的数据传入 8 位 DAC 寄存器中。

I_{OUT1}：D-A 转换器电流输出 1 端，输入数字量全为"1"时，I_{OUT1} 最大，输入数字量全为"0"时，I_{OUT1} 最小。

I_{OUT2}：D-A 转换器电流输出 2 端，$I_{OUT2}+I_{OUT1}=$ 常数。

R_{fb}：外部反馈信号输入端，内部已有反馈电阻 R_{fb}，根据需要也可外接反馈电阻。

V_{CC}：电源输入端，在 5～15V 范围内。

DGND：数字信号地。

AGND：模拟信号地，最好与基准电压共地。

DAC0832 逻辑结构如图 11-9 所示。"8 位输入寄存器"用于存放单片机送来的数字量，使输入数字量得到缓冲和锁存，由 $\overline{LE1}$ 加以控制；"8 位 DAC 寄存器"用于存放待转换的数字量，由 $\overline{LE2}$ 控制；"8 位 D-A 转换电路"受"8 位 DAC 寄存器"输出的数字量控制，能输出和数字量成正比的模拟电流。因此，DAC0832 需外接 *I-V* 转换的运算放大器电路，才能得到模拟输出电压。

2. AT89S51 单片机与 DAC0832 的接口电路设计

设计接口电路时，常用单缓冲方式或双缓冲方式的单极性输出。

（1）单缓冲方式

单缓冲方式指 DAC0832 内部的两个数据缓冲器有一个处于直通方式，另一个处于受AT89S51 单片机控制的锁存方式。在实际应用中，如果只有一路模拟量输出，或虽是多路模拟量输出但并不要求多路输出同步的情况下，可采用单缓冲方式。

单缓冲方式的接口电路如图 11-10 所示。

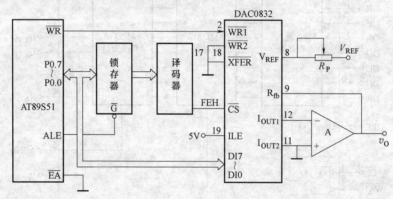

图 11-10　单缓冲方式下单片机与 DAC0832 的接口电路

图 11-10 所示的是单极性模拟电压输出电路，由于 DAC0832 是 8 位（$2^8 = 256$）的 D-A 转换器，由基尔霍夫定律列出的方程组可解得 DAC0832 输出电压 v_o 与输入数字量 B 的关系为

$$v_o = - B \cdot \frac{V_{REF}}{256}$$

显然，输出的模拟电压 v_o 和输入的数字量 B 以及基准电压 V_{REF} 成正比，且 B 为 0 时，v_o 也为 0，输入数字量为 255 时，v_o 为最大的绝对值输出，且不会大于 V_{REF}。

图 11-10 中，$\overline{WR2}$ 和 $\overline{XFER}$ 接地，故 DAC0832 的 "8 位 DAC 寄存器"（见图 11-9）工作于直通方式。

"8 位输入寄存器"受 $\overline{CS}$ 和 $\overline{WR1}$ 端控制，而且 $\overline{CS}$ 由译码器输出端 FEH 送来（也可由 P2口的某一条口线来控制）。因此，单片机执行如下两条指令就可在 $\overline{WR1}$ 和 $\overline{CS}$ 上产生低电平信号，使 DAC0832 接收 AT89S51 送来的数字量。

```
MOV    R0, #0FEH        ; DAC 端口地址 FEH→R0
MOVX   @R0, A           ; 单片机的WR和译码器 FEH 输出端有效
```

现举例说明单缓冲方式下 DAC0832 的应用。

例 11-1　DAC0832 用作波形发生器。试根据图 11-10，分别写出产生锯齿波、三角波和矩形波的程序。

在图 11-10 中，运算放大器 A 输出端 v_o 直接反馈到 R_{fb}，故这种接线产生的模拟输出电压是单极性的。产生上述 3 种波形的参考程序如下。

① 锯齿波的产生

```
        ORG    2000H
START： MOV    R0，#0FEH      ；DAC 地址 FEH→ R0
        MOV    A，#00H        ；数字量→A
LOOP：  MOVX   @R0，A         ；数字量→D-A 转换器
        INC    A             ；数字量逐次加 1
        SJMP   LOOP
```

当输入数字量从 0 开始，逐次加 1 进行 D-A 转换，模拟量与其成正比输出。当 A＝FFH 时，再加 1 则溢出清 0，模拟输出又为 0，然后又重新重复上述过程，如此循环，输出的波形就是锯齿波，如图 11-11 所示。

实际上，每一上升斜边要分成 256 个小台阶，每个小台阶暂留时间为执行后三条指令所需的时间。因此 "INC A" 指令后插入 NOP 指令或延时程序，则可改变锯齿波频率。

② 三角波的产生

```
        ORG    2000H
START： MOV    R0，#0FEH
        MOV    A，#00H
UP：    MOVX   @R0，A         ；产生三角波的上升边
        INC    A
        JNZ    UP
DOWN：  DEC    A             ；A＝0 时减 1 为 FFH，产生三角波的下降边
        MOVX   @R0，A
        JNZ    DOWN
        SJMP   UP
```

输出的三角波如图 11-12 所示。

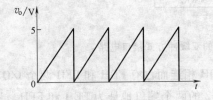

图 11-11　DAC0832 产生的锯齿波输出

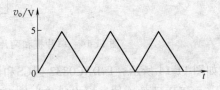

图 11-12　DAC0832 产生的三角波输出

③ 矩形波的产生

```
        ORG    2000H
START： MOV    R0，#0FEH
LOOP：  MOV    A，#data1      ；#data1 为上限电平对应的数字量
        MOVX   @R0，A         ；置矩形波上限电平
        LCALL  DELAY1        ；调用高电平延时程序
        MOV    A，#data2      ；#data2 为下限电平对应的数字量
```

```
        MOVX    @R0, A              ; 置矩形波下限电平
        LCALL   DELAY2             ; 调用低电平延时程序
        SJMP    LOOP               ; 重复进行下一个周期
```

输出的矩形波如图 11-13 所示。DELAY1、DELAY2
为两个延时程序，分别决定输出的矩形波高、低电平
时的持续宽度。矩形波频率也可用延时方法改变。

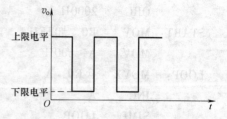

图 11-13　DAC0832 产生的矩形波输出

（2）双缓冲方式

多路的 D-A 转换要求同步输出时，必须采用双
缓冲同步方式。此方式工作时，数字量的输入锁存
和 D-A 转换输出是分两步完成的。单片机必须通过
$\overline{LE1}$ 来锁存待转换的数字量，通过 $\overline{LE2}$ 来启动 D-A 转换（见图 11-14）。

因此，双缓冲方式下，DAC0832 应该为单片机提供两个 I/O 端口。AT89S51 单片机和
DAC0832 在双缓冲方式下的接口电路如图 11-14 所示。

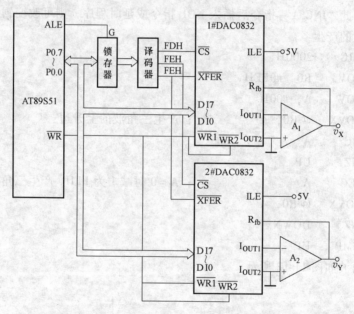

图 11-14　单片机和两片 DAC0832 的双缓冲方式接口电路

如图 11-14 所示，1#DAC0832 因 $\overline{CS}$ 和译码器 FDH 相连而占有 FDH 和 FFH 两个 I/O 端口
地址（由译码器的连接逻辑来决定），而 2#DAC0832 的两个端口地址为 FEH 和 FFH。其中，
FDH 和 FEH 分别为 1#和 2#DAC0832 的数字量输入控制端口地址，而 FFH 为动 D-A 转换的
端口地址。其余连接如图 11-4 所示。

若用图 11-14 中 DAC 输出的模拟电压 v_x 和 v_y 来控制 X-Y 绘图仪，则应把 v_x 和 v_y 分别
加到 X-Y 绘图仪的 X 通道和 Y 通道，而 X-Y 绘图仪由 X、Y 两个方向的步进电动机驱动，
其中一个电动机控制绘笔沿 X 方向运动；另一个电动机控制绘笔沿 Y 方向运动。

对 X-Y 绘图仪的控制有一基本要求：就是两路模拟信号要同步输出，使绘制的曲线光
滑。如果不同步输出，例如先输出 X 通道的模拟电压，再输出 Y 通道的模拟电压，则绘图
笔先向 X 方向移动，再向 Y 方向移动，此时绘制的曲线就是阶梯状的。通过本例，也就不

难理解 DAC 设置双缓冲方式的目的所在。

例 11-2　设 AT89S51 内部 RAM 中有两个长度为 20 的数据块，其起始地址为分别为 addr1 和 addr2，根据图 11-14，编写能把 addr1 和 addrr2 中数据从 1#和 2#DAC0832 同步输出的程序。程序中 addr1 和 addr2 中的数据，即为绘图仪所绘制曲线的 x、y 坐标点。

由图 11-14 可知，DAC0832 各端口地址为：

FDH：1#DAC0832 数字量输入控制端口；

FEH：2#DAC0832 数字量输入控制端口；

FFH：1#和 2#DAC0832 启动 D-A 转换端口。

首先使工作寄存器 0 区的 R1 指向 addr1；1 区的 R1 指向 addr2；0 区工作寄存器的 R2 存放数据块长度；0 区和 1 区工作寄存器区的 R0 指向 DAC 端口地址。程序如下：

```
        ORG    2000H
        addr1  DATA 20H        ; 定义存储单元
        addr2  DATA 40H        ; 定义存储单元
DTOUT:  MOV    R1, #addr1      ; 0 区 R1 指向 addr1
        MOV    R2, #20         ; 数据块长度送 0 区 R2
        SETB   RS0             ; 切换到工作寄存器 1 区
        MOV    R1, #addr2      ; 1 区 R1 指向 addr2
        CLR    RS0             ; 返回工作寄存器 0 区
NEXT:   MOV    R0, #0FDH       ; 0 区 R0 指向 1#DAC0832 数字量控制端口
        MOV    A, @R1          ; addr1 中数据送 A
        MOVX   @R0, A          ; addr1 中数据送 1#DAC0832
        INC    R1              ; 修改 addr1 指针 0 区 R1
        SETB   RS0             ; 转入 1 区
        MOV    R0, #0FEH       ; 1 区 R0 指向 2#DAC0832 数字量控制端口
        MOV    A, @R1          ; addr2 中数据送 A
        MOVX   @R0, A          ; addr2 中数据送 2#DAC0832
        INC    R1              ; 修改 addr2 指针 1 区 R1
        INC    R0              ; 1 区 R0 指向 DAC 的启动 D-A 转换端口
        MOVX   @R0, A          ; 启动 DAC 进行转换
        CLR    RS0             ; 返回 0 区
        DJNZ   R2, NEXT        ; 若未完，则跳转 NEXT
        LJMP   DTOUT           ; 若送完，则循环
```

3. DAC0832 的双极性的电压输出

有些场合要求 DAC0832 双极性模拟电压输出，下面介绍如何实现。

在双极性电压输出的场合下，可以按照图 11-15 所示接线。图中，DAC0832 的数字量由单片机送来，A1 和 A2 均为运算放大器，v_o 通过 2R 电阻反馈到运算放大器 A$_2$ 输入端，G 点为虚拟地，其他电路如图

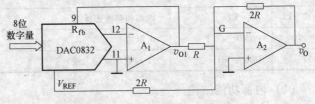

图 11-15　双极性 DAC 的接法

11-5 所示。由基尔霍夫定律列出的方程组可解得

$$v_o = (B - 128)\frac{V_{REF}}{128}$$

由上式知，当单片机输出给 DAC0832 的数字量 $B \geqslant 128$ 时，即数字量最高位 b_7 为 1，输出的模拟电压 v_o 为正；当单片机输出给 DAC0832 的数字量 $B < 128$ 时，即数字量最高位为 0，则 v_o 的输出电压为负。

11.2.3　AT89S51 单片机与 12 位 D-A 转换器 AD667 的接口设计

8 位分辨率不够时，可以采用高于 8 位分辨率的 DAC，例如，10 位、12 位、14 位、16 位（例如 AD669）的 DAC。AD667 是一种分辨率为 12 位的并行输入、电压输出型 D-A 转换器，建立时间不大于 3μs。输入方式为双缓冲输入；输出方式为电压输出，通过硬件编程可输出 5V、10V、±2.5V、±5V 和 ±10V；内含高稳定的基准电压源，可方便地与 4 位、8 位或 16 位微处理器接口；双电源工作电压为 ±12V ~ ±15V。

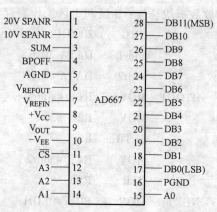

图 11-16　AD667 引脚图

1. 引脚介绍

AD667 为 28 引脚双列直插式封装，图 11-16 所示为双列直插式封装引脚图，表 11-2 为其引脚说明。

表 11-2　AD667 引脚说明

引脚	符　号	说　　明
1	20V SPANR	片内 10kΩ 反馈电阻引脚
2	10V SPANR	片内 10kΩ 反馈电阻中心抽头引脚
3	SUM	运放求和点，即运放反相输入点
4	BPOFF	双极性偏置端，用于双极性补偿
5	AGND	模拟地
6	V_{REFOUT}	内置基准电压源输出端
7	V_{REFIN}	外部基准电压源输入端
8	$+V_{CC}$	正电源电压输入端
9	V_{OUT}	模拟电压输出端，其输出范围可通过硬件编程调节，并可实现单极性或双极性输出
10	$-V_{EE}$	负电源电压输入端
11	$\overline{CS}$	片选信号输入，D-A 锁存器启用端（低电平有效），只有当 $\overline{CS}$ 有效时，才能启用两个锁存器
12 ~ 15	A3 ~ A0	内部锁存器选择线
16	PGND	电源地
17 ~ 28	DB0 ~ DB11	12 位数字量输入线

（1）内部功能结构

图 11-17 所示为 AD667 内部功能结构框图。

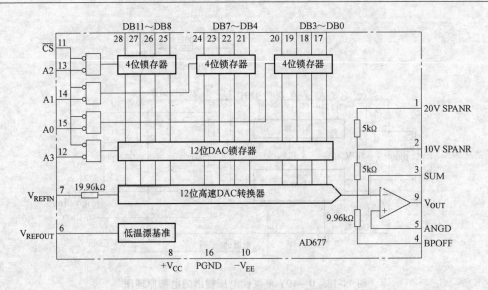

图 11-17　AD667 内部功能结构框图

（2）应用特性

1）模拟电压输出范围的配置。AD667 通过片外引脚的不同电路连接，可获得不同的输出电压量程范围。单极性工作时，可以获得 0～5V 和 0～10V 的电压。双极性工作时，可获得 ±2.5V、±5.5V 和 ±10V 的电压。具体量程配置可由引脚 1、2、3、9 的不同连接实现，见表 11-3。

由于 AD667 内置的量程电阻与其他元器件具有热跟踪性能，所以以 AD667 的增益和偏置漂移非常小。

表 11-3　各种模拟电压输出范围的连接

输出范围	数字输入代码	电　路　连　接
±10V	偏移二进制码	引脚 9 与引脚 1 相连，引脚 2 未用，引脚 4 通过 50Ω 固定电阻或 100Ω 电位器与引脚 6 相连
±5V	偏移二进制码	引脚 9 与引脚 1 和引脚 2 相连，引脚 4 通过 50Ω 固定电阻或 100Ω 电位器与引脚 6 相连
±2.5V	偏移二进制码	引脚 9 与引脚 2 相连，引脚 1 与引脚 3 和引脚 2 相连，引脚 4 通过 50Ω 固定电阻或 100Ω 电位器与引脚 6 相连
0～10V	直接二进制码	引脚 9 与引脚 1 和引脚 2 相连，引脚 4 与引脚 5 相连或外接调整电路
0～5V	直接二进制码	引脚 9 与引脚 2 相连，引脚 1 与引脚 3 相连，引脚 4 与引脚 5 相连或外接调整电路

2）单极性电压输出。

图 11-18 为 0～10V 单极性电压输出电路原理图。

在电路运行之前，为保证转换精度，首先要进行电路调零和增益调节。

电路调零：数字输入量全为"0"时，调节 50kΩ 电位器 R_{P1}，使其模拟电压输出端（V_{OUT}）电压为 0.000V。在大多数情况下，并不需要调零，只要把引脚 4 与引脚 5 相连（接地）即可。

增益调节：数字输入量全为"1"时，调节 100Ω 电位器 R_{P2}，使其模拟电压输出为

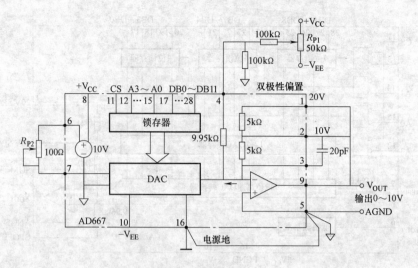

图 11-18　0～10V 单极性电压输出的电路原理图

9.9976V，即满量程的 10.000V 减去 1LSB（约为 2.44mV）所对应的模拟输出量。

3）双极性电压输出。

图 11-19 为 –5V～5V 双极性电压输出的电路。在电路运行之前，为保证转换精度，首先要进行偏置调节和增益调节。

偏置调节：数字输入量全为"0"时，调节 100Ω 的电位器 R_{P1}，使其模拟电压输出端电压为 – 5.000V。

增益调节：数字输入量全为"1"，调节电位器 R_{P2}，使其模拟输出电压值为 4.9976V，即正满量程电压输出 5.000V 减去 1LSB（约为 2.44mV）所对应的模拟输出量。

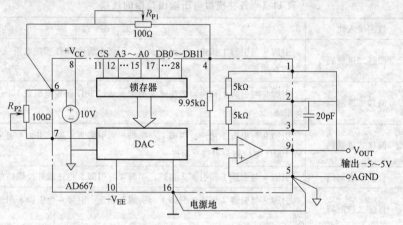

图 11-19　±5V 双极性电压输出电路原理图

4）内部/外部基准电压源的使用。

AD667 有内置低噪声基准电源，其绝对精度和温度系数都是通过激光修正，具有长期稳定性。片内基准电源可提供片内 D-A 转换器所需的基准电流，还可通过缓冲电路驱动外部电路，一般可向外部负载提供 0.1mA 的驱动电流。

5）接地与动态电容的接法。

AD667 把模拟地 AGND 与电源地 PGND 分开，可以减少器件的低频噪声和增强高速性能。把地回路分开的目的是为了尽量减少低电平信号路径中的电流。

AGND 是输出放大器中的地端，应与系统中的模拟输出电压基准地直接相连，任何由输出放大器驱动的负载都应该接在模拟地引脚上。

电源地 PGND 可以与模拟电源的接地点就近连接。最后 AGND 与 PGND 在一点上进行连接，一般连接到电源地 PGND 上。

另外，AD667 的电源引脚到模拟地引脚间应加上适当的去耦电容。

在输出放大器反馈电阻两端加一个 20pF 的小电容，可以明显改善输出放大器的动态性能。

6）数字输入控制与数据代码。

AD667 的总线接口逻辑由 4 个独立的可寻址锁存器组成，其中有 3 个 4 位的输入数据锁存器（第一级锁存器）和 1 个 12 位的 DAC 锁存器（第二级锁存器）。利用 3 个 4 位锁存器可以直接从 4 位、8 位或 16 位微处理器总线分次或一次加载 12 位数字量；一旦数字量被装入 12 位的输入数据锁存器，就可以把 12 位数据传入第二级的 DAC 锁存器，这种双缓冲结构可以避免产生错误的模拟输出。

4 个锁存器由 4 个地址输入 A0 ~ A3 和 $\overline{CS}$ 控制，所有的控制都是低电平有效，对应关系见表 11-4。

表 11-4　锁存器地址关系对应表

$\overline{CS}$	A3	A2	A1	A0	操　作　说　明
1	×	×	×	×	不起作用
×	1	1	1	1	不起作用
0	1	1	1	1	选通低 4 位输入数据锁存器
0	1	1	0	1	选通中 4 位输入数据锁存器
0	1	0	1	1	选通高 4 位输入数据锁存器
0	0	1	1	1	把输入数据锁存器中的 12 位数据送入 DAC 锁存器
0	0	0	0	0	所有锁存器直通

所有锁存器都是电平触发，也就是说，当对应的控制信号都有效时，锁存器输出跟踪输入数据；当任何一个控制信号无效时，数据就被锁存。它允许一个以上的锁存器被同时锁存。

建议任何未使用的数据和控制引脚最好与电源地相连，以改善抗噪声干扰特性。

AD667 使用正逻辑的二进制输入编码，大于 2.0V 的输入电压表示逻辑 "1"，而小于 0.8V 的输入电压表示逻辑 "0"。

单极性输出时，输入编码采用直接二进制编码，全 "0" 数据输入 000H 产生零模拟输出；全 "1" 数据输入 FFFH 产生比满量程少 1LSB 的模拟输出。

双极性输出时，输入编码采用偏移二进制编码，数据输入为 000H 时，产生负的满量程输出；数据输入为 FFFH 时，产生比满量程少 1LSB 的模拟输出；数据输入为 800H 时，模拟输出为 0。其中 1LSB 为最低位对应的模拟电压。双极性输出时输入与输出关系如图 11-20 所示，输入数字量 N 与输出模拟电压 V_{OUT} 的关系为

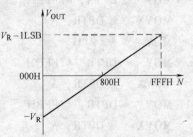

图 11-20　双极性输出与输入关系

$$V_{\text{OUT}} = \left(\frac{N}{2^{11}} - 1\right)V_{\text{R}}$$

式中，V_{R} 为输出电压量程。

7）与单片机接口的数据格式。

AD667 与单片机接口的数据格式为左对齐或右对齐的数据格式。

左对齐数据格式为：

D11	D10	D9	D8	D7	D6	D5	D4	D3	D2	D1	D0	×	×	×	×

右对齐数据格式为：

×	×	×	×	D11	D10	D9	D8	D7	D6	D5	D4	D3	D2	D1	D0

2. AD667 与 AT89S51 单片机的接口

图 11-21 所示为 AT89S51 单片机与 AD667 的接口电路。

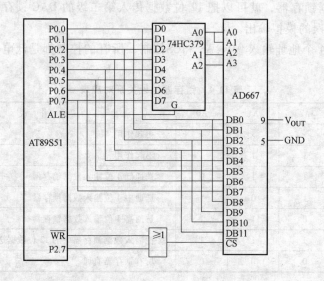

图 11-21　AT89S51 单片机与 AD667 的接口电路

单片机把 AD667 所占的 3 个端口地址视为外部数据存储器的 3 个单元，对其进行选通，完成对 AD667 数据传送锁存及转换的功能。假定低 8 位数据存 20H 单元，高 4 位数据存 21H 的低 4 位，D-A 转换的程序如下：

```
MOV     A, 20H
MOV     DPTR, #7FFEH
MOVX    @DPTR, A          ; 低 8 位进第一级锁存器
MOV     A, 21H
MOV     DPTR, #7FFDH
MOVX    @DPTR, A          ; 高 4 位进第一级锁存器
MOV     DPTR, #7FFBH
MOVX    @DPTR, A          ; 启动第二级锁存器
RET
```

11.3　AT89S51 单片机与 V-F 转换器的接口

目前，利用 A-D 转换技术制成的各种测试仪器得到了广泛应用。在某些要求数据长距离传输，精确度要求较高的场合，采用一般的 A-D 转换技术有许多不便，可使用 V-F 转换器代替 A-D 器件。

V-F 转换器是把电压信号转变为频率信号的器件，有良好的精度、线性和积分输入特点，此外，它的应用电路简单，外围元件性能要求不高，适应环境能力强，转换速度不低于一般的双积分型 A-D 器件，且价格低，因此 V-F 转换技术广泛用于非快速的 A-D 转换过程中。

V-F 转换器与单片机接口有以下特点：

1）接口简单、占用单片机硬件资源少。产生的频率信号可输入单片机的一根 I/O 口线或作为中断信号输入及计数信号输入等。

2）抗干扰性能好。用 V-F 转换器实现 A-D 转换，就是频率计数的过程，相当于在计数时间内对频率信号进行积分，因而有较强的抗干扰能力。另外可采用光耦合器连接 V-F 转换器与单片机之间的通道，实现光隔离。

3）便于远距离传输。可通过调制进行无线传输或光传输。

由于以上这些特点，V-F 转换器适用于一些非快速而需进行远距离信号传输的 A-D 转换过程。另外，还可以简化电路、降低成本、提高性价比。

11.3.1　用 V-F 转换器实现 A-D 转换的原理

V-F 转换工作原理：单片机片内的计数器把 V-F 转换器输出的频率信号作为计数脉冲，进行定时计数。计数器的计数值与 V-F 转换器输出的脉冲频率信号之间的关系为

$$f = \frac{D}{T}$$

上式中，D 是计数器计得的值，T 是已知的计数时间。只要知道了 D 值，再除以计数的时间 T，就可求出 V-F 转换器的输出频率，从而知道输入电压，实现了 A-D 转换。

11.3.2　常用 V-F 转换器 LMX31 简介

常用的通用型的 V-F 转换器为 LM331，LM331 适用于 A-D 转换器、高精度 F-V 变换器、长时间积分器、线性频率调制或解调器等电路。LM331 的特性如下：

1. 主要特性

（1）频率范围：1 ~ 100kHz

（2）低非线性：±0.01%

（3）单电源或双电源供电

（4）单电源供电电压为 5V 时，可保证转换精度

（5）温度特性：最大 ±50 × 10^{-6}/℃

（6）低功耗：V_{ss} = 5V 时为 15mW

两种封装形式，其中的 DIP 如图 11-22 所示。

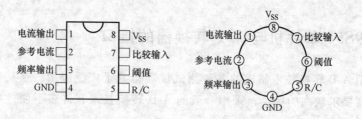

图 11-22　LMX31 DIP 封装图

2. 电特性参数

（1）电源电压：15V

（2）输入电压范围：0 ~ 10V

（3）输出频率：10Hz ~ 11kHz

（4）非线性失真：± 0.03%

3. LMX31 的 V-F 转换外部接线

LMX31 的 V-F 转换外部接线如图 11-23 所示。

11.3.3　V-F 转换器与 MCS-51 单片机接口

被测电压转换为与其成比例的频率信号后送入计算机进行处理。

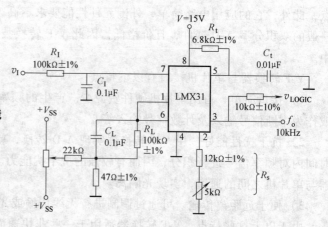

图 11-23　LMX31 外部接线图

1）V-F 转换器可以直接与 AT89S51 单片机接口。接口较简单，把频率信号接单片机的定时器/计数器输入端即可。如图 11-24 所示。

2）在一些电源干扰大、模拟电路部分容易对单片机产生电气干扰等恶劣环境中，可采用光隔离的方法使 V-F 转换器与单片机无电信号联系，如图 11-25 所示。

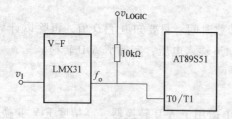

图 11-24　V-F 转换器与单片机接口

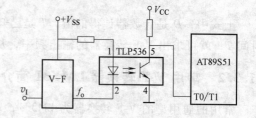

图 11-25　使用光隔离器的接口

3）当 V-F 转换器与单片机之间距离较远时需要采用驱动电路以提高传输能力。一般可采用串行通信的驱动器和接收器来实现。例如使用 RS-422 的驱动器和接收器时，允许最大传输距离为 120m，如图 11-26 所示。其中 SN75174/75175 是 RS-422 标准的四差分线路驱动/接收器。

4）采用光纤或无线传输时，需配以发送、接收装置，如图 11-27 和图 11-28 所示。

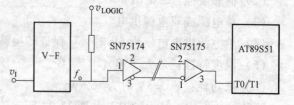

图 11-26　利用串行通信器件的接口

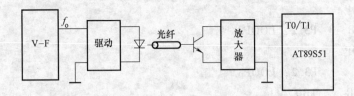

图 11-27 利用光纤进行传输的接口

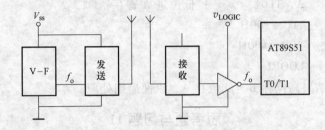

图 11-28 利用无线传输设备用作输入通道

11.3.4 LM331 应用举例

本例使用 LM331 和 8031 的内部定时器构成 A-D 转换电路，具有使用元件少、成本低、精度高的特点。

1. 接口电路

AT89S51 与 LM331 的接口电路如图 11-29 所示。

V-F 转换器最大输出频率为 10kHz，输入电压范围为 0 ~ 10V。由于本电路输出频率较低，如对脉冲计数则会降低精度，因此采用测周期的方法。V-F 输出的频率经 D 触发器二分频后接 $\overline{INT0}$，作为 T0 计数器的控制信号。

T0 计数器置定时器状态，取方式 1，将 TMOD.3（T0 的 GATE 位）置 1，这样就由 $\overline{INT0}$ 和 TR0 来共同决定计数器是否工作。这种方法只能测量信号周期小于 65535 个机器周期的信号。

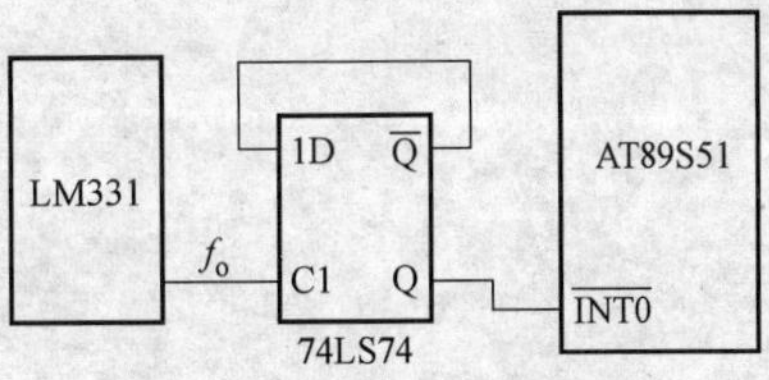

2. 软件设计

程序包括初始化和计数两部分。初始化程序要对计数器/定时器 0 进行状态设置，使其工作在定时器工作模式，方式 1，并将 GATE 位置 1。计数程序首先需判断 $\overline{INT0}$ 的电平，当其为低时，打开 TR0 位准备计数；当其变为高时，启动计数，再为低时停止计数并清 TR0，取出数据，将 T0 的时间常数寄存器 TH0、TL0 清 0，准备下一次计数。程序如下：

图 11-29 AT89S51 与 LM331 的接口电路

```
BEGIN：NOP
        MOV     TMOD, #09H   ；定时器 T0 初始化
        MOV     TL0, #00H
        MOV     TH0, #00H
LOOP1：NOP
        JB      P3.2，LOOP1
        SETB    TR0
```

```
LOOP2：NOP
       JNB    P3.2，LOOP2
LOOP3：NOP
       JB     P3.2，LOOP3
       CLR    TR0
       MOV    B，TH0        ；高位进 B 暂存器
       MOV    A，TL0        ；低位进 A 寄存器
       MOV    TL0，#00H
       MOV    TH0，#00H
       AJMP   LOOP1
```

本程序将计数结果高位存 B，低位存 A，以便后期处理。

思考题与习题 11

11-1　A-D 转换方法有以下 4 种，ADC0809 是一种采用（　　　）进行 A-D 转换的 8 位接口芯片。

A. 计数式　　　　　　B. 双积分式　　　　　C. 逐次逼近式　　　　　D. 并行式

11-2　若某 8 位 D-A 转换器的输出满刻度电压为 5V，则 D-A 转换器的分辨率为_____。

11-3　A-D 转换接口中采样保持电路的作用是什么？省略采样保持电路的前提条件是什么？

11-4　A-D 转换器两个最重要的指标是什么？

11-5　分析 A-D 转换器产生量化误差的原因，一个 8 位的 A-D 转换器，当输入电压为 0～5V 时，其最大的量化误差是多少？

11-6　在 DAC 和 ADC 的主要技术指标中，"量化误差"、"分辨率"和"精度"有何区别？

第 12 章　单片机的串行扩展技术

单片机的并行总线扩展（利用三总线 AB、DB、CB 进行的系统扩展）已不再是单片机系统唯一的扩展结构，除并行总线扩展技术之外，近年又出现串行总线扩展技术。例如：Philips 公司的 I²C（Inter Interface Circuit）串行总线接口、DALLAS 公司的单总线（1-Wire）接口、Motorola 公司的 SPI 串行外部设备接口以及 Microwire 总线三线同步串行接口。

本章介绍上述串行扩展接口总线的工作原理及特点，重点介绍 I²C 串行扩展技术，并介绍 AT89S51 软件模拟 I²C 串行接口总线时序实现 I²C 接口的方法。

单片机的串行扩展技术与并行扩展技术相比具有显著的优点，串行接口器件与单片机接口时需要的 I/O 口线很少（仅需 1~4 条），串行接口器件体积小，因而占用电路板的空间小，仅为并行接口器件的 10%，明显减少电路板空间和成本。除上述优点，还有工作电压宽、抗干扰能力强、功耗低、数据不易丢失等特点。串行扩展技术在 IC 卡、智能仪器仪表以及分布式控制系统等领域得到广泛应用。

12.1　单总线串行扩展

单总线（也称 1-Wire bus）是由美国 DALLAS 公司推出的外围串行扩展总线。它只有一条数据输入/输出线 DQ，总线上的所有器件都挂在 DQ 上，电源也通过这条信号线供给，这种使用一条信号线的串行扩展技术，称为单总线技术。

单总线系统的各种器件，由 DALLAS 公司提供的专用芯片实现。每个芯片都有 64 位 ROM，厂家对每一个芯片用激光烧写编码，其中存有 16 位十进制编码序列号，它是器件的地址编号，确保它挂在总线上后，可以唯一被确定。除了器件的地址编码外，芯片内还包含收发控制和电源存储电路，如图 12-1 所示。这些芯片的耗电量都很小（空闲时为几微瓦，工作时为几毫瓦），工作时从总线上馈送电能到大电容中就可以工作，故一般不需另加电源。下面通过一个例子说明单总线的具体应用。

例 12-1　图 12-2 所示为一个由单总线构成的分布式温度监测系统，也可用于各种狭小空间内设备的数字测温。图中多个带有单总线接口的数字温度传感器 DS18B20 芯片都挂在单片机的 1 根 I/O 口线（DQ 线）上。对每个 DS18B20 通过总线 DQ 寻址。DQ 为漏极开路，需加上拉电阻。DS18B20 封装形式多样，其中的一种封装形式如图 12-2 所示。在该单总线数字温度传感器系列中还有 DS1820、DS18S20、DS1822 等其他型号，工作原理与特性基本相同。DS18B20 具有如下特点：

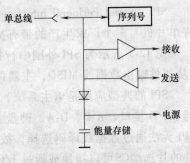

图 12-1　单总线芯片的
内部结构示意图

1）体积小、结构简单、使用方便。

2）每个芯片都有唯一的 64 位光刻 ROM 编码，家族码为 28H。

3）温度测量范围 −55 ~ 125℃，在 −10 ~ 85℃范围内，测量精度可达 ±0.5℃。

4）分辨率为可编程的 9 ~ 12 位（其中包括 1 位符号位），对应的温度变化量分别为 0.5℃、0.25℃、0.125℃、0.0625℃。

5）转换时间与分辨率有关。当设定为 9 位时，转换时间为 93.75ms；设定为 10 位时，转换时间为 187.5 ms；当设定为 11 位时，转换时间为 375ms；当设定为 12 位时，转换时间为 750ms。

6）片内含有 SRAM（暂存寄存器）、E^2PROM（非易失寄存器），单片机写入 E^2PROM 的报警的上下限温度值以及对 DS18B20 的设置，在芯片掉电的情况下不丢失。

DS18B20 的功能命令包括两类：1 条启动温度转换命令（44H），5 条读/写 SRAM 和 E^2PROM 命令。

图 12-2 所示电路如果再扩展几位（根据需要）LED 数码管显示器，即可构成简易的数字温度计系统。读者可在图 12-2 的基础上，自行进行扩展设计。

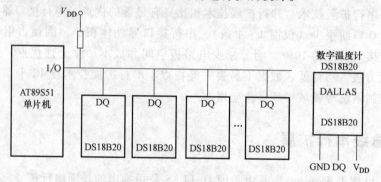

图 12-2　单总线构成的分布式温度监测系统

在 1-Wire 总线传输的是数字信号，数据传输均采用 CRC 码校验。DALLAS 公司为单总线的寻址及数据的传送制定了总线协议，具体内容读者可查阅相关资料。

1-Wire 协议的不足是其传输速率稍慢，故 1-Wire 总线协议特别适用于测控点多、分布面广、种类复杂，而又需集中监控、统一管理的应用场合。

12.2　SPI 总线串行扩展

SPI（Serial Periperal Interface）是 Motorola 公司推出的一种同步串行外部设备接口，允许单片机与多个厂家生产的带有标准 SPI 接口的外围设备直接连接，以串行方式交换信息。

图 12-3 所示为 SPI 外围串行扩展结构图。SPI 使用 4 条线：串行时钟 SCK，主器件输入/从器件输出数据线 MISO，主器件输出/从器件输入数据线 MOSI 和从器件选择线$\overline{CS}$。

SPI 的典型应用是单主系统，即只有一台主器件，从器件通常是外围接口器件，如存储器、I/O 接口、A-D、D-A、键盘、日历/时钟和显示驱动等。单片机扩展多个外围器件时，SPI 无法通过数据线译码选择，故外围器件都有片选端$\overline{CS}$。在扩展单个 SPI 器件时，外围器件的片选端$\overline{CS}$可以接地或通过 I/O 口控制；在扩展多个 SPI 器件时，单片机应分别通过 I/O 口线来分时选通外围器件。在 SPI 串行扩展系统中，如果某一从器件只作输入（如键盘）或只作输出（如显示器）时，可省去一条数据输出（MISO）线或一条数据输入（MOSI）线，从而构成双线系统（$\overline{CS}$接地）。

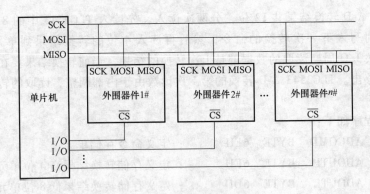

图 12-3　SPI 外围串行扩展结构图

SPI 系统中单片机对从器件的选通需控制其$\overline{CS}$端，由于省去传输时的地址字节，数据传送软件十分简单。但在扩展器件较多时，需要控制较多的从器件$\overline{CS}$端，连线较多。

在 SPI 串行扩展系统中，主器件单片机在启动一次传送时，便产生 8 个时钟，传送给接口芯片作为同步时钟，控制数据的输入和输出。传送格式是高位（MSB）在前，低位（LSB）在后，如图 12-4 所示。数据

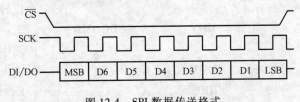

图 12-4　SPI 数据传送格式

线上输出数据的变化以及输入数据时的采样，都取决于 SCK。但对不同外围芯片，可能是 SCK 的上升沿起作用，也可能是 SCK 的下降沿起作用。SPI 有较高的数据传输速度，最高可达 1.05Mbit/s。

Motorola 公司提供了一系列具有 SPI 接口的单片机和外围接口芯片，如存储器 MC2814、显示驱动器 MC14499 和 MC14489 等。

SPI 外围串行扩展系统的从器件要具有 SPI 接口，主器件是单片机。目前已有许多机型的单片机都带有 SPI 接口。但对 AT89S51 单片机，由于不带 SPI 接口，SPI 接口的实现可采用软件与 I/O 口结合来模拟 SPI 的接口时序。

例 12-2　设计 AT89S51 单片机与串行 A-D 转换器 TLC2543 的 SPI 接口。

TLC2543 是美国 TI 公司的 12 位串行 SPI 接口的 A-D 转换器，转换时间为 $1\mu s$。片内有 1 个 14 路模拟开关，用来选择 11 路模拟输入以及 3 路内部测试电压中的 1 路进行采样。

图 12-5 所示为 AT89S51 单片机与 TLC2543 的 SPI 接口电路。TLC2543 的 I/O CLOCK、DATA INPUT 和 $\overline{CS}$端由 AT89S51 单片机的 P1.0、P1.1 和 P1.3 来控制。转换结果的输出数据（DATA OUT）由单片机的 P1.2 串行接收，单片机将命令字通过 P1.1 输入到 TLC2543 的输入寄存器中。

下面的子程序为 AT89S51 选择某一通道（例如 AIN0 通道）进行

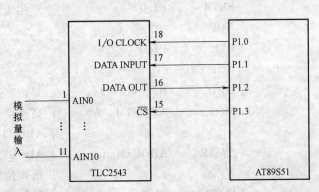

图 12-5　AT89S51 单片机与 TLC2543 的 SPI 接口电路

1 次数据采集，A-D 转换结果共 12 位，分两次读入。先读入 TLC2543 中的 8 位转换结果到单片机中，同时写入下一次转换的命令，然后再读入 4 位的转换结果到单片机中。注意：TLC2543 在每次 I/O 周期读取的数据都是上次转换的结果，当前转换结果要在下一个 I/O 周期中才被串行移出。TLC2543 A-D 转换的第 1 次读数由于内部调整，读取的转换结果可能不准确，应丢弃。

具体的子程序如下：

```
            ADCOMD   BYTE   6FH      ; 定义命令存储单元
            ADOUTH   BYTE   6EH      ; 定义存储转换结果高 4 位单元
            ADOUTL   BYTE   6DH      ; 定义存储转换结果低 8 位单元
ADCONV:     CLR      P1.0            ; 时钟脚为低电平
            CLR      P1.3            ; 片选CS有效，选中 TLC2543
            MOV      R2，#08H         ; 送出下一次 8 位转换命令和读 8
                                     ; 位转换结果做准备
            MOV      A，ADCOMD        ; 下一次转换命令在 ADCOMD 单
                                     ; 元中送 A
LOOP1：     MOV      C，P1.2          ; 读入 1 位转换结果
            RRC      A               ; 1 位转换结果带进位位右移
            MOV      P1.1，C          ; 送出命令字节中的 1 位
            SETB     P1.0            ; 产生 1 个时钟
            NOP
            CLR      P1.0
            NOP
            DJNZ     R2，LOOP1        ; 是否完成 8 次转换结果读入和命令输出？
                                     ; 未完则跳
            MOV      ADOUTL，A        ; 读 8 位转换结果存入 ADOUTL 单元
            MOV      A，#00H          ; A 清 0
            MOV      R2，#04H         ; 为读入 4 位转换结果做准备
LOOP2：     MOV      C，P1.2          ; 读入高 4 位转换结果中的 1 位
            RRC      A               ; 带进位位循环右移
            SETB     P1.0            ; 产生 1 个时钟
            NOP
            CLR      P1.0
            NOP
            DJNZ     R2，LOOP2        ; 是否完成 4 次读入？未完则跳 LOOP2
            MOV      ADOUTH，A        ; 高 4 位转换结果存入
                                     ; ADOUTH 单元中的高 4 位
            SWAP     ADOUTH          ; ADOUTH 单元中的高 4 位与
                                     ; 低 4 位互换
            SETB     P1.0            ; 时钟无效
            RET
```

执行上述程序中的 8 次循环，执行"RRC A"指令 8 次，每次读入转换结果 1 位，然后送出 ADCOMD 单元中的下一次转换的命令字节"G7 G6 G5 G4 G3 G2 G1 G0"中的 1 位，进入 TLC2543 的输入寄存器。经 8 次右移后，8 位 A-D 转换结果数据"××××××××"读入累加器 Acc 中，上述的具体数据交换过程如图 12-6 所示。子程序中的 4 次循环，只是读入转换结果的 4 位数据，图中没有给出，读者可自行画出 4 次移位的过程。

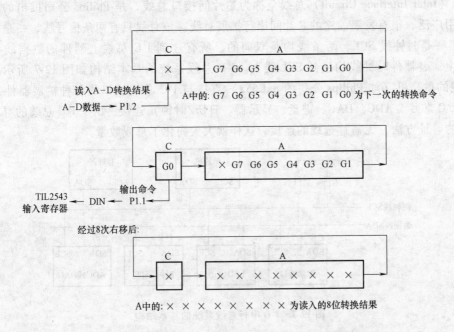

图 12-6　单片机与 TLC2543 的 8 位数据交换示意图

由本例见，单片机与 TLC2543 接口十分简单，只需用软件控制 4 条 I/O 脚按规定时序对 TLC2543 进行访问即可。

12.3　Microwire 总线简介

Microwire 总线为三线同步串行接口，由 1 根数据线 SO、1 根数据输入线 S 和 1 根时钟线 SK 组成。Microwire 总线最初内建在 NS（National Semicoductor）公司 COP400/ COP800 HPC 系列单片机中，可为单片机和外围器件提供串行通信接口。该总线只需要 3 根信号线，连接和拆卸都很方便。在需对一个系统更改时，只需改变连接到总线的单片机及外围器件的数量和型号即可。

最初的 Microwire 总线只能连接一台单片机作为主机，总线上的其他器件都是从设备。随着技术的发展，NS 公司推出了 8 位的 COP800 系列单片机，该系列单片机仍采用原来的 Microwire 总线，但接口功能进行了增强，称之为增强型的 MicrowirePlus。增强型的 MicrowirePlus 上允许连接多台单片机和外围器件，具有更大的灵活性和可变性，应用于分布式、多处理器的复杂系统。

NS 公司已生产出各种功能的 Microwire 总线外围器件，包括存储器、定时器/计数器、ADC 和 DAC、LED 显示驱动器和 LCD 显示驱动器以及远程通信设备等。

12.4　I²C 总线的串行扩展介绍

12.4.1　I²C 串行总线概述

I²C（Inter Interface Circuit）总线全称为芯片间接口总线，是 Philips 公司推出的，也是目前使用广泛、很有发展前途的芯片间串行扩展总线。该总线只有两条信号线，一是数据线 SDA，另一是时钟线 SCL。两条线均是双向的，所有连到 I²C 总线上器件的数据线都接到 SDA 线上，各器件时钟线均接到 SCL 线上。I²C 总线系统的基本结构如图 12-7 所示。带有 I²C 总线的单片机（如 Philips 公司的 8xC552）直接与 I²C 总线接口的各种扩展器件（如存储器、I/O 芯片、ADC、DAC、键盘、显示器、日历/时钟）连接。由于 I²C 总线的寻址采用纯软件的寻址方法，无需片选线的连接，这样就大大简化了总线数量。

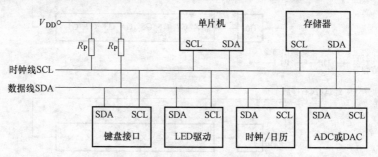

图 12-7　I²C 串行总线系统的基本结构

I²C 串行总线的运行由主器件（主机）控制。主器件是指启动数据的发送（发出起始信号）、发出时钟信号、传送结束时发出终止信号的器件，通常由单片机来担当。从器件（从机）可以是存储器、LED 或 LCD 驱动器、A-D 或 D-A 转换器、时钟/日历器件等，从器件必须带有 I²C 串行总线接口。

当 I²C 总线空闲时，SDA 和 SCL 两条线均为高电平。由于连接到总线上器件（相当于节点）输出级必须是漏极或集电极开路，因此只要有一个器件任意时刻输出低电平，都将使总线上的信号变低，即各器件的 SDA 及 SCL 都是"与"关系。由于各器件输出端为漏极开路，故必须通过上拉电阻接正电源（见图 12-7 中的两个电阻），以保证 SDA 和 SCL 在空闲时被上拉为高电平。SCL 线上的时钟信号对 SDA 线上的各器件间的数据传输起同步控制作用。SDA 线上的数据起始、终止及数据的有效性均要根据 SDA 线上的时钟信号来判断。

在标准 I²C 普通模式下，数据的传输速率为 100kbit/s，高速模式下可达 400kbit/s。总线上扩展的器件数量不是由电流负载决定的，而是由电容负载确定的。I²C 总线上每个节点器件的接口都有一定的等效电容，连接的器件越多，电容值越大，这会造成信号传输的延迟。总线上允许的器件数以器件的电容量不超过 400pF（通过驱动扩展可达 4 000pF）为宜，据此可计算出总线长度及连接器件的数量。每个连到 I²C 总线上的器件都有一个唯一的地址，扩展器件时也要受器件地址数目的限制。

I²C 总线应用系统允许多个主器件，究竟哪一个主器件控制总线要通过总线仲裁来决定。如何仲裁，可查阅 I²C 仲裁协议。但在实际应用中，经常遇到的是以单一单片机为主机，其他外围接口器件为从机情况。

12.4.2　I²C 总线的数据传送

1. 数据位的有效性规定

I²C 总线在进行数据传送时，每一数据位的传送都与时钟脉冲相对应。时钟脉冲为高电平期间，数据线上的数据必须保持稳定。在 I²C 总线上，只有在时钟线为低电平期间，数据线上的电平状态才允许变化，如图 12-8 所示。

2. 起始和终止信号

据 I²C 总线协议，总线上数据信号的传送由起始信号（S）开始、由终止信号（P）结束。起始信号和终止信号都由主机发出，在起始信号产生后，总线就处于占用状态；在终止信号产生后，总线就处于空闲状态。下面结合图 12-9 介绍起始信号和终止信号的规定。

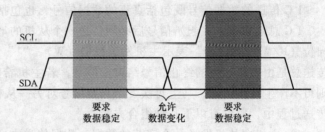

图 12-8　数据位的有效性规定

1）起始信号（S）。在 SCL 线为高电平期间，SDA 线由高电平向低电平的变化表示起始信号，只有在起始信号以后，其他命令才有效。

2）终止信号（P）。在 SCL 线为高电平期间，SDA 线由低电平向高电平的变化表示终止信号。随着终止信号出现，所有外部操作都结束。

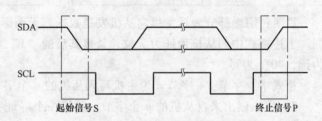

图 12-9　起始信号和终止信号

3. I²C 总线上数据传送的应答

I²C 数据传送时，传送的字节数（数据帧）没有限制，但每一个字节长度必须为 8 位。数据传送时，先传最高位（MSB），每一个被传送字节后都必须跟随 1 位应答位（一帧共有 9 位），如图 12-10 所示。I²C 总线在传送每一字节数据后都须有应答信号 A，应答信号在第 9 个时钟位上出现，与应答信号对应的时钟信号由主机产生。这时发送方必须在这一时钟位上使 SDA 线处于高电平状态，以便接收方在这一位上送出低电平应答信号 A。

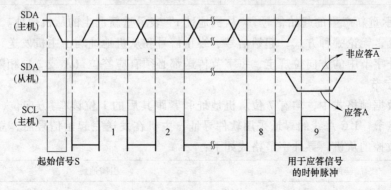

图 12-10　I²C 总线上的应答信号

由于某种原因接收方不对主机寻址信号应答时，例如接收方正在进行其他处理而无法接收总线上的数据时，必须释放总线，将数据线置为高电平，而由主机产生一个终止信号以结束总线的数据传送。

当主机接收来自从机的数据时，接收到最后一个数据字节后，必须给从机发送一个非应答信号（$\overline{A}$），使从机释放数据总线，以便主机发送一个终止信号，从而结束数据的传送。

4. I²C 总线上的数据帧格式

I²C 传送的数据信号既包括真正的数据信号，也包括地址信号。

I²C 总线规定，在起始信号后必须传送一个从机的地址（7 位），第 8 位是数据传送的方向位（R/$\overline{W}$），用"0"表示主机发送数据（$\overline{W}$），"1"表示主机接收数据（R）。每次数据传送总是由主机产生的终止信号结束。但是，若主机希望继续占用总线进行新的数据传送，则可不产生终止信号，马上再次发出起始信号对另一从机进行寻址。因此，在总线一次数据传送过程中，可以有以下几种组合方式：

1）主机向从机发送 n 个字节的数据，数据传送方向在整个传送过程中不变，传送格式如下：

S	从机地址	0	A	字节 1	A	···	字节（$n-1$）	A	字节 n	A/$\overline{A}$	P

说明：阴影部分表示主机向从机发送数据，无阴影部分表示从机向主机发送数据，以下同。上述格式中的从机地址为 7 位，紧接其后的"1"和"0"表示主机的读/写方向，"1"为读，"0"为写。

格式中：字节 1～字节 n 为主机写入从机的 n 个字节数据。

2）主机读出来自从机的 n 个字节。除第一个寻址字节由主机发出，其余字节都由从机发送，主机接收，数据传送格式如下：

S	从机地址	1	A	字节 1	A	···	字节（$n-1$）	A	字节 n	A/$\overline{A}$	P

其中：字节 1～字节 n 为从机被读出的 n 个字节的数据。主机发送终止信号前应发送非应答信号 $\overline{A}$，向从机表明读操作要结束。

3）主机的读/写操作。在一次数据传送过程中，主机先发送一个字节数据，然后再接收一个字节数据，此时起始信号和从机地址都被重新产生一次，但两次读/写的方向位正好相反。数据传送的格式如下：

S	从机地址	0	A	数据	A/$\overline{A}$	Sr	从机地址 r	1	A	数据	$\overline{A}$	P

"Sr"表示重新产生的起始信号，"从机地址 r"表示重新产生的从机地址。

由上可见，无论哪种方式，起始信号、终止信号和从机地址均由主机发送，数据字节传送方向由寻址字节中的方向位规定，每字节传送都必须有应答位（A 或 $\overline{A}$）相随。

5. 寻址字节

在上面数据帧格式中，均有 7 位从机地址和紧跟其后的 1 位读/写方向位，即为下面要介绍的寻址字节。I²C 总线的寻址采用软件寻址，主机在发送完起始信号后，立即发送寻址字节来寻址被控的从机，寻址字节格式如下：

器件地址				引脚地址			方向位
DA3	DA2	DA1	DA0	A2	A1	A0	R/$\overline{W}$

7 位从机地址即为"DA3、DA2、DA1、DA0"和"A2、A1、A0"。其中"DA3、DA2、

DA1、DA0"为器件地址，是外围器件固有的地址编码，器件出厂时就已经给定。"A2、A1、A0"为引脚地址，由器件引脚 A2、A1、A0 在电路中接高电平或接地决定（见图 12-12）。

数据方向位（R/$\overline{W}$）规定了总线上的单片机（主机）与外围器件（从机）的数据传送方向。R/$\overline{W}$ = 1，表示主机接收（读）。R/$\overline{W}$ = 0，表示主机发送（写）。

6. 寻址字节中的特殊地址

I^{2}C 规定一些特殊地址，其中两种固定编号 0000 和 1111 已被保留为特殊用途，见表 12-1。

表 12-1 I^{2}C 总线特殊地址表

			地 址 位					R/$\overline{W}$	意　义
0	0	0	0	0	0	0		0	通用呼叫地址
0	0	0	0	0	0	0		1	起始字节
0	0	0	0	0	0	1		×	CBUS 地址
0	0	0	0	0	1	0		×	为不同总线的保留地址
0	0	0	0	1	×	×		×	保留
1	1	1	1	1	×	×		×	
1	1	1	1	0	×	×		×	10 位从机地址

起始信号后第 1 字节的 8 位为 "0000 0000"，称为通用呼叫地址，用于寻访 I^{2}C 总线上所有器件的地址。不需要从通用呼叫地址命令获取数据的器件可以不响应通用呼叫地址。否则，接收到这个地址后应做出应答，并把自己置为从机接收方式，以接收随后的各字节数据。另外，当遇到不能处理的数据字节时，不做应答，否则收到每个字节后都应做应答。通用呼叫地址的含义在第 2 字节中加以说明。格式如下：

第 1 字节（通用呼叫字节）									第 2 字节							LSB	
0	0	0	0	0	0	0	0	A	×	×	×	×	×	×	×	B	A

第 2 字节为 06H 时，所有能响应通用呼叫地址的从机复位，并由硬件装入从机地址的可编程部分。能响应命令的从机复位时不拉低 SDA 和 SCL 线，以免堵塞总线。

第 2 字节为 04H 时，所有能响应通用呼叫地址并通过硬件来定义其可编程地址的从机将锁定地址中的可编程位，但不进行复位。

如果第 2 字节的方向位 B 为 "1"，则这两个字节命令称为硬件通用呼叫命令。就是说，这是由 "硬件主器件" 发出的。所谓硬件主器件，是不能发送所要寻访从件地址的发送器，如键盘扫描器等。这种器件在制造时无法知道信息应向哪儿传送，所以它发出硬件呼叫命令时，在第 2 字节的高 7 位说明自己的地址。接在总线上的智能器件，如单片机能识别这个地址，并与之传送数据。硬件主器件作为从机使用时，也用这个地址作为从机地址。格式为：

S	0000 0000	A	主机地址	1	A	数据	A	数据	A	P

在系统中另一种选择可能是系统复位时硬件主器件工作在从机接收方式，这时由系统中主机先告诉硬件主器件数据应送往的从机地址。当硬件主器件要发数据时，就可直接向指定从机发送数据。

7. 数据传送格式

I^2C 总线上每传送一位数据都与一个时钟脉冲相对应，传送的每一帧数据均为一个字节。但启动 I^2C 总线后传送的字节数没有限制，只要求每传送一个字节后，对方回答一个应答位。在时钟线为高电平期间，数据线的状态就是要传送的数据。数据线上数据的改变必须在时钟线为低电平期间完成。

在数据传输期间，只要时钟线为高电平，数据线都必须稳定，否则数据线上任何变化都当作起始或终止信号。

I^2C 总线数据传送都必须遵循规定的数据传送格式。图 12-11 所示为一完整的数据传送应答时序。根据总线规范，起始信号表明一次数据传送开始，其后为寻址字节。在寻址字节后是按指定读/写的数据字节与应答位。在数据传送完成后主器件都必须发送停止信号。在起始与停止信号之间传输的字节数由主机（单片机）决定，理论上讲没有字节限制。

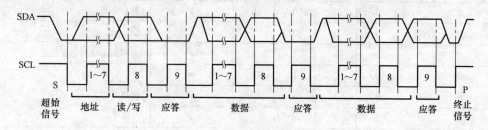

图 12-11　I^2C 总线一次完整的数据传送应答时序

I^2C 总线上的数据传送有多种组合方式，前面已介绍常见的 3 种数据传送格式，这里不再赘述。

从上述数据传送格式可看出：

1）无论何种数据传送格式，寻址字节都由主机发出，数据字节的传送方向则遵循寻址字节中的方向位的规定。

2）寻址字节只表明了从机的地址及数据传送方向。从机内部的 n 个数据地址，由器件设计者在该器件的 I^2C 总线数据操作格式中，指定第一个数据字节作为器件内的单元地址指针，且设置地址自动加减功能，以减少从机地址的寻址操作。

3）每个字节传送都必须有应答信号（$A/\bar{A}$）相随。

4）从机在接收到起始信号后都必须释放数据总线，使其处于高电平，以便主机发送从机地址。

12.5　AT89S51 单片机的 I^2C 串行扩展设计

许多公司都推出带有 I^2C 接口的单片机及各种外围扩展器件，常见有 ATMEL 公司的 AT24C 系列存储器、Philips 公司的 PCF8553（时钟/日历且带有 256×8 RAM）和 PCF8570（256×8 RAM）、MAXIM 公司的 MAX127/128（ADC）和 MAX517/518/519（DAC）等。I^2C 总线系统中的主器件通常由带有 I^2C 总线接口单片机来担当，也可用不带 I^2C 总线接口的单片机。从器件必须带有 I^2C 总线接口。AT89S51 没有 I^2C 总线接口，可利用其并行 I/O 口线模拟 I^2C 总线接口的时序，使 AT89S51 不受没有 I^2C 总线接口的限制。因此，在许多 AT89S51 单片机应用系统中，都将 I^2C 总线的模拟传送技术作为常规的设计方法。

本节首先介绍 AT89S51 扩展 I^2C 总线器件的硬件接口设计，然后介绍用单片机 I/O 口结合软件模拟 I^2C 总线数据传送，以及数据传送模拟通用子程序的设计。

12.5.1 AT89S51 的 I^2C 总线扩展系统

图 12-12 所示为一个 AT89S51 与带有 I^2C 总线器件的扩展接口电路。图中，AT24C02 为 E^2PROM 芯片，PCF8570 为静态 256×8 RAM，PCF8574 为 8 位 I/O 口，SAA1064 为 4 位 LED 驱动器。虽然各种器件的原理和功能有很大的差异，但它们与 AT89S51 单片机的连接是相同的。

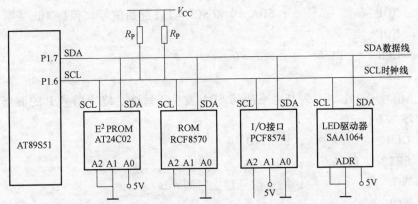

图 12-12　AT89S51 单片机扩展 I^2C 总线器件的接口电路

12.5.2 I^2C 总线数据传送的模拟

由于 AT89S51 单片机没有 I^2C 接口，通常用软件来模拟 I^2C 总线上的信号。在 AT89S51 为单主器件的工作方式下，没有其他主器件对总线的竞争与同步，只存在单片机对 I^2C 总线上各从器件的读（单片机接收）/写（单片机发送）操作。

1. 典型信号模拟

为保证数据传送的可靠性，标准 I^2C 总线的数据传送有严格的时序要求。I^2C 总线的起始信号、终止信号、应答/数据 "0" 及非应答/数据 "1" 的模拟时序如图 12-13、图 12-14、图 12-15 和图 12-16 所示。

在 I^2C 总线的数传中，可利用时钟同步机制展宽低电平周期，迫使主器件处于等待状态，使传送速率降低。

对终止信号，要保证有大于 $4.7\mu s$ 的信号建立时间。终止信号结束时，要释放总线，使 SDA、SCL 维持在高电平上，大于 $4.7\mu s$ 后才可以进行第 1 次起始操作。单主器件系统中，为防止非正常传送，终止信号后 SCL 可设置为低电平。

对于发送应答位、非应答位来说，与发送数据 "0" 和 "1" 的信号定时要求完全相同。只要满足在时钟高电平大于 $4.0\mu s$ 期间，SDA 线上有确定的电平状态即可。

2. 典型信号的模拟子程序

主器件采用 AT89S51 单片机，晶体振荡频率为 6MHz（机器周期为 $2\mu s$），常用的几个典型信号的波形模拟如下。

1）起始信号 S。对一个新的起始信号，要求起始前总线的空闲时间大于 $4.7\mu s$，而对一个重复的起始信号，要求建立时间也须大于 4.7μs。图 12-13 所示的起始信号的时序波形在 SCL 高电平期间 SDA 发生负跳变，该时序波形适用于数据模拟传送中任何情况下的起始操作。起始信号到第 1 个时钟脉冲的时间间隔应大于 4.0μs。子程序如下：

```
START： SETB    P1.7      ; SDA = 1
        SETB    P1.6      ; SCL = 1
        NOP               ; SDA = 1 和 SCL = 1 保持 4μs
        NOP
        CLR     P1.7      ; SDA = 0
        NOP               ; SDA = 0 和 SCL = 1（起始信号）保持 4μs
        NOP
        CLR     P1.6      ; SCL = 0
        RET
```

2）终止信号 P。在 SCL 为高电平期间 SDA 发生正跳变。终止信号 P 的波形如图 12-14 所示。子程序如下：

```
STOP： CLR     P1.7      ; SDA = 0
       SETB    P1.6      ; SCL = 1
       NOP               ; 终止信号建立时间 4μs
       NOP
       SETB    P1.7      ; SDA = 1
       NOP
       NOP
       CLR     P1.6      ; SCL = 0
       CLR     P1.7      ; SDA = 0
       RET
```

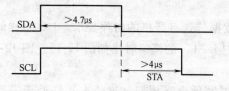

图 12-13　起始信号 S 的模拟

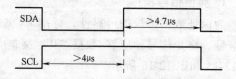

图 12-14　终止信号 P 的模拟

3）发送应答位/数据 "0"。在 SDA 低电平期间 SCL 发生一个正脉冲，波形如图 12-15 所示。子程序如下：

```
ACK： CLR     P1.7      ; SDA = 0
      SETB    P1.6      ; SCL = 1
      NOP               ; 4μs
      NOP
      CLR     P1.6      ; SCL = 0
      SETB    P1.7      ; SDA = 1
      RET
```

4) 发送非应答位/数据 "1"。在 SDA 高电平期间 SCL 发生一个正脉冲，时序波形如图 12-16 所示。子程序如下：

```
NACK: SETB   P1.7      ; SDA = 1
      SETB   P1.6      ; SCL = 1
      NOP              ; 两条 NOP 指令为 4μs
      NOP
      CLR    P1.6      ; SCL = 0
      CLR    P1.7      ; SDA = 0
      RET
```

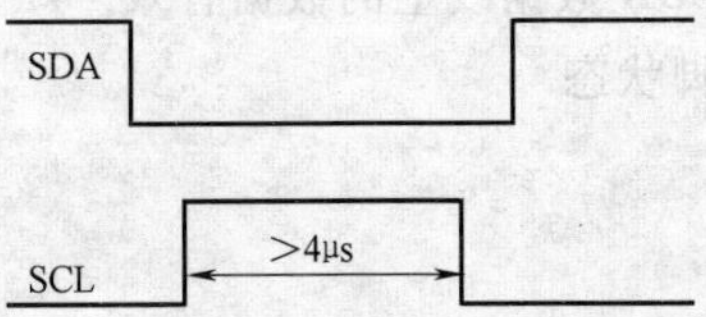

图 12-15　应答位/数据 "0" 的模拟时序 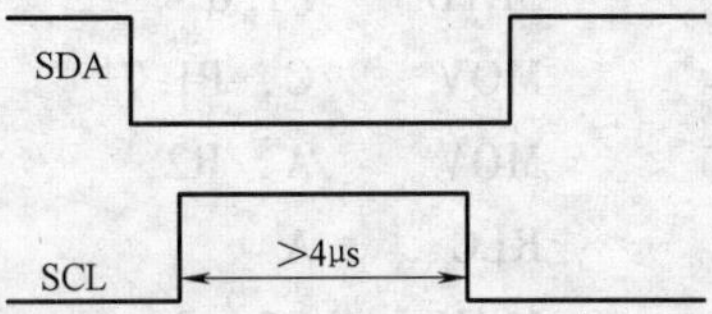　　　图 12-16　非应答位/数据 "1" 的模拟时

12.5.3　I²C 总线模拟通用子程序

I²C 总线操作中除基本的起始信号、终止信号、发送应答位/数据 "0" 和发送非应答位 /数据 "1" 外，还需要有应答位检查、发送 1 字节、接收 1 字节、发送 n 字节和接收 n 字节子程序。

1. 应答位检查子程序

在应答位检查子程序 CACK 中，设置了标志位 F0，当检查到正常应答位时，F0 = 0；否则 F0 = 1。参考子程序如下：

```
CACK:   SETB   P1.7      ; SDA 为输入线
        SETB   P1.6      ; SCL = 1，使 SDA 引脚上的数据有效
        CLR    F0        ; 预设 F0 = 0
        MOV    C, P1.7   ; 读入 SDA 线的状态
        JNC    CEND      ; 应答正常，转 F0 = 0
        SETB   F0        ; 应答不正常，F0 = 1
CEND:   CLR    P1.6      ; 子程序结束，使 SCL = 0
        RET
```

2. 发送 1 字节数据子程序

下面是模拟 I²C 总线的数据线 SDA 发送 1 字节数据的子程序。调用本子程序前，先将欲发送的数据送入 A 中。参考子程序如下：

```
W1BYTE: MOV    R6, #08H   ; 8 位数据长度送入 R6 中
WLP:    RLC    A          ; A 左移，发送位进入 C
        MOV    P1.7, C    ; 将发送位送入 SDA 引脚
        SETB   P1.6       ; SCL = 1，使 SDA 引脚上的数据有效
        NOP
```

```
            NOP
            CLR      P1.6            ；SDA 线上数据变化
            DJNZ     R6，WLP
            RET
```

3. 接收 1 字节数据子程序

下面是模拟从 I^2C 总线的数据线 SDA 读取 1 字节数据的子程序，并存入 R2 中，子程序如下：

```
R1BYTE：MOV     R6，#08H        ；8 位数据长度送入 R6 中
RLP：   SETB    P1.7            ；置 SDA 数据线为输入方式
        SETB    P1.6            ；SCL=1，使 SDA 数据线上的数据有效
        MOV     C，P1.7         ；读入 SDA 引脚状态
        MOV     A，R2
        RLC     A               ；将 C 读入 A
        MOV     R2，A           ；将 A 存入 R2
        CLR     P1.6            ；SCL=0，继续接收数据
        DJNZ    R6，RLP
        RET
```

4. 发送 n 字节数据子程序

本子程序为主机向 I^2C 的数据线 SDA 连续发送 n 字节数据，从机接收。发送 n 字节数据的格式如下：

S	从机地址	0	A	字节 1	A	…	字节 ($n-1$)	A	字节 n	A/$\overline{A}$	P

本子程序定义了如下一些符号单元：

MSBUF：主器件发送数据缓冲区首地址的存放单元。

WSLA：外围器件寻址字节（写）的存放单元。

NUMBYT：发送 n 字节数据的存放单元。

在调用本程序之前，必须将寻址字节代码存放在 WSLA 单元；必须将要发送的 n 字节数据依次存放在以 MSBUF 单元内容为首址的发送缓冲区内。调本程序后，n 字节数据依次传送到外围器件内部相应地址单元中。在主机发送过程中，外围器件的单元地址具有自动加 1 功能，即自动修改地址指针，使传送过程大大简化。参考子程序如下：

```
WNBYTE：MOV     R7，NUMBYT      ；发送字节数送 R7
        LCALL   START           ；调用起始信号模拟子程序
        MOV     A，WSLA         ；发送外围器件的寻址字节
        LCALL   W1BYTE          ；调用发送 1 字节子程序
        LCALL   CACK            ；调用检查应答位子程序
        JB      F0，WNBYTE      ；为非应答位则重发
        MOV     R0，MSBUF       ；主器件发送缓冲区首地址送 R0
WDATA： MOV     A，@R0          ；发送数据送 A
        LCALL   W1BYTE          ；调用发送 1 字节子程序
        LCALL   CACK            ；检查应答位
```

JB	F0，WNBYTE	；为非应答位则重发
INC	R0	；修改地址指针
DJNZ	R7，WDATA	
LCALL	STOP	；调用发送子程序，发送结束
RET		

5. 读入 *n* 字节数据子程序

本子程序为主机从 I^{2}C 的数据线 SDA 读入 *n* 字节数据，从机发送。格式如下：

S	从机地址	1	A	字节 1	A	...	字节 $(n-1)$	A	字节 *n*	$\overline{\text{A}}$	P

本子程序定义如下一些符号单元，其中 NUMBYT 与子程序 WNBYTE 中定义相同。

RSABYT：外围器件寻址字节（读）存放单元。

MRBUF：主机接收缓冲区存放接收数据的首址单元。

在调用本程序之前，须将寻址字代代码存放在 RSABYT 单元。执行子程序后，从外围器件指定首地址开始的 *n* 字节数据依次存放在以 MRBUF 单元内容为首地址的发送缓冲区中。外围器件的单元地址具有自动加 1 功能，即自动修改地址指针，使程序设计简化。子程序如下：

RNBYTE：	MOV	R7，NUMBYT	；读入字节数 n 存入 R7
RLP：	LCALL	START	；调用起始信号模拟子程序
	MOV	A，RSABYT	；寻址字节送入 A
	LCALL	W1BYTE	；写入寻址字节
	LCALL	CACK	；检查应答位
	JB	F0，RNBYTE	；非正常应答时重新开始
	MOV	R0，MRBUF	；接收缓冲区的首址送 R0
RDATA：	LCALL	R1BYTE	；读入 1 字节到 A
	MOV	@R0，A	；接收的数据存入缓冲区
	DJNZ	R7，ACK	；n 字节未读完则跳转 ACK
	LCALL	NASK	；n 字节读完则发送非应答位
	LCALL	STOP	；调用发送停止位子程序
	RET		
ACK：	LCALL	ACK	；发送一个应答位到外围器件
	INC	R0	；修改地址指针
	SJMP	RDATA	
	RET		

思考题与习题 12

12-1　叙述 1-Wire 总线系统中，MCS-51 和从机芯片交换数据的 3 个典型步骤。

12-2　SPI 使用几条线进行数据通信？在什么情况下可以省略 MISO、MOSI 和 $\overline{\text{CS}}$ 线？

12-3　选择一种具有 SPI 接口的 IC 器件和 MCS-51 连接，并画出接线图。

12-4　简述 I^{2}C 总线的数据传输过程和数据传送的 3 种基本形式。

12-5　画出 I^{2}C 总线的起停、应答和非应答时序图。编写模拟时序的子程序。

12-6　在 AT89C51 上扩展两片 AT24C04，画出连接图并说明 2 片 AT24C04 的地址。

第 13 章 AT89S51 单片机的
应用设计与调试

本章介绍 AT89S51 单片机应用系统的设计，主要内容包括：单片机应用系统的设计步骤和方法，硬件设计，程序的总体框架设计以及设计举例。此外，介绍目前仿真开发工具以及如何利用仿真开发工具对单片机应用系统进行开发调试。最后介绍单片机应用系统的抗干扰和可靠性设计。

13.1　单片机应用系统的设计步骤

由于单片机具有体积小、功耗低、功能强、可靠性高、实时性强、简单易学、使用方便灵巧、易于维护和操作、性能价格比高、易于推广应用、可实现网络通信等技术特点，因此，单片机在自动化装置、智能仪表、家用电器，乃至数据采集、工业控制、计算机通信、汽车电子、机器人等领域得到了日益广泛的应用。

单片机应用系统是指以单片机为核心，配以一定的外围电路和软件，能实现某种或几种功能的应用系统。它一般由硬件和软件部分组成。硬件是系统的基础，软件则是在硬件的基础上对其合理的调配和使用、从而完成应用系统所要完成的任务。同时，为保证系统可靠工作，在软、硬件的设计中还应包括系统的抗干扰设计。总体来说，在设计一个单片机应用系统时可分为以下几个阶段，但是各个阶段不是绝对的分开的，有时还得交叉进行。

1. 需求分析、方案论证阶段

在拿到开发项目后，应首先根据应用系统的设计要求，分析系统的工作原理，划分功能模块，提取技术指标，通过调研与资料查阅确定能否采用以单片机为核心的应用系统达到设计目标，这是整个应用系统开发成功与否的关键步骤。

需求分析的内容主要包括：被测控参数的形式（电量、非电量、模拟量、数字量等）、被测控参数的范围、性能指标、系统功能、显示、报警及打印要求等。

方案论证是根据用户要求，设计出符合现场条件的软、硬件方案并分析其可行性，在选择测量结果输出方式上，要考虑使用者的技术水平和心理因素。既要满足用户要求，又要使系统简单、经济、可靠，这是进行方案论证与总体设计一贯坚持的原则。

2. 器件选择、合理规划软硬件功能阶段

（1）确定单片机型号

在完成可行性分析之后，即可进行总体方案设计，设计时应根据系统要实现的功能、规模、复杂程度，确定其核心部分：单片机型号的选择。目前国内外单片机品牌很多，型号有上千种，指令位数、内部存储器容量、定时器、中断等内部资源的配置相差很大，在选择时应根据以下几个原则：

1）性价比高：在满足性能指标要求的基础上，性价比要高，尤其是在大批量生产的时候。

2）在条件允许的情况下，尽量选择配置高的单片机，以减少外围电路，提高系统的可靠性，缩短研制周期。例如，目前市场上较为流行的美国 Cygnal 公司的 C8051F020 8 位单片机，片内集成有 8 通道 A-D、两路 D-A、两路电压比较器，内置温度传感器、定时器、可编程数字交叉开关和 64 个通用 I/O 口、电源监测、看门狗定时器、多种类型的串行总线（两个 UART、SPI）等。用 1 片 C8051F020 单片机，就构成一个应用系统。再如，系统需要较大的 I/O 驱动能力和较强的抗干扰能力，可考虑选用 AVR 单片机。

3）资源充足，技术成熟，性能可靠，有成熟的开发工具。

4）在研制阶段可选用带 Flash ROM 的 CPU 芯片，如 89cxx 系列，无需擦除器，便于调试，研制成功后，再换上相应型号而价格较低的芯片。

（2）系统软件与硬件功能的合理规划

与一般的计算机系统相同，单片机应用系统的软件与硬件在逻辑功能上是等效的，即同一功能可以用硬件实现也可以由软件实现，可以由内部资源实现，也可以由片外电路实现，如定时功能可以用单片机内部的定时器/计数器实现，也可由外围电路的定时器芯片实现，还可以通过软件定时的方式实现，在实际应用中，系统软硬件功能的划分应根据系统要求来定，多用硬件可提高系统的运行速度，减少程序的复杂性，但会增加成本，降低系统的灵活性，相反多用软件实现相应的功能，可提高系统灵活性，但是会降低系统的运行速度，同时增加程序设计的复杂性，因此，要合理划分软硬件功能。

3. 硬件和软件设计阶段

在选定单片机型号和合理划分软硬件功能之后，应根据系统的技术要求和所选定的单片机型号，明确各功能模块及实现方式、内部资源的分配及是否需要扩展片外存储器等，做出系统的原理图，作为硬件电路与软件设计的依据。

（1）应用系统硬件设计

硬件设计的主要任务：

1）单片机扩展部分电路设计，包括存储器扩展和 I/O 接口扩展。

2）功能模块设计：如信号测量模块，A-D 转换模块，D-A 转换模块，输出驱动模块，显示模块等。

3）设计电路原理图，完成印制电路板的设计。在进行硬件设计时，可借鉴他人成熟的硬件电路结合项目的实际要求做出一些修改，以提高电路的可靠性，缩短研发周期。在系统硬件电路的设计上应遵循以下原则：

①在元器件的选择上应根据功能要求尽可能选择通用性强、功能多、集成度高的芯片，以减少元器件数量和接插件及相互连线，增加系统的可靠性，而且成本往往较低。②尽可能选择标准化，模块化的电路，提高设计的成功率和结构的灵活性、可扩展性，同时注意电路的通用性，方便与其他系统的集成。③系统中的相关元器件要尽可能做到性能匹配：包括与单片机速度的匹配、功耗的匹配。如选用 CMOS 单片机构成低功耗系统时，系统中全部芯片应采用低功耗的 CHMOS 或 CMOS 芯片，而在一般系统也可使用 TTL 数字集成电路芯片。④在电路设计时要充分考虑应用系统各部分驱动能力及时序问题。⑤除了满足系统的功能要求之外，可靠性及抗干扰设计是硬件系统设计不可缺少的一部分。⑥工艺与结构设计也是十分重要的问题，在设计时要充分考虑到安装、调试和维修的方便。⑦应留有冗余以备设计改动与功能扩展之需，如 I/O 端口不应全部用完。

（2）应用系统软件设计

系统硬件电路设计定型之后，软件设计的任务也就明确了，在软件设计时尽量采用模块化和程序化的设计方法。为了便于调试，提高软件设计的效率，一般有以下几个原则：

1）根据软件功能的要求，绘制程序流程图，明确设计思路。程序应结构清晰、简洁、流程合理。

2）各功能程序模块化、子程序化，便于独立调试、修改和移植。

3）合理分配系统资源，且应留有冗余，最好列出 I/O 端口及 RAM 单元地址分配表，明确各端口及各存储单元的作用，便于查询。

4）重视采用伪指令为 I/O 端口及 RAM 单元地址定义标识符，这样在硬件改动时只需修改标识符对应的地址而不需修改程序，当然若程序采用单片机 C 语言，则应重视各个端口及地址的宏定义。

5）运行状态实现标志化管理。各个功能程序运行状态、运行结果以及运行要求都应设置状态标志以便查询，程序的转移、运行、控制都可用状态标志条件来控制。

6）注意在程序的有关位置写下注释，便于程序的阅读及日后的维护。

7）加强软件抗干扰设计，后面详细介绍。

4. 整个系统的调试与性能测定阶段

调试是检查已制线路是否正常工作的必经阶段。调试时，应将硬件和软件分成几部分，逐一调试。各部分均调试通过后再进行联调。调试完成后，应在实验室模拟现场条件，对所设计的硬件、软件进行性能测定。现场试用时，要对使用情况做详细记录，在各种可能的情况下都要做实验，编写详细的试用报告书。

5. 资料与文件整理编制阶段

当系统全部调试通过后，就进入资料与文件整理编制阶段。

文件不仅是设计工作的结果，而且是以后使用、维护以及进一步使用的依据和以后再设计的基础。因此，要精心编写，描述清楚，使数据和资料齐全。

文件应包括：任务描述；设计的指导思想及设计方案论证；性能测定及现场试用报告与说明；使用指南；软件资料（流程图、子程序使用说明、地址分配、程序清单等）；硬件资料（电路原理图、元器件布置图及接线图、接插件引脚图、线路板图、注意事项等）。

13.2 单片机应用系统设计

从系统的角度来看，单片机应用系统是由硬件系统和软件系统两部分组成的，所以本节主要从硬件设计和软件设计两个方面考虑单片机应用系统的设计。

13.2.1 硬件设计应考虑的问题

在硬件设计时，应重点考虑以下几个问题。

1. 在条件允许的情况下，尽可能选用功能强、集成度高的芯片

因为采用这种器件可能代替某部分电路，这样电路中的元器件数量，以及相应的连线、接插件数量都会减少，提高系统的可靠性，而且成本也往往会比使用多个元器件实现的电路要低。

注意选择通用性强、市场货源充足的元器件，尤其对需要大批量生产的场合，更应该注意这方面的问题。其优点是，一旦某元器件无法获得，可用其他元器件直接替换，或者对电路稍做改动再用其他元器件代替。

2. 软件代替硬件

原则上，只要软件能做到且能满足性能要求，就不用硬件。硬件多了不但增加成本，而且系统故障率也会提高。以软代硬的实质是，以时间换空间，软件执行过程需要消耗时间，因此这种代替带来的问题就是实时性下降。在实时性要求不高的场合，以软代硬合算。

3. 工艺设计

工艺设计包括机箱、面板、配线、接插件等。必须考虑到安装、调试、维修等的方便。除此之外，硬件的抗干扰措施（将在本章的后面介绍）也必须在硬件设计时一并考虑进去。

13.2.2　典型的单片机应用系统

根据单片机应用系统的扩展和配置情况，单片机应用系统可分为最小应用系统、最小功耗系统和典型应用系统。下面分别对这三类系统进行介绍。

1. 最小应用系统

单片机的最小应用系统是指能维持单片机运行的最简单的配置系统。这种系统的优点是系统资源完全开放，配合其他模块或自行搭建用户电路可实现任意功能。该最小系统接口设计灵活，使用方便（适合创新实践活动），结构简单，价格低廉。

2. 最小功耗应用系统

最小功耗应用系统是指为了保证单片机正常运行，系统功能消耗最小的应用系统。最小功耗系统常用于袖珍式智能仪表、野外工作仪表以及在无源网络接口中的单片机工作子站。

3. 典型应用系统

典型应用系统是指单片机完成工业测控功能所必须具备的硬件结构系统。典型应用系统应具备用于实现测控的前向传感器通道、后向伺服控制通道以及基本的人机对话手段。它包括系统扩展与系统配置两部分。系统扩展是指当单片机的 ROM、RAM 及 I/O 口等内部功能部件不能满足系统要求时，在片外进行扩展的部分。系统配置是指单片机为满足应用要求时，应配置的基本外围设备，如键盘、显示器等。图 13-1 所示是一个典型的单片机应用系统的结构框图。

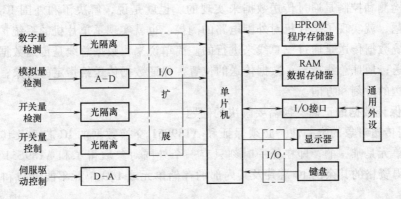

图 13-1　典型单片机应用系统结构框图

（1）前向通道及其特点

前向通道，即输入部分，一般包括数字量检测输入、模拟量检测输入、开关量检测输入等，前向通道与现场采集对象相连，根据现场采集对象的不同，这些输入量都是由安放在现场的传感、变换装置产生的，是一个模拟、数字混合的电路系统，一般功耗较小，但是它却是现场干扰进入的主要通道，也是整个系统抗干扰的重点。

（2）后向通道及其特点

后向通道是应用系统的伺服驱动通道，作为应用系统的输出通道，大多数需要功率驱动，根据输出控制的不同，后向通道电路多种多样，输出信号形式有电流输出、电压输出、开关量输出等。

（3）人机交互通道及其特点

单片机应用系统中的人机通道是为了人机对话而设置的，主要有键盘、显示器、打印机等通道接口，可以实现人工干预系统，设置参数等。

人机通道具有以下特点：

1）人机通道一般都是小规模的。

2）单片机应用系统的人机对话通道及接口大多采用内总线形式，与计算机系统扩展密切相关。

3）人机通道接口一般都是数字电路，可靠性高，结构简单。

13.2.3　系统设计中的地址空间分配与总线驱动

一个 AT89S51 应用系统有时往往是多芯片系统，这时会遇到两个问题：一是如何把64KB 程序存储器和 64KB 数据存储器的空间分配给各个芯片；二是如何实现 AT89S51 单片机对多片芯片的驱动。本小节介绍单片机应用系统设计时经常遇到的地址空间分配和总线驱动问题，供设计参考。

1. 地址空间分配

AT89S51 通过扩展外部电路而组成实际应用系统。应用系统有三个组成部分：单片机（也叫最小系统）、三总线和外围电路。扩展技术的基本内容就是以单片机为核心，以三总线为接口，连接相关外围集成电路（IC）芯片而形成的符合单片机指令时序要求的应用系统。

应用系统中所有外围集成电路（IC）芯片都可看作是单片机的检测和控制对象。单片机对它们的检测和控制是通过传送数据来实现的。也就是说，解决了和外围 IC 芯片之间的数据传送问题，就实现了单片机对外围电路的测控，也就实现了单片机的系统扩展。

应用系统数据传送是通过三总线来进行的。简单说来，数据总线是传送数据的载体，数据在其中传送；地址总线指定了数据传送的位置，保证数据传送给指定的对象；控制总线决定了数据传送的时刻和方向。

（1）为保证数据的正确交换需要解决的问题

1）数据传送对象的唯一性。必须保证和 AT89S51 交换数据的 IC 芯片及其内部的存储单元或 I/O 单元是唯一的，即在任一时刻只有一个外围对象取得了和 AT89S51 交换数据的资格，未获得资格的其余的 IC 芯片及其内部的存储单元或 I/O 单元不能参与和 AT89S51 的数据交换。

2）数据传送方向的确定性。在任一时刻数据的传送只能是一个方向，对于传送对象来说，或者是输出数据，或者是输入数据。

3）数据传送时刻的可控性。即在规定的时刻进行数据的发送或接收。

（2）三总线解决以上问题的原理和方法

1）用"地址总线"来确定数据传送对象的唯一性。通过地址总线为外围 IC 芯片分配地址编码, 16 位二进制地址总线可编码的范围是 0000H ~ FFFFH, 共 64K (65536) 个存储 (I/O) 单元。所有的外围 IC 芯片存储单元, 被分成了两个大类: 程序存储器类和数据存储器类, 每大类各自占据了 64KB 的地址空间。使用 MOVX 和 MOVC 两种指令来对这两个 64KB 区间进行寻址操作, 合计可寻址 128KB 个单元。其中数据存储器区还包含了非存储器类的其他 IC 器件 (如 A-D、D-A、LCD 模块等), 这些单元地址统称为 I/O 地址, 和数据存储单元一起被编址。由此可见, 16 条地址总线编码了 64KB 的地址空间, 在此范围之内的两大类的外围 IC 芯片的每个地址单元, 都有自己唯一的地址码, 如同唯一的名字。AT89S51 通过地址总线的编码来指定这些器件单元, 就可以准确定位数据交换的对象——被指定为交换对象的地址单元允许和 AT89S51 交换数据; 未被指定为交换对象的其余地址单元则被禁止交换数据。

2) 用 "控制总线" 来确定传送方向和传送时刻。在 AT89S51 和外围器件组成的系统中, 数据传送的方向一般用 "输入 (I)" 和 "输出 (O)" 表示, 而 I/O 一般是针对 AT89S51 主机而言的: 从 AT89S51 向外围器件传送数据叫输出 (O), 也叫 "写"; 反之, 从外围器件向 AT89S-51 传送数据叫输入 (I), 也叫 "读"。用控制总线$\overline{RD}$和$\overline{WR}$信号来读写外围 RAM 器件和 I/O 器件的数据, 使用的指令是 MOVX; 用控制总线中$\overline{PSEN}$信号来读取外围 ROM 器件的固定常数和表格数据, 使用的指令是 MOVC。

由此可见, 扩展技术的基本内容就是用三总线连接外围电路组成应用系统。扩展技术的基本原理就是用三总线时序信号控制外围电路的数据交换。

图 13-2 所示为一个全地址译码的系统实例。图中所示的 AT89S51 单片机扩展的各器件芯片所对应的地址见表 13-1。

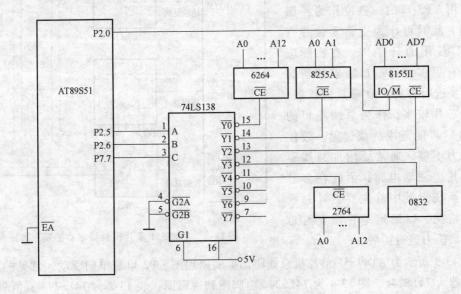

图 13-2　全地址译码的系统原理图

因 6264、2764 都是 8KB, 故需要 13 条低位地址线 (A12 ~ A0) 进行片内寻址, 低 8 位地址线 A7 ~ A0 经 8D 锁存器 74LS373 输出 (图中没有画出), 其他 3 条高位地址线 A15 ~ A13 经译码器 74LS138 译码后作为外围芯片的片选线。图中尚剩余 3 条地址选择线$\overline{Y7}$ ~ $\overline{Y5}$, 还可扩展 3 片存储器芯片或外围 I/O 接口芯片。

表 13-1　各扩展芯片地址

器件		地址线（A15～A0）	片内地址单元数 K	地址编码
6264		000XXXXX XXXXXXXX	8	0000H～1FFFH
8255A		00111111 111111xx	4	3FFCH～3FFFH
8155	RAM	01011110 XXXXXXXX	256	5E00H～5EFFH
	I/O	01011111 11111xxx	6	5FF8H～5FFDH
0832		01111111 11111111	1	7FFFH
2764		100xxxxx xxxxxxxx	8	8000H～9FFFH

2. 总线驱动

在 AT89S51 扩展多片芯片时，注意 AT89S51 单片机 4 个并行双向口 P0～P3 口的驱动能力。下面首先讨论这个问题。

AT89S51 的 4 个并行 I/O 端口 P0～P3，在扩展外部存储器或其他芯片后，P0 和 P2 口作为数据和地址总线使用，P3 口的一些位作为控制总线用，此时可作为完整 8 位并行 I/O 端口使用的只有 P1。在实际应用系统有更多并行端口需求的情况下，需要进行并行 I/O 端口的扩展。当扩展芯片较多，作为总线端口的 P0、P2 口可能造成负载过重，致使驱动能力不够，通常要附加总线驱动器或其他驱动电路。因此在多芯片应用系统设计中首先要估计总线的负载情况，以确定是否需要对总线的驱动能力进行扩展。

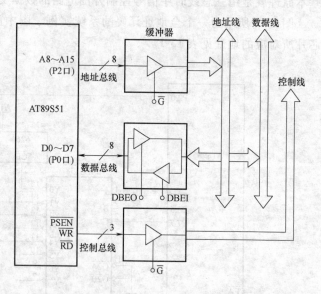

图 13-3　AT89S51 单片机总线驱动扩展原理图

图 13-3 所示为 AT89S51 单片机总线驱动扩展原理图。P2 口需单向驱动，常见的单向总线驱动器为 74LS244。图 13-4 为 74LS244 引脚图和逻辑图。表 13-2 为 74LS244 真值表。

74LS244 内部由 2 组 4 位三态缓冲器组成，一组输入端 1A1～1A4，输出端 1Y1～1Y4，控制端 $1\overline{G}$；另一组输入端 2A1～2A4，输出端 2Y1～2Y4，控制端 $2\overline{G}$。由功能表见，当控制端 G = L 时，输出端 Y = A，即输出和输入联通；当控制端 G = H 时，输出端 Y = Z，即输出端是高阻状态。对 G 端进行控制，即可对 244 的输入端 1A1～1A4 和 2A1～2A4 的数据进行读入操作。由此例道理可推及一般，即凡作为并行输入端口连接到数据总线的器件，必须具备三态门的功能。

P0 口作为数据总线，由于是双向传输，其驱动器应为双向驱动、三态输出，由两个控制端来控制数传方向。如图 13-3 所示，数据输出允许控制端 DBEO 有效时，数据总线输入为高阻状态，输出为开通状态；数据输入允许控制端 DBEI 有效时，则状态与上相反。常见双向驱动器为 74LS245，16 个三态门，每两个三态门组成一路双向去驱动。驱动方向由 $\overline{G}$、DIR 两个控制端控制，$\overline{G}$ 控制端控制驱动器有效或高阻态，在 $\overline{G}$ 控制端有效（$\overline{G}=0$）时，DIR 控制端控制驱动器的驱动方向，DIR = 0 时驱动方向为从 B 至 A，DIR = 1 时则相反。T4LS245 的引脚图和逻辑图如图 13-5 所示。

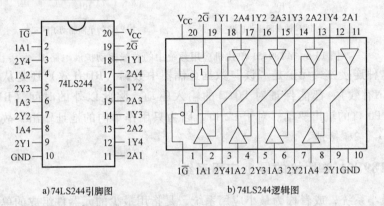

图 13-4　单向驱动器 74LS244 引脚图和逻辑图

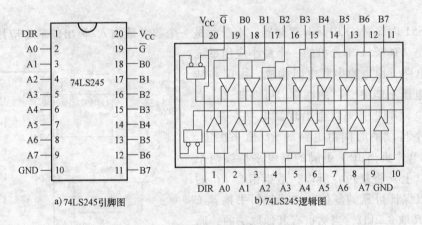

图 13-5　74LS245 引脚图和逻辑图

表 13-2　74LS244 真值表

输　入		输　出
$\overline{G}$	A	Y
L	L	L
L	H	H
H	X	Z

图 13-6 所示为 AT89S51 系统总线驱动扩展电路图。P0 口的双向驱动采用 74LS245，如图 13-6a 所示；P2 口的单向驱动器采用 74LS244，如图 13-6b 所示。P0 口双向驱动器 74LS245 的 $\overline{G}$ 接地，保证芯片一直处于工作状态，而输入/输出的方向控制由单片机的数据存储器的"读"控制引脚（$\overline{RD}$）和程序存储器的取指控制引脚（$\overline{PSEN}$）通过与门控制 DIR

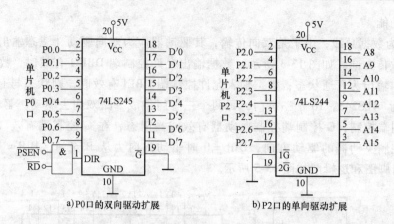

图 13-6　AT89S51 单片机应用系统中的总线驱动扩展电路图

引脚实现。这种连接方式无论是"读"数据存储器中数据（$\overline{RD}$有效）还是从程序存储器中取指令（$\overline{PSEN}$有效），都能保证对 P0 口的输入驱动；除此以外的时间（$\overline{RD}$及$\overline{PSEN}$均无效），保证对 P0 口的输出驱动。对于 P2 口，因为只用作单向的地址输出，故 74LS244 的驱动门控制端 $1\overline{G}$、$2\overline{G}$ 接地。

13.2.4　AT89S51 单片机的最小应用系统

单片机最小系统，或者称为最小应用系统，是指用最少的元器件组成的单片机可以工作的系统，对 51 系列单片机来说，最小系统一般应该包括：单片机、晶体振荡电路、复位电路。

AT89S51 内部有 4KBFlash 存储器，本身就是一个数字量输入/输出的最小应用系统。图 13-7 所示是 AT89S51 单片机的一个最小应用系统。

复位电路：由电容串联电阻构成，由图并结合"电容电压不能突变"的性质，可以知道，当系统一上电，RST 引脚将会出现高电平，并且，这个高电平持续的时间由电路的 RC 值来决定。典型的 51 单片机当 RST 引脚的高电平持续两个机器周期以上就将复位，所以，适当组合 RC 的取值就可以保证可靠的复位。一般教科书推荐 C 取 $10\mu F$，R 取 $8.2k\Omega$，当然也有其他取法的，原则就是要让 RC 组合可以在 RST 引脚上产生不少于 2 个机周期的高电平。至于如何具体定量计算，可以参考电路分析相关书籍。单片机复位电路就好比电脑的重启部分，当电脑在使用中出现

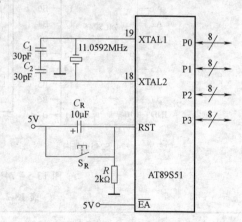

图 13-7　AT89S51 单片机最小应用系统原理框图

死机，按下重启按钮电脑内部的程序从头开始执行。单片机也一样，当单片机系统在运行中，受到环境干扰出现程序跑飞的时候，按下复位按钮内部的程序自动从头开始执行。

晶体振荡电路：典型的晶体振荡器取 11.0592MHz（因为可以准确地得到 9600 波特率和 19200 波特率，用于有串口通信的场合）/12MHz（产生精确的微秒级时基，方便定时操作）。单片机最小系统起振电容 C_1、C_2 一般采用 15~33pF，布置 PCB 时，电容离晶体振荡器越近越好，晶体振荡器离单片机越近越好。

13.2.5　应用设计举例

1. 单片机在大棚环境控制系统中的应用

单片机的一个广泛应用领域就是控制系统，包括室内控制、室外控制等。本小节以单片机在大棚环境控制系统中的应用为例，简要介绍单片机在此类控制系统中的应用。

（1）设计思想

随着人们对生活质量的要求不断提高和科技的发展，利用大棚进行蔬菜种植、花卉栽培以及各种植物繁育变得越来越普及，对大棚内的温湿度、有害气体等的监测也变得比较重要。大棚环境控制系统一般通过传感电路不断循环检测大棚内温度、土壤湿度、有害气体（如 CO_2）浓度等环境参数，然后与由控制键盘预置的参数临界值相比较，从而做出开/关水泵、启/停换气扇、升/降温（湿）等判断，再结合水泵状态检测电路所检测到的水泵状态，发出一系列的控制命令，完成土壤过干则自动浇水、室内 CO_2 超标则自动开启换气扇、恒温（湿）等自动控制功能。用户还可通过控制键盘，手动完成上述的各个控制动作，并可以选择所显示参数的种类等。

（2）系统组成和部分电路设计

控制系统主要由控制器、数据检测电路、A-D 转换电路、驱动控制接口电路以及驱动电路等组成。其系统原理图如图 13-8 所示。

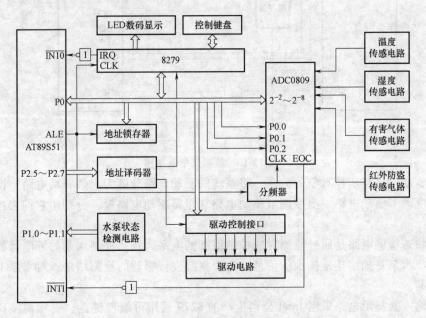

图 13-8　控制系统原理图

单片机用美国 ATMEL 公司的 AT89S51 单片机，利用 AT89S51 的 P0 口采集数据，利用 P1.0 ~ P1.3 作为水泵状态检测端口，检测水泵目前的工作状态。

数据检测电路由温度传感电路、湿度传感电路、有害气体传感电路、红外防盗传感电路 4 个部分组成。在此只以温度传感电路为例进行设计。

根据温度检测的要求，温度传感器选用集成温度传感器 AD590（测温范围为 – 55 ~ 150℃）。测量电路如图 13-9 所示。

传感器的采集信号必须通过 A-D 转换器由模拟信号转换为数字信号后才能与单片机连

接。本系统中有 4 路模拟输入，加之对系统的采样速度和精度要求不是很高，因此 A-D 转换器选用了 8 位输入的 ADC0809，AT89S51 通过中断方式读取 A-D 转换的数据。通过 A-D 转换实现的数据采集电路如图 13-10 所示，设定 A-D 转换器 8 路模拟输入的地址分别为 7FF8H ~ 7FFFH，本设计中温度检测、湿度检测、有害气体检测和红外防盗报警检测 4 路传感器输入通道的地址分别为 7FF8H、7FF9H、7FFAH、7FFBH。

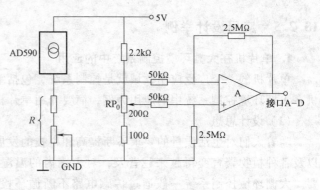

图 13-9　测量电路图

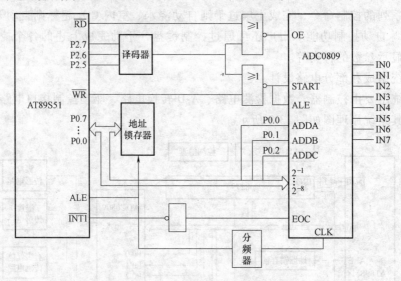

图 13-10　数据采集电路图

根据驱动信号与所控对象的关系，将系统的驱动电路分解为水泵驱动电路、换气扇驱动电路、温度调节驱动电路、湿度调节驱动电路和报警驱动电路等，分别用它们去控制 1 个对象。

水泵状态检测电路是通过检测对应控制引脚的电平，判断控制水泵的继电器的状态，从而得到目前水泵是抽水还是排水的信息，再根据湿度传感器的检测结果，对水泵下一步的动作进行控制。

键盘输入及显示电路采用 Intel 公司生产的 8279 通用可编程键盘、显示器接口芯片。可实现对键盘和显示器的自动扫描，并识别键盘上闭合键的键号。

对于控制键盘，采用微动开关制作，通过控制键盘，用户可设置各环境参数的临界值、随意选择所显示参数的种类、直接控制继电器从而控制水泵的开/关或抽水/排水、换气扇的启/停、温（湿）度的升/降等。

（3）软件设计

控制系统的软件主要由一个主程序和两个中断服务程序等组成。主程序的主要作用是在系统复位后对系统进行初始化，设置 8279、ADC0809 等的工作方式和初始状态，设置各中断的优先级别并开中断，首次启动 A-D 转换等，然后向 8279 循环送显示字符，进行显示。

主程序框图如图 13-11 所示。

键中断服务程序的主要作用是在 AT89S51 响应 $\overline{INT0}$ 中断（有键按下，则产生该中断）后，读出键值，并根据键值依序发出相应的控制命令字，完成相应的控制功能。该中断应设为高优先级。程序框图如图 13-12 所示。

循环检测中断服务程序的主要作用是在 AT89S51 响应 $\overline{INT1}$ 中断后，将 A-D 转换结果送相应缓冲区，然后判断该转换结果是否在该参数的上、下限值之间，并根据判断结果按序发出相应的控制命令字，完成相应的控制、报警功能。然后重新选择被转换量，再次启动 A-D 转换后，返回主程序。该中断应设为低优先级，并设为电平触发方式。程序流程图如图 13-13 所示。

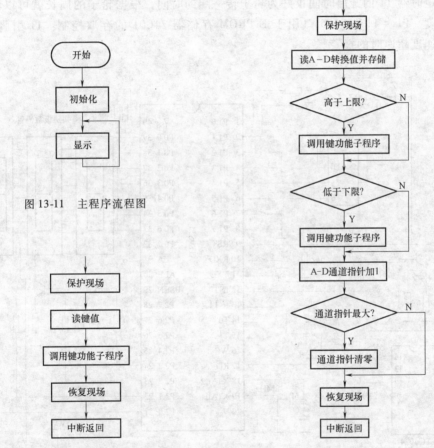

图 13-11　主程序流程图

图 13-12　键中断服务子程序流程图　　　图 13-13　循环检测中断服务子程序流程图

2. 单片机在里程、速度计量中的应用

设计要求：利用单片机实现的自行车里程/速度计能自动显示自行车行驶的总里程数及自行车行驶速度，具有超速信号提醒功能，里程数据自动记忆。也可应用于电动自行车、摩托车、汽车等机动车仪表上。

（1）总体设计

控制器采用 AT89S51 单片机，速度及里程传感器采用霍尔元件，显示器通过 AT89S51 的 P0 口和 P2 口扩展。外部存储器采用 E^2PROM 存储器 AT24C01，用于存储里程和速度等数据。并用控制器来控制里程/速度指示灯，里程指示灯亮时，显示里程；速度指示灯亮时，显示速度。超速报警采用扬声器，用一个发光二极管来配合扬声器，扬声器响时，二极管亮，表明超速。

（2）硬件电路设计

电路原理图如图13-14所示。P0口和P2口用于七段LED显示器的段码及扫描输出。在显示里程时，第三位小数点用P3.7口控制点亮。P1.0口和P1.1口分别用于显示里程状态和速度状态。P1.2、P1.3、P1.6和P1.7口分别用于设置轮圈的大小。P3.0口的开关用于确定显示的方式。当开关闭合时，显示速度；断开时，显示里程。外中断用于对轮子圈数的计数输入，轮子每转一圈，霍尔传感器输出一个低电平脉冲。外中断用于控制定时器T1的启停，当输入为0时关闭定时器。此控制信号是将轮子圈数的计数脉冲经二分频后形成，这样，每次定时器T1的开启时间正好为轮子转一圈的时间，根据轮子的周长就可以计算出自动车的速度。P1.4口和P1.5口用于 $E^2 PROM$ 存储器24C01的存取控制。11引脚（TXD）输出用于速度超速时的报警。

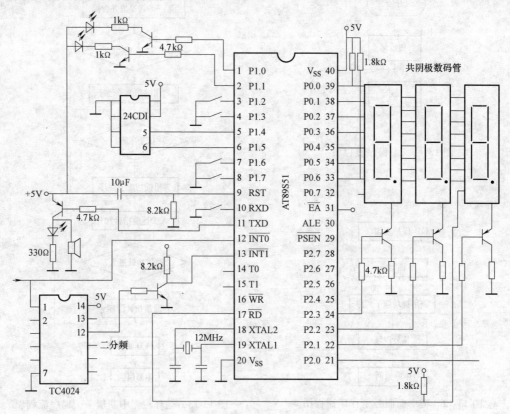

图13-14　硬件电路原理图

（3）软件设计

软件主要包括：主程序、初始化程序、里程计数子程序、数据处理子程序、计数器中断服务程序、$E^2 PROM$ 存取程序、显示子程序。

① 主程序

根据P0口的开关状态切换显示状态，即选择里程显示和速度显示。其流程图如图13-15所示。

程序如下：

```
         ORG      0000H
         LJMP     START              ; 跳至主程序
         ORG      0003H              ; 外中断 0 中断程序入口
         LJMP     INTEX0             ; 跳至 INTEX0 中断服务程序
         ORG      000BH              ; 定时器 T0 中断程序入口
         RETT1                       ; 中断返回
         ORG      0013H              ; 外中断 1 中断入口
         LJMP     INTEX1             ; 跳至 INTEX1 中断服务程序
         ORG      001BH              ; 定时器 T1 中断程序入口
         LJMP     INTT1              ; 跳至 INTT1 中断服务程序
         ORG      0023H              ; 串口中断入口地址
         RETI                        ; 中断返回
         ORG      002BH              ; 定时器 T2 中断入口地址
         RETI                        ; 中断返回
         ORG      0050H
START:   LCALL    CLEARMEN           ; 上电初始化
START1:  JB       P0.4, DISPLAYS     ; P0.4 = 1，则显示里程
         LCALL    DISPLAYV           ; P0.4 = 0，显示速度
START2:  SJMP     START              ; 转 START 循环
```

② 初始化程序

初始化程序主要功能是将 T1 设为外部控制定时器方式，外中断INT0及INT1设为边沿触发方式，将部分内存单元清 0，设置车轮周长值，开中断、启动定时器，将 AT24C01 中的数据调入内存中，设置车轮圈出错处理程序。

程序如下：

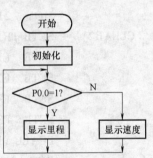

图 13-15　主程序流程图

```
CLEARMEN: MOV   TMOD, #90   ; T1 为 16 位外部
                                控制定时器
          MOV   SP, #75H     ; 堆栈在 75H 开始
          SETB  PX0          ; 外中断 0 优先级为 1
          SETB  IT0          ; 外中断 0 用边沿触发
          SETB  IT1          ; 外中断 1 用边沿触发
          MOV   A, #00H       ; 清 A
          MOV   20H, A        ; 清内存中特定单元
          MOV   6CH, A
          MOV   6DH, A
          MOV   70H, A
          MOV   71H, A
          MOV   72H, A
          MOV   73H, A
          MOV   60H, A
```

```
              MOV    61H, A
              MOV    62H, A
              MOV    63H, A          ; 清内存中特定单元
              DEC    A               ; A 为#0FFH
              MOV    68H, A          ; 内存置数据#0FFH
              MOV    69H, A          ; 内存置数据#0FFH
              MOV    6AH, A          ; 内存置数据#0FFH
              MOV    6BH, A          ; 内存置数据#0FFH
              MOV    P1, A           ; P1 口置 1
CLEAR1：      JB     P1.2, KEY1      ; 根据 P1.2, P1.3, P1.6, P1.7 设置状态
              MOV    21H, #0FH       ; 22in 自行车周长系数
              LJMP   CLEAR2          ; 转 CLEAR2
KEY1：        JB     P1.3, KEY2
              MOV    21H, #12H       ; 24in 自行车周长系数
              LJMP   CLEAR2          ; 转 CLEAR2
KEY2：        JB     P1.6, KEY3
              MOV    21H, #14H       ; 26in 自行车周长系数
              LJMP   CLEAR2          ; 转 CLEAR2
KEY3：        JB     P1.7, ERR
              MOV    21H, #19H       ; 28in 自行车周长系数
CLEAR2：      SETB   TR1             ; 开定时器开关 T1
              SETB   EA              ; 开中断允许
              SETB   EX0             ; 开外中断
              SETB   ET1             ; 开定时中断 T1
              SETB   P3.1            ; 关报警器
              LCALL  VIICREAD        ; 将 E²PROM 中原里程数据调入内存
              RET                    ; 子程序返回
ERR：         CLP    P3.1            ; 轮周长设置出错，LED 灯闪烁提醒
              LCALL  DLSS5           ; 延时
              LJMP   CLEAR1          ; 重新初始化，等待轮周长设置开关合上
```

③　里程计数子程序

外中断INT0服务程序用于对输入的车轮圈数脉冲进行计数，为十六进制计数，用片内 RAM 的 60H 单元存储计数值的低位，62H 存储高位，计数一次后，对里程数据进行一次存储。

程序如下：

```
INTEX0：     PUSH   ACC              ; 累加器堆栈保护
             PUSH   PSW              ; 状态字堆栈保护
             INC    60H              ; 圈加 1
             MOV    A, #00H          ; 清 A
             CJNE   A, 60H, INTEX0OUT ; 计数没溢出转 IN0OUT
```

```
            INC     61H                    ; 溢出进位（61H 加 1）
            CJNE    A，61H，INTEX0OUT       ; 计数没溢出转 IN0OUT
            INC     62H                    ; 溢出进位（62H 加 1）
IN0OUT：    LCALL   VIICWRITE              ; 里程数据存入 E²PROM
            SETB    EX1                    ; 开外中断 1
            POP     PSW                    ; 状态字恢复
            POP     ACC                    ; 累加器恢复
            RET1
```

④　数据处理子程序

外中断服务程序用于处理轮子转动一圈后的计时数据，当标志位（00H）为 1 时，说明计数器溢出，放入最大值 0FFH；当标志位为 0 时，将计数单元（TL1，TH1，6CH，60H）的值放入 68H ~ 6BH 单元。

程序如下：

```
INTEX1：    PUSH    ACC                    ; 累加器堆栈保护
            PUSH    PSW                    ; 状态字堆栈保护
            CLR     EX1                    ; 关外中断 1
            JNB     00H，INTEX11           ; 溢出标志为 0 转 INTEX11
            MOV     TL1，#0FFH             ; 溢出时，计时单元赋#FFH（显示速度为 0）
            MOV     TH1，#0FFH
            MOV     6CH，#0FFH
            MOV     6DH，#0FFH
INTEX11：   MOV     68H，TL1               ; 将时间计数值存入暂存单元 68H ~ 6BH
            MOV     69H，TH1
            MOV     6AH，6CH
            MOV     6BH，6DH
            MOV     A，#00H                ; 清 A
            MOV     TL1，A                 ; 计时单元置 0
            MOV     TH1，A
            MOV     6CH，A
            MOV     6DH，A
            CLR     00H                    ; 清溢出标志
            POP     PSW                    ; 状态字恢复
            POP     ACC                    ; 累加器恢复
            RET1                           ; 中断返回
```

⑤　计数器中断服务程序

T1 计数单元由外中断进行控制，当计数器溢出时置溢出标志，不溢出时，使计时单元计数，存入存储器。程序略。

⑥　E²PROM 存取程序

将外部信息写入 AT24C01 存储器，存入从 50H 起的单元中；把外部信息从 AT24C01 存储器中读出，送 CPU 进行处理。该段程序略。

⑦ 显示子程序

当显示里程时，先要将计数器中的数据进行运算，求出总里程，并送入里程显示缓冲区；当要显示速度时，要将轮子的周长和转一圈的时间相除，然后换算成千米/小时（km/h），存入 70H ~73H 单元，进行数据显示，该段程序略。

13. 2. 6 软件设计考虑的问题

在单片机应用系统的开发中，软件设计一般是工作量最大、最重要的任务。下面介绍软件设中所要考虑的几个问题。

当系统任务明确，硬件电路设计定型后，首先要进一步明确软件所要完成的任务，然后结合硬件结构，进一步弄清软件所承担的任务细节。

1）根据软件功能要求，将系统软件分成若干相对独立的部分，设计出合理的软件总体结构，使其清晰、简洁、流程合理。

2）各功能程序实行模块化、子程序化。既便于调试、链接，又便于移植、修改。

3）定义和说明各输入/输出口的功能、是模拟信号还是数字信号、与系统接口方式、占用口地址、读取和输入方式等。

4）在编写应用软件之前，应绘制出程序流程图。多花一些时间来设计程序流程图，就可以节约几倍于源程序的编辑和调试时间。

5）在程序存储器区域中，合理分配存储空间，包括系统主程序、常数表格、功能子程序块的划分、入口地址表等。

6）在数据存储器区域中，考虑是否有断电保护措施，定义数据暂存区标志单元等。

7）面板开关、按键等控制输入量的定义与软件编写密切相关。系统运行过程的显示、运算结果的显示、正常运行和出错显示等也是由软件编写。所以，事先也必须加以定义、作为编程的依据。

13. 2. 7 软件的总体框架设计

合理的软件结构是设计出一个性能优良的单片机应用系统软件的基础，必须予以充分重视。对于简单的应用系统，通常采用顺序设计方法。这种系统软件由主程序和若干个中断服务程序所构成。根据系统各个操作的性质，指定哪些操作由主程序完成，哪些操作由中断服务程序完成，并指定各中断的优先级。对于复杂的实时控制系统，应采用实时多任务操作系统。这种系统往往要求对多个对象同时进行实时控制，要求对各个对象的实时信息以足够快的速度进行处理并做出快速响应。这就要提高系统的实时性、并行性。为达到此目的，实时多任务操作系统应具备任务调度、实时控制、实时时钟、输入输出、中断控制、系统调用、多个任务并行运行等功能。

在程序设计方法上，模块程序设计是单片机应用中最常用的程序设计技术。这种方法是把一个完整的程序分解为若干个功能相对独立的较小的程序模块，对各个程序模块分别进行设计、编写和调试，最后将各个调试好的程序模块连成一个完整的程序。这种方法的优点是单个程序模块的设计和调试比较方便、容易完成，一个模块可以为多个程序所共享。缺点是各个模块的连接有时有一定难度。

还有一种方法是自上向下设计程序。此方法是先从主程序开始设计，主程序编好后，再编写各从属的中断服务程序和子程序，这种方法比较符合人们的日常思维，其缺点是上一级的程序错误将对整个程序产生影响。

下面举一个典型例子，供软件设计时参考。

例 13-1　有一个 AT89S51 应用系统，假设 5 个中断源都已用到，应用系统的程序框架如下：

```
            ORG     0000H          ; 系统程序入口
            LJMP    MAIN           ; 跳向主程序入口 MAIN
            ORG     0003H          ; 外中断 0 中断向量入口
            LJMP    IINT0P         ; 跳向外中断 0 入口 IINT0P
            ORG     000BH          ; T0 中断向量入口
            LJMP    IT0P           ; 跳向 T0 中断入口 IT0P
            ORG     0013H          ; 外中断 0 中断向量入口
            LJMP    IINT1P         ; 跳向外中断 1 入口 IINT1P
            ORG     001BH          ; T1 中断向量入口
            LJMP    IT1P           ; 跳向 T1 中断处理程序入口 IT1P
            ORG     0023H          ; 串行口中断向量入口
            LJMP    ISIOP          ; 跳向串行口中断处理程序入口 ISIOP
            ORG     0040H          ; 主程序入口
MAIN:       ……                    ; 对片内各功能部件以及扩展的各个 I/O 接口芯片
                                     初始化
            MOV     SP, #60H       ; 对堆栈区进行初始化
主处理程序段（根据实际处理任务编写）
            ……
            ORG     xxxxH
IINT0P:     外中断 0 中断处理程序段  ; 外中断 0 中断处理入口
            ……
            RETI
            ORG     yyyyH
IT0P:       T0 中断处理程序段        ; T0 中断处理入口
            ……
            RETI
            ORG     zzzzH
IINT1P:     外中断 1 中断处理程序段  ; 外中断 1 中断处理入口
            ……
            RETI
            ORG     uuuuH
IT1P:       T1 中断处理程序段        ; T1 中断处理子程序 IT0P 入口
            ……
            RETI
            ORG     vvvvH
ISIOP:      串行口中断处理程序段     ; 串行口中断处理子程序入口
```

```
......
RETI
END
```

上述程序框架仅供参考，当然在实际中，5 个中断源也未必全用。

13.3   单片机应用系统的仿真开发与调试

当用户样机完成硬件和软件设计，全部元器件安装完毕后，在用户样机的程序存储器中放入编写好的应用程序，系统即可运行。但应用程序运行一次性成功几乎是不可能的，多少会存在一些软件、硬件上的错误，需借助单片机的仿真开发工具进行调试，发现错误并加以改正。AT89S51 单片机只是一个芯片，既没有键盘，又没有 CRT、LED 显示器，无法进行软件的开发（如编辑、汇编、下载、调试程序等），必须借助某种开发工具（也称为仿真开发系统）来进行。

13.3.1   仿真开发系统简介

单片机开发（仿真）系统品种很多，性能各异，但其组成结构却大同小异，一般都是由仿真器、仿真头、EPROM 写入器、电源、仿真软件和系统微机几个部分组成，结构如图 13-16 所示。

在仿真器内含有 CPU、存储器和监控程序，它向上能与 PC 通信，接收其发来的控制命令和程序代码，向下能够通过仿真头与单片机应用系统相连，读、写应用系统的 I/O 状态和存储器数据以及运行

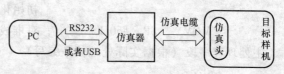

图 13-16   单片机开发系统框图

程序。具体过程如下：仿真器通过仿真线，连在用户板的 CPU 插座上。用户可以在 PC 上编写汇编和 C 语言源程序，将源程序汇编成机器码，经过 PC 串行口（或者 USB 口）将机器码导入仿真器内。仿真器也可以不连用户板，仅进行软件模拟测试。通过设置断点运行、单步运行等方式，可以"跟踪"程序的执行。仿真器将执行结果通过串行口（或者 USB 口）回送 PC，用户可以很明了地看到程序运行的结果（甚至每一步执行的结果），大大地方便了程序的查错、纠错。

当仿真器通过仿真线连在用户板的 CPU 插座上时，可以通俗地理解为仿真器将其 CPU、程序存储器等资源全部"租借"给了用户系统，用户可以指定程序运行到任何地方，并通过 PC 的显示器观察单片机内部资源的变化情况（外部情况可以通过用户板上的数码管、蜂鸣器、LED 灯观察到）。

使用仿真器可以很直观地看到每执行一条语句时 CPU 内部寄存器、状态位的变化，以及外部 LED 等的变化。发现错误后，又可以很快地在 PC 上修改、汇编、重新下载、再运行检查，使用非常方便。

一般来说，仿真开发工具应具有如下最基本功能。

1. 在线仿真功能（ICE）

ICE 是由一系列硬件构成的设备。开发系统中的在线仿真器能仿真目标系统（应用系统）中的单片机，并能模拟目标系统的 ROM、RAM 和 I/O 口。在线仿真时，开发系统能

将在线仿真器中的单片机完整地出借给目标系统，不占用目标系统单片机的任何资源，使在线仿真目标系统的运行环境和脱机运行环境完全"逼真"，以实现目标系统的一次性开发。

2. 调试功能

开发系统应能使用户有效地控制目标程序的运行，以便检查程序运行的结果，对存在的硬件故障和软件错误进行定位。主要执行的控制功能有：

1）单步执行：能使 CPU 从任意的程序地址开始，然后执行一条指令后停下来。

2）断点执行：允许用户任意设置断点条件，CPU 从规定地址开始运行后，当碰到符合条件的断点后停止运行。

3）连续运行：能使 CPU 从指定地址开始连续、全速运行目标程序。

4）起停控制：在各种运行方式中，允许用户根据调试的需要启动或者停止 CPU 执行目标程序。

当 CPU 停止执行目标系统的程序后，允许用户方便地读出或修改目标系统所有资源的状态，以便检查程序运行的结果、设置断点条件以及设置程序初始参数。可供用户读出、修改的目标系统资源包括：

1）程序存储器（开发系统中的仿真 RAM 存储器或目标机中的程序存储器）。

2）单片机片内资源（工作寄存器、特殊功能寄存器、I/O 口、RAM 数据存储器、位单元）。

3）系统中扩展的数据存储器和 I/O 口。

高性能的单片机开发系统具有逻辑分析仪的功能，在目标程序运行过程中，能跟踪存储目标系统总线上的地址、数据和控制信号的状态变化。跟踪存储器能同步地记录总线上的信息，使用户掌握总线上状态变化的过程，对各种故障的定位特别有用，可大大提高工作效率。

3. 程序设计语言

单片机的程序设计语言有机器语言、汇编语言和高级语言。Keil 集成环境支持汇编语言和大部分高级语言设计。

汇编语言具有使用灵活、程序容易优化的特点，是单片机中最常用的程序设计语言。但是用汇编语言编写程序还是比较复杂的，只有对单片机的指令系统非常熟悉，并具有一定的程序设计经验，才能研制出功能复杂的应用程序。

高级语言通用性好，程序设计人员只要掌握开发系统所提供的高级语言的使用方法，就可以直接用该语言编写程序。高级语言通过仿真软件编译生成机器码，高级语言对不熟悉单片机指令系统的用户比较适用，这种语言的缺点是不易编写出实时很强、代码紧凑的程序。

4. 软件设计环境

几乎所有的单片机开发系统都能与 PC 连接，允许用户用 PC 的编辑环境编写汇编语言或高级语言程序，生成相应的源文件。利用汇编或编译系统将源程序编译成可在目标机上直接运行的目标程序，并可通过串行口直接传输到开发机的 RAM 中，大大减轻了人工输入机器码的繁重劳动。一些单片机的开发系统还提供反汇编功能，并提供用户宏调用的子程序库，以提高用户软件开发效率。

13.3.2　用户样机的仿真调试

1. 调试中常见硬件故障

在完成了用户系统样机的组装和软件设计以后，便进入系统的调试阶段。各种用户系统的调试步骤和方法基本是相同的，但具体细节与所采用的开发机及用户系统选用的单片机型号有关。

单片机应用系统的硬件调试与软件调试是分不开的，许多硬件故障是在调试软件时才发现的。但通常是先排除系统中明显的硬件故障后才和软件结合起来调试。

常见的硬件故障有：

（1）逻辑错误

样机硬件的逻辑错误是由于设计错误和加工过程中的工艺性错误所造成的。这类错误包括错线、断路、短路等几种，其中短路是最常见的故障。在印制电路板布线密度高的情况下，很容易因工艺原因造成短路。

（2）元器件失效

元器件失效的原因有两个方面：一是元器件本身已损坏或性能不符合要求；二是由于组装错误造成的元器件失效，如电解电容和二极管的极性错误、集成块安装方向错误等。

（3）可靠性差

引起系统不可靠的原因很多，如金属化孔、接插件接触不良会造成系统时好时坏，经不起振动；内部和外部的干扰、电源纹波系数过大、元器件负载过大等造成逻辑电平不稳定。另外，走线和布局的不合理也会使系统的可靠性变差。

（4）电源故障

若样机中存在电源故障，则加电后将造成器件损坏。电源故障包括：电压值不符合设计要求，电源引出线和插座不对应；电源功率不足；负载能力差等。

2. 硬件调试

单片机应用系统的软、硬件制作完成后，必须反复进行调试、修改，直至完全正常工作。经过测试，功能完全符合系统性能指标要求，应用系统设计才算完成。单片机应用系统的调试包括硬件调试和软件调试，且两者应该协调统一，一般的方法是先排除明显的硬件故障，再进行综合调试，排除可能的软、硬件故障。

硬件调试是利用开发系统、基本测试仪器（万用表、示波器等），通过执行开发系统的有关命令或运行适当的测试程序（或是与硬件有关的部分程序段）来检查用户硬件系统中存在的问题。硬件调试分为静态调试和动态调试两步。

（1）静态调试

静态调试是在系统未工作时的一种硬件检查，分为静态观察、万用表测试和通电检查三步。

① 静态观察

单片机应用系统中的大部分电路安装在印制电路板上，因此对每一块加工好的印制电路板都要进行仔细检查，检查印制电路板是否有断线，是否有毛刺，是否有焊盘粘连或脱落，过孔金属化程度是否足够等，发现问题及时弥补。如印制电路板无质量问题，则需要根据硬件电路图进行元器件的安装和焊接，在元器件装配过程中，一定要核对元器件的型号、极性、安装是否正确，并检查有无漏焊、虚焊等现象。

② 万用表测试

用万用表进行焊接后的线路检查，排除断路或短路，并检查电源和地线之间有无短路。短路现象一定要在系统加电之前查出并解决，如果电源与地之间短路，一旦加电，系统所有器件或设备都有可能被毁坏，因此，对电源与地的处理，在整个系统调试及今后的运行中都要格外小心。

③ 通电检查

通电检查时，可以模拟各种输入信号分别送入电路的各有关部分，观察 I/O 口的动作情况，查看电路板上有无元件过热、冒烟、异味等现象，各相关设备的动作是否符合要求，整个系统的功能是否符合要求。

（2）动态调试

在上述静态调试都无误的情况下，即可将用户系统与单片机开发系统用仿真电缆连接起来，利用单片机开发系统完成对用户系统的测试，这个过程也称为联机仿真或联机调试。

动态调试的一般方法是由近及远、由分到合。由近及远是按照信号的流向进行逐级调试，由分到合是按照逻辑功能将用户系统硬件电路分为若干模块，然后分别对各个模块进行调试，最后进行综合调试。

3. 软件调试

软件调试是通过对用户程序的汇编、连接、执行来发现程序中存在的语法错误与逻辑错误并加以排除纠正的过程。

软件调试的一般方法是先独立后联机、先分块后组合、先单步后连续。

（1）先独立后联机

单片机应用系统中的软件与硬件是密切相关、相辅相成的。但是，当软件对被测试参数进行加工处理或做某项事务处理时，往往是与硬件无关的，这样，就可以通过对用户程序的仔细分析，把与硬件无关的、功能相对独立的程序段抽取出来，形成与硬件无关和依赖于硬件的两大类用户程序块。

调试时，先调试与硬件无关的程序块，此时可以通过开发系统进行相应的参数设置，通过观察端口或存储器数据判断程序执行结果的正确与否。当与硬件无关的程序块全部调试完成后，就可以将仿真机与主机、用户系统连接起来，进行系统联调。在系统联调中，先对依赖于硬件的程序块进行调试，调试成功后，再进行两大程序块的有机组合及总调试。

（2）先分块后组合

如果用户系统规模较大、任务较多，即使先行将用户程序分为与硬件无关和依赖于硬件两大部分，这两部分程序仍较为庞大，采用笼统的方法从头至尾调试，既费时间又不容易进行错误定位，所以常规的调试方法是分别对两类程序块进一步采用分模块调试，以提高软件调试的有效性。

在分模块调试时所划分的程序模块应基本保持与软件设计时的程序功能模块或任务一致。每个程序模块调试完后，将相互有关联的程序模块逐块组合起来加以调试，以解决在程序模块连接中可能出现的逻辑错误。对所有程序模块的整体组合是在系统联调中进行的。

由于各个程序模块通过调试已排除了内部错误，所以软件总体调试的错误就大大减少了，调试成功的可能性也就大大提高了。

（3）先单步后连续

调试好程序模块的关键是实现对错误的正确定位。准确发现程序（或硬件电路）错误的最有效方法是采用单步加断点运行方式调试程序。单步运行可以了解被调试程序中每条指令的执行情况，分析指令的运行结果，以便知道该指令执行的正确性，并进一步确定是由于硬件电路错误、数据错误还是程序设计错误等引起了该指令的执行错误，从而发现、排除错误。

但是，所有程序模块都以单步方式查找错误的话，又比较费时费力，所以为了提高调试效率，一般采用先使用断点运行方式将故障定位在程序的一个小范围内，然后针对故障程序段再使用单步运行方式来精确定位错误所在，这样就可以做到调试的快捷和准确。一般情况下，单步调试完成后，还要做连续运行调试，以防止某些错误在单步执行的情况下被掩盖。

有些实时性操作（如中断等）利用单步运行方式无法调试，必须采用连续运行方法进行调试。为了准确地对错误进行定位，可使用连续加断点运行方式调试这类程序，即利用断点定位的改变，一步步缩小故障范围，直至最终确定出错误位置并加以排除。

4. 系统联合调试

当硬件和软件调试完成之后，就可以进行系统软、硬件联合调试。对于有电气控制负载的系统，应先试验空载，空载正常后再试验负载情况。系统调试的任务是排除软、硬件中的残留错误，使整个系统能够完成预定的工作任务，达到要求的性能指标。

系统调试成功之后，就可以将程序通过专用程序固化器固化到 ROM 中。将固化好程序的 ROM 插回到应用系统电路板的相应位置，即可脱机运行。系统试运行要连续运行相当长的时间（也称为烤机），以考验其稳定性。并要进一步进行修改和完善处理。

5. 现场调试及性能测试

一般情况下，通过系统联调，用户系统就可以按照设计要求正常工作了。但在某些情况下，由于系统实际运行的环境较为复杂（如环境干扰较为严重、工作现场含腐蚀性气体等），在实际现场工作之前，环境对系统的影响无法预料，只能通过现场运行调试来发现问题，找出相应的解决方法。另外，有些用户系统的调试是在用模拟设备代替实际监测、控制对象的情况下进行的，这就更有必要进行现场调试，以检验系统在实际工作环境中工作的正确性。

总之，现场调试对用户系统的调试来说是最后必须的一个过程，只有经过现场调试的系统才能保证其可靠地工作。现场调试仍需利用开发系统来完成，其调试方法与联合调试类似。

整个调试过程进行完毕后，一般需进行单片机系统功能的测试，上电、掉电测试，老化测试，静电放电（Electro Static Discharge，ESD）抗扰度和电快进瞬变脉冲群（Electrical Fast Transient，EFT）抗扰度等测试。可以使用各种干扰模拟器来测试单片机系统的可靠性，还可以模拟人为使用中可能发生的破坏情况。

经过调试、测试后，若系统完全正常工作，功能完全符合系统性能指标要求，则一个单片机应用系统的研制过程全部结束。

13.4　单片机应用系统的抗干扰与可靠性设计

由于单片机应用系统在测控领域的广泛应用，单片机系统的可靠性越来越受到人们的关注。可靠性是由多种因素决定的，其中抗干扰性能的好坏是影响可靠性的重要因素。一般把影响单片机测控系统正常工作的信号称为噪声，又称干扰。在系统中，出现干扰，就会影响指令的正常执行，造成控制事故或控制失灵。测量通道中也会产生干扰，使测量产生误差。因此，必须注意系统的抗干扰设计。

1. 可靠性设计的一般方法

（1）元器件的可靠性措施

元件、器件是单片机系统的基本部件，元器件的性能与可靠件是整体性能和可靠性的基础。电子元器件故障率的降低主要由生产厂家来保证。作为设计与使用者主要是保证所选用的元器件的质量或可靠性指标符合设计要求。为此，必须采取下列措施：①严格管埋元器件的购置、储运；②对元器件进行筛选、测试和老化实验；③降额使用；④选用集成度高的元器件。

（2）部件及系统级的可靠性措施

部件及系统级的可靠性技术是指功能部件或整个系统在设计、制造、检验等环节所采取的可靠性措施。元器件的可靠性主要取决于元器件制造商；部件及系统的可靠性则取决于设计者的设计。

关于电路及系统的可靠性技术已有大量研究成果及可行的成功经验。这些成果及经验归纳起来主要有以下几个方面的技术：①冗余技术；②电磁兼容性设计；③故障自动检测与诊断技术；④软件可靠件技术；⑤失效保险技术。

2. 干扰产生原因

凡是能产生一定能量，可以影响到周围电路正常工作的媒体都可认为是干扰源。干扰有的来自外部，有的来自内部。一般来说，干扰源可分为以下三类：

1）自然界的宇宙射线，太阳黑子活动，大气污染及雷电因素造成的。

2）物质固有的，即电子元器件本身的热噪声和散粒噪声。

3）人为造成的，主要是由电气和电子设备引起的。

单片机系统的噪声干扰产生的原因主要有以下几个：

1）电路性干扰。电路性干扰是由于两个回路经公共阻抗耦合而产生的，干扰量是电流。

2）电容性干扰。电容性干扰是由于干扰源与干扰对象之间存在着变化的电场，从而造成了干扰影响，干扰量是电压。

3）电感性干扰。电感性干扰是由于干扰源的交变磁场在干扰对象中产生了干扰感应电压。而产生感应电压的原因则是由于在干扰源中存在着变化电流。

4）波干扰。波干扰是传导电磁波或空间电磁波所引起的。空间电磁波的干扰量是电场强度和磁场强度。传导波的干扰量是传导电流和传导电压。

单片机应用系统的主要干扰渠道：空间干扰、过程通道十扰、供电系统干扰。应用丁工业生产过程中的单片机应用系统中，空间干扰一般远小于后两者，因此应重点防止供电系统与过程通道的干扰。

本节介绍单片机应用系统设计中的抗干扰设计及提高可靠性的一些方法和措施。

13.4.1　AT89S51 片内看门狗定时器的使用

当 AT89S51 系统受到干扰可能会失控，会引起程序"跑飞"或使程序陷入"死循环"，系统将完全瘫痪。如果操作人员在场，可按下人工复位按钮，强制系统复位。但操作人员不可能一直监视着系统，即使监视着系统，也往往是在引起不良后果之后才进行人工复位。能不能不要人来监视，使系统摆脱"死循环"，重新执行正常的程序呢？这可采用"看门狗定时器"（Watchdog Timer，WDT）技术来解决这一问题。

1. 看门狗技术工作原理

看门狗定时器实质上是一个计数器，计数器有一个输入端 RST、一个输出端 Q，当输入端输入一个正脉冲时，计数器开始计数，倘若在定时时间内输入端 RST 不再输入正脉冲，则计数器在一个规定时间 T_w 后，输出端 Q 电平发生变化，由低到高，并保持足够长时间；若在规定时间内，输入端有正脉冲输入，计数器重新开始计数。

因此，若输入端有正脉冲以小于 T_w 时间周期性地出现，计数器将周期性地被刷新，从而使计数器的输出端一直保持为低电平。

在实际应用中，将计数器的输出端 Q 接到单片机的复位信号 RESET 引脚上，计数器输入端 RST 的正脉冲序列由应用程序来产生，当应用程序执行时，使得 RST 端有一周期小于 T_w 的脉冲序列输入，Q 端输出至单片机的复位信号 RESET 始终为低电平，单片机系统正常工作；当系统受到某种干扰，破坏了程序的正常执行，则在 RST 端就不再出现正脉冲序列或者即使出现，其周期有可能大于 T_w 规定的时间，这样就使 Q 端输出一个高电平信号至单片机的复位信号 RESET，使系统重新初始化或产生中断请求，使系统进入干扰处理程序，进行必要的处理，自动恢复系统正常运行，保证系统可靠工作。

2. 看门狗技术的使用

使用看门狗时，用户只要向寄存器 WDTRST（地址为 A6H）先写 1EH，紧接着写入 E1H，WDT 计数器便启动计数，程序段如下：

```
MOV　WDTRST, #1EH　　　；先向 WDTRST 写入 1EH
MOV　WDTRST, #0E1H　　 ；再向 WDTRST 写入 E1H
```

在实际应用中，为防止 WDT 启动后产生不必要的溢出，应不断地复位 WDTRST，即向 WDTRST 寄存器写入数据 1EH 和 E1H。在编程时，一般把复位 WDTRST 的这两条指令，设计为一个子程序，只要在程序正常运行中，不断调用该子程序，把计数器清 0，使其不溢出即可。注意寄存器 WDTRST 是只写寄存器，而 WDT 中的计数器既不可写，也不可读，一旦溢出，便停止计数。

13. 4. 2　指令冗余和软件陷阱

当单片机系统由于干扰而使程序运行发生混乱、导致程序跑飞或陷入死循环，须采取使程序纳入正规的措施，例如，经常采用的措施是指令冗余和软件陷阱。

1. 指令冗余

单片机程序运行时取指令是先取操作码，再取操作数。当单片机系统受干扰出现错误时，程序便脱离正常轨道"乱飞"。当乱飞到某双字节指令时，若取指令时刻落在操作数上，误将操作数当作操作码，程序就有可能出错。若乱飞到三字节指令，出错概率更大，这时可在双字节指令和三字节指令后插入两个字节以上的 NOP 指令，或将有效的指令重复书写，可保护其后的指令不被拆散，这便是指令冗余。

采用指令冗余无疑会降低系统的效率。因此，仅在一些对程序流向起决定作用的指令之前插入两条 NOP 指令。此类指令有 RET、RETI、ACALL、LCALL、SJMP、AJMP、LJMP、

JZ、JNZ、JC、JNC、JB、JNB、JBC、CJNE、DJNZ 等。另外在某些对系统工作状态至关重要的指令（如 SETB EA 之类）前也可插入两条 NOP 指令，一旦程序乱飞时，保证使程序迅速纳入正轨。

2. 软件陷阱

指令冗余使乱飞的程序安定下来是有条件的，首先乱飞的程序必须落到程序区，其次必须执行到冗余指令。当乱飞的程序落到非程序区时，如 EPROM 中未使用的空间、程序中的数据表格区等，这样，就不能满足第一个条件。当乱飞的程序在没有碰到冗余指令之前，已经自动形成一个死循环，这时第二个条件也不能满足，对于前一种情况采取的措施就是设立软件陷阱，对于后一种情况可采取软硬件相结合的"看门狗"技术解决。

所谓软件陷阱，就是一条引导指令，强行将捕获的程序引向一个指定的地址，在那里有一段专门对程序出错进行处理的程序。如果把这段程序的入口标号称为 ERP，软件陷阱即为一条 LJMP ERP 指令。为加强其捕捉效果，一般还在它前面加两条 NOP 指令。因此，真正的软件陷阱由三条指令构成：

```
NOP
NOP
LJMP ERP
```

软件陷阱一般安排在以下 4 种地方：

（1）未使用的中断矢量区：0003H ~ 002FH

当干扰使未使用的中断开放，并激活这些中断时，就会进一步引起混乱。如果在这些地方布上陷阱，就能及时捕捉到错误中断。例如，系统共使用 3 个中断$\overline{INT0}$、T0、T1，它们的中断子程序分别为 PGINT0、PGT0 和 PGT1，建议按如下方式来设置中断向量区：

```
            ORG     0000H
0000 START: LJMP    MAIN        ; 引向主程序入口
0003        LJMP    PGINT0      ; INT0中断正常入口
0006        NOP                 ; 指令冗余与软件陷阱
0007        NOP                 ;
0008        LJMP    ERP
000B        LJMP    PGT0        ; T0 中断正常入口
000C        NOP                 ; 指令冗余与软件陷阱
000D        NOP
000E        LJMP    ERP
0013        LJMP    ERP         ; 未使用INT1中断，设指令冗余与软件陷阱
001B        LJMP    PGT1        ; T1 中断入口
001E        NOP                 ; 指令冗余与软件陷阱
001F        NOP
0020        LJMP    ERP
0023        LJMP    ERP         ; 未使用串口中断，设指令冗余与软件陷阱
0026        NOP                 ; 指令冗余与软件陷阱
0027        NOP
0028        LJMP    ERP
```

```
                        ……
0030            MAIN：  ……          ; 主程序入口
                        ……
```

从 0030 再开始编写正式程序。

（2）未使用的程序存储器空间

所编写的程序，很少有将 EPROM 全部用完的情况，对未用的程序存储器空间，一般均维持原状（0FFH）。0FFH 指令，对于 AT89S51 指令系统来讲，是一条单字节指令（MOV R7，A），程序乱飞到这一区域后将顺流而下，不再跳跃（除非受到新的干扰）。这时，只要每隔一段设置一个陷阱，就一定能捕捉到乱飞的程序。

软件陷阱一定要指向出错处理子程序 ERP。可将 ERP 安排在 0030H 开始的地方，这样就可用 00H，00H，02H，00H，30H 这 5 个字节（指令 NOP，NOP，LJMP ERP 的机器码）作陷阱来填充 EPROM 中的未使用空间，或每隔一段设一个陷阱，其他单元保持 0FFH 不变。

（3）表格

表格有两类。一类是数据表格，供"MOVC A，@ A + PC"指令或"MOVC A，@ A + DPTR"指令使用，其内容完全不是指令；另一类是跳转表格，供"JMP @ A + DPTR"指令使用，为一系列的三字节指令 LJMP 或两字节指令 AJMP。由于表格内容和检索值有一一对应关系，在表格中间安排陷阱将会破坏其连续性和对应关系，所以只能在表格的最后安排五字节陷阱（NOP，NOP，LJMP ERP）。由于表格区一般较长，安排在最后的陷阱不能保证一定捕捉到乱飞的程序，可能中途再次飞走，这时只好由别处的陷阱或冗余指令来制伏。

（4）程序区

由一串执行指令构成的，不能在这些指令串中间任意安排陷阱，否则将影响正常程序执行。但是，在这些指令串之间常有一些断裂点，正常执行的程序到此便不会继续往下执行，这类指令有 LJMP、SJMP、AJMP、RET、RETI。这时 PC 的值应发生正常跳变。如果还要顺次往下执行，必然会出错。在这种地方安排陷阱之后，就能有效地捕捉住它，而又不影响正常执行的程序流程。例如，在一个根据累加器的正、负、零值的进行跳转的三分支程序中，软件陷阱的安置方式如下：

```
        JNZ     L1          ; A 中内容非零，跳转 L1 程序段
                ……          ; A 中内容为零的处理程序段
        AJMP    L3          ; 断裂点
        NOP                 ; 指令冗余和软件陷阱
        NOP
        LJMP    ERP
L1：    JB      Acc.7，L2
                ……
        LJMP    L3          ; 断裂点
        NOP                 ; 指令冗余和软件陷阱
        NOP
        LJMP    ERP
L2：            ……
```

```
L3:     MOV     A, R2           ; 取结果
        RET                     ; 断裂点
        NOP                     ; 指令冗余和软件陷阱
        NOP
        LJMP    ERP
```

由于软件陷阱都安排在正常程序执行不到的地方，故不影响程序执行效率。在程序存储器容量不成问题的条件下，多设置陷阱是有益的。

13.4.3　软件滤波

对实时数据采集系统，为了消除传感器通道中的干扰信号，常采用硬件滤波器先滤除干扰信号，再进行 A-D 转换。也可先采用 A-D 转换，再对 A-D 转换后的数字量进行软件滤波消除干扰。下面介绍几种软件滤波的方法。

1. 算术平均滤波法

算术平均滤波法就是对一点数据连续取 n 个值进行采样，然后求算术平均。这种方法一般适用于具有随机干扰信号的滤波。这种信号的特点是有一个平均值，信号在某一数值范围附近上下波动。这种滤波法，当 n 值较大时，信号的平滑度高，但灵敏度低；当 n 值较小时，平滑度低，但灵敏度高。应视具体情况选取 n 值，既要节约时间，又要滤波效果好。对于一般流量测量，通常取经验值 $n=12$；若为压力测量，则取经验值 $n=4$。一般情况下，经验值 n 取 3~5 次平均即可。

读者可根据上述设计思想，设计出算术平均滤波法的子程序 AVGFIL。

2. 滑动平均滤波法

算术平均滤波法，每计算一次数据需要测量 n 次。对于测量速度较慢或要求数据计算速度较快的实时控制系统来说，该法无效。这里介绍一种只需测量一次，就能得到当前算术平均值的方法——滑动平均滤波法。

滑动平均滤波法把 n 个采样值看成一个队列，队列的长度为 n，每进行一次采样，就把最新的采样值放入队尾，而扔掉原来队首的一个采样值，这样在队列中始终有 n 个“最新”采样值。对队列中的 n 个采样值进行平均，就可以得到新的滤波值。滑动平均滤波法对周期性干扰有良好的抑制作用，平滑度高，灵敏度低；但对偶然出现的脉冲性干扰的抑制作用差，不易消除由此引起的采样值的偏差。因此不适用于脉冲干扰比较严重的场合。通常，观察不同 n 值下滑动平均的输出响应，据此选取 n 值，以便既少占有时间，又能达到最好的滤波效果，其工程经验值参考表 13-3。

表 13-3　滑动平均滤波法工程经验值

参数	温度	压力	流量	液面
n 值	1~4	4	12	4~12

下例为滑动平均滤波法的参考程序。

例 13-2　假定 n 个双字节型采样值，30H 单元为采样队列内存单元首地址，n 个采样值之和不大于 16 位。新的采样值存于 2EH、2FH 单元，滤波值存于 50H、51H 单元，AVGFIL 为本程序调用的算术平均滤波子程序。参考程序如下：

```
SAVGFIL:    MOV     R2, #n-1            ; n 为采样个数
```

```
            MOV     R0，#32H          ；队列单元首地址
            MOV     R1，#33H
LOOP：      MOV     A，@ R0           ；移动低字节
            DEC     R0
            DEC     R0
            MOV     @ R0，A
            MOV     A，R0             ；修改低字节地址
            ADD     A，#04H
            MOV     R0，A
            MOV     A，@ R1           ；移动高字节
            DEC     R1
            DEC     R1
            MOV     @ R1，A
            MOV     A，R1             ；修改高字节地址
            ADD     A，#04H
            MOV     R1，A
            DJNZ    R2，LOOP
            MOV     @ R0，2EH         ；存新的采样值
            MOV     @ R1，2FH
            ACALL   AVGFIL           ；调用求算术平均值子程序
                                     ；AVGFIL，假设已编写
            RET
```

3. 中位值滤波法

是对某一被测参数接连采样 n 次（一般 n 取奇数），然后把 n 次采样值按大小排列，取中间值为本次采样值。能有效地克服因偶然因素引起的波动干扰。对温度、液位等变化缓慢的被测参数能收到良好的滤波效果。但对流量、速度等快速变化的参数一般不宜采用本法。

中位值滤波法程序设计的实质是，首先把 n 个采样值从小到大或从大到小进行排序，然后再取中间值。n 个数据按大小顺序排队的具体做法是采用"冒泡法"进行比较，直到最大数沉底为止，然后再重新进行比较，把次大值放到 $n-1$ 位，依次类推，则可将 n 个数按从小到大顺序排列。

例 13-3 设采样值从 8 位 A-D 转换器输入 5 次，存放在 SAMP 为首地址的内存单元中，采用中位值滤波。参考程序如下：

```
            SAMP    EQU 30H
            ORG     1000H
INTER：     MOV     R2，#04H          ；置最大循环次数
SORT：      MOV     A，R2             ；小循环次数 → （R3）
            MOV     R3，A
            MOV     R0，#SAMP         ；采样数据首地址→（R0）
LOOP：      MOV     A，@ R0
```

```
        INC     R0
        MOV     R1, A
        CLR     C
        SUBB    A, @ R0
        MOV     A, R1
        JC      DONE
        MOV     A, @ R0; ((R0)) → ((R0) +1)
        DEC     R0
        XCH     A, @ R0
        INC     R0
        MOV     @ R0, A
DONE:   DJNZ    R3, LOOP            ; R3≠0, 小循环继续进行
        DJNZ    R2, SORT            ; R2≠0, 大循环继续进行
        INC     R0
        MOV     A, @ R0
        RET
```

4. 去极值平均值滤波法

在脉冲干扰比较严重的场合，则干扰将会"平均"到结果中去，故前述两种平均值法不易消除由于脉冲干扰而引起的误差。这时可采用去极值平均值滤波法。思想：连续采样 n 次后累加求和，同时找出其中的最大值与最小值，再从累加和中减去最大值和最小值，按 $n-2$ 个采样值求平均，即可得到有效采样值。这种方法类似于体育比赛中的去掉最高分、最低分，再求平均分的评分办法。

为使平均滤波算法简单，$n-2$ 应为 2、4、6、8 或 16，故 n 常取 4、6、8、10 或 18。具体做法有两种：对快变参数，先连续采样 n 次，然后再处理，但要在 RAM 中开辟 n 个数据的暂存区；对慢变参数，可边采样，边处理，而不必在 RAM 中开辟数据暂存区。实践中，为加快测量速度，一般 n 取 4。

例 13-4　以 $n=4$ 为例，连续进行 4 次数据采样，去掉其中最大值和最小值，然后求剩下两个数据的平均值。R2R3 存最大值，R4R5 存最小值，R6R7 存放累加和及最后结果。当然，连续采样不只限 4 次，可以进行任意次，这时，只需改变 R0 中的数值。参考程序如下：

```
DEMAXFL: CLR     A
         MOV     R2, A      ; 0→最大值寄存器 R2R3
         MOV     R3, A
         MOV     R6, A      ; 0→累加和寄存器 R6R7
         MOV     R7, A
         MOV     R4, #3FH   ; 3FFFH→最小值寄存器 R4R5
         MOV     R5, #0FFH
         MOV     R0, #4H
DAV1:    LCALL   RDXP       ; 调采样子程序 RDXP, 数字量从 A-D
                            ; 读入 B、A 中
```

```
        MOV     R1，A        ; 采样值低位暂存 R1，高位在 B
        ADD     A，R7
        MOV     R7，A        ; 低位加到 R7
        MOV     A，B
        ADDC    A，R6
        MOV     R6，A        ; 高位加到 R6，（R6R7）＋（BA）→R6R7
        CLR     C
        MOV     A，R3
        SUBB    A，R1
        MOV     A，R2
        SUBB    A，B
        JNC     DAV2         ; 输入值 >（R2R3）？
        MOV     A，R1
        MOV     R3，A
        MOV     R2，B        ; 输入值→R2R3
DAV2：   CLR     C
        MOV     A，R1
        SUBB    A，R5
        MOV     A，B
        SUBB    A，R4
        JNC     DAV3         ; 输入值 <（R4R5）？
        MOV     A，R1
        MOV     R5，A        ; 输入值 →R4R5
        MOV     R4，B
DAV3：   DJNZ    R0，DAV1     ; n－1 = 0？
        CLR     C
        MOV     A，R7
        SUBB    A，R3
        XCH     A，R6
        SUBB    A，R2         ; n 个采样值的累加和减去最大值和最
                             ; 小值，n = 4
        XCH     A，R7
        SUBB    A，R5
        XCH     A，R6
        SUBB    A，R4
        CLR     C
        RRC     A
        XCH     A，R6         ; 剩下的采样值求平均（除2）
        RRC     A
        MOV     R7，A
```

　　　　　　RET

5. 一阶递推数字滤波法

该方法是利用软件完成 RC 低通滤波器的算法。

其公式为

$$Y_n = QX_n + (1 - Q) Y_n - 1$$

其中：Q——数字滤波器时间常数；

X_n——第 n 次采样时的滤波器的输入；

$Y_n - 1$——第 $n - 1$ 次采样时的滤波器的输出。

Y_n——第 n 次采样时的滤波器的输出。

6. 限幅滤波法

限幅滤波法又称程序判断滤波法，是指根据经验判断，确定两次采样允许的最大偏差值（设为 A），每次检测到新值时判断：如果本次值与上次值之差不大于 A，则本次值有效；如果本次值与上次值之差大于 A，则本次值无效，放弃本次值，用上次值代替本次值。这种滤波方法的优点是：能有效克服因偶然因素引起的脉冲干扰；缺点是：无法抑制周期性的干扰，且平滑度差。

注意：选取何种方法必须根据信号的变化规律予以确定。

13.4.4　开关量输入/输出软件抗干扰设计

如干扰只作用在系统 I/O 通道上，可用如下方法减小或消除其干扰。

1. 开关量输入软件抗干扰措施

干扰信号多呈毛刺状，作用时间短。利用该特点，在采集某一状态信号时，可多次重复采集，直到连续两次或多次采集结果完全一致时才可视为有效。若相邻的检测内容不一致，或多次检测结果不一致，则是伪输入信号，此时可停止采集，给出报警信号。由于状态信号主要来自各类开关型状态传感器，对这些信号采集不能用多次平均方法，必须绝对一致才行。在满足实时性前提下，如果在各次采集状态信号间增加一段延时，效果会更好，以对抗较宽时间范围的干扰。延时时间在 $10 \sim 100\mu s$。每次采集的最高次数限制和连续相同次数均可按实际情况适当调整。

2. 开关量输出软件抗干扰措施

输出信号中，很多是驱动各种警报装置、各种电磁装置的状态驱动信号。抗干扰的有效输出方法是，重复输出同一个数据，只要有可能，重复周期应尽量短。外设收到一个被干扰的错误信息后，还来不及做出有效的反应，一个正确的输出信息又到来了，可及时防止错误动作的产生。在执行输出功能时，应将有关输出芯片的状态也一并重复设置。

例如，81C55 芯片和 82C55 芯片常用来扩展输入/输出功能，很多外设通过它们获得单片机的控制信息。这类芯片均应进行初始化编程，以明确各端口的功能。由于干扰的作用，有可能无意中将芯片的编程方式改变。为了确保输出功能正确实现，输出功能模块在执行具体的数据输出之前，应先执行对芯片的初始化编程指令，再输出有关数据。

13.4.5　过程通道干扰的抑制措施

在数据采集或实时控制中，过程通道是系统输入、输出与单片机之间进行信息传输的路径，模拟量的输入输出、开关量输入输出是必不可少的。过程通道的输入输出信号线和控制线多，且长度往往达几百米或几千米，因此不可避免地将干扰引入单片机系统。消除或减弱过程通道的干扰主要采用光隔离技术、屏蔽措施、双绞线传输。下面分别介绍：

1. 光隔离抑制干扰

（1）光隔离的基本配置

光隔离的目的是割断两个电路的电联系，使之相互独立，从而也就割断了噪声从一个电路进入另一个电路的通路，这样就能有效地防止干扰从过程通道进入单片机。其原理如图 13-17 所示。

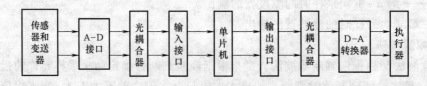

图 13-17　模拟量输入通道光耦合抗干扰示意图

光耦合的主要优点是能有效抑制尖峰脉冲以及各种噪声干扰，从而使过程通道上的信噪比大大提高。

（2）光隔离的实现

1）数据总线的隔离。对单片机数据总线进行隔离是一种十分理想方法，全部 I/O 端口均被隔离。但由于在 CPU 数据总线上是高速（微秒级）双向传输，就要求频率响应为兆赫兹级的隔离器件，而这种器件目前价格较高。因此，这种方法采用不多。

通常采用下列方法将 ADC、DAC 与单片机之间的电气联系切断。

2）对 A-D、D-A 进行模拟隔离。对 A-D、D-A 转换前后的模拟信号进行隔离，是常用的一种方法。通常采用隔离放大器对模拟量进行隔离。但所用的隔离型放大器必须满足 A-D、D-A 转换的精度和线性要求。例如，如果对 12 位 A-D、D-A 转换器进行隔离，其隔离放大器要达到 13 位，甚至 14 位精度，如此高精度的隔离放大器，价格昂贵。

图 13-18 所示是实现数字隔离的一个例子。该例将输出的数字量经锁存器锁存后，驱动光隔离器，经光隔离之后的数字量被送到 D-A 转换器。但要注意的是，现场电源 F（5V），现场地 FGND 和系统电源 S（5V）及系统地 SGND，必须分别由两个隔离电源供电。还应指出的是，光隔离器件的数量不能太多，由于光隔离器件的发光二极管与受光晶体管之间存在

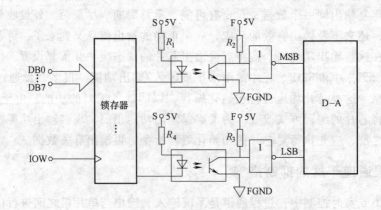

图 13-18　数字隔离原理图

分布电容。当数量较多时，必须考虑将并联输出改为串联输出的方式，这样可使光敏器件大大减少，且保持很高的抗干扰能力，但传送速度下降了。

2. 屏蔽技术抑制干扰

高频电源、交流电源、强电设备产生的电火花甚至雷电，都能产生电磁波，从而成为电磁干扰的噪声源。当距离较近时，电磁波会通过分布电容和电感耦合到信号回路而形成电磁干扰。当距离较远时，电磁波则以辐射形式构成干扰。严格说来，连单片机使用的振荡器，也是电磁干扰的薄弱环节。这一方面是由于振荡器本身就是一个电磁干扰源，同时它又极易受其他电磁干扰的影响，破坏单片机的正常工作。

以金属板、金属网或金属盒构成的屏蔽体能有效地对付电磁波的干扰。屏蔽体以反射方式和吸收方式来削弱电磁波，从而形成对电磁波的屏蔽作用。对付低频电磁波干扰的最有效方法是选用高导磁材料做成的屏蔽体，低频电磁波经屏蔽体壁的低磁阻磁路通过，而不影响屏蔽体内的电路。屏蔽电场或辐射场时，选铜、铝、钢等电导率高的材料做屏蔽体；当屏蔽低频磁场时，选择磁钢、坡莫合金、铁等磁导率高的材料；而屏蔽高频磁场则应选择铜、铝等电导率高的材料。

为了有效发挥屏蔽体的屏蔽作用，还应注意屏蔽体的接地问题，为了消除屏蔽体与内部电路的寄生电容，屏蔽体应按"一点接地"的原则接地。

3. 双绞线技术

双绞线能使各个小环路的电磁感应干扰相互抵消。其特点是波阻抗高、抗共模噪声能力强，但频带较差。在数字信号传输过程中，根据传送距离的不同，双绞线使用方法也有所不同，如图 13-19 所示。

当传送距离在 5m 以下时，发送和接收端连接负载电阻，如图 13-19a，若发送侧为集电极开路驱动，则接收侧的集成电路用施密特型电路，抗干扰能力更强。

当用双绞线作远距离传送数据时，或有较大噪声干扰时，可使用平衡输出的驱动器和平衡输入的接收器。发送和接收信号端都要接匹配电阻，如图 13-19b、c 所示。

采用长线传输的阻抗匹配：长线传输时如匹配不好，会使信号产生反射，从而形成严重的失真。传输线阻抗的匹配如图 13-20 所示，有 4 种形式。

① 终端并联阻抗匹配：如图 13-20a 所示，$R_P = R_1 // R_2$，其特点是终端阻值低，降低了高电平的抗干扰能力。

② 始端串联匹配：如图 13-20b 所示，匹配电阻 R 的取值为 R_P 与 A 门输出低电平的输出阻抗 R_{OUT}（约 20Ω）的差值，其特点是终端的低电平抬高，降低了低电平的抗干扰能力。

③ 终端并联隔直流匹配：如图 13-20c 所示，$R = R_P$，其特点是增加了对高电平的抗干扰能力。

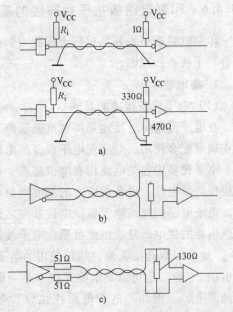

图 13-19　双绞线平衡传输图

④ 终端接钳位二极管匹配：如图 13-20d 所示，利用二极管 VD 把 B 门输入端低电平钳位在 0.3V 以下。其特点是减少波的反射和振荡，提高动态抗干扰能力。

另外，长线传输时，用电流传输代替电压传输，可获得较好的抗干扰能力。如图 13-21 所示，从电流转换器输出 0 ~ 10mA（或 4 ~ 20mA）电流，在接收端并上 500Ω（或 1kΩ）的精密电阻，将此电流转换为 0 ~ 5V（或 1 ~ 5V）的电压，然后送入 A-D 转换器。若在输出端采用光耦合器输出驱动，也会获得同样的效果。此种方法可减少在传输过程中的干扰，提高传输的可靠性。

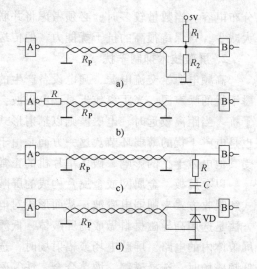

图 13-20　长线传输阻抗匹配图

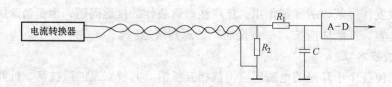

图 13-21　长线电流传输示意图

13.4.6　印制电路板抗干扰布线的基本原则

印制电路板布线好坏对抗干扰能力影响很大，绝不单是器件、线路的简单布局安排，须符合抗干扰布线原则。

1. 接地技术

（1）电子设备接地的目的

在电子设备中，接地是抑制电磁噪声和防止干扰的重要手段之一。在设计中把接地和屏蔽正确地配合使用，对实现电子设备的电磁兼容性将起着事半功倍的作用。

电子设备中各类电路均有电位基准，对于一个理想的接地系统来说，各部分的电位基准都应保持零电位。设备内所有的基准电位点通过导体连接在一起，该导体就是设备内部的地线。电子电路的地线除了提供电位基准之外，还可作为各级电路之间信号传输的返回通路和各级电路的供电回路。由此可见，电子设备中地线涉及面相当广。

"地"可以是指大地，陆地使用的电子设备通常以地球的电位作为基准，并以大地作为零电位。"地"也可以是电路系统中某一电位基准点，并设该点电位为相对零电位，但不是大地零电位。例如，电子电路往往以设备的金属底座、机架、机箱等作为零电位（或称"地"电位），但金属底座与机架、机箱有时不一定和大地相连接，即设备内部的"地"电位不一定与大地电位相同。但是为了防止雷击对设备和操作人员造成危险，通常应将设备的机架、机箱等金属结构与大地相连接。电子设备的"地"与大地连接有如下作用：

1）提高电子设备电路系统工作的稳定性。电子设备若不与大地连接，它相对于大地将呈现一定的电位，该电位会在外界干扰场的作用下变化，从而导致电路系统工作不稳定。如果将电子设备的"地"与大地相连接，使它处于真正的零电位，就能有效地抑制干扰。

2）泄放机箱上积累的静电电荷，避免静电高压导致设备内部放电而造成干扰。

3）为设备和操作人员提供安全保障。

（2）接地系统

有许多接地的方法，它们的使用常常依赖于所要实现的目标或正在开发的系统的功能。

不考虑安全接地，仅从电路参考点的角度考虑，接地可分为悬浮地、单点接地、多点接地和混合接地。

1）悬浮地。对电子产品而言，悬浮地是指设备的地线在电气上与参考地及其他导体相绝缘，即设备悬浮地。另一种情况是在有些电子产品中，为了防止机箱上的骚扰电流直接耦合到信号电路，有意使信号地与机箱绝缘，即单元电路悬浮地。图 13-22 分别给出了这两种悬浮地。

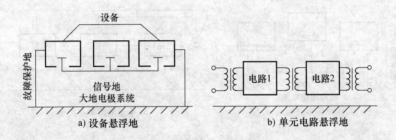

图 13-22　悬浮地

悬浮地容易产生静电积累和静电放电，在雷电环境下，还会在机箱和单元电路间产生飞弧，甚至使操作人员遭到电击。设备悬浮地时，当电网相线与机箱短路时，有引起触电的危险。所以悬浮地不宜用于通信系统和一般电子产品。

2）单点接地。单点接地是为许多连接在一起的电路提供共同参考点。并联单点接地最简单，它没有共阻抗耦合和低频地环路的问题。如图 13-23 所示，每一个电路模块都接到一个单点地上，每一个子单元在同一点与参考点相连，地线上其他部分的电流不会耦合进电路。这种结构在 1MHz 以下能很好工作。但当频率升高时，由于接地的阻抗较大，电路上会产生较大的共模电压。单点接地要求电路的每部分只接地一次，并且都是接在同一点上，该点常常以大地为参考。由于只存在一个参考点，因此没有地回路存在，因而也就没有骚扰问题。

并联单点接地的一种改进方式是将具有类似特性的电路连接在一起，然后将每一个公共点连接到单点地，如图 13-24 所示。这样既有单点接地可以避免共模阻抗耦合的优点，又使高频电路有良好的局部接地。为了减少共模阻抗耦合，骚扰最大的电路应最靠近公共点。当一个模块中有一个以上的地时，它们应该通过背对背二极管连接到一起，避免当电路断开时造成电路损坏。

3）多点接地。多点接地如图 13-25 所示，从图中可以看到，设备中的内部电路都以机壳为参考点，而所有机壳又以地为参考点。有一个安全地把所有的机壳连在一起，然后再与地或辅助信号地相连。这种接地结构的原理在于为许多并联路径提供了到地的低阻抗通路，并且在系统内部接地很简单。只要连接公共参考点的任何导体的长度小于骚扰波长的几分之一，多点接地的效果都很好。

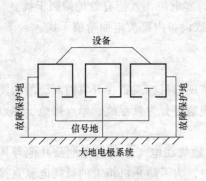

图 13-23　并联单点接地

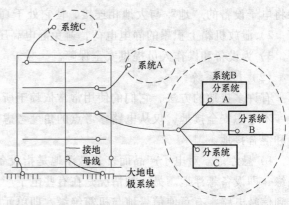

图 13-24　改进的并联单点接地

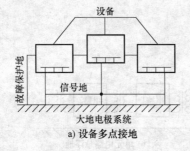

a) 设备多点接地

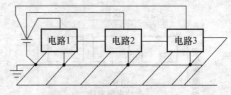

b) 单元电路多点接地

图 13-25　多点接地系统

4）混合接地。混合接地既包含了单点接地的特性，又包含了多点接地的特性。例如，系统内的电源需要单点接地，而射频部分则需要多点接地。

混合接地使用电抗性器件使接地系统在低频和高频时呈现不同的特性。这在宽带敏感电路中是必要的。在图 13-26 中，一条较长的电缆的屏蔽外层通过电容接到机壳上，

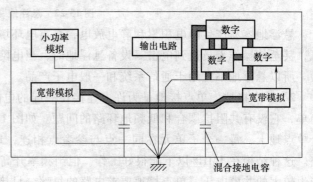

图 13-26　混合接地

避免射频驻波的产生。电容对低频和直流有较高的阻抗，因此能够避免两模块之间的地环路形成。在使用电抗元件作接地系统的一部分时，应注意寄生谐振现象，这种谐振会使骚扰增强。例如，当在一条自感为 $0.1pH$ 的电缆上使用电容为 $0.1\mu F$ 的电容器时，将在 $1.6MHz$ 处产生谐振。在这个频率上，电缆的屏蔽层根本没有接地。

当将直流地和射频地分开时，将每个子系统的直流地通过 $30\sim100nF$ 的电容器连接到射频地上，这两种地应在一点有低阻抗连接起来，连接点应选在最高翻转速度的信号上存在的点。

2. 地线的布置

在单片机测控系统中，地线的布置是否合理，将决定电路板的抗干扰能力。

（1）地线宽度

加粗地线能降低导线电阻，如有可能，地线宽度应在 $2\sim3mm$ 以上，元件引脚上的接地

线应该在 1.5mm 左右。最好使用大面积敷铜，这对接地点问题有相当大的改善。在布线工作的最后，用地线将电路板没有走线的地方铺满。有助于增强电路的抗干扰能力。

（2）接地线构成闭环路

在设计逻辑电路的印制电路板时，其地线构成闭环路能明显地提高抗噪声能力。闭环形状能显著地缩短线路的环路，降低线路阻抗，从而减少干扰。但要注意环路所包围的面积越小越好。

（3）数字地和模拟地的接地原则

数字地通常有很大的噪声而且电平的跳跃会造成很大的电流尖峰。所有的模拟公共导线（地）应该与数字公共导线（地）分开走线，然后只是一点汇在一起，且地线应尽量加粗，如图 13-27 所示。

在 ADC 和 DAC 电路中，尤其要注意地线的正确连接，否则转换不准确。在采集 0～50mV 微小信号时，模拟地接法极为重要。为提高抗共模干扰能力，可用三线采样双层屏蔽浮地技术，是抗共模干扰最有效的方法。因此，ADC、DAC 芯片都提供了相应独立的模拟地和数字地引脚，必须将所有的模拟地和数字地分别相连，然后模拟（公共）地与数字（公共）地仅在一点上相连接。

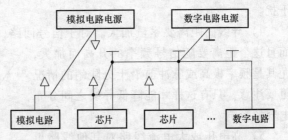

图 13-27　数字地和模拟地正确的地线连接

3. 电源线的布置

电源线除了要根据电流的大小，尽量加粗导体宽度外，采取使电源线、地线的走向与数据传递的方向一致的布线原则，将有助于增强抗噪声能力。

4. 去耦电容的配置

印制电路板上装有多片集成电路，而当其中有些元件耗电很多时，地线上会出现很大的电位差。抑制的方法是在各个集成器件的电源线和地线间分别接入去耦电容，以缩短开关电流的流通途径，降低电阻电压。这是印制电路板设计的一项常规做法。

（1）电源去耦

在印制电路板的电源输入端跨接去耦电容。去耦电容应为一个 10～100μF 的大容量电解电容（如体积允许，电容量大一些更好）和一个 0.01～0.1μF 的非电解电容。干扰可分解成高频干扰和低频干扰两部分，并接大电容是为去掉低频干扰成分，并接小电容是为了去掉高频干扰部分。低频去耦电容用铝或钽电解电容，高频去耦电容采用自身电感小的云母或瓷片电容。

（2）集成芯片去耦

每个集成芯片都应安置一个 0.01μF 的瓷片去耦电容，去耦电容必须安装在本集成芯片的 V_{cc} 和 GND 线之间，否则便失去了抗干扰作用。

如遇到印制电路板空隙小装不下时，可每 4～10 个芯片安置一个 1～10μF 高频阻抗特别小的钽电容器。对抗噪声能力弱，关断电流大的器件和 ROM、RAM 存储器，应在芯片的电源线 V_{cc} 和地线（GND）间接入去耦的瓷片电容。

5. 其他布线原则

1）导线应当尽量做宽。数据线的宽度应尽可能宽，以减小阻抗，数据线的宽度应不小于 0.3mm，如果采用 0.46 ~ 0.5mm 则更为理想。

如果印制电路板上逻辑电路工作速度低于 TTL 的速度，导线条形状无特别要求；若工作速度较高或使用高速逻辑器件，作导线的铜箔在 90°转弯处的导线阻抗不连续，可导致反射干扰的发生，所以宜采用图 13-28 中右方的形状，把弯成 90°的导线改成 45°，有助于减少反射干扰的发生。

2）不要在印制电路板中留下无用的空白铜箔层，因为它们可充当发射天线或接收天线，可把它们就近接地。

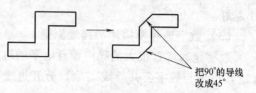

把90°的导线改成45°

图 13-28　90°转弯处的导线改成 45°

3）双面布线的印制电路板，应使双面的线条垂直交叉，以减少磁场耦合，有利于抑制干扰。

4）导线间距离要尽量加大。对于信号回路，印制铜箔条的相互距离要有足够的尺寸，而且这个距离要随信号频率的升高而加大，尤其是频率极高或脉冲前沿十分陡峭的情况更要注意，只有这样才能降低导线之间分布电容的影响。

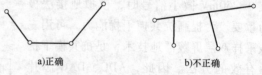

a)正确　　　　　b)不正确

图 13-29　走线不要有分支

5）高电压或大电流线路对其他线路更容易形成干扰，低电平或小电流信号线路容易受到感应干扰，布线时使两者尽量相互远离，避免平行铺设，采用屏蔽等措施。

6）所有线路尽量沿直流地铺设，避免沿交流地铺设。

7）走线不要有分支，这可避免在传输高频信号导致反射干扰或发生谐波干扰，如图 13-29 所示。

上述是布线一般原则，设计者需在实际设计和布线中体验和掌握这些原则。

13.5　单片机应用系统的 I/O 功率驱动

在单片机应用系统中，有时需用单片机控制各种各样的高压、大电流负载，如电动机、电磁铁、继电器、灯泡等，显然不能用单片机的 I/O 线来直接驱动，必须通过各种驱动电路和开关电路来驱动。此外，为使 AT89S51 与强电隔离和抗干扰，有时需加接光耦合器。

1. 基本概念

单片机的引脚，可以由程序来控制输出高、低电平，即单片机的输出电压，但是，程序控制不了单片机的输出电流。单片机的输出电流，很大程度上是取决于引脚上的外接器件。

（1）灌电流和拉电流

单片机输出低电平时，将允许外部器件向单片机引脚内灌入电流，这个电流称为"灌电流"，外部电路称为"灌电流负载"；单片机输出高电平时，则允许外部器件从单片机的引脚拉出电流，这个电流称为"拉电流"，外部电路称为"拉电流负载"。这些电流一般是多少，最大限度是多少，就是常见的单片机输出驱动能力的问题。

（2）吸电流

吸电流是主动吸入电流，从输入端口流入。

吸电流和灌电流就是从芯片外电路通过引脚流入芯片内的电流；区别在于吸收电流是主动的，从芯片输入端流入的叫吸收电流。灌入电流是被动的，从输出端流入的叫灌入电流。拉电流是数字电路输出高电平给负载提供的输出电流，灌电流是输出低电平时外部给数字电路的输入电流。这些实际就是输入、输出电流能力。

拉电流输出对于反相器只能输出零点几毫安的电流，用这种方法想驱动二极管发光是不合理的（因发光二极管正常工作电流为 5～10mA）。

（3）上、下拉电阻

上拉就是将不确定的信号通过一个电阻钳位在高电平，当然，电阻同时起限流作用，下拉同理。上拉是对器件注入电流，下拉是输出电流。弱强只是电阻的阻值不同，没有什么严格区分。对于非集电极（或漏极）开路输出型电路（如普通门电路）提升电流和电压的能力是有限的，拉电阻的功能主要是为集电极开路输出型电路输出电流通道。

2. 拉电阻作用

1）一般作单键触发使用时，如果 IC 本身没有内接电阻，为了使单键维持在不被触发的状态或是触发后回到原状态，必须在 IC 外部另接一电阻。

2）数字电路有 3 种状态：高电平、低电平和高阻状态，有些应用场合不希望出现高阻状态，可以通过上拉电阻或下拉电阻的方式使之处于稳定状态，具体视设计要求而定。通常，I/O 端口的输出类似于一个晶体管的集电极 C，当 C 通过一个电阻和电源连接在一起的时候，该电阻成为 C 的上拉电阻，也就是说，如果该端口正常时为高电平。如果，C 通过一个电阻和地连接在一起的时候，该电阻称为下拉电阻，使该端口平时为低电平。

3）上拉电阻是用来解决总线驱动能力不足时提供电流的，通常是拉电流；下拉电阻是用来吸收电流的，也就是我们通常所说的灌电流。

4）为了防止输入端悬空，减弱外部电流对芯片产生的干扰，保护 CMOS 内的保护二极管，一般电流不大于 10mA。

5）通过上拉或下拉来增加或减小驱动电流，改变电平的电位，常用在 TTL-CMOS 匹配，在引脚悬空时有确定的状态，增加高电平输出时的驱动能力。

6）为 OC 门提供电流。

3. 上拉电阻应用原则

1）当 TTL 电路驱动 COMS 电路时，如果 TTL 电路输出的高电平低于 COMS 电路的最低高电平（一般为 3～5V），这时就需要在 TTL 的输出端接上拉电阻，以提高输出高电平的值。

2）OC 门电路必须加上拉电阻，才能使用。

3）为加大输出引脚的驱动能力，有的单片机引脚上也常使用上拉电阻。

4）在 COMS 芯片上，为了防止静电造成损坏，不用的引脚不能悬空，一般接上拉电阻降低输入阻抗，提供泄荷通路。

5）芯片的引脚加上拉电阻来提高输出电平，从而提高芯片输入信号的噪声容限增强抗干扰能力。

6）提高总线的抗电磁干扰能力。引脚悬空就比较容易接受外界的电磁干扰。

7）长线传输中电阻不匹配容易引起反射波干扰，加上下拉电阻使电阻匹配，有效地抑制反射波干扰。

8）在数字电路中不用的输入引脚都要接固定电平，通过 1kΩ 电阻接高电平或接地。

4. 上拉电阻阻值选择原则

1）从节约功耗及芯片的灌电流能力考虑应当足够大，电阻大，电流小。

2）从确保足够的驱动电流考虑应当足够小，电阻小，电流大。

3）对于高速电路，过大的上拉电阻可使边沿变平缓。

综合考虑以上三点，上拉电阻阻值通常在 $1 \sim 10k\Omega$ 之间选取。对下拉电阻也有类似原则。

对上拉电阻和下拉电阻的选择应结合开关管特性和下级电路的输入特性进行设定，主要需要考虑以下几个因素：

1）驱动能力与功耗的平衡。以上拉电阻为例，一般地说，上拉电阻越小，驱动能力越强，但功耗越大，设计时应注意两者之间的均衡。

2）下级电路的驱动需求。同样以上拉电阻为例，当输出高电平时，开关管断开，上拉电阻应适当选择以能够向下级电路提供足够的电流。

3）高低电平的设定。不同电路的高低电平的门槛电平会有不同，电阻应适当设定以确保能输出正确的电平。以上拉电阻为例，当输出低电平时，开关管导通，上拉电阻和开关管导通电阻分压值应确保在零电平门槛之下。

4）频率特性。以上拉电阻为例，上拉电阻和开关管漏源级之间的电容和下级电路之间的输入电容会形成"RC 延迟"，电阻越大，延迟越大。上拉电阻的设定应考虑电路在这方面的需求。

下拉电阻的设定原则和上拉电阻的是一样的。

例 13-5　OC 门输出高电平时是一个高阻态，其上拉电流要由上拉电阻来提供，设输入端每端口不大于 $100\mu A$，设输出口驱动电流约 $500\mu A$，标准工作电压是 5V，输入口的低高电平门限分别为 0.8V（低于此值为低电平），2V（高电平门限值）。

选上拉电阻时：$500\mu A \times 8.4k\Omega = 4.2V$，即选大于 $8.4k\Omega$ 时输出端能下拉至 0.8V 以下，此为最小阻值，再小就拉不下来了。如果输出口驱动电流较大，则阻值可减小，保证下拉时能低于 0.8V 即可。

当输出高电平时，忽略管子的漏电流，两输入口需 $200\mu A$，$200\mu A \times 15k\Omega = 3V$，即上拉电阻压降为 3V，输出口可达到 2V，此阻值为最大阻值，再大就拉不到 2V 了。选 $10k\Omega$ 可用。

CMOS 门的可参考 74HC 系列。设计时，管子的漏电流不可忽略，I/O 口实际电流在不同电平下也是不同的，上述仅仅是原理，一句话概括为："输出高电平时要喂饱后面的输入口，输出低电平不要把输出口喂撑了（否则多余的电流喂给了级联的输入口，高于低电平门限值就不可靠了）"。

此外，还应注意以下几点：

1）要看输出口驱动的是什么器件，如果该器件需要高电压的话，而输出口的输出电压又不够，就需要加上拉电阻。

2）如果输出端口有上拉电阻，那么端口电压默认值为高电平，可用低电平控制输出电压使其变低，比如用三态门电路晶体管的集电极，或二极管正极进行控制，将上拉电阻的电流"拉"下来，成为低电平。

3）在接口电路中，为了得到确定的电平，一般通过预先设置初始状态的方法。比如，在电机控制中，若用同一个单片机来驱动逆变桥的上、下桥臂，为避免桥臂直通，必须设置单片机的接口初始状态；另外，为防止直通，驱动尽量用灌电流。

　　工业现场，被控对象是电磁继电器、电磁开关或晶闸管、固态继电器和功率电子开关，其控制信号都是开关量，能否直接用单片机 I/O 口来驱动就需要首先要高清楚 AT89S51 片内 I/O 口的驱动能力。

　　AT89S51 有 4 个并行口，每个口由一个锁存器、一个输出驱动输入缓冲器组成，如不用外部存储器，P0、P1、P2、P3 都可作输出口，但其驱动能力不同，P0 口的驱动能力较大，每位可驱动 8 个 LSTTL 输入，即当其输出高电平时可提供 $400\mu A$ 电流；当其输出低电平时（0.45V），可提供 3.2mA 的灌电流，如果允许低电平提高，灌电流可相应加大。P1、P2、P3 口每一位只能驱动 4 个 LSTTL，即可提供的电流只有 P0 口的一半，所以，任何 个口要想获得较大的驱动能力，只能用低电平输出。AT89S51 通常要用 P0、P2 口作为访问外部存储器用，所以只能用 P1、P3 口作输出口，P1、P3 口驱动能力有限，在低电平输出时，一般也只能提供不到 2mA 的灌电流，所以要加总线驱动或其他驱动电路。

5. 典型 I/O 驱动电路

（1）AT89S51 与外围集成数字驱动电路的接口

表 13-4 给出常用外围集成数字驱动器芯片的性能参数。

表 13-4　常用外围集成数字驱动器芯片的性能参数表

	与	与非	或	或非	最大工作电压/V	最大输出电流/mA	驱动器的数目	典型延迟时间/ns
具有逻辑门的驱动器	SN75431	SN75432	SN75433	SN75434	15	300	2	15
	SN75451B	SN75452B	SN75453B	SN75454B	20	300	2	21
	SN75461	SN75462	SN75463	SN75464	30	300	2	33
	SN75401	SN75402	SN75403	SN75404	30	500	2	33
		SN75437			35	700	4	300
	SN75446	SN45447	SN75448	SN75449	50	350	2	300
	SN75471	SN75472	SN75473	SN75474	55	300	2	30 ~ 100
	SN75476	SN75477	SN75478	SN75479	55	300	2	30 ~ 100
	SN75411	SN75412	SN75413	SN75414	55	500	2	30 ~ 100
	SN75416	SN75417	SN75418	SN75419	55	500	2	30 ~ 100
无逻辑门驱动器	SN75064, SN75066, SN75068				35	1500	4	500
	ULN2064, SN75074, ULN2068				35	1500	4	500
	ULN2074, ULN2066, ULN2841, ULN2845				35	1500	4	500
	ULN2001, ULN2002A, ULN2003A, ULN2004A				40	350	7	1000
	MC1411, MC1412, MC1413, MC1416				50	500	7	1000
	SN75065, SN75067, SN75069				50	1500	4	500
	ULN2065, SN75075, ULN2069				50	1500	4	500
	ULN2075, ULN2067				50	1500	4	500

　　这些只要加接合适的限流电阻和偏置电阻，即可直接由 TTL、MOS 以及 CMOS 电路来驱动。当它们用于驱动感性负载时，必须加接限流电阻或钳位二极管。此外，有些驱动器内部还设有逻辑门电路，可以完成与、与非、或以及或非的逻辑功能。下面举例说明外围集成数字驱动电路的应用。

　　例 13-6　慢开启的白炽灯驱动电路。

图 13-30 所示为慢开启白炽灯驱动电路，白炽灯的延时开启时间长短取决于时间常数 RC。此电路能直接驱动工作电压小于 30V、额定电流小于 500mA 的任何灯泡。白炽灯是电感性负载，必须加限流电阻。

注意：在设计此电路的印制电路板时，驱动器要加装散热板，以便散热。SN75401 芯片性能参数见表 13-3。

例 13-7　大功率音频振荡器。

图 13-31 所示电路能直接驱动一个大功率的扬声器，可用于报警，改变电路中的电阻或电容的值便能改变电路的振荡频率。两个齐纳二极管 IN751A 用于输入端的保护。SN75447 性能参数请见表 13-3。

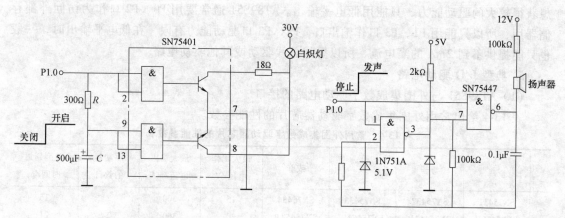

图 13-30　慢开启白炽灯驱动电路　　　　图 13-31　大功率音频振荡器驱动电路

例 13-8　驱动大电流负载。

图 13-32 所示。ULN2068 芯片有 4 个大电流达林顿开关，驱动电流高达 1.5A 的负载。使用时一定要加散热板。ULN2068 芯片性能参数请见表 13-3。

（2）AT89S51 与光耦合器的接口

常用光耦合器为晶体管输出型、晶闸管输出型，下面分别介绍。

① 晶体管输出型光耦合器驱动接口

晶体管输出型光耦合器的用途是作为开关，受光器是光敏晶体管，除了没使用基极外，跟普通晶体管一样。取代基极电流的是以光作为晶体管的输入。当发光二极管发光时，光敏晶体管受光的影响在 cb 间和 ce 间有电流流过，两个电流基本上受光的照度控制，常用 ce 极间的电流作为输出电流，输出电流受 V_{ce} 的电压影响很小，在 V_{ce} 增加时，稍有增加。

光电管集电极电流 I_c 与发光二极管电流 I_F 之比称光耦合器的电流传输比。不同结构光耦合器的传输比相差很大。如输出端是单个晶体管光耦 4N25 传输比

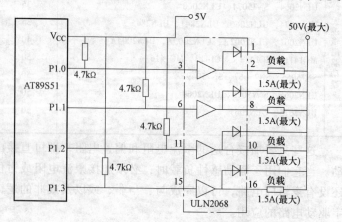

图 13-32　大电流负载驱动电路

大小于 20%。输出端是达林顿管的光耦 4N33，传输比不小于 500%。电流传输比受发光二极管工作电流影响，电流为 10~20mA 时，电流传输比最大，电流小于 10mA 或大于 20mA，传输比下降。温度升高，传输比会下降，在使用时要留余量。

光耦合器在传输脉冲信号时，对不同结构的光耦合器的输入输出延迟时间相差很大。4N25 的导通延迟 t_{on} 是 2.8s，关断延迟 t_{off} 是 4.5s，4N33 的导通延迟 t_{on} 是 0.6s，关断延迟 t_{off} 是 45s。

晶体管输出型光耦合器除可作为开关外，还可用作线性耦合器，在发光二极管上提供一个偏置电流，再把信号电压通过电阻耦合到发光二极管上，引起其亮度变化，从而输出电流也就将随输入的信号电压线性变化。

图 13-33 是 4N25 光耦合器电路。4N25 起到耦合脉冲信号和隔离单片机系统与输出部分的作用，使两部分电流信号独立。输出部分地线接机壳或接大地，而 AT89S51 系统电源地线浮空，不与交流电源地线相接。可避免输出部分电源变化对单

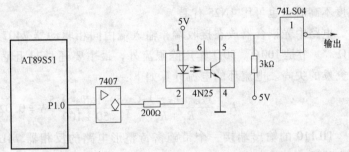

图 13-33 光耦合器 4N25 的接口电路

片机电源影响，减少系统所受干扰，提高系统可靠性。4N25 输入、输出端最大隔离电压大于 2500V。

图 13-33 电路中使用同相驱动器 7407 作为光耦合器 4N25 输入端驱动。光耦合器输入端电流为 10~15mA，发光二极管压降约 1.2~1.5V。限流电阻由下式计算：

$$R = \frac{V_{CC} - (V_F + V_{CS})}{I_F}$$

式中　V_{CC}——电源电压；

　　　V_F——输入端发光二极管的压降，取 1.5V；

　　　V_{CS}——驱动器的压降；

　　　I_F——发光二极管的工作电流。

如图 13-33 所示电路要求 I_F 为 15mA，则限流电阻计算如下：

$$R = \frac{V_{CC} - V_F - V_{CS}}{I_F} = \frac{5 - 1.5 - 0.5}{0.015}\Omega = 200\Omega$$

当 AT89S51 的 P1.0 输出高电平时，4N25 输入电流为 0，输出相当开路，74LS04 的输入端为高电平，输出为低电平。P1.0 输出低电平时，7407 输出为低电压输出，4N25 的输入电流为 15mA，输出端可以流过不小于 3mA 的电流。如果输出端负载电流小于 3mA，则输出端相当于一个接通的开关。74LS04 输出高电平。

光耦合器也常用于较远距离的信号隔离传送。一方面光耦合器可以起到隔离两个系统地线的作用，使两个系统的电源相互独立，消除地电位不同所产生的影响。另一方面，光耦合器的发光二极管是电流驱动器件，可以形成电流环路的传送形式。由于电流环电路是低阻抗电路，对噪声敏感度低，因此提高了通信系统的抗干扰能力。常用于有噪声干扰的环境下传输信号。图 13-34 所示是用光耦合器组成的电流环发送和接收电路。

　　图 13-34 电路可以用来传输数据，最大速率为 50kbit/s，最大传输距离为 900m。环路连线电阻对传输距离影响大，此电路环路连线电阻不能大于 30Ω，当连线电阻较大时，100Ω 的限流电阻要相应减小。光耦管使用 TIL110，功能与 4N25 相同，但开关速度比 4N25 快，当传输速度不高时，也可用 4N25 代替。

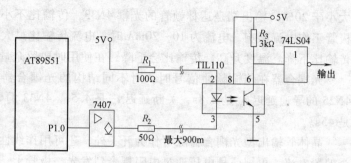

图 13-34　电流环电路

　　电路中光耦合器放在接收端，输入端由同相驱动器 7407 驱动，限流电阻两个，一个是 50Ω，一个是 100Ω。50Ω 作用除限流外，最主要还是起阻尼作用，防止传送信号畸变和产生突发的尖峰。电流环的电流计算如下：

$$I_F = \frac{V_{CC} - V_F - V_{CS}}{R_1 + R_2} = \frac{5 - 1.5 - 0.5}{50 + 100}A = 0.02A = 20mA$$

　　TIL110 的输出端接一个带施密特整形电路的反相器 74LS14，作用是提高抗干扰能力。施密特触发电路的输入特性有一个回差。输入电压大于 2V 才认为是高电平输入，小于 0.8V 才认为是低电平输入。电平在 0.8～2V 之间变化时，则不改变输出状态。因此信号经过 74LS14 后便更接近理想波形。

　　② 晶闸管输出型光耦合器驱动接口

　　晶闸管输出型光耦合器的输出端是光敏晶闸管或光敏双向晶闸管。当光耦合器输入端有一定的电流流入时，晶闸管即导通。有的光耦合器的输出端还配有过零检测电路，用于控制晶闸管过零触发，以减少用电器在接通电源时对电网的影响。

　　4N40 是常用的单向晶闸管输出型光耦合器。当输入端有 15～30mA 电流时，输出端的晶闸管导通。输出端的额定电压为 400V，额定电流有效值为 300mA。输入输出端隔离电压为 1500～7500V。4N40 的 6 脚是输出晶闸管的控制端，不使用此端时，此端可对阴极接一个电阻。

　　MOC3041 是常用双向晶闸管输出的光耦合器，带过零触发电路，输入端的控制电流为 15mA，输出端额定电压为 400V，最大重复浪涌电流为 1A，输入输出端隔离电压为 7500V。MOC3041 的 5 引脚是器件的衬底引出端，使用时不需要接线。图 13-35 是 4N40 和 MOC3041 的接口驱动电路。

　　4N40 输入端限流电阻的计算：

$$R = \frac{V_{CC} - V_F - V_{CS}}{I_F} = \frac{5 - 1.5 - 0.5}{0.03}Ω = 100Ω$$

实际应用中可以留一些余量，限流电阻取 91Ω。

　　MOC3041 输入端限流电阻的计算：

$$R = \frac{V_{CC} - V_F - V_{CS}}{I_F} = \frac{5 - 1.5 - 0.5}{0.015}Ω = 200Ω$$

为留一定余量，限流电阻选 180Ω。

　　4N40 常用于小电流用电器控制，如指示灯等，也可以用于触发大功率晶闸管。

MOC3041 一般不直接用于控制负载，而用于中间控制电路或用于触发大功率的晶闸管。

（3）继电器的驱动

常用的继电器大部分属于直流电磁式继电器。也称为直流继电器。7407 为具有六组集电极开路输出的驱动器，输出高电压，例如输出截止态电压 30V。

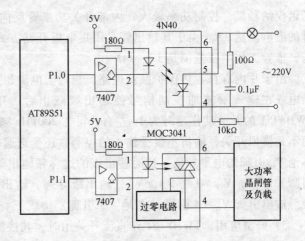

图 13-35　晶闸管输出型光电耦合器驱动接口

其典型接口电路如图 13-36 所示：用 NPN 晶体管 VT 驱动，当晶体管 VT 基极被输入高电平，晶体管饱和导通，集电极变为低电平，因此继电器线圈通电，触点 RL 吸合。当晶体管 VT 基极被输入低电平时，晶体管截止，继电器线圈断电，触点 RL 断开。电路中各元器件的作用如下：晶体管 VT 可视为控制开关，一般选取 V_{ce} 大于 2 到 3 倍继电器线圈驱动电压，I_{ce} 大于 2 到 3 倍继电器线圈驱动电流，R_1 为晶体管基极限流电阻，R_1 阻值根据加在 R_1 上的电压、β、I_{ce} 来决定。电阻 R_2 保证晶体管 VT 可靠截止，因为与 R_1 构成分压，应保证基极电压使晶体管饱和导通。VD 为继电器线圈断开时的续流二极管，抑制浪涌，一般选 1N400X、1N4148 均可。

（4）AT89S51 与集成功率电子开关输出接口

集成功率电子开关是专为逻辑电路输出作接口而设计的直流功率电子开关器件。可由 TTL、HTL、DTL、CMOS 等数字电路直接驱动、开关速度快、工作频率高、无噪声、无触点、工作可

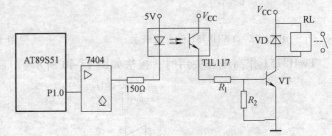

图 13-36　继电器驱动电路

靠、寿命长，目前在控制系统中常用来取代机械触点继电器，越来越多地在单片机控制系统中用作微电动机控制、电磁阀驱动等。

特别适于那些需要抗潮湿、抗腐蚀和电流开关。在那些机械触点继电器无法胜任工作的高频和高速系统中工作，更能体现其优越性。

TWH8751 和 TWH8778 是应用最广泛的两种集成功率电子开关。它们都为标准的 TO-220 塑料封装，自带散热片，具有 5 个外引脚。下面以 TWH8751 为例介绍其性能和基本应用电路。

1）TWH8751 的引脚及其功能。图 13-37 所示是 TWH8751 的引脚图。

2 引脚 V_{IN} 是输入引脚，1 引脚 ST 为选通控制引脚，3 引脚 V_- 通常接地，4 引脚 V_0 为输出引脚，5 引脚 V_+ 为正电源引脚。

2）TWH8751 性能特点。该器件有滞回特性，抗干扰性能好，且控制灵敏度高、工作频率高（可达 1.5MHz）、开关特性好、边沿

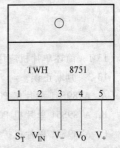

图 13-37　TWH8751 的引脚图

延迟仅纳秒级，控制功率较大，内部开关功率管反向击穿电压为 100V，加上散热器，可通过的灌电流达 3A。由于其输出管采用集电极开路方式，可根据负载要求选择合适的电源电压，推荐工作电压范围是 12 ～ 24V。

由于片内有自我热保护减流电路，当输出电流超过 2A，可自动使电流减至 1A 左右。当断电或在输入端施加控制信号使输出级截止后，开关电路可恢复 2A 的输出负荷能力。TWH8751 的开关动作延时为 1s 左右，可在 200kHz 频率下可靠地工作。该器件是逻辑开关，而不是模拟开关，输出不仅受输入的控制，还受选通端的控制。当 ST 选通引脚为高电平时，不论 V_{IN} 引脚的电平如何，这时输出级的达林顿输出管截止，输出脚 V_0（4 引脚）与地（3 引脚）断开；$V_{IN} = 1$（ > 1.6V），输出级导通，输出引脚 V_0（4 引脚）与地（3 引脚）相接。输出引脚 V_0（4 引脚）与地（3 引脚）构成了一个开关。

3）典型应用。TWH8751 作直流开关用时，其接法如图 13-38 所示。

TWH8751 作交流开关用时，其接法如图 13-39 所示。

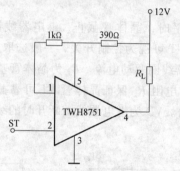

图 13-38　TWH8751 作直流开关

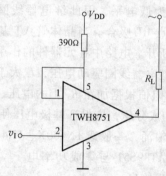

图 13-39　TWH8751 作交流开关

TWH8751 作高压开关用时，接法如图 13-40 所示。

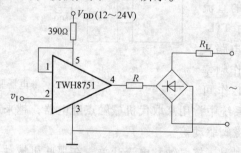

图 13-40　TWH8751 作高压开关

思考题与习题 13

13-1　简述单片机应用系统设计时应包含哪些步骤。

13-2　判断正误。

A. AT89S51 单片机 P0 ~ P3 口的驱动能力是相同的。

B. AT89S51 单片机 P0 ~ P3 口在口线输出为高电平的驱动能力和输出为低电平的驱动能力是相同的。

C. AT89S51 单片机扩展的外围芯片较多时，需加总线驱动器，P2 口应加单向驱动器，P0 口应加双向驱动器。

D. AT89S51 单片机最小系统可对温度传感器来的模拟信号进行温度测量。

E. 用控制总线$\overline{RD}$和$\overline{WR}$信号来读写外围 RAM 器件和 I/O 器件的数据，使用的指令是 MOVC。

F. 用控制总线中$\overline{PSEN}$信号来读取外围 ROM 器件的固定常数和表格数据，使用的指令是 MOVX。

G. 软件仿真开发工具 Proteus 能进行用户样机硬件部分的诊断与实时在线仿真。

13-3　仿真开发系统由哪几部分组成？

13-4　简述单片机应用系统调试的基本步骤。

13-5　为什么要在每块的电源与地之间并接去耦电容？加几个去耦电容？电容选多大为适宜？

13-6　光隔离的主要优点是什么？在单片机应用系统中，应在什么位置进行光隔离？

13-7　具有较大电感量的元件和设备，诸如继电器、电动机、电磁阀等，在其掉电时，应采用什么措施来抑制其反动电动势？

13-8　为什么要将所有单片机应用系统中的模拟地和数字地分别相连，然后仅在一点上相连接？

13-9　如何在单片机应用系统中实现电源去耦和集成芯片去耦？

13-10　为什么在印制电路板的设计中，不要在印制电路板中留下无用的空白铜箔层，走线不要有分支？

13-11　常见的软件滤波方法有哪些？它们各自对哪种干扰信号有效？

13-12　什么事指令冗余、软件陷阱？

13-13　说明"看门狗"摆脱"死循环"和程序"跑飞"的工作原理。

13-14　如何来实现对单片机应用系统中的重要数据的"掉电保护"？

参 考 文 献

[1]　张毅刚. 单片机原理及应用[M]. 北京：高等教育出版社，2003.

[2]　王质朴，吕运鹏. CMS-51 单片机原理、接口及应用[M]. 北京：北京理工大学出版社，2009.

[3]　何立民. MCS-51 单片机应用系统设计[M]. 北京：北京航空航天大学出版社，1990.

[4]　施隆照. 数码管显示驱动和键盘扫描控制器 CH451 及其应用[J]. 国外电子元器件，2004，12(1).